U0294124

内容简介

　　本书是以中国热带农业科学院热带作物品种资源研究所草业研究室多年从事狗牙根研究取得的成果为素材撰写的一部学术专著，采用概述与专题研究相结合的方式，全面系统地介绍了狗牙根种质资源遗传多样性、核心种质构建及优异种质发掘的最新研究成果。内容包括狗牙根起源、分类与分布；狗牙根种质资源调查与收集；狗牙根种质资源遗传多样性及核心种质构建研究；狗牙根种质资源利用价值研究；狗牙根种质资源抗逆性研究；狗牙根种质资源耐铝性研究等。本书信息量大，可读性强，可为草类植物种质资源及育种提供理论指导。

　　本书可作为草学、畜牧、园林及生态等相关专业教学及科研工作者的参考书。

狗牙根种质资源遗传多样性及优异种质发掘研究

黄春琼　著

中国农业出版社

图书在版编目（CIP）数据

狗牙根种质资源遗传多样性及优异种质发掘研究/
黄春琼著 . —北京：中国农业出版社，2017.11
ISBN 978-7-109-23560-1

Ⅰ.①狗… Ⅱ.①黄… Ⅲ.①狗牙根－牧草－种质资
源－研究 Ⅳ.①S543

中国版本图书馆 CIP 数据核字（2017）第 284067 号

中国农业出版社出版
（北京市朝阳区麦子店街 18 号楼）
（邮政编码 100125）
责任编辑 贺志清
————————————
三河市君旺印务有限公司印刷 新华书店北京发行所发行
2017 年 11 月第 1 版 2017 年 11 月河北第 1 次印刷
————————————
开本：787mm×1092mm 1/16 印张：17 插页：2
字数：391 千字
定价：60.00 元
（凡本版图书出现印刷、装订错误，请向出版社发行部调换）

前　言

狗牙根〔(*Cynodon dactylon* (L.) Pers.)〕，又名绊根草、爬根草、铁线草、百慕大草等，属于禾本科 (Gramineae) 画眉草亚科虎尾草族 (Chloridoieae) C_4 型多年生草本植物。主要源于非洲东部、欧亚大陆，印度尼西亚、马来西亚和印度也有广泛分布。主要生长于温暖湿润的热带、亚热带地区；在中国分布遍及黄河流域以南的广大地区。其抗逆性强、繁殖能力及再生能力强，是一种优质的暖季型草坪草，同时作为牧草、生态植物而加以利用。

中国热带农业科学院热带作物品种资源研究所在狗牙根属种质资源收集保存、鉴定评价、遗传多样性研究、核心种质构建、新品种选育等方面取得了一系列研究成果。本书主要是以狗牙根研究取得的成果为素材撰写的一部学术专著，采用概述与专题研究相结合的方式，全面系统地介绍了狗牙根种质资源收集保存、鉴定评价、遗传多样性研究及优异种质发掘研究的最新成果。内容包括狗牙根起源、分类与分布；狗牙根种质资源调查与收集；狗牙根种质资源遗传多样性研究；狗牙根种质资源利用价值研究；狗牙根种质资源抗逆性研究；狗牙根种质资源耐铝性研究等。本书信息量大，可读性强，可为草类植物种质资源及育种提供理论参考。

在本书的撰写过程中，特别感谢草业研究室刘国道研究员及白昌军研究员对狗牙根种质资源的收集、整理及鉴定，并对本书内容进行精心设计和修改，非常感谢海南大学罗丽娟教授对本书提出的宝贵意见，感谢草业研究室的各位专家和学生的大力支持和帮助，他们是王文强、郇恒福、唐军、虞道耿、黄冬芬、丁西朋、杨虎彪、严琳玲、张瑜、董荣书、李欣勇、陈志坚、刘一明、刘攀道、周少云、孙莉、周霞、李亚男、陈振、龙萄等。

本书的出版得到了中国热带农业科学院基本科研业务费专项资金"狗牙根世界地理区系分布及核心种质的构建与验证"(1630032014028)、科学技术部科技基础资源调查专项"中国南方草地牧草资源调查 (2017FY100600)"、热带牧草种质资源保护项目等的资助。

狗牙根的研究工作还在继续加大力度，鉴于编者水平有限，本书难免有不足之处，敬请读者予以指正。

黄春琼

2017 年 8 月于海南

目　录

第一章

狗牙根种质资源研究与改良进展

第一节 狗牙根的起源与分布

狗牙根属（*Cynodon* Richard）系禾本科（Gramineae）画眉草亚科（Eragrostoideae）虎尾草族（Tribe Chlorideae Agardh）C_4型多年生草本植物（Gatschet and Taliaferro，1994）。该属植物大多起源于非洲东部，主要生长于温暖湿润的热带及亚热带地区。Taliaferro（1995）把该属植物分为9种10变种（表1-1），其中，用于草坪的狗牙根主要有普通狗牙根［*Cynodon dactylon*（Linnaeus）Persoon］、印苛狗牙根（*C. incompletus* Nees）、非洲狗牙根（*C. transvaalensis* Burtt Davy）和杂交狗牙根（*C. dactylon* × *C. transvaalensis*）等4种。其中普通狗牙根是世界广布型草种（Harlan，1969）。

在北纬45°至南纬45°范围内，狗牙根几乎遍布所有大陆与岛屿。向北它可一直分布到北纬53°。从垂直分布上看，在尼泊尔、克什米尔及喜马拉雅山海拔4 000m高度也有分布，甚至在海平面以下都有分布，如约旦、美国加利福尼亚及我国新疆南部也有分布（Harlan，1999）。分布在我国的狗牙根共有2种1变种，分别是普通狗牙根［*C. dactylon*（Linnaeus）Persoon］、弯穗狗牙根（*C. radiatus* Roth ex Roemer et Schultes）及双花狗牙根（*C. dactylon* var. *biflorus* Merino），其中普通狗牙根分布遍及黄河流域以南的广大地区，弯穗狗牙根则主要分布在台湾、南海诸岛、海南等地，双花狗牙根分布在沿海等地区（Flora of China Editorial Committee，2006）（图1-1至图1-3）。野生狗牙根在我国的分布特点主要是丘陵、山地及路边零星分布，在部分滩涂地也呈带状或团块状分布，甚至在干旱的沙漠区内也零星分布着野生狗牙根（Harlan，1970）。

表 1-1 狗牙根属植物的分类与分布[*]

Table 1-1 Taxonomic classification and distribution of the genus *Cynodon*

拉丁名 Latin name	中文名（或拟） Chinese name	染色体 Chromosome number	分布 Distrbution
1. C. dactylon			
1.1 var. *dactylon*	狗牙根、绊根草、 铁线草、爬地草	36	世界广布
1.2 var. *biflorus*	双花狗牙根		中国东南沿海
1.3 var. *afghanicus*	阿富汗狗牙根	18、36	阿富汗斯太普草原
1.4 var. *aridus*	干旱狗牙根	18	南非北部与东部
1.5 var. *elegans*	雅美狗牙根	36	南非

（续）

拉丁名 Latin name	中文名（或拟） Chinese name	染色体 Chromosome number	分布 Distrbution
1. 6 var. *coursii*		36	马达加斯加
1. 7 var. *polevansii*		36	南非
2. *C. radiatus*	弯穗狗牙根	36	马尔加什、印度南部至、澳大利亚北部、中国云南西双版纳
3. *C. barberi*	印度狗牙根	18	印度南部
4. *C. transuaalensis*	非洲狗牙根	18	南非
5. *C. plectostachyus*	澳大利亚狗牙根	18	东部非洲的热带
6. *C. magennisii*	麦景狗牙根	27	南非
7. *C. aethiopicus*	巨星草	18、36	东非裂谷
8. *C. nlemfuensis*	恩伦佛狗牙根	18、36	东非
8. 1 var. *robustus*	强壮狗牙根	18、36	东部非洲的热带
9. *C. incompletus*			
9. 1 var. *incompletus*	印苛狗牙根	18	南非
9. 2 var. *hirsutus*	长硬毛狗牙根	18、36	南非

* 引自四川农业大学博士论文（刘伟，2006）。

* Index of the degree of doctor of Sichuan agricultural university（Liu W，2006）.

图 1-1　普通狗牙根单株、群体及花序

Figure 1-1　Individual plant，group and inflorescence of *C. dactylon*

图 1-2　弯穗狗牙根单株、群体及花序

Figure 1-2　Individual plant，group and inflorescence of *C. radiatus*

图 1-3　双花狗牙根单株、群体及花序

Figure 1-3　Individual plant，group and inflorescence of *C. dactylon* var. *biflorus*

第二节 狗牙根的形态特征及生物学特性

一、狗牙根的形态特征

狗牙根（Cynodon dactylon）为多年生草本，有根茎及匍匐茎。秆向上直立部分高 10.00～50.00cm，纤细，稍压扁，光滑。叶鞘松弛，压扁而具脊，无毛或被疏毛，鞘口常疏生柔毛；叶舌退化为 1 圈白毛（刘国道，2010）；叶片线形，长 1.00～8.00cm，宽 0.20～0.40cm，通常无毛，穗状花序，通常 3～6 个指状排列于顶秆，长 2.00～12.00cm，绿色或淡紫色；穗轴具棱，棱上被短纤毛。小穗卵状披针形，浅绿色，长 0.20～0.25cm，花药淡紫色，柱头紫色，颖果卵圆形，花果期 5～10 月。图 1-4 至图 1-8 为普通狗牙根的形态特征。

图 1-4　普通狗牙根单株及群体

Figure 1-4　Individual plant and Group of *Cynodon dactylon*

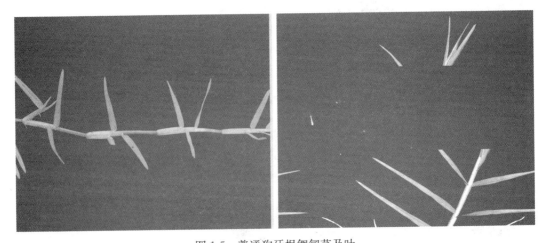

图 1-5　普通狗牙根匍匐茎及叶

Figure 1-5　Stolon and lesf of *C. dactylon*

图 1-6　普通狗牙根花序整体及局部

Figure 1-6　The entirety and part of *C. dactylon* inflorescence

图 1-7　普通狗牙根小穗枝（A）及小穗（B）

Figure 1-7　The spikelet branch and spikelet of *C. dactylon*

图 1-8　普通狗牙根种子及果实

Figure 1-8　The seed and fruit of *C. dactylon*

二、狗牙根的生物学特性

狗牙根是春性禾草，喜潮湿的热带及亚热带气候，最适生长温度为 24～35℃；气候寒冷时生长很差，当日平均温度下降至 6～9℃时，生长缓慢；当日平均温度为 -3～2℃时，其茎、叶落地死亡。以根茎越冬，第二年则靠这些部位上的休眠芽萌发生长，能抗较长时期的干旱，但在干旱条件下，产量低（刘国道，2000）。适应的土壤范围广，从砂土到重黏土的各种土壤均能生长，但以在湿润而排水良好的中等到黏重的土壤上生长最好。适宜土壤 pH 值为 5.5～7.5。较耐水淹，但水淹下生长变慢（韩烈保，1994）。

狗牙根繁殖能力及再生能力较强，质地细腻，色泽好，耐践踏。因此，它是高尔夫球场、足球场、公园及庭院、绿化城市及美化环境的良好植物（Taliaferro，2003）。同时由于耐粗放管理，生命力极强，并且繁殖速度快，可作为一种优良的固土护坡植物，广泛应

图 1-9　狗牙根在高尔夫球场上的应用

Figure 1-9　The use of *C. dactylon* on the golf course

用于公路、铁路、水库等。另外，由于其生长速度快，产量高，并且对牛、羊、马等牲畜的适口性好，因而同时也是优质牧草。近年来也有文献报道狗牙根还可被作为能源材料用于制造生物燃料（Xu et al.，2011）。图 1-9 为狗牙根在高尔夫球场上的应用。

第三节　狗牙根遗传多样性研究进展

遗传多样性广泛分布于自然界，已成为当今国际植物种质资源研究的一个热点。由于它是物种生存，适应和进化的基础，因而核心问题是弄清种间及种内不同生态类型间究竟有多大的遗传变异。植物遗传多样性是遗传多样性最重要的组成部分，是蕴藏在植物种质资源中遗传信息的总和，是形成数以万计的植物种的根本所在，是人类赖以生存和繁衍的基础，是维护地球生态平衡的最大贡献者。对植物育种来说，植物遗传多样性是物种遗传改良的重要基础。

遗传多样性的表现形式是多层次多方面的，主要包括表型多样性、染色体多样性、蛋白质多样性及 DNA 多样性等方面。植物的遗传多样性主要是通过遗传标记（genetic markers）的多态性来反映的。而遗传标记是指与目标性状紧密连锁，同该性状共同分离且易于识别的可遗传的等位基因变异，是遗传物质特殊的易于识别的表现形式，是能够稳定遗传的、在生物个体之间具有丰富多态性的生物特征特性，可通过某个表型特征、特异的蛋白质及同功酶带型或特异的 DNA 片段来作为目的基因间接或直接的标记形式（贾继增，1996）。理想的遗传标记应具备如下四大特征：（1）遗传稳定性高，基因型与环境之间的互作要尽可能小（Graham et al.，1996）；（2）多态性丰富，用于遗传多样性研究的遗传标记主要检测的是同源性状的不同变异，如同一位点的不同等位基因，这些变异越丰富越好；（3）表现为共显性，共显性的遗传标记能够鉴别出纯合基因型或杂合基因型；（4）经济方便容易操作和观察记载。目前遗传标记主要有形态学标记（morphological markers）、细胞学标（cytological markers）、生化标记（biochemical markers）和分子标记（molecular markers）四类。然而，任何检测遗传多样性的方法，在理论或实际应用中都有自身的优势和局限性，因此，包括形态学、细胞学、同工酶和 DNA 技术等，都能从各自的角度提供有价值的信息，都有助于我们认识遗传多样性及其生物学意义（夏铭，1999）。现就从形态水平、细胞水平、生化水平、分子水平等四方面综述狗牙根种质资源研究进展。

一、形态水平

从表型性状来检测遗传变异是最直接也最简便易行的研究方法。形态标记是指那些能够明确显示遗传多样性的外观性状，是利用可以观察到的性状来检测生物遗传变异的方法。由于形态标记直观有效、测量简单、经济方便等特点，因此，是长期以来作物种质资源的分类、评价、鉴定、育种后代选择和遗传多样性研究最基本标记，狗牙根种质资源遗传多样性研究中常用到该手段。

国外学者根据狗牙根的外部形态性状对狗牙根属植物的分类做了大量工作。Rochecouste（1962）根据株型、叶色、茎色、穗长等特征将毛里求斯的狗牙根分为 4 个生物型。Ramakrishnan（1966）根据狗牙根对土壤钙的反应，将其划分为喜钙型、中间型和厌钙型。Harlan 等（1969）根据地下茎生长习性将狗牙根分为 6 个变种。Harlan 等（1970）依据细胞遗传学的特征和杂种配合力，将狗牙根属的分类进行了修订，修订后分为 8 个变种；Taliaferro（1995）把该属植物分为 9 种 10 变种，这是目前公认的分类方法。尽管如此，狗牙根的分类依旧很困难，目前没有一个完全满意的分类方法。Wofford 等（1985）对狗牙根无性系及其杂交后代的 18 个经济性状的遗传多样性进行研究，发现亲本无性系之间有 8 个性状（密度、叶色、叶宽、节间长度、色泽等）的遗传变异非常明显，在多次回交后，18 个性状中有 13 个性状遗传变异显著，希望通过人工选育出优良的草坪草狗牙根。Vermeulen 等（1991）对狗牙根的株型、穗长、叶毛、叶与茎解剖结构和染色体数进行研究，认为叶毛是最好的分类特征。Brenda 等（1989）指出不同类型狗牙根在结实性上存在明显差异，其结实率为 0.0～16.9% 不等。

国内学者对狗牙根的外部性状研究也有不少涉猎。中国狗牙根形态变异非常丰富，且随着生态环境的不同而呈现一定的地域分布规律性。吴仁润和卢欣石（1992）根据外部形态、适应性、地理分布，将普通狗牙根划分为热带宗、温带宗和 Seleucidus 宗。刘建秀等（1999）根据 15 个外部性状，把中国狗牙根分为粗高型、直立型、斜高型、斜矮型和矮生型。刘建秀（2003）等还根据 15 个外部性状将我国狗牙根分为粗高型、直立型、斜高型、斜矮型和矮生型。吴彦奇等（2001）对四川、重庆、云南及上海等地野生狗牙根的部分外部性状变异的研究表明，狗牙根草层自然高度、叶片长度、叶片宽度及节间长度的变异都达到显著性差异。王文恩（2009）通过对辐射诱变后带变异植株的形态特征进行比较表明，各变异植株与对照之间在节间长度方面均有显著差异。孙宗玖等（2006）研究了新疆地区 7 份狗牙根材料的 12 项农艺性状，结果显示新疆狗牙根种内差异大，可作为培育优良新型牧草或草坪品种的种源。张延辉等（2011）对 60 份具有代表性的新疆野生狗牙根材料进行形态特征分析表明，新疆野生狗牙根在 11 个形态性状上变异较大，表现出丰富的遗传多样性，变异系数在 12.50%～59.76% 之间，总平均变异系数为 25.15%，并通过聚类分析将 60 份新疆狗牙根野生材料分为矮生型、中间型和高大型三大类。张小艾等（2006）和黄春琼等（2010）分别对西南及华南地区狗牙根外部形态变异进行了研究，以上这些研究结果均表明狗牙根种质间存在丰富的遗传变异。

二、细胞水平

细胞学标记是指能够明确显示遗传多样性的细胞学特征，染色体的结构特征、形态特征及数量特征是常见的细胞学标记，它们反映了染色体结构、形态和数量上的遗传多态性。

从体细胞染色体数来看，狗牙根染色体数目变异很大。Harlan 等（1969）研究东亚以外地区狗牙根发现：其染色体基数为 9（$x=9$），染色体数目既有 36（$2n=4x=36$）条，为四倍体；又有 18 条（$2n=2x=18$），为二倍体。Hanna 等（1990）报道，从引自我国上海地区狗牙根中选育出的品种'Tifton10'的染色体数目为 54 条，为六倍体（$2n=6x=54$）。Wu（2006）等研究发现，132 份中国狗牙根资源中，四倍体材料占比为 88%，其他材料包括 6 个三倍体、3 个五倍体和 7 个六倍体。Kang（2008）等对 43 份韩国狗牙根材料的研究发现，81%的供试材料为四倍体，其他材料分别为三倍体、五倍体和六倍体。

郭海林等（2002）通过观测30份狗牙根种源染色体，发现中国狗牙根染色体有丰富的变异性，不同种源具有不同染色体数，同源不同根尖存在不同的染色体数目，甚至同一根尖的不同细胞也具有不同的染色体数目。马克群等（2006）分析了狗牙根的染色体数目，认为非洲狗牙根主要是二倍体；狗牙根染色体倍性变异大，染色体数目大多数为18～36。龚志云等（2007）对三倍体（$2n = 3x = 27$）狗牙根'矮生百慕大'进行细胞学研究发现，其细胞内染色体数存在非整倍性。以上这些研究结果表明，狗牙根染色体水平存在丰富的遗传类型。

三、生化水平

生化标记是指以基因表达的蛋白质产物为主的一类遗传标记系统。蛋白质作为基因的产物，结构的多样性能够在一定程度上反映出生物 DNA 组成上的差异以及生物体遗传的多样性。

Burson（1980）用 SDS-PAGE 法对总蛋白和过氧化物酶活性的染色，将狗牙根的两种基因型分离开。Dabo 等（1990）用 PAGE 凝胶电泳法检测出不同狗牙根品系的同工酶差异性。Vermeulen（1991）利用顺乌头酸酶、磷酸葡萄变位酶和磷酸葡萄糖异构酶组成的酶系，将21个草坪型狗牙根中的16个区别开，5个清楚的分为两组。

郑玉红等（2003）对过氧化物同工酶（POD）、超氧化物歧化酶同工酶（SOD）和酯酶同工酶（EST）分析，发现狗牙根存在较丰富的多样性；并指出酶谱的聚类结果与种源所在的经纬度无显著相关关系。王赞等（2004）从蛋白质水平对攀西地区狗牙根进行遗传多样性研究，表明不同居群蛋白质图谱与地理分布和生境条件有一定关系。张小艾（2004）采用 EST 和 POD 同工酶对西南地区野生狗牙根进行检测发现该地区狗牙根酯酶的多样性程度高，并且发现高纬度地区，中纬度地区，低纬度地区材料大致可以各自聚为一类，酯酶与纬度成极显著相关，与海拔不相关。孙宗玖（2004）等研究表明，抗寒性越强的狗牙根品种 POD 同工酶条数也越多，且在冷害适应中未有新的同工酶谱带出现。何惠琴等（2006）将4份野生狗牙根经不同温度处理后，进行过氧化物同工酶（POD）图谱分析，结果表明不同温度处理后的狗牙根酶谱呈现一定的多态性。马亚丽和阿不来提（2013）利用 POD、EST、SOD、酸性磷酸酯酶对7份新疆狗牙根材料遗传多样性进行检测，结果表明，供试材料同工酶多样性程度高，且以酯酶同工酶的多态性最高，可良好区分新疆狗牙根种内不同生态型，但同工酶酶谱的聚类分析结果与外部形态并无绝对相关性。

四、分子水平

利用分子标记进行遗传学研究是理解遗传传递的强有力工具，DNA 分子标记所揭示的遗传多态性是直接反映基因组 DNA 间的差异。

Caetano-Anollés（1997，1998）利用 DNA 指纹印迹技术探讨狗牙根的亲缘关系，并于次年使用 DAF 方法分析了'Tifgreen'和'Tifdwarf'两个品种的遗传基础。Karaca

等（2002）使用 RAPD、DAF 分析了狗牙根种内和种间杂种的遗传变异，随机引物产生了即丰富又复杂的可重复的扩增图谱，并采用 UPGMA 进行系谱分析。Yerramsetty 等（2008）使用 DAF 分析了狗牙根的遗传变异情况。Zhang 等（2009）使用 AFLP 标记及荧光染色法，鉴别 27 种狗牙根品种（品系）基因型，采用接头 EcoR I 和 Mse I 及 14 个引物对区分狗牙根的基因型，检测出较好的多态性，并用 UPGMA 将其聚为 3 类。Wu 等（2004）利用 AFLP 标记分析了来自亚洲、非洲、澳洲、欧洲 11 个国家的 28 份狗牙根种质资源的遗传变异，用 8 个引物组合共扩增出 443 个多态性 AFLP 片段，材料间的遗传相似系数为 1.53～0.98，并指出对于狗牙根的遗传多样性的检测，在尽量多的起源地取有代表性的种源进行研究才能得到更加准确的结果。Kang 等（2008）对利用 AFLP 标记将韩国的 43 份野生狗牙根分为 6 类，并且指出它们之间的 GSC 是 0.42～0.94，多态性带百分率是 87.8%。另外，Etemadi（2006）利用 RAPD 把伊朗的 75 份狗牙根分为 7 个类群，并且指出应收集更广泛的种质资源和使用多条引物才能获得更精确的结果。Wang（2010）等利用 11 个 SSR 引物区分 32 份用作草坪草的狗牙根材料，共产生 141 条带，平均每对引物扩增 12.8 条。其中 44 条是一些材料特有的条带，其中 22 个材料与'Tifgreen'和'Tifway'有相同的带型。表明 SSR 标记具有多态性，可以用来准确区分狗牙根材料。Harris 等利用 SSR 对 3 个杂交狗牙根品种遗传多样性进行了鉴定。Ling 等（2012）利用 SSR 标记研究了四川、重庆、西藏等地的 55 份狗牙根材料，18 对引物共产生 267 条多态性带，遗传相似系数 0.688～0.894 之间平均为 0.797。将 55 份材料聚为七大类，聚类结果几乎与地理来源一致。Gulsen 等（2011）利用 SRAP 标记分析源自于土耳其的 82 份狗牙根材料，并分别计算了标记数量在 5、10、20、40、60、80、100 时的相似性矩阵，表明标记数量在 10～20 时（r＞0.9）就可以完全区分开不同倍性的狗牙根材料。

付玲玲（2003）利用 RAPD 技术分析了 16 份狗牙根栽培品种和野生材料的遗传多样性，多态性条带占 93.10%，种群间遗传相似系数在 0.35～0.86 之间。聚类结果表明，12 个狗牙根种群间的亲缘关系与地理分布有一定相关性。另外，袁长春等、郑玉红等（2005）和梁慧敏（2009，2010）分别利用 RAPD 标记分析了狗牙根的遗传关系。刘伟（2006）用 RAPD、ISSR、RAMP 等对 50 份西南地区野生狗牙根遗传多样性进行检测，结果表明，3 种聚类结果不完全相同，但所反映的西南野生狗牙根遗传资源的分布格局基本一致，均能用于狗牙根种质资源的遗传多样性分析。高文伟等（2010）利用 SSR 分子标记技术，对采自中国新疆的 51 份野生狗牙根及 19 份新疆农业大学选育的材料进行遗传多样性研究。聚类分析表明，这些材料遗传差异较大，各生态地理类群间的遗传分化与其所处的生态地理环境具有一定的相关性。张延辉（2013）利用 SSR 标记技术对中国新疆地区的野生狗牙根种质资源进行了遗传多样性研究，结果显示，新疆野生狗牙根具有丰富的遗传多样性，其聚类和生态地理环境有一定的相关性。齐晓芳等（2010）对我国西南五省（自治区）44 份野生狗牙根材料的 AFLP 分析显示，10 对引物共扩增多态性条带 452 条，多态性条带比率为 97.64%，材料间遗传相似系数为 0.64～0.95，依据相似系数可将供试材料分为五大类，分类结果与材料的地理分布大致相符。易杨杰等（2008）和凌瑶等（2010）分别利用 SRAP 技术对西南地区的部分野生狗牙根材料进行遗传多样性分析，结果均表明各生态地理类群间的遗传分化与其所处的生态地理环境具有一定的相关性。李江华等（2011）采用 SRAP 标记对 48 份新疆野生狗牙根材料进行遗传多样性分析，14 对 SRAP 引物共扩增了 133 条条带，其中 123 条是多态性条带，多态性百分率为 77.83%，GS 值为 0.276～0.930，平均为 0.700。刘君（2012）等以 9 个常用狗牙根品种为材料，利用 SRAP 标记构建了 9 份材料的指纹图谱。10 对引物共扩增出 230 条清晰的条带，其中 154 条为多态性条带，平均多态性条带百分率为 66.96%，遗传相似系数范围在 0.606～0.867 之间。利用引物对 em4-em6 和 me1-em6 的扩增产物电泳图为基础构建的指纹图谱可以鉴定出 9 个狗牙根品种。黄春琼（2010）等利用 15 对多态性高且重复性好的 SRAP 引物组合对 475 份狗牙根种质进行扩增，共扩增出 500 条谱带，且均是多态性条带，平均每对引物组合扩增带数为 33.3 条，从而在分子水平上证实了不同狗牙根之间差异较大，种质间的遗传相似系数为 0.554～0.964，平均值为 0.723。

　　综上所述，无论在形态、细胞、生化及 DNA 水平，狗牙根种质资源均存在丰富的遗传变异，这为狗牙根有利基因的挖掘提供了良好的材料，为狗牙根种质资源的开发利用提供了良好亲本。在狗牙根遗传多样性研究中，主要集中运用形态标记和分子标记进行分析，其中形态标记是最直观最常用的标记，而分子标记是理解遗传传递最强有利的工具。目前狗牙根种质资源遗传多样性研究中，缺乏利用大量典型生境的种质资源探讨狗牙根的遗传多样性及其与生境之间的相关性研究，缺乏各种标记结合进行遗传多样性分析。

第四节　狗牙根抗逆性研究进展

　　种质资源是基因的载体，挖掘筛选抗逆基因，首先应对现有种质进行抗逆性鉴定和评价。目前狗牙根的抗逆性研究主要集中在抗旱性、抗寒性和耐盐性等方面。

一、抗旱性

　　狗牙根被认为是最抗旱的草坪草之一。与野牛草〔*Buchloe dactyloides*（Nuttall）Engelmann〕、结缕草（*Zoysia japonica* Steudel）、早熟禾（*Poa annua* Linnaeus）、百喜草（*Paspalum notatum* Flüggé）、假俭草〔*Eremochloa ophiuroides*（Munro）Hackel〕、滨海雀稗（*Paspalum vaginatum* Swartz）及钝叶草（*Stenotaphrum helferi* Munro ex JD. Hooker）等草坪草相比，狗牙根表现出较强的抗旱或避旱性。Huang 等（1997）研究发现，当 20～40cm 以上的表土层干旱时，狗牙根的根生长受到抑制。Miller（2000）认为，运用土壤改良剂影响土壤中的湿度，导致狗牙根对干旱胁迫的耐性增加。Carrow（1996）研究发现，几种草坪草的抗旱性大小为普通狗牙根＞Tifway＞结缕草＞早熟禾。Lu 等（2003）利用 ABA（Abscisic Acid）处理，使狗牙根在干旱胁迫下保护酶（SOD、POD 和 CAT）维持较高的浓度。Qian 等（1997）研究指出狗牙根可以采取不断生根的策略来忍耐干旱胁迫下由于叶片枯萎带来的威胁。

　　阿不来提（1998）研究在无灌溉条件下，当 10、20 和 30cm 土层土壤含水量分别为 10.65%、12.40% 和 14.80% 时，狗牙根（*C. dactylon*）仍能生长良好。韩建国等（2001）发现，抗旱性强的狗牙根草坪蒸散量显著低于其他草坪草（$P<0.01$）。郭爱桂等

（2002）鉴定了几种暖季型草坪草的抗旱性，并提出了表征永久萎蔫点概念。张新民（2002）对 6 种草坪草的蒸散量进行测定，结果显示，狗牙根整个生长季的蒸散量显著低于高羊茅、多年生黑麦草和草地早熟禾等冷季型草坪草，但高于结缕草和野牛草。卢少云等（2003）测定了土壤干旱条件下矮生狗牙根、沟叶结缕草和地毯草相对含水量和相对电导率的变化。结果表明，矮生狗牙根的耐旱性较强，沟叶结缕草次之，而地毯草对干旱敏感。王玉刚（2004）比较了新疆狗牙根与高羊茅的抗旱性，结果显示，'喀什狗牙根'和'新农 1 号狗牙根'的抗旱性均显著高于高羊茅。刘自学（2005）研究认为，狗牙根叶片的气孔呈卵圆形并覆有蜡质，气孔密度较大、气孔传导力为单峰型且较小，有助于降低水分的蒸腾。阿力木等（2008）通过干旱胁迫实验研究发现，'喀什狗牙根'＞'新农 1 号狗牙根'＞'新农 2 号狗牙根'。李志东等（2008）对华南地区 7 个暖季型草坪草种抗旱性与灌溉周期研究得出，3 个狗牙根材料的抗旱性明显高于'兰引 3 号结缕草'、细叶结缕草、假俭草和地毯草。吕静等（2010）对百喜草、假俭草、狗牙根和结缕草 4 种暖季型草坪草的抗旱性进行分析，结果表明狗牙根的抗旱性最强。

狗牙根属内种质资源的抗旱性存在明显的变异。Beard 和 Sifers（1996，1997）对 26 个不同狗牙根种质资源的研究发现，狗牙根属内在抗旱性和对水分的利用方面存在较大差异。Riaz 等（2010）研究发现，在干旱胁迫下，狗牙根品种'khabbal'在叶厚、叶宽、叶面积和根茎比都比同处理水平的其他 3 个品种大，抗旱性最强。Hu 等（2010）研究发现，在干旱胁迫下，某些脱水蛋白的表达和积累差异可能是导致狗牙根不同品种抗旱能力大小的重要原因。Husmoen 等（2012）指出狗牙根品种'Tifton 85'在干旱胁迫下比'Tifway'具有更大的绿叶面积。Zhou 等（2013）指出狗牙根品种的抗旱性差异与其根系活力和根长密度有关。张国珍（2005）对四川地区 5 份野生狗牙根材料的抗旱性进行研究发现，不同来源的狗牙根在抗旱性方面存在显著差异，其中编号为'2046'的材料综合抗旱性最强，国外对照品种'Tifdwarf'的综合抗旱性最弱。费永俊等（2007）对 4 个狗牙根品种在植被砼上的研究结果表明，4 个品种的光合速率、蒸腾速率和水分利用效率存在一定差异，水分利用效率由高到低依次为：'Common'、'040459/680'、'Jackpot'、'新农 1 号狗牙根'。阿里木·沙比尔等（2008）对 6 份源自新疆的狗牙根品种和品系进行抗旱性能比较，发现材料间存在抗旱性差异，其对干旱胁迫的适应性由强到弱依次为：'喀什狗牙根'＞C3＞'新农 1 号狗牙根'＞C5＞'新农 2 号狗牙根'＞C2。张岩等（2008）依据生长变化和一些生理指标，认为国内的 2 个狗牙根品种抗旱性强于国外的 2 个品种。

二、抗寒性

狗牙根适宜生长温度为 27～35℃，在日均温低于 15℃时停止生长，7～10℃变为棕黄色（Rogers et al.，1976）。低温影响下，暖季型草坪草在形态与结构特征会发生许多变化。为找出结缕草和普通狗牙根的细胞结构与抗寒性之间的关系，De los Reyes 等（2001）利用电镜观察匍匐茎和根状茎的解剖结构，认为其充满蜡质的上皮表面、厚壁上皮细胞和厚壁组织的外壳能通过增强耐旱力来提高其抗寒性。Munshaw 等（2004）认为适当的盐处理能提高狗牙根的耐寒性，并得出在生长末期施氮肥不会影响狗牙根根状茎的抗寒性，但过多则会降低抗性。王钦（1993）认为狗牙根耐寒性较差，低温胁迫下，狗牙根表现为叶片萎蔫、卷曲，叶片变褐，最终导致整株干枯死亡；当气温低于15℃时停止生长。阿不来提等（1998）报道，新疆的野生狗牙根（$C. dactylon$）能耐受－32℃的低温。郑玉红等（2002）根据半致死温度（LT_{50}），将49份狗牙根（$C. dactylon$）种源分为低温敏感型、过渡型和耐寒型，并指出耐寒型狗牙根常出现在高纬度、低经度、高海拔的地区。

由于狗牙根分布广泛，不同基因型或来源的狗牙根种质抗寒性也存在很大变异。Anderson等（1993）研究结果表明，6个狗牙根基因型的半致死温度变化范围为－7.7～9.6℃，其中'Tifgreen'的LT50最高，'Midiron'的LT50最低。Zhang等（2006）研究发现，狗牙根不同品种的碳、氮化合物在低温处理下的积累速度存在差异，为改善过渡带地区狗牙根的抗冻性，应选择在低温下能快速提高碳、氮化合物含量的品种。景艳杰等（2009）对112份新疆狗牙根材料的离体叶片进行模拟低温处理，结果表明：新疆狗牙根叶片半致死温度的变化范围为－11.67～－19.68℃，平均LT_{50}为－14.84℃，变异系数为9.92％；进一步分析表明，LT_{50}与叶长、叶宽、匍匐茎节间长及叶层高度间具有显著的负相关性，而叶长与叶宽、叶层高度、匍匐茎节间长度具有极显著正相关性。杨丽丽等（2009）对4个狗牙根品种在河北保定地区秋季自然降温下进行了耐寒性比较，结果表明，在低温胁迫下，狗牙根各品种叶片和匍匐茎细胞膜透性、可溶性糖和脯氨酸含量均出现不同程度的升高现象，且品种间存在差异。综合分析，当地的两种狗牙根C3和C19对低温胁迫的适应和抵御能力强于引进的国外品种。王丹等（2010）研究认为，狗牙根地下茎的抗寒性要强于叶片和地上茎，狗牙根主要靠地下茎来越冬。

三、耐盐性

在耐盐性方面，无论作为牧草还是草坪草，狗牙根都被认为具有较强的耐盐性。Marcum等（1994）的盐胁迫试验表明，6种草坪草的抗盐力大小顺序为滨海雀稗＞沟叶结缕草［$Zoysia matrella$（Linnaeus）Merrill］＞钝叶草＞普通狗牙根＞结缕草＞假俭草。Marcum和Murdoch（1990）的研究表明，普通狗牙根和结缕草是通过叶片表面的盐腺排盐，其抗盐力与盐腺分泌速度和盐腺密度呈正相关，而与茎叶中盐离子水平呈负相关。Marcum等（1998）发现，狗牙根叶子表面的盐腺能选择性的分泌Na^+和Cl^-。阿不来提等（1998）发现新疆野生狗牙根在pH为9.3的重盐碱土上仍能正常生长。张岩（2008）发现在盐处理下，狗牙根的相对含水量和叶绿素含量均随盐处理浓度的增加及处理时间的延长而逐渐降低，丙二醛含量与质膜伤害率却逐渐变大；脯氨酸的含量在处理初期及低浓度处理下逐渐升高，在盐处理达到一定浓度和一定时间时脯氨酸含量达到极值，而后逐渐下降。

狗牙根属内不同种质间抗盐性也存在显著差异。Dudeck等（1983）发现8个狗牙根品种中，'Tifgreen'和'Tifdwarf'抗盐性最强，'Tifway'等中等，'Common'和'Ormond'最弱。王红玲（2003）测定Na_2SO_4盐胁迫下'新农1号狗牙根'、'喀什狗牙根'、'托克逊狗牙根'、普通狗牙根和'矮生天堂草'的生理生化指标，认为细胞膜伤害率、丙二醛、脯氨酸、硝酸还原酶活性、钾钠吸收选择性系数可作为狗牙根抗盐性强弱的重要指标，叶绿素为参考指标，细胞膜伤害率越低，丙二醛含量越少，脯氨酸累积量越低，硝酸还原酶活性下降速率越快，钾钠吸收选择性系数越大，则狗牙根抗盐性就越强。陈静波等（2009）研究发现，18 个狗牙根优良选系和品种的 S50%（叶片枯黄率上升到 50%时的盐度）平均为 18.2g/L，变异系数达到 29%，且多数材料的抗盐性比对照品种 'Tifgreen' 和 'Tifdwarf' 强。原始生境为盐碱地的狗牙根往往具有更好的抗盐性（Hameed and Ashraf，2013）。Francois（1988）研究得出，来自以色列死海附近的材料 'Tifton 86' 抗盐性最强，其次为 'TifwayⅡ'，最弱的为来自中国的 'Tifton 10'。Hu 等（2012）研究发现，狗牙根抗盐品种盐胁迫下比盐敏感品种具有更好的根系生长状况和更强的抗氧化基因表达。

第五节 狗牙根育种研究进展

一、育种目标

狗牙根育种的特点是根据其用途（草坪草、牧草或水土保持用草）而定。作为草坪用的狗牙根要求匍匐性好、质地纤细、密度大、抗逆性强等，如 'Tifton 10'、'Numex Shhara' 和 'Primavera' 等；牧草用的狗牙根一般植株高大，叶量较为丰富，营养水平较高，饲用性能良好，抗逆性强，如 '岸杂 1 号狗牙根'（Coastcross-1 bermuda）' 和 'Tifton85' 等；而水土保持用草则要求根系发达，地上生物量丰富，匍匐性好，抗逆性强。如 'NK-37'。国外对狗牙根作为草坪草育种研究较多，育种主要目标是提高坪用质量、抗逆性和结实率等。

二、育种方法与育成品种

1. 引种 美国约在 17 世纪就开始引进狗牙根野生种。20 世纪初，美国掀起了一股收集、引进狗牙根的热潮；20 世纪 60 年代，美国俄克拉荷马州立大学的学者从非洲、东南亚、澳大利亚等地采集了大量的狗牙根材料，并对其形态学、细胞学等方面进行了研究。

我国的狗牙根引种始于 80 年代后期，引进的多是育成品种。截至目前，引进的狗牙根品种主要有 'Tifway'、'Tifgreen'、'Tifdwarf'、'Midiron'、'Jackpot'、'Mirage'、'Pyramid' 和 'Common' 等。

2. 系统选育 系统选育是从大量的狗牙根种质资源中，根据其外部形态、生物学特性及坪用价值，优中选优、反复筛选而培育出新品种或品系。早在 1930 年，南非共和国就选育出第一个坪用狗牙根品种 'Royal Cape'。'Tifway'、'Tifdwarf'、'U-3' 以及 'Tifton 10' 等均是通过系统选育方法育成的品种。

国内，育种工作起步晚，1994 年，甘肃草原生态所和甘肃农业大学从泰国引进狗牙根材料选育而成的 '兰引 1 号'，是我国最早登记的草坪型狗牙根品种。阿不来提等（1998）在高纬度的新疆利用野生狗牙根材料选育出抗寒品系 '伊犁型狗牙根' 和 '喀什型狗牙根'，这 2 个品系都能在 −32℃下安全越冬；并于 2001 通过系统选育法育成品种 '新农 1 号狗牙根'，该品种草坪用性状较好，结实率高，抗寒性强（2003）；于 2005 年育成的品种 '新农 2 号狗牙根' 抗逆性强、坪用性优良（2009）。刘建秀等（2004）从华中地区收集的狗牙根中选育出了低矮致密的国产普通狗牙根优良种 '南京狗牙根'，此外，国内选育的狗牙根品种还有'川南狗牙根'、'阳江狗牙根'、'邯郸狗牙根'、'保定狗牙根'等，国内审定的狗牙根品种见表1-2。

表1-2　国内审定的狗牙根品种

Table 1-2　*Cynodon* variety of China

序号 No.	品种名 Variety name	学名 Latin name	登记年份 Register year	育种方法 Breeding method	适应区域 Adaptable region
1	兰引1号草坪型狗牙根	*C. dactylon*（L.）Pers. cv. Lanyin No. 1	1994	引种选育	适宜长江以南地区种植
2	川南狗牙根	*C. dactylon*（L.）Pers. cv. Chuannan	2007	选择育种	适宜西南及长江中下游地区种植
3	喀什狗牙根	*C. dactylon*（L.）Pers. cv. Kashi	2001	选择育种	适宜我国南方和北方较寒冷、干旱、半干旱平原区种植
4	南京狗牙根	*C. dactylon*（L.）Pers. cv. Nanjing	2001	选择育种	适宜长江中下游地区种植
5	新农1号狗牙根	*C. dactylon*（L.）Pers. cv. Xinnong No. 1	2001	选择育种	适宜我国南方和北方较寒冷、干旱、半干旱的平原区种植
6	新农2号狗牙根	*C. dactylon*（L.）Pers. cv. Xinnong No. 2	2005	选择育种	适宜我国南方和北方较寒冷、干旱、半干旱平原区种植
7	阳江狗牙根	*C. dactylon*（L.）Pers. cv. Yangjiang	2007	选择育种	适宜长江中下游及其以南地区种植
8	邯郸狗牙根	*C. dactylon*（L.）Pers. cv. Handan	2008	选择育种	河北省保定、沧州以南的冀中南平原及河南、山东平原地区以及类似地区
9	保定狗牙根	*C. dactylon*（L.）Pers. cv. Baoding	2008	选择育种	河北省保定、沧州以南的冀中南平原及河南、山东平原以及类似地区
10	鄂引3号狗牙根	*C. dactylon*（L.）Pers. 'Eyin No. 3'	2009	引种选育	适宜我国长江流域中下游及以南地区种植，用于放牧、刈割，边坡防护及生态修复等
11	新农3号狗牙根	*C. dactylon*（L.）Pers. 'Xingnong No. 3'	2009	选择育种	适宜用于我国北方暖温带及亚热带，干旱、半干旱平原区城乡绿化、生态建设及人工草地建设
12	苏植2号非洲狗牙根	*C. transvaalensis*×*C. dactylon* 'Suzhi No. 2'	2012	杂交育种	适宜我国长江中下游及以南地区种植

3. 杂交育种　杂交育种是狗牙根改良的重要方法之一。1936 年，美国育种学家 Burton 将不同生态类型的普通狗牙根进行杂交选育，通过种内杂交选育成坪用狗牙根品种'Tiflawn'，然后又将普通狗牙根（四倍体）与非洲狗牙根（*C. transvaalensis*，二倍体）进行种间杂交，选育出了三倍体的狗牙根品种'Tiffine'、'Tifgreen'和'Tifway'（$2n=3x=27$），其中后 2 个品种至今仍是南方高尔夫球场果岭和球道的主栽品种。耐寒品种'Midlawn'、'Midfield'则是经天然杂交产生的品种。抗寒性较好的品种还有

'Midiron'和'Guymon'等。位于我国江苏省的中国科学院植物研究所刘建秀等利用普通狗牙根和非洲狗牙根杂交获得的'苏植2号非洲狗牙根'，该品种适宜我国昌江中下游及以南地区种植。

4. 诱变育种 除了常规的杂交育种方法外，人工诱导产生突变也是获得狗牙根新品种及变种的有效方法。由于狗牙根花穗很小，常规育种手段如杂交育种等应用起来困难，而辐射育种具有较高的变异频率，可以改善植物的叶色、叶宽、叶长等性状。美国在狗牙根诱变育种方面走在世界前列。如'Tifdwarf'是美国育种家从狗牙根品种'Tifgreen'的匍匐茎上获得一个不育的三倍体自然突变体，之后用γ射线照射该品种的休眠根茎，产生了158种变异，从中选育了许多新品种，如'TifgreenⅡ'、'Mid-iron'、'TifwayⅡ'表现与'Tifgreen'相似，但具有较强的抗霜冻性和抗虫性。

国内这方面的研究起步稍晚，郭爱桂等（2000）、王文恩等（2007）对我国部分狗牙根资源开展了辐射诱变选育方面的研究。李培英等（2007）利用^{60}Co-γ射线对新农1号狗牙根种子与匍匐茎进行处理，结果表明，^{60}Co-γ辐射剂量促进新农1号狗牙根干种子萌发，且随着剂量的增加，对种子萌发的抑制作用加强；匍匐茎经辐射处理后，新农1号狗牙根的叶长、节间长度变短，叶和茎变短变细，叶色变深。

5. 生物工程育种 生物技术在狗牙根育种中应用的越来越受到重视。组培技术在培育狗牙根变异方面取得了一些进展，如Colyer等（1991）在Zebra狗牙根再生植株中发现了矮化的体细胞无性系变异；通过组培技术筛选提高了狗牙根对秋季黏虫和叶斑病的抗性，获得了抗病的再生植株。郭振飞等（2002）在狗牙根愈伤组织中培养出无性系，再利用物理方法诱导体细胞发生变异，已筛选出三倍体杂交狗牙根的矮化突变体。

基因工程育种能缩短育种周期，美国在1998年就开始对狗牙根进行抗线虫、抗寒性、抗真菌蛋白转基因等方面研究。Li等（2004）利用狗牙根幼穗将gusA和bar基因导入狗牙根植株中；而Zhang等（2003）则利用基因枪法获得了含hpt基因的狗牙根植株。谢永丽（2005，2006）从狗牙根中分别克隆了抗逆基因BeDREB和cyclinD基因片段。

从上述可以看出，目前狗牙根育种研究主要利用常规育种手段，利用系统选育、杂交育种和诱变育种已选育出一些品种；而分子育种手段在狗牙根育种中起步晚，目前分离和克隆的基因较少，导致新品种培育受限。

第六节 问题与展望

狗牙根作为重要的暖季型草坪草之一，在全世界分布范围广泛，生境及遗传多样性丰富。中国拥有丰富的野生狗牙根资源，但目前中国狗牙根种质资源的研究尚处于起步阶段，研究与开发力度不强，狗牙根种质资源研究中存在的主要问题有：一是狗牙根种质资源收集及评价工作不够全面，尤其是国外资源的收集及评价力度不够；二是遗传多样性研究所采用的手段单一，资源较少；三是目前国内生产用的大部分狗牙根仍是引进品种，其存在品种单一、容易退化、抗逆性差等问题；四是狗牙根结实性差、种子产量低、价格高；五是综合评价方面，缺乏对种质资源之间在抗逆性、青绿期、繁殖性能与生境之间的差异及其相关性分析。六是基因工程在狗牙根育种中运用极少，分离鉴定到的目的基因少，许多重要基因（如抗逆性相关基因）尚未分离出来，导致新品种培育受限；七是生物工程育种与常规育种的结合尚不够紧密。

基于狗牙根种质资源的研究现状，笔者认为今后应从以下几方面开展研究工作：一是加强狗牙根种质资源的收集、整理、鉴定、保存及系统评价工作，不仅要重视本国资源的收集，同时要加强世界范围内种质的收集和保存，为草坪草开发、研究和利用提供充足材料；二是狗牙根种质遗传多样性研究方面，应加强从 DNA 水平分析的力度，DNA 水平检测能检测出更加丰富的遗传多样性，并为特定性状进行基因定位及克隆；同时综合利用形态标记、细胞标记、生化标记和分子标记系统评价狗牙根种质资源的遗传多样性；三是充利用体细胞选择和转基因等育种技术，对狗牙根抗逆性（特别是抗寒性）和坪用性状进行改良，以期培育优质抗逆的国产狗牙根新品种；四是加大对狗牙根种子生理生态学方面的研究，选育种子产量高、品质好的狗牙根品种；五是综合应用常规育种和生物工程育种，选育具有优良草坪草特性的狗牙根，培育出适应性强、质量更优的狗牙根新品种。

参 考 文 献

阿不来提，李培英，孙宗玖，等 . 2009. 新农 2 号狗牙根的选育 [J]. 草业科学，26（6）：177-179.

阿不来提，石定燧，杨光，等 . 1998. 新疆野生狗牙根研究初报 [J]. 新疆农业大学学报，21（2）：124-127.

阿不来提，石定燧，杨苗萌，等 . 2003. 新农 1 号狗牙根 [J]. 草业科学，20（9）：30-31.

阿力木·沙比尔，阿不来提·阿不都热依木，齐曼·尤努斯 . 2008. 6 份新疆狗牙根抗旱性比较 [J]. 新疆农业大学学报，31（2）：17-21.

陈静波，阎君，姜燕琴，等 . 2009. 暖季型草坪草优良选系和品种抗盐性的初步评价 [J]. 草业学报，18（5）：107-114.

费永俊，廖启蓉，曾璇 . 2007. 4 个狗牙根品种水分利用效率的比较 [J]. 长江大学学报（自科版）·农学卷，4（3）：37-39.

付玲玲 . 2003. 狗牙根种质资源的 RAPD 分析 [D]. 兰州：甘肃农业大学 .

高文伟，李培英，孙宗玖，等 . 2010. 新疆狗牙根种质遗传多样性的 SSR 分析 [J]. 草业科学，27（12）：58-64.

龚志云，高清松，苏艳，等 . 2007. 三倍体狗牙根染色体数变异的分子细胞学鉴定 [J]. 园艺学报，34（6）：1509-1514.

郭爱桂，刘建秀，郭海林，等 . 2000. 辐射技术在国产狗牙根育种中的初步应用 [J]. 草业科学，17（1）：45-47，59.

郭爱桂，刘建秀，郭海林 . 2002. 几种暖季型草坪草抗旱性的初步鉴定 [J]. 草业科学，19（8）：61-63.

郭海林，刘建秀，郭爱桂，等 . 2002. 中国狗牙根染色体数变异研究初报 [J]. 草地学报，10（1）：69-73.

郭振飞，卢少云 . 2002. 细胞工程技术在草坪草育种上的应用 [J]. 草原与草坪（3）：6-9.

韩建国，潘全山，王培 . 2001. 不同草种草坪蒸散量及各草种抗旱性的研究 [J]. 草业学报，10（4）：56-63.

韩烈保 . 1994. 草坪管理学 [M]. 北京：北京农业大学出版社 .

何惠琴，干友民，李绍才，等 . 2006. 不同温度下野生狗牙根过氧化物酶同工酶分析 [J]. 中国草地学报，28（5）：72-76.

黄春琼，周少云，刘国道，等.2010. 华南地区野生狗牙根植物学形态特征变异研究［J］. 草业学报，19（5）：210-217.

黄春琼.2010. 狗牙根种质资源遗传多样性分析及评价［D］. 海口：海南大学.

贾继增.1996. 分子标记种质资源鉴定和分子标记育种［J］. 中国农业科学，29（4）：1-10.

景艳杰，孙宗玖，李培英.2009. 新疆狗牙根种质资源抗寒性初步鉴定［J］. 新疆农业大学学报，32（3）：11-16.

李江华，高文伟，阿不来提，等.2011.48 份新疆野生狗牙根遗传多样性的 SRAP 分析［J］. 新疆农业大学学报，34（4）：285-291.

李培英，孙宗玖，阿不来提.2007. ^{60}Co-γ 射线对新农 1 号狗牙根辐射诱变初探［J］. 草原与草坪（6）：22-25.

李志东，黎可华，何会蓉，等.2008. 华南地区 7 个暖季型草坪草种的抗旱性与灌溉节水的初步研究［J］. 草业科学，25（11）：120-124.

梁慧敏.2010. 不同居群狗牙根 RAPD 分析［J］. 草业学报，19（1）：258-262.

凌瑶，张新全，齐晓芳，等.2010. 西南五省区及非洲野生狗牙根种质基于 SRAP 标记的遗传多样性分析［J］. 草业学报，19（2）：196-203.

刘国道.2010. 海南禾草志［M］. 北京：科学出版社.

刘国道.2000. 海南饲用植物志［M］. 北京：中国农业大学出版社：487-490.

刘建秀，郭爱桂，郭海林.2003. 中国狗牙根种质资源形态变异及其形态型划分［J］. 草业学报，12（6）：99-104.

刘建秀，刘永东，贺善安，等.2004. 南京狗牙根的选育［J］. 草业科学，21（11）：84-85.

刘君，赵琴，杨志民.2012.SRAP 分子标记对九个狗牙根品种的鉴定分析［J］. 中国草地学报，34（4）：21-25.

刘伟.2006. 西南区野生狗牙根种质资源遗传多样性与坪用价值研究［D］. 雅安：四川农业大学.

刘自学，郑群英，汪玺.2005.6 种草坪草叶片的气孔特征与气孔传导力［J］. 草业科学，22（8）：1-75.

卢少云，陈斯平，陈斯曼，等.2003. 三种暖季型草坪草在干旱条件下脯氨酸含量和抗氧化酶活性的变化［J］. 园艺学报，30（3）：303-306.

吕静，刘卫东，王丽，等.2010.4 种暖季型草坪草的抗旱性分析［J］. 中南林业科技大学学报，30（3）：100-104.

马克群，刘建秀，胡化广，等.2006. 狗牙根属部分优良选系染色体倍性的初步研究［J］. 草业科学，23（4）：82-85.

马亚丽，阿不来提.2013. 利用同功酶研究新疆狗牙根的遗传多样性［J］. 现代园艺（6）：9-10.

齐晓芳，张新全，凌瑶，等.2010. 野生狗牙根种质资源的 AFLP 遗传多样性分析［J］. 草业学报，19（3）：155-161.

孙宗玖，李培英.2006. 新疆狗牙根农艺性状及利用价值初探［J］. 草业科学，23（5）：36-40.

孙宗玖，齐曼，李培英，等.2004. 冷害胁迫下 3 个狗牙根品种抗寒性比较研究［J］. 草业科学，21（1）：39-42.

王丹，宣继萍，郭海林，等.2010. 暖季型草坪草不同营养器官耐寒力的动态变化［J］. 草业科学，27（3）：26-30.

王红玲.2003.Na$_2$SO$_4$ 盐胁迫下狗牙根抗盐性比较研究［D］. 乌鲁木齐：新疆农业大学.

王钦.1993. 低温对草坪植物生命过程的影响［J］. 草业科学，10（4）：62-65.

王文恩，包满珠，张俊卫，等.2009. 狗牙根辐射诱变后代变异植株的形态特征比较和 ISSR 分析［J］.

草业科学，26（12）：139-145.

王文恩，包满珠，张俊卫．2007. ^{60}Co-γ 射线对狗牙根干种子的辐射效应［J］．草地学报，15（2）：187-189.

王玉刚．2004. 三种草坪草抗旱性研究［D］．乌鲁木齐：新疆农业大学．

王赞，毛凯，吴彦奇，等．2004. 攀西地区野生狗牙根遗传多样性研究［J］．草地学报，12（2）：120-123.

吴仁润，卢欣石．1992. 中国热带亚热带牧草种质资源［M］．北京：中国科技出版社．

吴彦奇，刘玲珑，熊曦，等．2001. 四川野生狗牙根的利用和资源［J］．草原与草坪（3）：32-34.

吴永敷．1999. 中国牧草登记品种集［M］．北京：中国农业大学出版社：6-17.

夏铭．1999. 遗传多样性研究进展［J］．生态学杂志，18（3）：59-65.

谢永丽，王自章，刘强，等．2005. 草坪草狗牙根中抗逆基因 BeDREB 的克隆及功能鉴定［J］．中国生物化学与分子生物学报，21（4）：521-527.

谢永丽，王自章．2006. 草坪草狗牙根中 cyclinD 基因片段的分离［J］．青海大学学报（自然科学版），24（5）：30-33.

杨丽丽，赵玉靖，李会彬，等．2009. 四个狗牙根品种耐寒生理评价研究［J］．北方园艺（11）：89-91.

易杨杰，张新全，黄琳凯，等．2008. 野生狗牙根种质遗传多样性的 SRAP 研究［J］．遗传，30（1）：94-100.

袁长春，施苏华，赵运林．2003. 湖南四种尾矿环境下的狗牙根遗传多样性的 RAPD 分析［J］．广西植物，23（1）：36-40，47.

张国珍．2005. 四川野生狗牙根抗旱性研究及评价［D］．雅安：四川农业大学．

张小艾，张新全．2006. 西南区野生狗牙根形态多样性研究［J］．草原与草坪（3）：35-38.

张小艾．2004. 西南区野生狗牙根种质资源性状综合评价及同工酶比较研究［D］．雅安：四川农业大学．

张新民．2002. 灌水对草坪蒸散和坪草养分吸收特征的影响［D］．保定：河北农业大学．

张延辉，阿不来提，李培英．2011. 新疆野生狗牙根形态多样性研究［J］．新疆农业大学学报，34（1）：6-11.

张延辉，李江华．2013. 不同居群野生狗牙根材料的 SSR 分析［J］．草地学报，21（3）：598-606.

张岩，李会彬，边秀举，等．2008. 水分胁迫条件下几种狗牙根草坪草抗旱性比较研究［J］．华北农学报，23（S1）：150-152.

张岩．2008. 几种狗牙根品种（系）抗旱及抗盐性研究［D］．保定：河北农业大学．

郑玉红，刘建秀，陈树元．2003. 我国狗牙根种质资源多样性研究——I. 同工酶分析［J］．中国草地，25（5）：52-57.

郑玉红，刘建秀，陈树元．2005. 中国狗牙根（*Cynodon dactylon*）优良选系的 RAPD 分析［J］．植物资源与环境学报，14（2）：6-9.

郑玉红，刘建秀，陈树元．2002. 中国狗牙根［*Cynodon dactylon*（L.）Pers.］耐寒性及其变化规律［J］．植物资源与环境学报，11（2）：48-52.

中国科学院中国植物志编委会．1990. 中国植物志．第10卷第1分册［M］．北京：科学技术出版社：82-84.

Anderson J A, Taliaferro C M, Martin D L. 1993. Evaluating freeze tolerance of bermudagrass in a controlled environment［J］. HortScience, 28（9）: 955-955.

Beard J B, Green R L, Sifers S I. 1992. Evapotranspiration and leaf extension rates of 24 well-watered, turf-type *Cynodon* genotypes［J］. HortScience, 27（9）: 986-988.

Beard J B, Sifers S I. 1997. Genetic diversity in dehydration avoidance and drought resistance within the

Cynodon and *Zoysia* species [J]. International Turfgrass Society Research Journal, 8: 603-610.

Brede J L, Brede A D, Taliaferro C M. 1989. Development of improved, cold-tolerant, seed-propagated, turf-type bermudagrass cultivars [C] //Proceedings of the 6th International Turfgrass Research Conference, Tokyo, Japan. 31: 99-101.

Burson B L, Tischler C R. 1980. Cytological and electrophoretic investigations of the origin of 'Callie' bermudagrass [J]. Crop Science, 20 (3): 409-410.

Caetano-Anollés G, Callahan L M, Gresshoff P M. 1997. The origin of bermudagrass (*Cynodon*) off-Types inferred by DNA amplification fingerprinting [J]. Crop Science, 37 (1): 81-87.

Caetano-Anollés G. 1998. Genetic instability of bermudagrass (*Cynodon*) cultivars 'Tifgreen' and 'Tifdwarf' detected by DAF and ASAP analysis of accessions and off-types [J]. Euphytica, 101 (2): 165-173.

Carrow R N. 1996. Drought avoidance characteristics of diverse tall fescue cultivars [J]. Crop Science, 36 (2): 371-377.

Colyer P D. 1991. Development of bipolaris leaf spot resistant bermudagrass through cell culture [J]. Phytopathology, 81: 1150-1155.

Dabo S M, Taliaferro C M, Mitchell E D. 1990. Bermudagrass cultivar identification by use of isoenzyme electrophoretic patterns [J]. Euphytica, 51 (1): 25-31.

De los Reyes B G, Taliaferro C M, Anderson M P, et al. 2001. Induced expression of the class II chitinase gene during cold acclimation and dehydration of bermudagrass (*Cynodon* spp.) [J]. Theoretical and Applied Genetics, 103 (2-3): 297-306.

Dudeck A E, Singh S, Giordano C E, et al. 1983. Effects of sodium chloride on Cynodon turfgrasses [J]. Agronomy Journal, 75 (6): 927-930.

Etemadi N, Sayed-Tabatabaei B E, Zamanni Z, et al. 2006. Evaluation of diversity among *Cynodon dactylon* (L.) Pers using RAPD markers [J]. International Journal of Agriculture and Biology, 8 (2): 198-202.

Francois L E. 1988. Salinity effects on three turf bermudagrasses [J]. HortScience, 23: 706-708.

Gatschet M J, Taliaferro C M, Anderson J A, et al. 1994. Cold acclimation and alterations in protein synthesis in bermudagrass crowns [J]. Journal of the American Society for Horticultural Science, 119 (3): 477-480.

Graham J, Mcnicol R, Mcnicol J A. 1996. Comparison of methods for the estimation of genetic diversity in strawberry [J]. Theoretical and Applied Genetics, 93 (3): 402-406.

Gulsen O, SeverMutlu S, Mutlu N, et al. 2011. Estimating optimum number of marker loci for genetic analyses in Cynodon accessions [J]. Biochemical Systematics and Ecology, 39 (4-6): 906-909.

Hameed M, Ashraf M. 2008. Physiological and biochemical adaptations of *Cynodon dactylon* (L.) Pers. from the Salt Range (Pakistan) to salinity stress [J]. Flora, 203 (8): 683-694.

Hanna W W, Burton G W, Johnson A W. 1990. Registration of 'Tifton 10' turf bermudagrass [J]. Crop Science, 30 (6): 1355-1356.

Harlan J R, de wet J M J, Rawal K M, et al. 1970. Cytogenetic studies in *Cynodon* L. C. Rich (Gramineae) [J]. Crop Science, 10 (3): 288-291.

Harlan J R, de wet J M J. 1969. Sources of variation in *Cynodon dactylon* (L.) Pers [J]. Crop Science, 9 (6): 774-778.

Harlan J R. 1999. Sourees of variation in *Cynodon dactylon* (L.) Pers [J]. Crop science, 39: 774-778.

Harris-Shultz K R，Schwartz B M，Brady J A. 2011. Identification of simple sequence repeat markers that differentiate bermudagrass cultivars derived from 'Tifgreen' [J]. Journal of the American Society for Horticultural Science，136（3）：211-218.

Hu L，Huang Z，Liu S，et al. 2012. Growth response and gene expression in antioxidant-related enzymes in two bermudagrass genotypes differing in salt tolerance [J]. Journal of the American Society for Horticultural Science，137（3）：134-143.

Hu L，Wang Z，Du H，et al. 2010. Differential accumulation of dehydrins in response to water stress for hybrid and common bermudagrass genotypes differing in drought tolerance [J]. Journal of Plant Physiology，167（2）：103-109.

Huang B，Duncan R R，Carrow R N. 1997. Drought-resistance mechanisms of seven warm-season turfgrasses under surface soil drying：II. Root aspects [J]. Crop Science，37（6）：1863-1869.

Husmoen D，Vietor D M，Rouquette F M，et al. 2012. Variation of responses to water stress between 'Tifton 85' and 'Tifway' or 'Coastal' bermudagrass [J]. Crop Science，52（5）：2385-2391.

Kang S Y，Lee G J，Lim K B，et al. 2008. Genetic diversity among Korean bermudagrass（Cynodon spp.）ecotypes characterized by morphological, cytological and molecular approaches [J]. Molecules and Cells，25（2）：163-171.

Karaca M，Saha S，Zipf A，et al. 2002. Genetic diversity among forage bermudagrass（Cynodon spp.）：evidence from chloroplast and nuclear DNA fingerprinting [J]. Crop Science，42（6）：2118-2127.

Li L，Qu R. 2004. Development of highly regenerable callus lines and biolistic transformation of turf-type commom bermudagerass [J]. Plant Cell Reports，22（6）：403-407.

Ling Y，Zhang X Q，Ma X，et al. 2012. Analysis of genetic diversity among wild bermudagrass germplasm from southwest China using SSR markers [J]. Genetic Molecular Research，11（4）：4598-4608.

Lu S Y，Guo Z F，Peng X X. 2003. Effects of ABA and S-3307 on drought resistance and antioxidative enzyme activity of turfgrass [J]. Journal of Horticultural Science and Biotechnology，78（5）：663-666.

Marcum K B，Anderson S J，Engelke M C. 1998. Salt gland ion secretion：A salinity tolerance mechanism among five zoysiagrass species [J]. Crop Science，38（3）：806-810.

Marcum K B，Murdoch C L. 1990. Growth responses, ion relations, and osmotic adaptations of eleven C_4 turfgrasses to salinity [J]. Agronomy Journal，82（5）：892-896.

Marcum K B，Murdoch C L. 1994. Salinity tolerance mechanisms of six C_4 turfgrasses [J]. Journal of the American Society for Horticultural Science，119（4）：779-784.

Miller G L. 2000. Physiological response of bermudagrass grown in soil amendments during drought stress [J]. Hort Science，35（2）：213-216.

Munshaw G C，Zhang X，Ervin E H. 2004. Effect of salinity on bermudagrass cold hardiness [J]. HortScience，39（2）：420-423.

Qian Y L，Fry J D，Upham W S. 1997. Rooting and drought avoidance of warm-season turfgrasses and tall fescue in Kansas [J]. Crop Science，37（3）：905-910.

Ramakrishnan P S，Singh Vijay K. 1966. Differential response of the edaphic ecotypes in Cynodon dactylon（L.）Pers to soil calcium [J]. New Phytologist，65（1）：100-108.

Riaz A，Younis A，Hameed M，et al. 2010. Morphological and biochemical responses of turf grasses to water deficit conditions [J]. Pakistan Journal of Botany，42（5）：3441-3448.

Rochecouste E. 1962. Studies on the biotypes of Cynodon dactylon（L.）Pers. I. botanical investigations [J]. Weed Research，2（1）：1-23.

Rogers R A，Dunn J H，Brown M F. 1976. Ultrastructural characterization of the storage organs of *Zoysia* and bermudagrass [J]. Crop Science，16 (5)：639-642.

Taliaferro C M. 2003. Bermudagrass [*Cynodon* (L.) Rich]. In：CaslerM D，Duncan R R eds.，Turfgrass biology，genetics and breeding. Hoboken：John Wiley Press，235-256.

Taliaferro C M. 1995. Diversity and vulnerability of bermuda turfgrass species [J]. Crop Science，35 (2)：327-332.

Vermeulen P H，Beard J B，Hussey M A，et al. 1991. Starch gel electrophoresis used for identification of turf-type *Cynodon* genotypes [J]. Crop Science，31 (1)：223-227.

Wang Z，Wu Y Q，Martin D L，et al. 2010. Identification of vegetatively propagated turf bermudagrass cultivars using simple sequence repeat markers [J]. Crop Science，50 (5)：2103-2111.

Wofford D S，Baltensperger A A. 1985. Heritability Estimates for Turfgrass Characteristics in Bermudagrass [J]. Crop Science，25：133-136.

Wu Y Q，Taliaferro C M，Bai G H，et al. 2004. AFLP analysis of *Cynodon dactylon* (L.) Pers. var. *dactylon* genetic variation [J]. Genome，47 (4)：689-696.

Wu Y Q，Taliaferro C M，Bai G H，et al. 2006. Genetic analyses of Chinese accessions by flow cytometry and AFLP markers [J]. Crop Science，46 (2)：917-926.

Xu J，Wang Z，Cheng J J. 2011. Bermuda grass as feedstock for biofuel production：a review. Bioresour Technol，102：7613-7620.

Yerramsetty P N，Anderson M P，Taliaferro C M，et al. 2008. Genetic variations in clonally propagated bermudagrass cultivars identified by DNA fingerprinting [J]. Plant Omics Journal，1 (1)：1-8.

Zhang G. 2003. Transformation of triploid bermudagrass (*Cynodon dactylon* × *C. transvaalensis* cv. TifEagle) by means of biolistic bombardment [J]. Plant Cell Reports，21 (9)：860-864.

Zhang L H，Ozias-Akins P，Kochert G，et al. 1999. Differentiation of bermudagrass (*Cynodon* spp.) genotypes by AFLP analyses [J]. Theoretical and Applied Genetics，98 (6-7)：895-902.

Zhang X，Ervin E H，LaBranche A J. 2006. Metabolic defense responses of seeded bermudagrass during acclimation to freezing stress [J]. Crop Science，46 (6)：2598-2605.

Zhou Y，Lambrides C J，Roche M B，et al. 2013. Temporal and spatial patterns of soil water extraction and drought resistance among genotypes of a perennial C_4 grass [J]. Functional Plant Biology，40 (4)：379-392.

第二章

狗牙根种质资源调查与收集

狗牙根（*Cynodon* Richard），属禾本科（Gramineae）画眉草亚科虎尾草族（Chloridoieae）C₄型多年生草本植物（Gatschet and Taliaferro，1994）。Taliaferro（1995）把该属植物分为9种10变种，其中，用于草坪的狗牙根主要有4种，分别是普通狗牙根（*C. dactylon*）、印苛狗牙根（*C. incompletus*）、非洲狗牙根（*C. transvaalen-sis*）和杂交狗牙根（*C. dactylon*×*C. transvaalensis*）。狗牙根属植物大多起源于非洲东部，欧亚大陆、印度尼西亚、马来西亚和印度也有广泛分布。主要生长于温暖湿润的热带、亚热带地区。其中普通狗牙根（*C. dactylon*）是世界广布型草种（Harlan，1969）。从水平分布上看，在北纬45°至南纬45°范围内，狗牙根几乎遍布所有大陆、岛屿，向北它可一直分布到北纬53°。从垂直分布上看，在尼泊尔、克什米尔及喜马拉雅山海拔4 000m高度也有分布，甚至在海平面以下都有分布，如约旦、美国加利福尼亚及我国新疆南部也有分布（Harlan，1999）。

分布在我国的狗牙根共有2种1变种，分别是普通狗牙根［*C. dactylon*（Linnaeus）Persoon］、弯穗狗牙根（*C. radiatus* Roth ex Roemer et Schultes）2个种，变种是双花狗牙根（*C. dactylon* var. *biflorus* Merino）（Flora of China Editorial Committee，2006）。其中普通狗牙根分布遍及黄河流域以南的广大地区，弯穗狗牙根则主要分布在台湾、南海诸岛、海南等地。野生狗牙根在我国的分布特点主要是丘陵、山地及路边零星分布，在部分河漫滩涂地也呈带状分布或团块状分布（Harlan，1970），甚至在干旱沙漠区内也有野生狗牙根的分布。

鉴于狗牙根种质资源分布的广泛性及多样性，本研究针对狗牙根的分布范围对其进行调查及收集，旨在为狗牙根种质资源的开发利用提供种质材料，为狗牙根新品种选育提供材料保障。

一、材料与方法

1. 调查工具　种子袋、网袋、剪刀、锄头、镰刀、纸圈、pH试纸、放大镜、电子天平、塑料袋、GPS（全球定位系统）、笔记本、标签、铅笔、数码相机、《中国植物志》、《海南植物志》、《云南植物志》、《江苏植物志》等各地植物志。

2. 调查采集点　对我国狗牙根分布地区及国外一些狗牙根分布较广泛的国家（刚果、越南、斯里兰卡、澳大利亚、哥伦比亚、印度、巴西、印度尼西亚、马来西亚、新加坡、巴布亚新几内亚、赞比亚、哥斯达黎加、柬埔寨、越南及泰国等）的野生狗牙根种群的分布特点与生态特性进行调查研究，采集地既包括低山、丘陵、平原和高原，也包括江、河、湖、海及天然草地等。

3. 取样　收集狗牙根种子、植株等。

4. 原始资料记录 观察并记录野生狗牙根分布的地点、经纬度、海拔、地形、植被、土壤 pH 及优势植物和群落的主要组成成分。

二、结果与分析

1. 狗牙根种质资源的收集情况 2006—2008 年，对我国狗牙根分布地区及国外一些狗牙根分布较广泛的国家（刚果、越南、斯里兰卡、澳大利亚、哥伦比亚、印度、巴西、印度尼西亚、马来西亚、新加坡、巴布亚新几内亚、赞比亚、哥斯达黎加、柬埔寨、越南及泰国等）的野生狗牙根种群的分布特点与生态特性进行调查研究，共收集到 473 份野生狗牙根资源，其中 430 份野生狗牙根种质采自 19 个省及 4 个直辖市，国外的 43 份种质来自大洋洲、南美洲、北美洲、非洲、亚洲等五大洲 16 个国家，见表 2-1。

表 2-1　473 份野生狗牙根种质分布情况
Table 2-1　The distribution of 473 *C. dactylon* accessions

国内 Domestic	种源数 Number	百分数 Percentage （%）	国外 Abroad	种源数 Number	百分数 Percentage （%）
华北地区 North China	13	2.75	大洋洲 Oceania	4	0.88
西北地区 Northwest China	11	2.33	北美洲 North America	3	0.63
华中地区 Central China	29	6.13	南美洲 South America	3	0.63
西南地区 Southwest China	71	15.01	亚洲 Asia	24	5.07
华东地区 Eastern China	195	41.23	非洲 Africa	9	1.90
华南地区 South China	111	23.47			

2. 野生狗牙根分布情况

（1）狗牙根分布的范围　经调查发现，狗牙根分布在北纬 1°17′至南纬 30°33′，海拔 0~2 100m 的范围内。其中，国外狗牙根分布在北纬 1°17′（新加坡）至南纬 30°33′（南非），东经 14°58′（刚果）至西经 85°45′（哥斯达黎加）；中国的狗牙根主要分布在北纬 18°12′（海南三亚）至 39°57′（北京），东经 98°36′至 122°39′，北起北京、天津、甘肃、陕西、河北、河南，南至长江流域及以南地区的江苏、上海、安徽、浙江、福建、广东、广西、云南、贵州、四川、重庆、江西、湖北、湖南及海南等省（自治区、直辖市）。生态幅度宽，地貌类型多样。

（2）狗牙根分布的生境　狗牙根大多生长在路边荒地、草地、林地里、灌木丛中；湿润的稻田边、河滩边、沟边、水边、耕地；干旱的山坡、海边沙滩地（图 2-1）；野生狗牙根生长的土壤有黄壤、棕壤、紫色土、砖黄壤、砂土、黏土等，大多分布在微酸性土壤中，以壤土中生长最好，土壤的 pH 值范围是 5.5~8.5，这说明狗牙根环境适应能力强。根据野外调查的结果，初步将野生狗牙根生境分为：疏林草地型（在桉树林下、灌木丛中）、丘陵山地型（山地和路边）、高原山地型（高山、高原）、平原耕地型（平地、耕地）、滩涂草地型（低洼泥生地、海边、河滩、田埂、水库坝）等 5 种类型。

（3）狗牙根分布的群落组成　在对野生狗牙根资源进行调查采集时发现狗牙根常与弯穗狗牙根（*C. radiatus*）、牛筋草（*Eleusine indica*）、地毯草（*Axonopus compressus*）、马唐（*Sigitaria sanguinalis*）、千金子（*Leptochloa chinensis*）、白茅（*Imperata cylindrical*）、雀稗（*Paspalum thunbergii* Kunth ex Steud）、白羊草（*Bothriochloa ischaemum*）、结缕草（*Zoysia japonica*）、假俭草（*Eremochloa opiuroides*）、狗尾草（*Setaria viridis*）、牛鞭草（*Hemarthria altisssima*）等草种相伴而生。

路边   岩石

耕地   水稻田

江边   海边

图 2-1 野生狗牙根分布的生境

Figure 2-1 The habitat of wild *Cynodon dactylon*

狗牙根群落组成主要以狗牙根＋假俭草＋千金子、狗牙根＋结缕草、狗牙根＋马唐＋地毯草、狗牙根＋弯穗狗牙根＋牛筋草等类型较多。

（4）狗牙根生态特性

①耐旱性：在调查中发现，狗牙根较耐旱。在采样过程中发现所取的草坪一周内不浇水都能成活，在黄浦江及长江边的岩石上也发现狗牙根存在，这表明狗牙根具有较强的抗旱性。已有报道狗牙根抗旱性比其他暖季型草坪草结缕草、假俭草和地毯草都强。

②耐寒性：狗牙根属暖季型草坪草，暖季型草坪草的抗寒性一般较弱，野外调查发现，野生狗牙根在气温低于 15℃时，则进入休眠状态。

③耐阴性：狗牙根喜阳光，在较密集的树林或灌木丛中野生狗牙根分布少，在较隐蔽的环境中偏向直立生长，其植株较细高，茎秆柔嫩。

④耐践踏性：在野外观察发现，自然分布的狗牙根群落在人畜高强度践踏的条件下，仍能顽强的生长，具较强的耐践踏性。

⑤耐贫瘠性：在采集过程中发现，在石山、石滩和砂质很重的土壤上都有狗牙根分布。

三、讨论

普通狗牙根（*C. dactylon*）是世界广布型草种（Taliaferro，1995），在北纬 45°至南纬 45°范围内均有分布，向北可分布到北纬 53°，在尼泊尔、克什米尔及喜马拉雅山海拔 4 000m 高度也有分布，甚至分布于海平面以下（Harlan，1999）。刘伟（2006）指出狗牙根可分布在 3 080m 的海拔高度。而刘建秀（1996）报道假俭草可以分布在 1 000m 的海拔高度。董厚德（2001）报道结缕草可分布在日本 1 500m 的海拔高度。本次调查研究发现，狗牙根主要分布在海拔 0～2 100m，北纬 1°17′至南纬 30°33′的范围内。可见作为三大暖季型草坪草之一的狗牙根，其分布范围比另两种暖季型草坪草（结缕草、假俭草）广，狗牙根的分布范围还需作进一步考证。

狗牙根对土壤要求不严，这与 Ramakrishnan 等（1966）报道的结果一致，从本研究调查的土壤类型来看，野生狗牙根生长的土壤有黄壤、棕壤、紫色土、砖黄壤、砂土、黏土等多种类型，土壤的 pH 值范围为 5.5～8.5，这与刘伟（2006）报道的 pH 值 5.5～9.3 较为一致。根据野外观察研究，野生狗牙根的生境具有丰富的多样性，可以初步将野生狗牙根生境分为：疏林草地型（在桉树林下、灌木丛中）、丘陵山地型（山地和路边）、高原山地型（高山、高原）、平原耕地型（平地、耕地）、滩涂草地型（低洼泥生地、海边、河滩、田埂、水库坝）等 5 种类型。这与刘伟（2006）报道的西南地区的狗牙根群落生境高原山地型（高山、高原）、低山丘陵型（丘陵坡地、低山）和河滩草地型（河滩、水坝）及白且史（2002）报道的假俭草的生境河滩草地型（河滩、田坎、水库坝）、松林疏林草地型（在马尾松树林下）、丘陵山地型（山地和路边）等有相似之处，但比他们报道的分布范围广，这是因为本研究所用材料数量多，分布范围广，生境多样。

参 考 文 献

白史且，高荣，沈翼，等 . 2002. 假俭草遗传多样性的 AFLP 指纹分析 [J]. 高技术通讯（10）：45-49.

董厚德，莉君 . 2001. 中国结缕草生态学及其资源开发与利用 [M]. 北京：中国林业出版社：35-52.

刘建秀，贺善安，刘永东，等 . 1996. 华东地区狗牙根形态类型及其坪用价值 [J]. 植物资源与环境，15（3）：18-22.

刘伟 . 2006. 西南区野生狗牙根种质资源遗传多样性与坪用价值研究 [D]. 雅安：四川农业大学 .

Harlan J R. 1999. Sourees of variation in *Cynodon dactylon*（L.）Pers [J]. Crop science，39：774-778.

Ramakrishnan P S，Singh Vijay K. 1966. Differential response of the edaphic ecotypes in *Cynodon dactylon*（L.）Pers to soil calcium [J]. New Phytologist，65（1）：100-108.

Taliaferro C M. 1995. Diversity and vulnerability of bermuda turfgrass species [J]. Crop Science，35（2）：327-332.

第三章

狗牙根种质资源形态多样性及核心种质构建

第一节　不同生境的狗牙根形态特征比较研究

狗牙根［*Cynodon dactylon*（Linnaeus）Persoon］又称抓地龙、爬根草、铁线草、百慕大草，为禾本科（Poaceae）狗牙根属（*Cynodon* Richard）C_4型多年生植物（Gatschet et al.，1994），是世界著名的暖季型草坪草之一，同时也是优质牧草，广泛应用于热带亚热带地区的公共绿地草坪、运动场草坪和公路边草坪建植中。中国狗牙根的形态变异非常丰富，且随着其生态环境的不同而呈现出一定的规律性。刘建秀等和郑玉红等研究了中国狗牙根种质资源的外部性状及根状茎特征，结果发现，随着纬度增加，狗牙根愈加粗壮直立，色泽变浅，根状茎愈加发达（刘建秀等，1999；郑玉红等，2003）；刘建秀等（2003）还根据 15 个外部性状将中国狗牙根划分为粗高型、直立型、斜高型、斜矮型和矮生型；吴彦奇等（2001）对四川、重庆、云南及上海等地野生狗牙根的部分外部性状变异的研究表明，狗牙根草层的自然高度、叶片长度、叶片宽度及节间长度的变异都达到显著性差异；王文恩等（2006）对辐射诱变后代变异植株的形态特征比较结果显示，各变异植株与对照之间在节间长度方面均有显著差异；张国珍等（2005）、张小艾和张新全（2006）和尹权为等（2009）对西南地区的狗牙根外部形态变异进行了研究；黄春琼等（2010a；2010b；2010c）对华南地区的狗牙根进行了研究。本试验通过观察测量与分析采自海南 4 种生境下生长的狗牙根种质的直立枝和匍匐枝的叶片长度和宽度、草层高度、节间直径和节间长度等 7 项指标，探明不同生境狗牙根种质的外部性状差异，为野生狗牙根的合理开发及利用提供一定的理论基础。

一、材料和方法

1. 材料　本研究在海南省儋州市中国热带农业科学院热带作物品种资源研究所试验基地进行。该试验地北纬 19°30′，东经 109°30′，海拔 134m。试验地土壤为砖红壤，试验前土壤养分含量 w 为有机质 1.66%、碱解氮 65.83mg/kg、速效磷 20.74mg/kg、速效钾 105.33mg/kg、交换钙 2.12cmol/kg、交换镁 0.75cmol/kg，pH 为 5.29。

供试狗牙根种质的采集地见表 3-1，取样地分为裸露地、荫蔽地、旱地和盐碱地 4 种生境：裸露地选择光照充足、土壤肥沃及水分供应充足的耕地等；隐蔽地选择林地、灌木丛及低洼泥生地等遮荫良好、光照微弱的地方；旱地选择路边、山坡等土壤干旱贫瘠、光照充足、过往行人多及践踏频繁的地方；盐碱地选择海边沙地及滩涂地等。将采集的野生狗牙根盆栽成活后，剪取生长健壮，长度一致的匍匐茎，于

2008 年 12 月中旬种植于面积为 1.0m×1.0m 的小区内（设 3 个重复）；种质种植成活后，除灌溉和除杂外，一般不做其他管理。于 2009 年 5～6 月狗牙根处于盛花期时进行观测。

表 3-1　供试狗牙根种质名称与来源
Table 3-1　The source of *C. dactylon* accession in the present study

种质 Accession	来源 Source	经度 Longitude (E)	纬度 Latitude (N)	海拔 Height (m)	生境 Habitat
A244	临高博原镇 Boyuan，Lingao	109°46′	19°46′	88.8	荫蔽地（低洼泥生地）Shading land
A280	临高新盈镇 Xinying，Lingao	109°31′	19°53′	0.7	荫蔽地（灌木丛）Shading land
A334	儋州海头镇 Haitou，Danzhou	108°57′	19°31′	4.5	荫蔽地（荒地桉树下）Shading land
A283	儋州黄泥沟 Huagnigou，Danzhou	109°25′	19°38′	81.2	裸露地（水稻田边耕地）Open land
A381	儋州中和镇 Danzhou，Zhonghe	109°21′	19°46′	12.8	裸露地（水稻田边耕地）Open land
A273	白沙芙蓉田 Furongtian，Baisha	109°11′	19°25′	64.0	裸露地（路边耕地）Open land
A222	五指山南圣镇 Nansheng，Wuzhishan	109°36′	18°44′	342.4	旱地（山坡）Dry land
A071	三亚凤凰 Fenghuang，Sanya	109°37′	18°17′	39.6	旱地（路边沙土）Dry land
A295	三亚天涯海角 Tianyahaijiao，Sanya	109°20′	18°23′	232.8	旱地（路边）Dry land
A207	三亚天涯海角 Tianyahaijiao，Sanya	109°21′	18°18′	25.8	盐碱地（海边）Saline-alkali land
A321	三亚亚龙湾 Yalongwan，Sanya	109°39′	18°14′	4.0	盐碱地（海边）Saline-alkali land
A404	三亚安游 Anyou，Sanya	109°34′	18°13′	2.9	盐碱地（海边沙滩）Saline-alkali land

2. 方法

（1）观测项目与方法　直立枝叶片长度与宽度、匍匐枝叶片长度与宽度：随机抽取直立枝和匍匐枝的顶部向基部的第四片成熟叶片，用倍率计测定其叶片长度及最宽处宽度。

草层高度：用直尺测定种质的自然高度。

节间直径与节间长度：用游标卡尺测定匍匐枝顶端向基部的第 4 节茎的直径与节间长度。

以上性状均为 10 个重复的平均值。

（2）数据处理　采用 SAS 9.0 统计软件对测定的数据进行统计及分析。

二、结果与分析

1. 4 种生境狗牙根种质的直立枝叶片性状比较　4 种生境狗牙根种质直立枝叶片性状的多重比较结果见图 3-1、图 3-2，就直立枝叶片长度而言，荫蔽地种质的最长，盐碱地种质的居第二，其次是裸露地种质的，旱地种质的最短，其总体变化趋势为荫蔽地种质＞盐碱地种质＞裸露地种质＞旱地种质；就其叶片宽度而言，旱地种质的最宽，荫蔽地种质的居第二，其次是裸露地种质的，盐碱地种质的最窄，其总体变化趋势为旱地种质＞荫蔽地种质＞裸露地种质＞盐碱地种质。

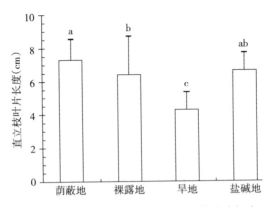

图 3-1　4 种生境狗牙根种质的直立枝叶片长度

Figure 3-1　The leaf length of the erect shoot of *C. dactylon* from 4 different habitat

说明：图中字母表示 5% 水平差异显著性，有一个相同字母的即为差异不显著，

不具有相同字母的即为差异显著，下同。

Note：Value on the column noted by the same letter indicate significant difference at 5%，the same below.

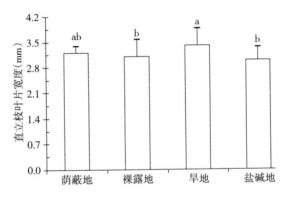

图 3-2　4 种生境狗牙根种质的直立枝叶片宽度

Figure 3-2　The leaf width of the erect shoot of *C. dactylon* from 4 different habitat

2. 4 种生境狗牙根种质的草层高度比较　4 种生境狗牙根种质的草层高度的多重比较结果见图 3-3，草层高度大小为荫蔽地种质＞盐碱地种质＞裸露地种质＞旱地种质。

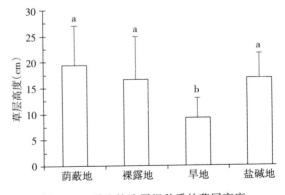

图 3-3　4 种生境狗牙根种质的草层高度

Figure 3-3　The turf height of *C. dactylon* from 4 different habitat

3. 4种生境狗牙根种质的匍匐枝叶片性状比较 4种生境狗牙根种质的匍匐枝叶片性状多重比较结果见图3-4、图3-5，匍匐枝叶片长度大小为盐碱地种质＞裸露种质＞旱地种质＞荫蔽地种质；叶片宽度大小为裸露地种质＞荫蔽地种质＞旱地种质＞盐碱地种质。

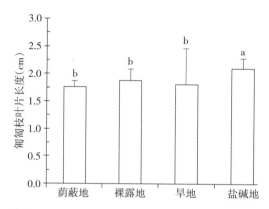

图 3-4 4种生境狗牙根种质的匍匐枝叶片长度

Figure 3-4 The stolon leaf length of *Cynodon dactylon* from 4 different habitat

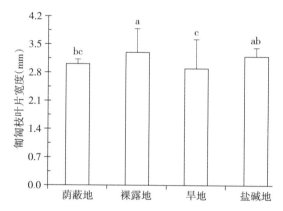

图 3-5 4种生境狗牙根种质的匍匐枝叶片宽度

Figure 3-5 The stolon leaf width of *C. dactylon* from 4 different habitat

4. 4种生境狗牙根种质的茎部性状比较 4种生境狗牙根种质的茎部性状的多重比较结果见图3-6、图3-7。旱地种质的节间直径最粗，盐碱地种质的节间直径居中，其次是裸露地种质，荫蔽地种质的节间直径最小，总体变化趋势为旱地种质＞盐碱地种质＞裸露地种质＞荫蔽地种质。荫蔽地种质的节间最长，裸露地种质的节间居中，其次是盐碱地种质的，旱地种质的节间最短，总体变化趋势为荫蔽地种质＞裸露地种质＞盐碱地种质＞旱地种质。

5. 4种不同生境狗牙根形态特征综合比较 4种不同生境狗牙根形态特征综合比较见表3-2，通过分析比较发现狗牙根在形态特征上表现为：裸露地生长的狗牙根叶片细长，节间细短，匍匐枝叶片短宽，草层低矮；荫蔽地生长的狗牙根叶片宽大，节间细长，匍匐枝叶片短宽，草层较高；旱地生长的狗牙根叶片短宽，节间短粗，匍匐枝叶片细小，草层

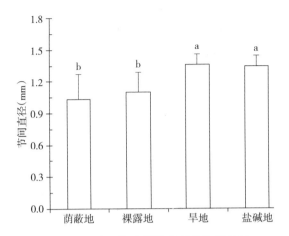

图 3-6   4 种生境狗牙根种质的节间直径

Figure 3-6   The internode diameter of *C. dactylon* from 4 different habitat

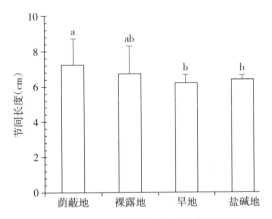

图 3-7   4 种生境狗牙根种质的节间长度

Figure 3-7   The internode length of *C. dactylon* from 4 different habitat

较矮；盐碱地生长的狗牙根叶片细长，节间短粗，匍匐枝叶片细长，草层高大。

表 3-2   不同生境狗牙根形态特征

Table 3-2   The morphological characteristics of *C. dactylon* from different habitat

生境类型 Habitat typy	直立枝叶长 Leaf length of the erect shoot (cm)	直立枝叶宽 Leaf width of the erect shoot (mm)	草层高度 Turf height (cm)	匍匐枝叶长 Stolon leaf length (cm)	匍匐枝叶宽 Stolon leaf width (mm)	节间直径 Internode diameter (mm)	节间长 Internode length (cm)
荫蔽地	7.30±1.26a	3.2±0.19ab	19.48±7.48a	1.76±0.12b	3.0±0.12bc	1.03±0.24b	7.23±1.49a
裸露地	6.40±2.29b	3.1±0.47b	16.61±8.30a	1.87±0.22b	3.3±0.59a	1.10±0.19b	6.71±1.55ab
旱地	4.27±1.08c	3.4±0.47a	9.21±3.87b	1.81±0.67b	2.9±0.72c	1.36±0.10a	6.21±0.43b
盐碱地	6.65±1.06ab	3.0±0.35b	16.89±4.64a	2.10±0.18a	3.2±0.21ab	1.34±0.10a	6.40±0.23b

说明：表中字母表示 5% 水平差异显著性，同列有一个相同字母的即为差异不显著，不具有相同字母的即为差异显著。

Note：Value on the table noted by the same letter indicated significant difference at 5%, the same below.

三、讨论与结论

生物体的表型是基因决定的，但在一定程度上又受到环境条件的影响。因此，说到底表型是基因型和环境之间相互作用的产物。瑞典学者发现不同生态型植物在生长习性、叶的大小、形状和解剖学特征、植物体被毛等方面有很大差异（陈家宽和杨继，1994）。本研究比较狗牙根在 4 种不同的生境下形态上的差异，通过分析比较发现狗牙根在形态特征上表现为裸露地生长的狗牙根叶片细长，节间细短，匍匐枝叶片短宽，草层低矮；荫蔽地生长的狗牙根叶片宽大，节间细长，匍匐枝叶片短宽，草层较高；旱地生长的狗牙根叶片短宽，节间短粗，匍匐枝叶片细小，草层较矮；盐碱地生长的狗牙根叶片细长，节间短粗，匍匐枝叶片细长，草层高大。各种狗牙根种质在其所处的差异巨大的生境中均生长良好，说明狗牙根有较强的适应能力。

这种由于立地生境的不同，使得在遗传基础上原本基本一致的狗牙根逐渐产生适应性变异，从而表现出不同的形态特征。这一结果为野生狗牙根种质资源的开发和利用，培育各种不同用途的狗牙根新品种提供了一定的理论基础。

参 考 文 献

黄春琼，刘国道，周少云，等 . 2010a. 华南地区野生狗牙根植物学形态特征变异研究 [J]. 草业学报，19（5）：210-217.

黄春琼，刘国道 . 2010b. 海南弯穗狗牙根种质资源形态多样性研究 [J]. 草地学报，18（3）：409-413.

黄春琼，刘国道 . 2010c. 狗牙根与弯穗狗牙根形态鉴别性状的筛选 [J]. 热带作物学报，31（1）：45-48.

陈家宽，杨继 . 1994. 植物进化生物学 [M]. 武汉：武汉大学出版社 .

刘建秀，贺善安，刘永东 . 1999. 华东地区狗牙根外部形态变异规律的研究 [A]. 见：中国草原学会 . 北京：中国农业大学出版社：504-509.

郑玉红，刘建秀，陈树元 . 2003. 我国狗牙根种质资源根状茎特征的研究 [J]. 草业学报，12（2）：76-81.

刘建秀，郭爱桂，郭海林 . 2003. 我国狗牙根种质资源形态变异及形态类型划分 [J]. 草业学报，12（6）：99-104.

吴彦奇，刘玲珑，熊曦，等 . 2001. 四川野生狗牙根的利用和资源 [J]. 草原与草坪（3）：32-34.

王文恩，包满珠，张俊卫，等 . 2009. 狗牙根辐射诱变后代变异植株的形态特征比较和 ISSR 分析 [J]. 草业科学，26（12）：139-145.

张国珍，干友民，魏萍 . 2005. 四川野生狗牙根外部性状变异及形态类型研究 [J]. 中国草地，27（3）：21-25，40.

张小艾，张新全 . 2006. 西南区野生狗牙根形态多样性研究 [J]. 草原与草坪（3）：35-38.

尹权为，曾兵，张新全，等 . 2009. 狗牙根种质资源在渝西地区的生态适应性评价 [J]. 草业科学，26（5）：174-178.

Gatschet M J, Taliaferro C M, Anderson J A, et al. 1994. Cold acclimation and alterations in protein synthesis in bermudagrass crowns [J]. Journal of the American Society for Horticultural Science, 119（3）：477-480.

第二节　普通狗牙根与弯穗狗牙根形态
鉴别性状的筛选

禾本科（Poaceae）狗牙根属（*Cynodon* Richard）植物有 9 种 10 变种（Taliaferro，1995）。其中我国有 2 种 1 变种，即普通狗牙根［*Cynodon dactylon*（Linnaeus）Persoon］、弯穗狗牙根（*C. radiatus* Roth ex Roemer et Schultes）和变种双花狗牙根（*C. dactylon* var. *biflorus* Merino）（Flora of China Editorial Committee，2006）。形态标记是肉眼可见的外部特征，植物外部形态特征是经典分类和系统演化分析常用的方法（严学兵等，2009）。目前国内研究者已对狗牙根的外部形态性状进行了相关研究（吴彦奇等，2001；刘建秀等，2003；张国珍等，2005；张小艾和张新全，2006；王志勇等，2009），有关弯穗狗牙根的相关研究尚未见报道，而且也未见对这 2 个种系统的形态学比较研究。笔者通过对不同来源的 10 份狗牙根种源和 8 份弯穗狗牙根种源外部形态性状进行分析比较，拟筛出相关的形态学指标，为系统地把握这 2 个种的形态学特征提供依据。

一、材料和方法

1. 材料　本研究在海南省儋州市中国热带农业科学院热带作物品种资源研究所试验基地进行。试验地土壤为花岗岩发育而成的砖红壤。试验前土壤理化性状为：有机质 1.66%，碱解氮 344.83mg/kg，速效磷 5.74mg/kg，速效钾 486.33mg/kg，交换钙 32.53cmol/kg，交换镁 6.62cmol/kg，pH 为 5.29。

选取野外采集的有代表性的狗牙根和弯穗狗牙根种质（表 3-3），将采集的野生狗牙根盆栽成活后，剪取生长健壮，长度一致的匍匐茎，于 2008 年 12 月中旬种植于面积为 1.0m×1.0m 的小区内，设 3 个重复，株行距为 0.3m×0.3m；材料种植成活后，除必需的灌溉和除杂外，一般不做其他管理。于 2009 年 4～8 月每月进行观测。

表 3-3　供试普通狗牙根和弯穗狗牙根种源的来源

Table 3-3　The source of *C. dactylon* and *C. radiatus* in the present study

种质 Accession	来源 Source	经度 Longitude（E）	纬度 Latitude（N）	海拔 Height（m）
D245	云南玉溪 Yuxi，Yunnan	102°29′	24°16′	1 665.00
D391	云南河口 Hekou，Yunnan	103°58′	22°32′	110.90
D409	贵州册亨 Ceheng，Guizhou	105°46′	25°00′	745.70
D337	贵州遵义 Zunyi，Guizhou	106°53′	27°58′	950.30
D380	贵州遵义 Zunyi，Guizhou	106°53′	27°58′	950.30
D213	广东曲江 Qujiang，Guangdong	113°39′	24°38′	134.00
D145	陕西西安 Xian，Shanxi	109°09′	34°09′	320.00
D262	湖南张家界 Zhangjiajie，Hunan	110°29′	29°23′	1 269.00
D367	上海宝山 Baoshan，Shanghai	121°25′	31°23′	1.00

（续）

种质 Accession	来源 Source	经度 Longitude（E）	纬度 Latitude（N）	海拔 Height（m）
D394	福建莆田 Putian，Fujian	119°04′	25°23′	10.70
R183	云南景洪 Jinghong，Yunnan	100°56′	21°52′	548.10
R425	云南河口 Hekou，Yunnan	103°34′	22°54′	162.20
R182	海南海口 Haikou，Hainan	109°24′	19°46′	13.70
R476	海南昌江 Changjiang，Hainan	109°03′	19°19′	140.00
R250	海南东方 Dongfang，Hainan	108°51′	19°09′	58.30
R366	海南东方 Dongfang，Hainan	108°49′	19°06′	55.50
R403	海南东方 Dongfang，Hainan	109°03′	18°50′	138.60
R206	海南保亭 Baoting，Hainan	109°41′	18°40′	72.00

说明：种质编号为"D"的表示狗牙根，为"R"的表示弯穗狗牙根，下同。

Note：Accession number with "D" stands *Cynodon dactylon*，Accession number with "R" stands *Cynodon radiatus*.

2. 方法

（1）数量性状观测方法　直立枝叶片长度与叶片宽度、匍匐枝叶片长度与叶片宽度：随机抽取直立枝和匍匐枝的顶部向基部的第四片成熟叶，测定其叶片长度及最宽处叶宽，倍率计测定。

草层高度：指种源的自然高度，米尺测定。

节间直径、节间长：游标卡尺测定匍匐枝顶端向基部的第四节茎的直径与节间长。

花序长：花序的基本长度，米尺测定。

穗枝数：每花序的分枝数，目测计数。

小穗数：每穗枝上的小穗数，目测计数。

以上数量性状均重复10次，求平均值。

（2）质量性状观测方法　叶色按深绿、绿、浅绿、黄绿和黄色分为5个等级；匍匐茎颜色分为褐、深红褐、红褐、浅褐和浅绿色分为5个等级；柱头颜色分为紫、浅紫、棕褐、紫红、紫褐色5个等级；花药颜色分为紫褐、紫、浅紫、浅黄和浅绿色5个等级；叶姿分为上举、平展和下垂3个等级；叶片毛况和叶鞘毛况分为无、有和密3个等级。以上质量性状采用目测法，重复3次。

（3）数据处理　采用SAS 9.0统计软件对测定的数据进行统计及多重比较分析。

二、结果与分析

1. 数量性状指标的多重比较分析　狗牙根和弯穗狗牙根10个数量性状指标的测定结果及多重比较结果见表3-4。由表3-4可知，弯穗狗牙根种源的直立枝叶片长度、草层高度、穗枝数和小穗数的变异范围分别是2.84~4.81cm、3.43~14.10cm、4.5~5.2枝和38.0~56.0个。均低于狗牙根的3.29~7.55cm、6.91~24.05cm、4.1~5.7枝、32.1~51.2个；而匍匐枝叶片长度、节间长和花序长度的变异范围分别为2.16~3.24cm、

6.46～10.58cm 和 8.48～15.74cm，略高于狗牙根的 1.20～2.12cm、3.26～6.78cm 和 7.25～12.67cm。就叶片宽度和节间直径而言，多重比较的结果表明，供试的弯穗狗牙根种源与狗牙根种源间均存在明显差异。与狗牙根相比，弯穗狗牙根的直立枝叶片及匍匐枝叶片宽度均较宽，节间较细。

从性状的变异系数分析可知，狗牙根与弯穗狗牙根种间最不稳定的性状是草层高度，平均变异系数达 61.15%；较不稳定的性状是直立枝及匍匐枝叶片长度，变异系数分别为 31.47% 和 32.26%，其次为节间长、直立枝叶宽、匍匐枝叶宽、节间直径和花序长，变异系数分别为 28.28%、23.92%、25.84%、25.06% 和 21.87%；较为稳定的性状是小穗数，变异系数是 16.39%；最稳定的性状是穗枝数，平均变异变异系数为 9.71%。

用于弯穗狗牙根与狗牙根鉴别的理想形态学指标不但在种间要存在显著差异，而且在种内还应有一定的稳定性。从表 3-4 中各性状的多重比较分析结果可以看出，狗牙根和弯穗狗牙根的直立枝叶片宽度和匍匐枝叶片宽度差异极显著且种内变异很小，是非常理想的形态学鉴定指标；节间直径差异显著且在种内也较稳定，也是较理想的形态学鉴定指标。由于狗牙根与弯穗狗牙根的叶片长度、节间长度、草层高度、花序长度、穗枝数和小穗数等 7 个性状差异不显著，因此不宜作为鉴别狗牙根和弯穗狗牙根的形态学指标。

表 3-4　狗牙根与弯穗狗牙根数量性状指标的观测值及多重比较结果

Table 3-4　The quantitative character observed value and the results of multiple comparisons amome *C. dactylon* and *C. radiatus*

种质 Accession	直立枝叶片 Upright stem leaf		草层高 Turf height (cm)	匍匐枝叶片 Stolon leat		节间直径 Internode diamete (mm)	茎节间长 Internode length (cm)	花序长 Inflorescence legth (cm)	穗枝数 Twig inflorescence branch number (枝)	小穗数 Spikelet number (个)
	长 Length (cm)	宽 width (mm)		长 Length (cm)	宽 Width (mm)					
D245	6.23b	2.6d	24.05b	1.63cdef	2.4def	1.20c	5.37ghi	10.32defg	5.7a	51.2cd
D391	4.56cd	2.6d	17.15de	1.41def	2.3def	1.20c	3.26k	7.79hi	4.2ij	40.2hij
D409	6.36b	2.5d	21.05c	2.04bcdef	2.3def	1.36b	6.78ef	9.78efgh	4.4ghij	40.4hij
D337	7.55a	2.9d	28.59a	1.14f	2.6d	1.49ab	5.66fghi	9.44efghi	5.5ab	44.6fgh
D380	4.63cd	2.5d	18.16d	2.12bcde	2.2def	1.08cd	6.78ef	9.42efghi	4.8defgh	39.0ij
D213	3.29efg	2.6d	6.91g	1.20ef	2.1ef	1.09cd	4.15jk	7.60hi	4.2ij	40.2hij
D145	5.87b	2.6d	13.52f	1.20ef	2.2def	1.48ab	5.20hij	8.97fghi	4.3hij	37.3j
D262	3.61efg	2.6d	16.52de	1.20ef	2.0f	1.62a	4.68ij	11.24bcdef	4.6efghij	40.2hij
D367	4.01def	2.7d	14.98ef	1.90cdef	2.6de	1.20c	4.92ij	7.25i	4.1j	32.1k
D394	4.91c	2.8d	16.43de	1.67cdef	2.7d	1.43b	6.20efgh	12.67bcd	4.7defghi	49.7cde
R183	4.81cd	4.0b	14.10f	2.16bcd	3.6bc	0.78f	6.96de	13.44b	5.2bcd	56.0b
R425	3.06g	3.9bc	5.86gh	2.48abc	3.6bc	0.88ef	9.55ab	10.70cdefg	5.0cdef	45.7efg
R182	3.19gf	4.7a	3.47i	2.93ab	4.3a	1.01de	6.46efg	11.50bcde	4.7defghi	38.0j
R476	3.30ef	4.7a	4.65ghi	2.16bcd	4.0ab	0.88ef	10.58a	13.06bc	5.3abc	60.4a
R250	3.41efg	4.1b	6.31gh	3.24a	4.0ab	0.82f	8.08cd	15.74a	4.5fghij	53.7bc

（续）

种质 Accession	直立枝叶片 Upright stem leaf		草层高 Turf height (cm)	匍匐枝叶片 Stolon leat		节间直径 Internode diamete (mm)	茎节间长 Internode length (cm)	花序长 Inflorescence legth (cm)	穗枝数 Twig inflorescence branch number (枝)	小穗数 Spikelet number (个)
	长 Length (cm)	宽 width (mm)		长 Length (cm)	宽 Width (mm)					
R366	4.13cde	3.9bc	6.30gh	2.95ab	3.7bc	0.87ef	8.80bc	8.48ghi	4.6efghij	44.0gh
R403	2.84g	3.6c	3.43i	1.98cdef	3.5c	0.81f	7.02de	8.86fghi	4.9cdefg	48.9ef
R206	2.87g	3.7bc	4.50hi	2.37abc	3.5c	0.75f	7.28de	11.47bcde	5.1bcde	43.3hig
CV$_1$（%）	26.70	4.49	33.35	24.09	9.50	14.25	21.20	17.88	11.88	13.67
CV$_2$（%）	19.85	10.05	56.61	17.92	7.91	9.27	17.81	20.69	5.90	15.31
CV$_3$（%）	31.47	23.92	61.15	32.26	25.84	25.06	28.86	21.82	9.71	16.39

说明：CV$_1$、CV$_2$和CV$_3$分别表示狗牙根及弯穗狗牙根种内及种间的变异系数，同列中不同字母表示差异显著（$\alpha=5\%$）。

Note：CV$_1$、CV$_2$ and CV$_3$ noted intraspecific or interspecific variable coefficient between *Cynodon dactylon* and *Cynodon radiatus* respectively，value on the table noted by the same letter indicated significant difference at 5%.

2. 质量性状的比较分析 对狗牙根和弯穗狗牙根的叶片、匍匐茎、花药和柱头颜色，叶姿，叶片毛和叶鞘毛的观察比较结果见表3-5。由表3-5可知，供试的弯穗狗牙根的叶片均为浅绿色，而狗牙根各种源的叶片颜色则较深，为绿色或深绿色；供试的弯穗狗牙根的小花柱头均为紫褐色，而狗牙根各种源的小花柱头的颜色则较浅，有紫色、紫红和浅紫色；弯穗狗牙根叶片和叶鞘均无毛，而狗牙根的叶片均有疏毛，叶鞘有疏柔毛或密毛。弯穗狗牙根的叶姿均为平展，而狗牙根的叶姿为平展或上举。两者的匍匐茎颜色及花药颜色之间的区别不明显。因此，叶片和柱头颜色、叶片和叶鞘毛况在狗牙根和弯穗狗牙根间的区别较明显，也可作为二者的鉴定指标。

表3-5　狗牙根和弯穗狗牙根质量性状指标的比较

Table 3-5　The comparation of qualitative trait indicative between *C. dactylon* and *C. radiatus*

种质 Accession	颜色 Colour				叶姿 Posture of leaf	毛 Fur	
	叶片 Leaf	匍匐茎 Stolon stem	柱头 Chapiter	花药 Anther		叶片 Leaf	叶鞘 Sheath
D245	深绿色	褐色	紫红色	紫色	平展	稀	稀
D391	深绿色	红褐色	紫红色	浅紫色	平展	稀	密
D409	深绿色	红褐色	浅紫色	浅紫色	上举	稀	稀
D337	深绿色	褐色	紫色	浅黄色	上举	稀	稀
D380	浅绿色	浅绿色	浅紫色	紫色	上举	稀	密
D213	深绿色	红褐色	浅紫色	浅黄色	平展	稀	密
D145	绿色	浅绿色	紫色	浅黄色	上举	稀	密
D262	深绿色	褐色	紫红色	浅黄色	上举	稀	稀
D367	深绿色	深褐色	浅紫色	浅紫色	平展	稀	稀
D394	深绿色	深红褐色	紫色	浅黄色	平展	稀	稀

（续）

| 种质 Accession | 颜色 Colour | | | | 叶姿 Posture of leaf | 毛 Fur | |
	叶片 Leaf	匍匐茎 Stolon stem	柱头 Chapiter	花药 Anther		叶片 Leaf	叶鞘 Sheath
R183	浅绿色	红褐色	紫褐色	紫色	平展	无	无
R425	浅绿色	红褐色	紫褐色	浅紫色	平展	无	无
R182	浅绿色	深褐色	紫褐色	浅黄色	平展	无	无
R476	浅绿色	红褐色	紫褐色	浅紫色	平展	无	无
R250	浅绿色	深褐色	紫褐色	浅紫色	平展	无	无
R366	浅绿色	深红棕色	紫褐色	紫褐色	平展	无	无
R403	浅绿色	深红棕色	紫褐色	紫褐色	平展	无	无
R206	浅绿色	深红褐色	紫褐色	浅黄色	平展	无	无

三、结论和讨论

外部形态是基因和环境共同作用的产物，是特定基因型的外在表现，用于种质的鉴别具有直观、简便、易测等优点（马克群等，2007；王海清等，2009）。由于外部形态性状易受环境因子影响或由于自身变异而产生变化，因此，必需筛选出种质间差异较大且在种内具有一定稳定性的形态性状指标用于种质间的鉴别。根据笔者的观测结果，可利用直立枝及匍匐枝叶片宽度、节间直径、叶片色泽、小花柱头色泽、叶片毛况和叶鞘毛况等7个较理想的形态性状指标进行狗牙根和弯穗狗牙根种质的鉴定。

参 考 文 献

刘建秀，郭爱桂，郭海林 . 2003. 我国狗牙根种质资源形态变异及形态类型划分 [J]. 草业学报，12 (6)：99-104.

马克群，刘建秀，高鹤，等 . 2007. 狗牙根与非洲狗牙根形态鉴别性状的筛选 [J]. 植物资源与环境学报，16 (3)：23-26.

王海清，徐柱，祁娟 . 2009. 披碱草属四种植物主要形态特征的变异性比较 [J]. 中国草地学报，31 (3)：30-35.

王志勇，刘建秀，郭海林 . 2009. 狗牙根种质资源营养生长特性差异的研究 [J]. 草业学报，18 (2)：25-32.

吴彦奇，刘玲珑，熊曦，等 . 2001. 四川野生狗牙根的利用和资源 [J]. 草原与草坪 (3)：32-34.

严学兵，王堃，王成章，等 . 2009. 不同披碱草属植物的形态分化和分类功能的构建 [J]. 草地学报，17 (3)：274-280.

张国珍，干友民，魏萍，等 . 2005. 四川野生狗牙根外部性状变异及形态类型研究 [J]. 中国草地，27 (3)：21-25，40.

张小艾，张新全 . 2006. 西南区野生狗牙根形态多样性研究 [J]. 草原与草坪 (3)：35-38.

Flora of China Editorial Committee. 2006. Flora of China. Vol. 22. Poaceae/Gramineae. *Cynodon* Richard. Beijing：492-493.

Taliaferro C M. 1995. Diversity and vulnerability of bermuda turfgrass species [J]. Crop Science，35（2）：327-332.

第三节　海南狗牙根生态分布及种群变异研究

狗牙根［*Cynodon dactylon*（Linnaeus）Persoon］为禾本科（Gramineae）画眉草亚科（Eragrostoideae）狗牙根属多年生草本，广泛分布在我国黄河流域以南地区，多生长于村庄附近、道旁河岸、荒地山坡及草（陈艳宇，2000），其适应性广泛，有着丰富的多态性，是暖季型草坪草中最重要的世界广布型草种之一。有关狗牙根的形态特征研究已有一些报道（Harlan，1969；刘建秀等，1999；Wofford，1985；阿不来提和石定燧，1998；吴彦奇等，2001；刘建秀等，2003；郑玉红等，2003）。前人研究大都表明狗牙根所处的经纬度对其形态变异有较大的影响，但不同小环境对狗牙根形态造成的差异方面的研究还较少。

海南地处我国的最南部，属热带气候，生境类型多样，狗牙根在不同生境均有分布，资源十分丰富，本研究将探讨海南岛内 16 个不同种群狗牙根的形态差异比较及同一种群狗牙根在不同生境下形态的变异，同时还将调查岛内狗牙根野生种群生态分布特点，为野生狗牙根种质资源的开发与利用提供参考依据。

一、材料与方法

1. 材料收集和野外调查的方法　2007—2008 年期间，对海南狗牙根野生群落分布特点与生态特性进行调查研究，采集点既包括低山、丘陵和平原，也包括江河海区，天然草地等。

从低山、丘陵、平原、江河海进行种群水平调查和采样，每个小生境上按照 5m 距离取 3～5 株，每个种群采样 10 个以上无性系或单株。并测定各种群狗牙根的形态指标，同时观察狗牙根的分布特点与生态特性，调查其产地、海拔、地形、植被、气候、土壤、生境、优势植物和群落的主要成分。并在每个采集地点收集地表 0～10cm 土样，材料来源详见表 3-6。

表 3-6　16 个种群的狗牙根及其采集地

Table 3-6　16 populations of *C. dactylon* and the areas of collection

种群号 Accession No.	采集地 Collection site	生境 Habitat	土壤类型 Soil type
1	海南儋州市王五镇 Wangwu township, Danzhou city, Hainan	村边草地 Grassland by the village	砖红壤 Latosol
2	海南昌江县 Changjiang county, Hainan	山坡涝洼地 Wetland of hillside	灌淤土 Alluvial soil
3	海南白沙县 Baisha county, Hainan	河滩沼泽地 Wetland of riverside	沼泽土 Bog soil
4	海南白沙县鹦哥岭 Ying'ge-mountain, Baisha county, Hainan	公路边灌丛 Bush by the roadside	山地棕壤 Brown earth

（续）

种群号 Accession No.	采集地 Collection site	生境 Habitat	土壤类型 Soil type
5	海南琼中县什运乡 Shiyun, township, Qiongzhong-county, Hainan	河滩地 Beachland by the river	砂土 Sandy soil
6	海南五指山市红山 Hong-mountain, Wuzhishan city, Hainan	河边灌丛 Bush by the riverside	湿土 Wet soil
7	海南五指山市 Wuzhishan city, Hainan	路边山坡地 Hillside by the wayside	山地棕壤 Brown soil
8	海南保亭县七仙岭 Qixian-mountain, Baoting county, Hainan	路边山坡地 Hillside by the wayside	岩性土 Lithological soil
9	海南乐东县 Ledong county, Hainan	水稻田边 Paddy field	水稻土 Paddy soil
10	海南三亚市 Saya city, Hainan	湖边草地 Grassland by the lakeside	黄壤 Yellow soil
11	海南三亚市蜈支州岛 Wuzhizhou island, Saya city, Hainan	海边沙滩地 Seabeach	砂土 Sandy soil
12	海南陵水县 Lingshui, Hainan	路边涝洼地 Wetland by the wayside	灌淤土 Alluvial soil
13	海南万宁市长丰 Changfeng, Wanning city, Hainan	路边草地 Glassland by the wayside	黄壤 Yellow soil
14	海南琼海市东红农场 Donghong farm, Qionghai city, Hainan	路边草地 Grassland by the wayside	棕壤 Brown soil
15	海南文昌市高隆湾 Gaolongwan, Wenchang city, Hainan	海边沙滩地 Seabeach	砂土 Sandy soil
16	海南海口市白沙门 Baishamen, Haikou city, Hainan	海边沙滩地 Seabeach	砂土 Sandy soil

2. 试验地概况　试验地位于中国热带农业科学热带作物品种资源研究所热带牧草研究中心试验基地，地理位置为北纬 19°30′，东经 109°30′，海拔 149m；年平均气温 23.5℃，最低月平均温度 17.4℃；年均降雨量 1 753mm，降雨主要集中在 5～10 月；年平均日照 2 000h，试验地土壤 pH 值为 5.9，全氮 0.046%，有机质 1.116%，速效磷 3.00mg/kg，速效钾 49.66mg/kg。

3. 田间试验设计　将野外采集的材料带回基地在统一条件下田间栽培，小区面积 1m×1m，小区间距 0.5m，各材料 3 次重复，随机排列；材料种植成活后进行切边处理。平时进行常规的浇水、清行、除杂草和病虫害防治等管理措施。

4. 观测项目及测定方法

（1）测定性状　于 2009 年 5～7 月狗牙根处于盛花期时进行相关性状观测。

草层高度：指狗牙根种质的自然高度，每个小区取样数 10 个，求平均值。叶片长度与宽度：抽取直立茎的顶部第 4 片张，每个小区取样数 10 个，测定其长度和宽度，求平均值。营养枝高度：指从地表到直立茎顶部的自然高度，每个小区重复 10 次，求平均值。

节间长度与节间直径：每个小区随机抽取 10 根一级匍匐茎，每根匍匐茎测定其中部的 3 个节间长度和直径，求平均值。生殖枝高度：指从地表到穗状花序基部的自然高度，各小区重复 10 次。穗枝数：指花序的分枝数，各小区重复 10 次。穗长度：指花序的基本长度，各小区重复 10 次。

（2）观察性状 在盛花期用目测法观察成熟植株的叶色、叶毛，茎色、花药色泽、柱头色泽。叶片色泽分蓝绿①、深绿②、绿③、浅绿或灰绿④和黄绿⑤5 个等级；叶毛分有毛①、无毛②2 个等级；匍匐茎色泽分绿色②、紫褐③、红褐④、灰褐⑤4 个等级；花药与柱头色泽分紫色①、红色②、褐色③、绿色④、白色⑤5 个等级。

（3）土壤指标测定 测定指标有土壤有机质、全氮、pH、速效磷、速效钾等 5 项。

5. 统计分析 采用 Excel 2007 对数据进行处理，用 SAS 软件进行聚类计分析。

二、结果与分析

1. 生态分布特点

（1）分布区域 经初步调查，狗牙根在海南岛各地均有分布，主要分布于岛西北部、中部、南部、东南部等低海拔的近海台地、湖河边和山地，其分布海拔高度 0.5～715.0m，北纬 18°15′～20°04′，东经 108°54′～110°49′。

（2）分布特点 狗牙根野生群落的分布有群生也有散生，一定范围内成片分布的较少，且分布较窄，在密集的树林和灌木下，几乎没有狗牙根的分布，常分布在在稀疏的灌木丛下以及草地、河滩、海边等阳光充裕的地方，其分布因地势的不同而有差异。经观察发现，在海拔较高处狗牙根分布较少，而在海拔较低的地方分布较多。

（3）生境 狗牙根主要分布于潮湿的草地、河滩地、沟旁、路边、田坎、丘陵山地、山坡林和岩石边，其生境年均气温在 20.7～25.5℃，年均相对湿度为 64%～90%，狗牙根喜酸性土壤，分布的地方以酸性土居多，根据野外实地调查结果，可以初步把狗牙根的自然群落生境主要分为 4 种类型：河滩草地型（河滩、田坎、湖边）；疏林草地型（在稀疏的灌木丛与树林下）；丘陵山地型（山地和路边）；海滩草地型（海边沙滩地）；其他类型。

2. 群落组成 在有狗牙根自然种群分布的植物群落中，优势物种有地毯草（*Axonopus compressus*）、含羞草（*Mimosa pudica*）、牛筋草（*Eleusine indica*）、雀稗（*Paspalum thunbergii*）、龙爪茅（*Dactyloctenium aegyptium*）、丰花草（*Borreria stricta*）、莲子草（*Alternanthera sessilis*）、飞机草（*Eupatorium odoratum*）、高野黍（*Eriochloa procera*）、铺地黍（*Panicum repens*）、莎草（*Cyperus microiria*）、两耳草（*Paspalum conjugatum Bergius*）、墨苜蓿（*Richardia scabra*）、假臭草（*Eupatorium catarium*）、马唐（*Digitaria sanguinalis*）、四生臂形草（*Brachiaria subquadripara*）、梵天花（*Urena procumbens*）、一点红（*Emilia sonchifolia*）、硬稃稗（*Echinochloa glabrescens*）、蛇婆子（*Waltheria indica*）、青葙（*Celosia argentea*）、厚藤（*Ipomoea pescaprae*）、滨海雀稗（*Paspalum vaginatum*）、鬣刺（*Spinifex littoreus*）、结缕草（*Zoysia japonica*）。

野外观察结果表明，狗牙根群落组成以：狗牙根＋地毯草＋含羞草，狗牙根＋牛筋草＋龙爪茅，狗牙根＋丰花草＋莲子草，狗牙根＋厚藤＋鬣刺（海边）等4种类型较多。

3. 土壤类型 土壤分析的结果见表3-7，由表3-7可知，狗牙根的土壤酸碱度差异较大，pH值为5.1～9.1。其分布地、采集地土壤中速效K与速效P的含量较高，变化范围分别为11.94～269.37mg/kg与0.914～7.348mg/kg；而全N与有机质的含量相对较低，变化范围分别为0.002％～0.239％与0.116％～5.048％，这也说明了狗牙根比较耐贫瘠。狗牙根对土壤选择不严，在各种土壤上均能正常生长，能适应各种砖红壤、黄壤土、灌淤土、山地棕壤、砂土等。以微酸性土壤分布较多。

表3-7 不同种群狗牙根的土壤分析

Table 3-7 Soil analysis for different populations of *C. dactylon*

种群号 Accession No.	pH 值 pH value	有机质 Organic matter （%）	全氮 Total nitrogen （%）	速效磷 Rapidly available phosphorus（mg/kg）	速效钾 Rapidly available potassium（mg/kg）
1	6.9	0.999	0.044	4.017	59.80
2	7.9	1.789	0.076	4.441	66.23
3	5.9	5.048	0.239	4.670	148.65
4	6.1	0.686	0.018	2.580	48.85
5	6.4	0.234	0.004	2.939	23.43
6	6.1	0.697	0.031	3.494	44.18
7	6.4	2.087	0.093	2.808	132.20
8	5.6	2.613	0.223	1.829	269.37
9	5.1	2.224	0.118	3.070	128.90
10	8.3	0.411	0.026	3.070	63.35
11	7.9	0.116	0.002	7.348	32.73
12	5.7	3.514	0.180	1.535	108.90
13	6.0	0.497	0.016	3.364	14.48
14	6.3	0.683	0.019	2.449	51.12
15	9.1	0.181	0.004	2.612	11.94
16	7.7	0.863	0.027	0.914	24.81

4. 生态特性 耐旱性：在野外调查中发现在裸露的岩石上有狗牙根的存在，这表明狗牙根可能存在较强的抗旱性。狗牙根的根系比较深，当土壤中的含水量不能维持狗牙根的正常生长时，狗牙根才产生萎蔫。在采集过程中发现，狗牙根与地毯草混生群落中，在同样的高温条件下，地毯草叶片卷曲，表现出萎蔫的趋势，而狗牙根没有这种趋势。因此，相对于地毯草，狗牙根的耐旱性较强。

喜光性：狗牙根喜阳光，亦略耐阴，经观察发现，在较密集的树林与灌木丛中几乎没有狗牙根的分布。而在较稀疏的灌木丛下，草地，河滩，海边等阳光充裕的地方有野生狗牙根的分布，在荫蔽或光照不充分的地方，狗牙根的枝条发生直立生长的趋势，这说明了狗牙根的耐阴性不强。

耐践踏性：狗牙根群落在人为频繁和人畜高强度践踏的条件下，表现出极强的竞争力，可长期处于相对稳定的状态，能形成低矮、密集、平整、艳绿美观的草毯。一般公园、酒店等用它作为草坪绿化的首选。

耐贫瘠性：在采集过程中发现，在石山、沙滩和砂质很重的土壤上都有狗牙根的分布，而且狗牙根的匍匐茎在以上条件下较长，由此说明狗牙根的耐贫瘠性好。

5. 狗牙根种群形态学变异

（1）原生境条件下不同居群狗牙根形态变异　从表 3-8 可以看出，在野外观测的狗牙根 6 个数量性状指标，变异系数均大于 10%，初步说明生境对狗牙根形态的影响较大。变异比较大的指标有：草层高度，直立枝的叶长，直立茎营养枝高，匍匐茎节间长。草层高度的平均值是 7.10cm，标准差是 2.95cm，变异系数是 41.5%；直立枝的叶长的平均值是 4.87cm，标准差是 1.96cm，变异系数是 40.20%；直立茎营养枝高平均值为 9.21cm，标准差为 2.97cm，变异系数是 32.25%；匍匐茎节间长平均值为 4.94cm，标准差为 1.38cm，变异系数是 27.90%。供试的狗牙根材料在质量性状上也发生了一些变异，如叶色，茎色与叶毛。叶色主要以绿色为主，其次是浅绿与黄绿色；茎色以红褐色常见，其次是绿色，只有 16 号种群为灰褐色；对于叶毛的变异，除了 2、3、6、8、14、15 号种群无叶毛，其他种群狗牙根叶表面可见有细细的茸毛。

表 3-8　原生境条件下狗牙根形态学特征

Table 3-8　Morphological characteristic of the *C. dactylon* in the natural habitat

种群号 Accession No.	草层高度 Turf height （cm）	直立枝叶长 Leaf length of the erect shoot （cm）	直立枝叶宽 Leaf width of the erect shoot （cm）	营养枝高 Vegetative shoot height （cm）	节间直径 Internode diameter	节间长 Internode length （cm）	叶色 Leaf color	茎色 Stem color	叶毛 Leaf hair
1	6.60	4.02	0.24	8.80	0.16	3.32	3	4	1
2	10.50	2.90	0.33	13.07	0.12	2.88	4	4	0
3	5.00	5.45	0.27	8.50	0.10	5.50	3	4	0
4	14.00	5.56	0.35	15.80	0.13	7.82	3	4	1
5	7.50	7.30	0.24	9.40	0.13	7.13	3	4	1
6	3.50	2.53	0.24	5.53	0.14	3.63	3	4	0
7	9.50	7.10	0.30	11.83	0.13	5.30	3	5	1
8	2.50	2.23	0.30	3.83	0.09	3.90	4	2	0
9	9.50	8.85	0.27	12.08	0.12	4.25	3	2	1
10	5.60	3.10	0.20	8.50	0.12	5.68	3	4	1
11	7.00	2.70	0.15	8.98	0.13	4.25	3	2	1
12	9.70	4.33	0.22	10.75	0.13	3.53	3	4	1
13	5.00	5.42	0.20	6.74	0.15	6.07	3	4	1
14	5.30	6.68	0.25	7.63	0.14	5.60	3	2	0
15	7.50	5.68	0.23	8.60	0.16	5.30	4	4	0
16	5.00	4.10	0.20	7.28	0.13	4.94	5	2	1

（续）

种群号 Accession No.	草层高度 Turf height (cm)	直立枝叶长 Leaf length of the erect shoot (cm)	直立枝叶宽 Leaf width of the erect shoot (cm)	营养枝高 Vegetative shoot height (cm)	节间直径 Internode diameter	节间长 Internode length (cm)	叶色 Leaf color	茎色 Stem color	叶毛 Leaf hair
最小值 Min	2.50	2.23	0.15	3.83	0.09	2.88	1	2	0
最大值 Max	14.00	8.85	0.35	15.80	0.16	7.82	5	5	1
平均值 Mean	7.10	4.87	0.25	9.21	0.13	4.94	3.38	3.44	0.63
标准差 Standard deviation	2.95	1.96	0.05	2.97	0.02	1.38	0.62	1.03	0.5
变异系数 Coefficient of variation（%）	41.57	40.20	21.04	32.25	14.32	27.90	18.34	29.97	80

（2）田间栽培条件下不同居群狗牙根形态变异 从表 3-9 可以看出，供试的 16 个种群的狗牙根在同一田间栽培条件下，其盛花期各有不同，从种植到盛花期大约要 165～236d，甚至更长，在观测中发现海边采集的 15、16 号种群狗牙根在田间栽培长势较差，7月底 8 月初其他种群已过了结穗期，其还未进入盛花期。狗牙根从种植到盛花期平均为198d，各材料标准差为 0.49，变异系数为 9.51%。田间栽培条件下狗牙根 10 个数量性状指标，除了花序分支个数与花序轴长外，其他指标变异系数均大于 10%。变异较大的指标有：草层高度、直立茎叶长、直立茎营养枝高、匍匐茎节间长。这与在原生境条件下观测的狗牙根变异性状几乎一致：草层高度的平均值是 12.71cm，标准差是 5.29cm，变异系数是 41.60%；直立枝的叶长的平均值是 6.22cm，标准差是 1.83cm，变异系数是29.44%；直立茎营养枝高平均值为 15.81cm，标准差为 5.90cm，变异系数是 37.30%；匍匐茎节间长平均值为 5.92cm，标准差为 1.58cm，变异系数是 26.61%。田间栽培条件的狗牙根叶色以绿色为主，其他颜色的较少；茎色以红褐色与绿色最多；叶毛与在原生境条件下观测的结果一致。

对比表 3-8 与表 3-9 可以看出，由于生境的改变，对于同一种群的狗牙根，田间栽培的平均草层高度较野外观测的要大 5.61cm；对于平均直立枝叶长，田间栽培的要比野外原生境条件下的长 1.35cm；对于平均直立茎营养枝高，田间栽培的要比野外原生境条件下的长 6.60cm；田间栽培的平均匍匐茎节间长度较野外观测的要大 0.98cm。

表 3-9 田间栽培条件下狗牙根形态学特征

Table 3-9　Morphological characteristic of the *C. dactylon* in the field culture

PN	X0	X1	X2	X3	X4	X5	X6	X7	X8	X9	X10	X11	X12	X13	X14	X15
1	5/05	13.02	6.89	0.29	17.14	0.16	5.96	3	4	1	23.50	0.07	4.40	4.63	5	1
2	5/15	16.35	6.62	0.29	19.52	0.13	6.34	2	4	0	21.36	0.08	4.30	4.98	5	1
3	5/15	14.84	7.22	0.22	20.66	0.13	5.47	3	3	0	24.98	0.07	4.40	5.23	5	1
4	5/21	14.20	5.37	0.33	16.61	0.10	7.56	3	4	1	13.15	0.08	5.00	5.20	5	1
5	5/05	11.15	5.38	0.26	17.33	0.15	8.31	3	4	1	17.86	0.08	4.70	5.16	1	1

（续）

PN	X0	X1	X2	X3	X4	X5	X6	X7	X8	X9	X10	X11	X12	X13	X14	X15
6	4/15	5.32	5.13	0.22	6.80	0.15	4.36	2	4	0	19.70	0.06	5.20	5.19	5	1
7	5/06	11.84	6.23	0.22	15.15	0.14	5.23	3	5	1	24.99	0.05	4.60	5.27	1	1
8	5/15	8.29	3.88	0.24	12.38	0.12	3.79	4	2	0	20.29	0.06	4.00	5.52	5	2
9	5/05	11.20	5.96	0.32	15.66	0.16	7.93	3	2	1	18.65	0.09	4.40	4.85	5	1
10	5/05	16.62	5.83	0.26	17.08	0.15	7.81	3	3	1	29.63	0.08	4.90	5.08	1	1
11	5/05	24.75	8.69	0.30	29.14	0.17	6.06	3	2	1	30.77	0.07	4.70	4.84	5	1
12	6/08	12.60	5.79	0.24	15.72	0.14	6.93	3	2	1	21.23	0.08	4.30	4.35	5	1
13	6/26	17.51	5.18	0.23	19.82	0.14	6.52	3	4	1	21.14	0.08	4.10	5.61	5	1
14	5/06	6.11	4.37	0.26	7.27	0.13	5.03	4	2	0	16.64	0.05	4.50	4.86	5	2
15	8/05*	15.90	11.59	0.41	17.51	0.18	4.55	4	2	0	—	—	—	—	—	—
16	7/27*	3.63	5.37	0.25	5.10	0.18	2.87	5	2	1	—	—	—	—	—	—
Min	4/15	3.63	3.88	0.22	5.10	0.10	2.87	1	2	0	13.15	0.05	4.00	4.35	1	1
Max	6/26	24.75	11.59	0.41	29.14	0.18	8.31	5	5	1	30.77	0.09	5.20	5.61	5	5
M	5.18	12.71	6.22	0.27	15.81	0.15	5.92	3.1	3.2	0.6	21.71	0.07	4.54	5.06	4.1	1.14
S	0.49	5.29	1.83	0.05	5.90	0.02	1.58	0.8	1.1	0.5	4.80	0.01	0.34	0.34	1.7	0.36
CV(%)	9.51	41.60	29.44	18.79	37.30	14.83	26.61	25	33	80	22.11	17.24	7.47	6.63	41	31.8

说明 Note：PN：种群号，Accession number；X0：盛花期，Flowering stage；X1：草层高度，Turf height（cm）；X2：直立茎叶长，Leaf length of the erect shoot（cm）；X3：直立茎叶宽，Leaf width of the erect shoot（cm）；X4：营养枝高，Vegetative shoot height（cm）；X5：匍匐茎的直径，Internode diameter（cm）；X6：匍匐茎节间长，Internode length（cm）；X7：叶色，leaf color；X8：茎色，shoot color；X9：叶毛，leaf hair；X10：生殖枝高度，Reproductive shoot height（cm）；X11：生殖枝直径，Reproductive shoot diameter（cm）；X12：花序分支个数，the number of spicate branches（个），X13：花序轴长，The main inflorescence axis length（cm）；X14：花药颜色，Anther color；X15：柱头颜色，Stigma color；*：表示15号与16号种群测定日期，Measuring date of the population 15 and 16；Min：最小值，minimum；Max：最大值，maximum；M：平均值，mean；S：标准差，Standard deviation；CV（%）：变异系数，Coefficient of variation。

（3）野外原生境条件下与田间栽培条件下形态变异比较　从表3-10可以看出，供试的16个种群在野外与栽培两种不同生境条件下形态变异程度各有不同。4号种群变异较小，为3.48%，7号与14号种群变异系数也小于10%；其他种群变异系数都大于10%，尤其以海边种群变异较大，11号种群的平均变异系数高达35.90%，15、16号居群的平均变异系数也偏大，分别为27.97%与15.26%，可以初步得出海边的居群不太适应被移栽至内陆。

对于观测的9个形态指标变异程度，可以看出草层高度，直立茎叶长，直立茎营养枝高度这3个指标的变异系数较大，分别为39.85%、31.07%、37.35%，草层高度的变异系数最大。对于质量性状指标，其中的几个种群叶色与茎色均都一定程度的变异，分别为7.74%与5.47%，但叶毛无变异。

表 3-10　不同生境条件下 16 个种群狗牙根各形态指标变异系数

Table 3-10　The coefficient of variability of morphological index of 16 populations of C. dactylon in different ecotope

PN	变异系数 CV（%）									
	X1	X2	X3	X4	X5	X6	X7	X8	X9	M
1	46.28	37.20	14.82	45.47	0.97	40.23	0.00	0.00	0.00	20.55
2	30.81	55.26	8.40	28.01	7.69	53.07	47.14	0.00	0.00	25.60
3	70.14	19.76	15.71	58.97	21.95	0.39	0.00	20.20	0.00	23.01
4	1.00	2.46	3.75	3.53	18.19	2.39	0.00	0.00	0.00	3.48
5	27.68	21.41	5.66	41.96	9.57	10.78	0.00	0.00	0.00	13.01
6	29.18	47.92	7.12	14.52	2.27	12.86	28.28	0.00	0.00	15.79
7	15.51	9.23	20.36	17.38	4.00	0.94	0.00	0.00	0.00	7.49
8	75.89	38.09	17.07	74.55	19.17	2.02	0.00	0.00	0.00	25.20
9	11.61	27.60	12.64	18.25	19.71	42.73	0.00	0.00	0.00	14.73
10	70.14	43.23	20.12	47.44	14.76	22.39	20.20	20.20	0.00	28.72
11	79.06	74.37	48.42	74.79	21.59	24.83	0.00	0.00	0.00	35.90
12	18.39	20.48	5.85	26.55	6.25	46.06	0.00	0.00	0.00	13.73
13	78.60	3.20	11.66	69.65	5.65	5.09	0.00	0.00	0.00	19.32
14	10.04	29.51	2.83	3.37	8.03	7.58	28.28	0.00	0.00	9.96
15	50.77	48.43	40.75	48.28	5.65	10.77	0.00	47.14	0.00	27.97
16	22.45	18.97	13.60	24.90	19.88	37.56	0.00	0.00	0.00	15.26
M	39.85	31.07	15.55	37.35	11.58	19.98	7.74	5.47	0.00	

说明 Note：PN：种群号，Accession number；X1：草层高度，Turf height（cm）；X2：直立茎叶长，Leaf length of the erect shoot（cm）；X3：直立茎叶宽，Leaf width of the erect shoot（cm）；X4：营养枝高，Vegetative shoot height（cm）；X5：匍匐茎的直径，Internode diameter（cm）；X6：匍匐茎节间长，Internode length（cm）；X7：叶色，leaf color；X8：茎色，shoot color；X9：叶毛，leaf hair；CV%：变异系数，Coefficient of variation；M：平均值，Mean。

（4）聚类分析　对同一栽培条件下的 16 个种群狗牙根外部形态指标（包括数量性状与质量性状）的测定值进行了聚类分析，聚类结果如图 2-8 所示，聚类结果与狗牙根分布生境基本一致，这些不同种群的狗牙根材料可聚为三大类：A 类：包括种群 1，7，5，12，10，13，9，4，2，3，这 10 个种群地理位置主要分布在海南西部、中部地区，生境类型包括草地、涝洼地，河滩，路边山坡地等。其最明显的特征就是匍匐茎较细但节间较长，叶片颜色几乎为绿色，茎色以红褐色居多，除了 2，3 号种群外叶片表面都有短而密的茸毛。B 类：包括种群 11，15，这 2 个种群地理分布位置虽不集中，但均分布于海边，生境皆为海边沙滩地。其最明显的特征就是草层高与直立茎营养枝较高，直立茎叶片较长且宽，匍匐茎较粗，茎色为绿色。C 类：包括种群 6，14，8，16，这 4 个种群地理分布位置不集中，除了 16 号种群来自于海边外，其他 3 个种群生境包括灌丛下，草地，山坡地。其特征为草层较低矮，直立枝叶片短而窄，而且匍匐茎节间也较短细，茎色为绿色，几乎无叶毛。

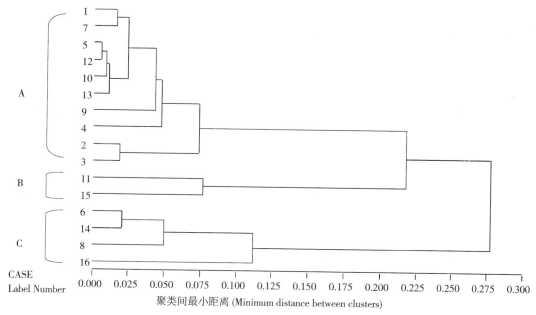

图 3-8 狗牙根各种群聚类分析（方法：离差平方和法，标准化）

Figure 3-8 Cluster analysis of *C. dactylon* populations

三、讨论与结论

1. 狗牙根分布范围和生境类型 本研究中，狗牙根在海南岛分布范围很广，北纬 $18°15'\sim20°04'$，东经 $108°54'\sim110°49'$ 的路边、山脚、灌木丛下、河滩与海边都有分布，垂直分布范围为海拔高度 $0.5\sim715\mathrm{m}$。其分布因地势与海拔的不同而有差异，初步发现狗牙根分布区域大小与海拔高度是成正比例的，这有待于进一步的研究与求证。从调查的土壤类型来看，狗牙根对土壤要求不严，有砖红壤、黄壤土、灌淤土、山地棕壤、砂土等多种类型。土壤的 pH 值范围是 $5.1\sim9.1$，适宜范围比较宽，以微酸性土壤分布较多。本研究结果与刘伟（2003）对西南区狗牙根种质资源遗传多样性与坪用价值研究的研究结果相似。根据野外观察研究，野生狗牙根的生境具有丰富的多样性，其生境可以初步分为 4 种类型：河滩草地型（河滩、田坎、湖边）；疏林草地型（在稀疏的灌木丛与树林下）；丘陵山地型（山地和路边）；海滩草地型（海边沙滩地）。

2. 狗牙根种群形态学变异 从本研究结果来看，狗牙根在原野外生境条件下，供试材料在草层高度，直立茎叶长，叶宽、株高、匍匐茎直径与节间长、叶色，茎秆颜色，叶茸毛等方面出现了不同程度的变异，16 个种群间变异较大的形态状指标均包括草层高度，直立枝的叶长，直立茎营养枝高、匍匐茎节间长，变异系数分别为 41.57%、40.20%、32.25%、27.90%；在大田栽培条件下狗牙根从种植到盛花期平均为 198d，变异较大的形态指标与野外条件下的一致，变异系数分别为 41.60%、29.44%、37.30%、26.61%，这几乎与在野外条件下的形态变异程度相当。对于比较同一种源在野外与大田栽培两种条件下生长的形态差异，以采集于海边的种群变异较大，以 11 号种群变异最大，高达

35.90％，草层呈向上长的趋势，初步得出海边的居群不太适应被移栽至内陆。本研究的狗牙根外部形态的变异受环境因子影响比较大，因此对不同种群狗牙根种质资源的遗传多样性作更为准确研究还需要结合等位酶分析、DNA分子标记等手段来进行。

3. 狗牙根生物多样性与应用前景　本研究结果显示，A类种群匍匐茎较长，有叶茸毛，初步说明耐旱性强，可以作为水土保持品种的育种材料；B类种群均来自于海边，植株较高，叶片长且宽，不适宜作为草坪草的材料；C类种群具有植株低矮、节间较短、叶片短小的特点，可作为运动场草坪草和观赏草坪草的育种材料。总之，狗牙根种质资源具有丰富的生物多样性，为国产草坪草的选种和育种提供了有利条件，其应用潜力和前景十分广阔。

参 考 文 献

阿不来提，石定燧.1998.新疆狗牙根研究初报［J］.新疆农业大学学报（3）：1-4.

陈艳宇.2000.四川野生狗牙根资源研究初报［J］.四川畜牧兽医，27（B07）：24-27.

刘建秀，郭爱桂，郭海林.2003.我国狗牙根种质资源形态变异及形态类型划分［J］.草业学报，12（6）：99-104.

刘建秀，贺善安，刘永东.1999.华东地区狗牙根外部形态变异规律的研究［M］//中国草地科学进展.北京：中国农业大学出版社：504-509.

刘伟.2006.西南区狗牙根种质资源遗传多样性与坪用价值研究［D］.雅安：四川农业大学.

吴彦奇，刘玲珑，熊曦.2001.四川野生狗牙根的利用和资源［J］.草原与草坪（3）：31-35.

郑玉红，刘建秀，陈树元.2003.我国狗牙根种质资源根状茎特征的研究［J］.草业学报，12（2）：76-81.

Harlan J R. 1969. Sources of variation in *Cynodon dactylon* （L. ） Pers. ［J］. Crop Science，9：774-778.

Wofford D S. 1985. Heritability estimates for chracteristics in bermuda grass ［J］. Crop Science，25：133-136.

第四节　华南地区狗牙根形态特征变异研究

狗牙根［*Cynodon dactylon*（Linnaeus）Persoon］是一种禾本科（Poaceae）C₄型多年生植物（Gatschet et al.，1994）。作为著名的暖季型草坪草，广泛应用于热带、亚热带地区的公共绿地草坪、运动场草坪和公路边草坪建植中。由于野生狗牙根长期生长在恶劣环境中，又经过多代的自然选择，生存和繁衍的特性保持下来，并遗传给后代，这为育种和品种改良提供了丰富的材料（王赞等，2005）。

目前，我国野生植物种质资源的开发和利用越来越受到重视，而遗传多样性研究是种质资源研究的一个重要内容，形态多样性是其最传统和常用的方法。关于其他草本植物种质资源研究已有诸多报道（严学兵等，2009a；2009b；王海清等，2009）。对狗牙根而言，部分学者在资源研究方面取得了一些成绩（刘建秀等，1996；吴彦奇等，2001；刘建秀等，2003；张国珍等，2005；张小艾和张新全，2006；尹权为等，2009）。有学者还根据狗牙根的形态特征将其分类（Harlan and de Wet，1969；Rochecouste，1962；

Ramakrishnan and Singh，1966；王志勇等，2009）。但涉及中国华南地区野生狗牙根种质资源的收集及评价的研究报道较少。

华南地区位于我国最南部。是一个高温多雨、四季常绿的热带-南亚热带区域。这里有热带海洋，丘陵广布，土壤为砖红壤、赤红壤。调查发现，该地区狗牙根分布广，适应性强，有着良好的开发利用前景。为全面认识华南地区狗牙根的种内变异，本研究在系统调查收集华南区野生狗牙根种群生态的基础上，通过田间试验对华南地区96份野生狗牙根材料的11个形态学性状进行了观察测量，研究其形态特征的变异，从而为全面认识和利用华南地区狗牙根种质资源提供依据。

一、材料和方法

1. 材料　本研究在海南省儋州市中国热带农业科学院热带作物品种资源研究所试验基地进行，该试验地北纬 $19°30'$，东经 $109°30'$，海拔 134m，年平均气温 23.4℃，年内平均气温最高月份为 6、7 月，可达 27.7℃，最低月份为 1 月，温度下抵 17℃，历年绝对高温 38.9℃，绝对低温 6.7℃。年平均降雨量 1 766.2mm。试验地土壤为砖红壤，试验前土壤理化性状见表 3-11。试验材料为 2006—2008 年采自广东、广西、福建、海南的 96 份野生狗牙根（表 3-12），每份种质种植于 $1.0m×1.0m$ 面积的试验基地内，株行距为 $0.3m×0.3m$，除必需的灌溉和除杂外，一般不做其他特殊管理。于 2009 年 5～6 月份进行观测。

2. 方法

（1）观测方法

叶长（x_1）：随机抽取直立枝顶部向基部的第四片成熟叶，测其叶长，倍率计测定，重复 10 次求平均。

叶宽（x_2）：测定方法同直立枝叶长，以测叶长的叶片测最宽处叶宽，重复 10 次求平均。

草层高（x_3）：指种源的自然高度。米尺测定，重复 10 次求平均。

节间直径（x_4）：游标卡尺测定匍匐枝顶端向基部的第四节茎的节间直径，重复 10 次求平均。

节间长（x_5）：游标卡尺测定匍匐枝顶端向基部的第四节茎的节间长，重复 10 次求平均。

花序长（x_6）：指花序的基本长度，米尺测定，重复 10 次求平均。

花序分枝数（x_7）：指花序的分枝数，目测计数，重复 10 次求平均。

小穗数（x_8）：指每穗枝上的小穗数，目测计数，重复 10 次求平均。

密度（x_9）：用 $10cm×10cm$ 样框测定枝条数目，重复 10 次求平均。

叶色（x_{10}）：按深绿、绿、浅绿、黄绿和黄色分为 5 个等级，目测法，重复 3 次求平均。

叶毛（x_{11}）：按无、有和密分为 3 个等级，目测法，重复 3 次求平均。

为便于统计分析，对叶色和叶毛进行赋值，方法见（白昌军和刘国道，2005；白昌军和刘国道，2007）。

（2）数据处理　利用 SAS 9.0 进行描述性分析及回归分析，用 SPASS 17.0 软件进行相关分析及聚类分析。

表 3-11　供试土壤理化性状

Table 3-11　Soil chemical and physical properties of the trail

有机质 Organic （%）	碱解氮 Alkali-hydrolyzable Nitrogen （mg/kg）	速效磷 Rapidly available phosphorus （mg/kg）	速效钾 Rapidly available potassium （mg/kg）	交换钙 Exchangeable calcium （cmol/kg）	交换镁 Exchangeable magnesium （cmol/kg）	pH 值 pH value
1.66	344.83	5.74	486.33	32.53	6.62	5.29

表 3-12　供试材料名称与来源

Table 3-12　Names and sources of tested accessions

种源 Accession	采样地 Locality	经度 Longitude （E）	纬度 Latitude （N）	海拔 Altitude （m）
S01	广东肇庆 Zhaoqing, Guangdong	112°34′	23°11′	2.30
S02	广东曲江 Qujiang, Guangdong	113°39′	24°38′	134.00
S03	广东惠阳 Huiyang, Guangdong	114°19′	22°58′	25.60
S04	广东英德 Yingde, Guangdong	113°51′	24°13′	107.00
S05	广东广州 Guangzhou, Guangdong	113°18′	23°08′	25.00
S06	广东湛江 Zhanjiang, Guangdong	110°08′	21°23′	25.10
S07	广东深圳 Shenzhen, Guangdong	114°01′	22°32′	47.00
S08	广东茂名 Maoming, Guangdong	110°50′	21°53′	36.50
S09	广东信宜 Xinyi, Guangdong	110°57′	22°23′	87.30
S10	广东潮安 Chaoan, Guangdong	116°40′	23°29′	7.90
S11	广东陆丰 Lufeng, Guangdong	116°00′	23°09′	42.80
S12	广东龙川 Longchuan, Guangdong	115°05′	24°01′	71.90
S13	广东普宁 Puning, Guangdong	116°11′	23°17′	7.60
S14	广东梅县 Meixian, Guangdong	115°53′	24°10′	327.10
S15	广东龙川 Longchuan, Guangdong	115°15′	24°07′	85.20
S16	广东遂溪 Suixi, Guangdong	110°13′	21°21′	34.30
S17	广东梅州 Meizhou, Guangdong	116°06′	24°20′	98.00
S18	广东潮州 Chaozhou, Guangdong	116°45′	23°38′	5.90
S19	广东湛江 Zhanjiang, Guangdong	110°26′	21°23′	7.20
S20	广东肇庆 Zhaoqing, Guangdong	111°32′	22°45′	56.60
S21	广东肇庆 Zhaoqing, Guangdong	112°47′	23°14′	8.00
S22	广东韶关 Shaoguan, Guangdong	114°02′	24°55′	96.60
S23	广东饶平 Raoping, Guangdong	117°03′	23°40′	16.00
S24	广东南雄 Nanxiong, Guangdong	114°17′	25°07′	119.00

（续）

种源 Accession	采样地 Locality	经度 Longitude（E）	纬度 Latitude（N）	海拔 Altitude（m）
S25	广东茂名 Maoming，Guangdong	111°01′	21°32′	23.00
S26	广西隆林 Longlin，Guangxi	105°30′	24°39′	418.00
S27	广西苍梧 Cangwu，Guangxi	111°35′	23°59′	83.90
S28	广西贺州 Hezhou，Guangxi	111°38′	24°24′	107.50
S29	广西柳江 Liuzhou，Guangxi	109°17′	24°15′	109.70
S30	广西河池 Hechi，Guangxi	107°44′	24°34′	387.70
S31	广西柳州 Liuzhou，Guangxi	109°33′	24°23′	89.90
S32	广西合浦 Hepu，Guangxi	109°22′	21°43′	48.50
S33	广西河池 Hechi，Guangxi	108°16′	24°43′	208.90
S34	广西桂林 Guilin，Guangxi	110°21′	25°14′	146.30
S35	广西百色 Baise，Guangxi	106°50′	23°47′	106.40
S36	广西南丹 Nandan，Guangxi	107°41′	24°49′	406.10
S37	广西玉林 Yulin，Guangxi	110°06′	22°32′	69.20
S38	广西梧州 Wuzhou，Guangxi	111°13′	23°22′	31.70
S39	广西隆林 Lonaglin，Guangxi	105°53′	24°36′	596.80
S40	广西田林 Tianlin，Guangxi	106°19′	24°12′	236.60
S41	福建上杭 Shanghang，Fujian	116°25′	25°05′	222.00
S42	福建龙岩 Longyan，Fujian	117°05′	24°39′	460.00
S43	福建南靖 Nanjing，Fujian	117°27′	24°36′	20.20
S44	福建诏安 Shaoan，Fujian	117°10′	23°43′	16.20
S45	福建福州 Fuzhou，Fujian	119°23′	26°07′	553.50
S46	福建厦门 Xiamen，Fujian	118°04′	24°41′	29.50
S47	福建南平 Nanping，Fujian	118°23′	26°28′	81.90
S48	福建厦门 Xiamen，Fujian	117°56′	24°34′	4.20
S49	福建连城 Liancheng，fujian	116°55′	25°39′	619.60
S50	福建上杭 Shanghang，Fujian	116°37′	25°31′	300.00
S51	福建三明 Sanming，Fujian	117°38′	26°15′	140.40
S52	福建晋江 Pujiang，Fujian	118°34′	24°51′	1.50
S53	福建莆田 Putian，Fujian	119°04′	25°23′	10.70
S54	福建三明 Sanming，Fujian	117°33′	26°10′	131.50
S55	福建南靖 Nanjing，Fujian	117°27′	24°36′	20.20
S56	福建漳州 Zhangzhou，Fujian	117°32′	23°44′	2.10
S57	福建龙岩 Longyan，Fujian	116°53′	24°56′	2 100.00
S58	福建云霄 Yunxiao，Fujian	117°19′	23°57′	13.60

（续）

种源 Accession	采样地 Locality	经度 Longitude（E）	纬度 Latitude（N）	海拔 Altitude（m）
S59	海南三亚 Sanya，Hainan	109°37′	18°17′	39.60
S60	海南乐东 Ledong，Hainan	109°17′	18°35′	220.60
S61	海南琼中 Qiongzhong，Hainan	109°36′	19°00′	262.40
S62	海南五指山 Wuzhishan，Hainan	109°36′	18°44′	342.40
S63	海南琼中 Qiongzhong，Hainan	109°33′	19°04′	689.90
S64	海南白沙 Baisha，Hainan	109°28′	19°21′	294.90
S65	海南三亚 Sanya，Hainan	109°21′	18°18′	25.80
S66	海南五指山 Wuzhishan，Hainan	109°40′	18°54′	703.50
S67	海南五指山 Wuzhishan，Hainan	109°36′	18°44′	342.40
S68	海南昌江 Changjiang，Hainan	108°57′	19°15′	54.20
S69	海南临高 Lingao，Hainan	109°46′	19°46′	88.80
S70	海南五指山 Wuzhishan，Hainan	109°32′	18°46′	291.50
S71	海南琼中 Qiongzhong，Hainan	109°42′	19°24′	103.10
S72	海南澄迈 Chengmai，Hainan	109°36′	19°00′	227.00
S73	海南儋州 Danzhou，Hainan	109°24′	19°31′	15.20
S74	海南乐东 Ledong，Hainan	109°17′	18°48′	181.90
S75	海南琼中 Qiongzhong，Hainan	109°36′	19°00′	252.20
S76	海南白沙 Baisha，Hainan	109°11′	19°25′	64.00
S77	海南临高 Lingao，Hainan	109°35′	19°53′	0.70
S78	海南临高 Lingao，Hainan	109°31′	19°53′	0.70
S79	海南儋州 Danzhou，Hainan	109°25′	19°38′	81.20
S80	海南五指山 Wuzhishan，Hainan	109°39′	18°48′	488.60
S81	海南临高 Lingao，Hainan	109°39′	19°56′	159.00
S82	海南三亚 Sanya，Hainan	109°20′	18°23′	232.80
S83	海南保亭 Baoting，Hainan	109°37′	18°37′	81.90
S84	海南五指山 Wuzhishan，Hainan	109°32′	18°57′	209.00
S85	海南儋州 Danzhou，Hainan	109°29′	19°46′	14.20
S86	海南儋州 Danzhou，Hainan	109°16′	19°51′	14.80
S87	海南儋州 Danzhou，Hainan	108°57′	19°31′	4.50
S88	海南五指山 Wuzhishan，Hainan	109°33′	18°42′	380.00
S89	海南儋州 Danzhou，Hainan	109°24′	19°31′	118.90
S90	海南儋州 Danzhou，Hainan	109°21′	19°46′	12.80
S91	海南乐东 Ledong，Hainan	109°14′	18°40′	202.70
S92	海南三亚 Sanya，Hainan	109°34′	18°13′	2.90
S93	海南东方 Dongfang，Hainan	108°49′	19°06′	55.50
S94	海南白沙 Baisha，Hainan	109°25′	19°05′	257.90
S95	海南儋州 Danzhou，Hainan	109°25′	19°39′	51.70
S96	海南儋州 Danzhou，Hainan	109°31′	19°23′	190.60

二、结果与分析

1. 形态性状变异分析　由表3-13所示，在供试狗牙根的11个植物形态学特征中，叶毛变异幅度最大，变异系数高达129.78%；其次为叶长、草层高度、密度、节间长和花序长，变异系数为37.61%、38.18%、32.41%、21.80%和18.44%。而叶宽、节间直径和小穗数变异较小，变异系数分别为14.05%、14.49%和15.08%；穗枝数及叶色变异最小，变异系数为9.45%和7.64%。这说明华南地区狗牙根高度（草层高度）、营养器官长度（叶片长度和节间长度）、密度以及生殖器官长度（花序长）具有丰富的遗传信息和选择能力；而质地（叶宽）、茎粗（节间直径）、叶色及穗部性状（穗枝数及小穗数）遗传比较稳定。也就是说可以通过系统选育的方法从狗牙根种质资源中筛选出低矮致密的优良狗牙根品系，而质地（叶宽）、茎粗（节间直径）、穗部性状（穗枝数及小穗数）则难以改良；同时表明叶部差异主要表现在叶长，而叶宽的变异较小，茎部性状的差异主要表现在节间长，节间直径的变异较小，穗部性状差异主要在小穗数，穗枝数变异很小。

表 3-13　外部性状变异分析

Table 3-13　Morphological variations of *C. dactylon*

项目 Item	x_1	x_2	x_3	x_4	x_5	x_6	x_7	x_8	x_9	x_{10}	x_{11}
平均值 Mean	5.25	0.31	16.42	0.13	6.11	11.48	4.51	43.33	75.12	10.89	0.50
最大值 Max	11.49	0.41	31.55	0.18	9.56	17.36	5.40	69.40	170.50	12.00	2.00
最小值 Min	2.00	0.21	3.76	0.07	3.14	7.15	3.30	31.50	34.83	10.00	0.00
极差 R	9.49	0.20	27.79	0.11	6.42	10.21	2.10	37.90	135.67	2.00	2.00
标准差 S	1.97	0.04	6.27	0.02	1.33	2.12	0.43	6.54	24.35	0.83	0.65
变异系数 CV（%）	37.61	14.05	38.18	14.49	21.80	18.44	9.45	15.08	32.41	7.64	129.78

说明 Note：x_1：叶长/cm Leaf length；x_2：叶宽/cm Leaf width；x_3：草层高/cm Turf height；x_4：节间直径/cm Internode diamete；x_5：节间长/cm Internode length；x_6：花序长/cm Inflorescence length；x_7：穗枝数/twig Inflorescence branch number；x_8：小穗数/entry Spikelet number；x_9：草层密度/100cm² Turf density；x_{10}：叶色/rank Leaf color；x_{11}：叶毛/rank Leaf hair；The same as below.

2. 形态性状相关分析　如表3-14所示，供试狗牙根形态学特征间存在明显相关性。其中，草层高度与叶长呈极显著正相关，相关系数是0.6782。叶长与叶宽呈显著正相关，相关系数是0.2170；与密度呈极显著负相关，相关系数是-0.3748。叶色与密度呈显著正相关，相关系数是0.2463；与节间长和穗枝数呈显著负相关，相关系数是0.2251和0.2057。叶毛与节间直径呈显著正相关，相关系数是0.2435；与叶宽呈显著负相关，相关系数是-0.2496。节间直径与叶长和草层高度呈极显著正相关，相关系数是0.3879和0.5635。节间长与叶宽和节间直径呈极显著正相关，相关系数为0.3573和0.3143；与叶长呈显著正相关，相关系数是0.2475；而与密度呈极显著负相关，相关系数是0.3118。表明植株高大的狗牙根，叶片宽大，茎秆粗壮，密度小，叶色浅且多毛，反之，植株矮小的狗牙根，质地好，密度大，叶色深。

花序长与叶长、叶宽、草层高度、节间直径和节间长呈极显著正相关，相关系数分别是 0.271 8、0.289 2、0.270 7、0.491 3 和 0.357 5。穗枝数与叶长、叶宽、节间长、花序长呈极显著正相关，系数是 0.322 3、0.288 3、0.409 2 和 0.351 0。小穗数与节间长、花序长和穗枝数呈极显著正相关，相关系数是 0.276 3、0.474 2 和 0.463 8。与叶长、草层高度、节间直径呈显著正相关，相关系数是 0.201 6、0.204 5 和 0.211 6。由此可知，花序长的狗牙根表现为植株高大、叶片宽大、茎秆粗壮、穗枝数及小穗数多。

表 3-14　外部性状间的相关分析

Table 3-14　Analysis of correlation among morphological characters

项目 Item	x_1	x_2	x_3	x_4	x_5	x_6	x_7	x_8	x_9	x_{10}
x_2	0.217 0*									
x_3	0.678 2**	−0.030 8								
x_4	0.387 9**	−0.036 7	0.563 5**							
x_5	0.247 5*	0.357 3**	0.134 4	0.314 3**						
x_6	0.271 8**	0.289 2**	0.270 7**	0.491 3**	0.357 5**					
x_7	0.322 3**	0.288 3**	0.160 2	0.149 3	0.409 2**	0.351 0**				
x_8	0.201 6*	0.188 3	0.204 5*	0.211 6*	0.276 3**	0.474 2**	0.468 8**			
x_9	−0.099 3	−0.374 8**	0.142 1	−0.097 3	−0.311 8**	−0.098 3	−0.146 8	−0.117 5		
x_{10}	−0.097 5	−0.163 3	0.033 3	0.162 1	−0.225 1*	0.023 1	−0.205 7*	0.007 9	0.246 3*	
x_{11}	0.009 4	−0.249 6*	−0.017 9	0.243 5*	−0.072 4	0.050 9	0.098 6	0.130 9	−0.166 9	0.065 1

说明：$R_{0.05}$=0.200 6，$R_{0.01}$=0.261 7；*和**分别表示 r 值达到显著（α=0.01）和极显著（α=0.05）水平。

Note：*and**means significant difference at 0.05 and 0.01 level，respectively.

3. 形态性状随其地理分布的变异规律　就 11 个外部性状对狗牙根种源所在纬度进行回归分析（表 3-15），结果表明，随着纬度的增加，华南地区狗牙根种源的叶色愈深，而穗枝数及小穗数明显变少，刘建秀（严学兵等，2009a）在对狗牙根种质资源的研究中也得出了相同的结论。随着纬度增加，节间变粗。叶长、叶宽、株高、节间长、密度和叶毛和花序长与纬度无显著相关关系。随着经度的增加，其节间明显变粗，草层变高，花序变长，而小穗数变少。

表 3-15　外部性状与地理分布回归分析

Table 3-15　Regression between morphological characters and geographical distributions

形态性状 Morphological character	地理位置 Geographical Position	回归方程 Regression equation	F 值 F Value	$F_{0.05}$	$F_{0.01}$
节间直径 x_4	纬度 Latitude	$y=0.088\ 8+0.001\ 6x$	5.51*	3.94	6.90
穗枝数 x_7	纬度 Latitude	$y=6.336\ 9-0.082\ 8x$	31.97**	3.94	6.90
小穗数 x_8	纬度 Latitude	$y=57.087-0.622\ 7x$	6.11*	3.94	6.90
叶色 x_{10}	纬度 Latitude	$y=8.775\ 2+0.095\ 5x$	9.14**	3.94	6.90
株高 x_3	经度 Longitude	$y=-23.751+0.358\ 7x$	4.21*	3.94	6.90
节间直径 x_4	经度 Longitude	$y=-0.049\ 7+0.001\ 6x$	10.01**	3.94	6.90
花序长 x_6	经度 Longitude	$y=7.822\ 8+0.362\ 7x$	4.82*	3.94	6.90
穗枝数 x_7	经度 Longitude	$y=7.245\ 1-0.024\ 4x$	4.24*	3.94	6.90

4. 形态性状聚类分析　对 11 项形态指标进行标准化，利用类平均法，选择欧氏距离进行聚类分析（图 3-9）。结果表明，在欧氏距离 5.53 处可将 96 份狗牙根分为 3 个形态类型（表 3-16）。第 1 类包括 S74（海南乐东）和 S52（福建晋江）2 份材料，占总材料的 2.08%，其特点是草层高且较密，叶片细短，茎秆粗壮，节间长，花序长，穗枝数及小穗数多；第 2 类仅 S85（海南儋州）1 份材料，占 1.04%，具有区别与其他类别的独特特征，草层最高，叶片最长，茎粗，节间长，花序稍短，小穗数少；第 3 类型包括 93 份材料，占 96.88%，其特点是草层稍矮且密，叶片短宽，茎秆纤细，节间短，花序短，穗枝数及小穗数少。遗传距离的大小可反映亲缘关系的大小，在第 3 类中，种源间的遗传分化程度较高，按亲缘关系的远近可划分为多个小类群。其中来自海南东方的种源 S93 和来自广东肇庆的 S01 的亲缘关系最远，而来自福建南平的 S48 和来自海南临高的 S77 亲缘关系最近。一般而言采集地域越广，亲缘性越远，丰富性越多（Arapitsas，2008）；本研究仅华南地区的材料，其地理来源都比较近，不同的地理分布其亲缘关系所表现出的遗传差异有时明显，有时并不明显，而来源相同的种质之间的亲缘关系有时相差很大，表明狗牙根种质间的遗传关系复杂，这很大程度上可能是由于采样局限性造成的，因为狗牙根几乎不能从形态上区分其采集地区，因此应在广泛的地理位置选择有代表性种源才能筛选出更加优良的种源。

表 3-16　形态类型特征

Table 3-16　The characteristics of morphological types

形态类型 Morphological types	x_1	x_2	x_3	x_4	x_5	x_6	x_7	x_8	x_9	x_{10}	x_{11}
第 1 类 The first type	4.40± 1.88	0.29± 0.04	21.99± 5.98	0.160± 0.017	7.36± 1.32	16.28± 2.01	5.25± 0.42	63.75± 5.85	64.75± 24.37	11.50± 0.83	1.50± 0.64
第 2 类 The second type	11.49± 0.00	0.28± 0.00	31.55± 0.00	0.130± 0.00	6.98± 0.00	9.93± 0.00	4.40± 0.00	37.30± 0.00	74.17± 0.00	10.00± 0.00	0.00± 0.00
第 3 类 The third type	5.23± 0.07	0.31± 0.06	16.27± 5.05	0.125± 0.024	6.07± 2.61	11.43± 1.53	4.5± 0.07	42.97± 7.99	75.76± 26.28	10.89± 0.71	0.49± 0.71

三、结论与讨论

本研究收集的华南地区野生狗牙根大多生长在路边荒地，湿润的稻田边或干旱的山坡，少数生长在海边沙滩地上，海拔在 2.3～2 100m，北纬 18°13′～26°28′，东经 105°30′～119°23′均有分布，能适应壤土、黏土、砂土等不同类型土壤。

聚类分析结果可将华南地区狗牙根可分为 3 个形态类型。但 96 份材料中有 93 份属低矮纤细型，占 96.88%，高大粗壮型和高大长叶型分别为 2 份和 1 份，分别占 2.08% 和 1.04%，此结果可能和资源的采集范围和异地（海南岛是一个海岛，地处热带北缘，属热带季风气候，土壤为砖红壤，条件明显不同于大陆的条件）种植的性状易受环境影响有关。聚类结果还表明大多数材料的遗传聚类结果与地理来源无严格的一致性关系，这与前人分析结论一致（Wu et al.，2004；刘伟等，2007）。说明华南地区野生狗牙根的外部性状与地理来源之间并不是简单的一一对应关系。

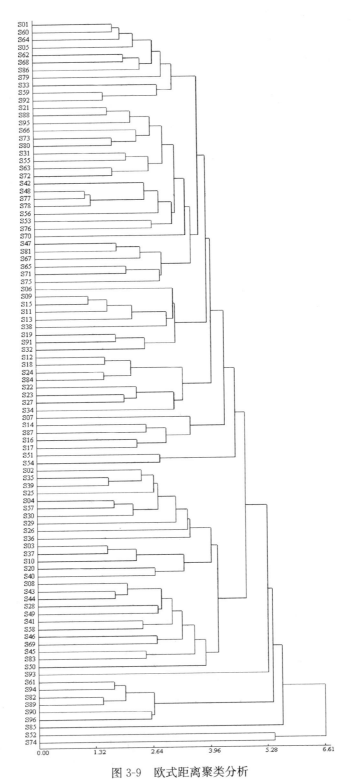

图 3-9　欧式距离聚类分析

Figure 3-9　Cluster analysis of *C. dactylon* germplasm by the educlidean distance

形态多样性是检测遗传变异最简便且有效的方法，但它受到诸多因素的影响，除生境外，形态特征及观测次数的选择不同和野外调查研究中取样的局限性，都可能会造成结论的差异。一般选择比较稳定的形态指标，如叶、茎、生殖器官等。本研究只对华南地区野生狗牙根种质资源进行了初步的收集、整理和形态分类工作，仅从少量的植物学性状上很难完全揭示狗牙根材料的遗传关系，因此对狗牙根种质资源的遗传多样性作更为准确研究还需结合细胞学、分子标记等手段来进行，以选育优良的狗牙根种质。

参 考 文 献

白昌军，刘国道.2005. 热带牧草种质资源描述［M］. 北京：中国农业出版社.

白昌军，刘国道.2007. 热带牧草种质资源数据质量控制规范［M］. 北京：中国农业出版社.

刘建秀，郭爱桂，郭海林.2003. 我国狗牙根种质资源形态变异及形态类型划分［J］. 草业学报，12（6）：99-104.

刘建秀，贺善安，刘永冬.1996. 华东地区狗牙根形态分类及其坪用价值［J］. 植物资源与环境，5（3）：18-22.

刘伟，张新全，李芳，等.2007. 西南区野生狗牙根遗传多样性的 ISSR 标记与地理来源分析［J］. 草业学报，16（3）：55-61.

王海清，徐柱，祁娟.2009. 披碱草属四种植物主要形态特征的变异性比较［J］. 中国草地学报，31（3）：30-35.

王赞，毛凯，吴彦奇，等.2005. 四川攀西地区野生狗牙根坪用价值研究［J］. 草业科学，22（1）：91-93.

王志勇，刘建秀，郭海林.2009. 狗牙根种质资源营养生长特性差异的研究. 草业学报［J］，18（2）：25-32.

吴彦奇，刘玲珑，熊曦，等.2001. 四川野生狗牙根的利用与资源［J］. 草原与草坪（3）：32-34.

严学兵，王堃，王成章，等.2009a. 不同披碱草属植物的形态分化和分类功能的构建［J］. 草地学报，17（3）：274-280.

严学兵，周禾，王堃，等.2009b. 我国 9 种披碱草属植物的系统学关系［J］. 草业学报，18（3）：74-85.

尹权为，曾兵，张新全，等.2009. 狗牙根种质资源在渝西地区生态适应性评价［J］. 草业科学，26（5）：174-178.

张国珍，干友民，魏萍，等.2005. 四川野生狗牙根外部性状变异及形态类型研究［J］. 中国草地，27（3）：21-25，40.

张小艾，张新全.2006. 西南区野生狗牙根形态多样性研究［J］. 草原与草坪（3）：35-38.

Arapitsas P. 2008. Identification and quantification of polyphenolic compounds from okra seeds and skins ［J］. Food Chemistry, 110 (4): 1041-1045.

Gatschet M J, Taliaferro C M, Anderson J A, et al. 1994. Cold acclimation and alterations in protein synthesis in bermudagrass crowns ［J］. Journal of the American Society for Horticultural Science, 119 (3): 477-480.

Harlan Jack R, de Wet J M J. 1969. Sources of variation in *Cynodon dactylon* (L.) Pers ［J］. Crop Science, 9 (6): 774-778.

Ramakrishnan P S, Singh V K. 1966. Differential response of the edaphic ecotypes in *Cynodon dactylon* (L.) Pers to soil calcium ［J］. New Phytologist, 65 (1): 100-108.

Rochecouste E. 1962. Studies on the biotypes of *Cynodon dactylon* （L）. Pers. I. botanical investigation [J]. Weed Research，2（1）：1-23.

Wu Y Q，Taliaferro C M，Bai G H，et al. 2004. AFLP analysis of *Cynodon dactylon* （L.） Pers. var. *dactylon* genetic variation [J]. Genome，47：689-696.

第五节　海南弯穗狗牙根形态多样性研究

狗牙根属（*Cynodon* Richard）植物有9种10变种（Taliaferro，1995）。我国有2种1变种，即普通狗牙根［*Cynodon dactylon*（L.）pers］、弯穗狗牙根（*C. radiatus* Roth ex Roemer et Schultes）2个种，变种为双花狗牙根（*C. dactylon* var. *biflorus* Merino）（Flora of China Editorial Committee，2006）。我国野生狗牙根资源丰富，其中普通狗牙根分布遍及黄河流域以南的广大地区，而弯穗狗牙根主要分布在台湾、南海诸岛、海南等地。

形态标记具有直观有效、测量简单等特点，是长期以来作物种质资源评价、育种后代选择和遗传多样性研究的最基本标记。目前形态标记在狗牙根［*C. dactylon*（L.）pers］（王赞等，2004；刘建秀等，2003a）、假俭草［*Eremochloa ophiuroides*（Munro）Hack］（刘建秀等，2004）、结缕草（*Zoysia japonica* Steud）（刘建秀等，2003b）、披碱草（*Elymus dahuricus* Turca）（严学兵等，2005）等草种方面的研究已取得一定的成绩，而有关弯穗狗牙根的相关研究尚未见报道，为此对弯穗狗牙根的形态指标进行分析，了解各性状变异及其规律，可为弯穗狗牙根种质资源多样性研究及其利用提供科学依据，为弯穗狗牙根优良品种选育提供理论依据及参考。

一、材料和方法

1. 材料　本实验在海南省儋州市中国热带农业科学院热带作物品种资源研究所试验基地进行，试验地土壤为花岗岩发育而成的砖红壤。试验前土壤理化性状为：有机质1.66%，碱解氮344.83mg/kg，速效磷5.74mg/kg，速效钾486.33mg/kg，交换钙32.53cmol/kg，交换镁6.62cmol/kg，pH为5.29。

试验材料为2006—2007年采自海南不同生境的19份弯穗狗牙根，材料来源见表3-17，每份种质种植于1m×1m面积的试验基地内，株行距为0.3m×0.3m，材料种植成活后，不修剪，不施肥，不浇水，成坪后只进行切边，让其自然生长，于2009年5月份观测。

2. 方法

（1）观测方法　直立枝叶长（x1）和叶宽（x2）、匍匐枝叶长（x4）和叶宽（x5）：随机抽取直立枝和匍匐枝顶部向基部的第四片成熟叶，测其叶长及叶宽，倍率计测定；草层高（x3）：指种源的自然高度，米尺测定；节间直径（x6）和节间长（x7）：游标卡尺测定匍匐枝顶端向基部的第四节茎的节间直径和节间长；花序长（x8）：指花序的基本长度，米尺测定；穗枝数（x9）：指花序的分枝数，目测计数；小穗数（x10）：指每穗枝上的小穗数，目测计数；草层密度（x11）：用10cm×10cm样框测定枝条数目。以上数量性状均重复10次求平均。

匍匐茎颜色（x12）、叶色（x13）、叶腹面毛（x14）、叶背面毛（x15）、叶鞘毛（x16）、小穗颜色（x17）、花药颜色（x18）、柱头颜色（x19）等质量性状采用目测法，重复 3 次。为便于统计分析，对颜色和叶毛进行赋值，方法见文献（白昌军和刘国道，2005；白昌军和刘国道，2007）。

（2）数据处理　采用 SAS 9.0 计算各性状平均值、标准差、最大值、最小值、极差及变异系数。用 SPSS 13.0 软件进行相关分析及聚类分析。

表 3-17　供试材料来源

Table 3-17　Sources of tested accessions

种源编号 Accession No.	采样地 Colleceing site sampling	经度/E Longitude	纬度/N Latitude	海拔（m） Altitude	生境 Habitat
A182	海口市东城区 Dongcheng District，Haikou City	109°24′	19°46′	13.7	路边 Roadside
A300	澄迈金江镇 Jinjiang Town，Chengmai County	110°00′	19°45′	94.3	路边 Roadside
A169	临高高山岭 Gaoshanling，Lingao County	109°39′	19°55′	62.5	荒地 Wasteland
A191	临高新盈镇 Xinying Town，Lingao County	109°31′	19°53′	0.7	路边 Roadside
A268	临高博厚镇 Bohou Town，Lingao County	109°45′	19°52′	40.6	荒地 Wasteland
A178	儋州东城镇 Dongcheng Town，Danzhou City	109°24′	19°46′	13.7	路边 Roadside
A414	儋州长坡镇 Changpo Town，Danzhou City	109°25′	19°39′	51.7	路边 Roadside
A177	白沙芙蓉田农场 Furongtian farmland，Baisha County	109°10′	19°35′	48.0	路边 Roadside
A277	白沙元门乡 Yuanmen country，Baisha County	109°33′	19°06′	273.7	耕地 Farmland
A476	昌江县大坡镇 Dapo Town，Changjiang County	109°03′	19°19′	140.0	平地 Flat
A416	昌江十月田镇 Shiyuetian Town，Changjiang County	108°57′	19°22′	53.3	沙地 Sandy
A291	乐东县保国农场 Baoguo farmland，Ledong County	109°17′	18°35′	220.6	荒地 Wasteland
A362	陵水黎安镇 Lian Town，Lingshui County	110°04′	18°24′	5.5	海边 Seaside
A250	东方抱板镇 Baoban Town，Dongfang City	108°51′	18°09′	58.3	耕地 farmland
A366	东方大田镇 Datian Town，Dongfang City	108°49′	18°06′	55.5	田埂 Ridge
A403	东方江边乡 Jiangbian country，Dongfang City	109°03′	18°50′	138.6	沙地 Sandy
A278	五指山市 Wuzhishan City	109°39′	18°48′	488.6	沙滩地 Beach land
A206	保亭新星农场 Xinxing farmland，Baoting County	109°41′	18°40′	72.0	路边 Roadside
A70	三亚市 Sanya City	109°37′	18°17′	39.6	路边 Roadside

二、结果与分析

1. 形态性状变异分析　如表 3-18 所示，海南弯穗狗牙根不同种质资源形态性状具有广泛变异。

（1）数量性状变异分析　11 个数量性状存在不同程度的变异。其中，草层高度变异范围最大，为 4.50～23.38cm，变异系数为 68.72%；直立枝及匍匐枝的叶长变异范围较大，变异系数分别为 35.82%、32.88%；其次为小穗数、花序长、草层密度、直立枝及匍匐枝叶宽、节间长和节间直径，变异系数分别为 25.42%、28.88%、27.97%、25.22%、24.65%、

24.35％和23.75％；穗枝数变化范围最小，为3.9～6.6枝，变异系数是10.91％。

（2）质量性状变异　8个质量性状中，叶毛变异最大，叶腹毛、叶背毛、叶鞘毛变异系数分别为213.54％、213.54％和151.23％。花药颜色变化次之，变异系数为49.43％；茎色、叶色、小穗颜色和柱头颜色的变异不大，其变异系数分别为6.56％、5.82％、4.65％和4.41％。

由此可知，19份弯穗狗牙根种源间的差异较大。叶毛、草层高度、花药颜色、直立枝和葡匐枝的叶长变异最大；其次为小穗数、花序长、草层密度、直立枝及葡匐枝叶宽、节间长、节间直径和穗枝数；而茎色、叶色、小穗颜色和柱头颜色方面的变异幅度最小，小于10％。

表 3-18　弯穗狗牙根形态性状变异分析

Table 3-18　Variations among morphological characters of *C. radiatus*

编号 Code	平均值 M Mean	最大值 Max Maximum value	最小值 Min Minimum value	极差 R Range	标准差 S Standard deviation	变异系数 CV（％） coefficient of variation
x1	4.08	7.64	2.77	4.87	1.46	35.82
x2	0.38	0.62	0.28	0.34	0.09	24.35
x3	10.08	23.38	4.50	18.88	6.92	68.72
x4	2.22	4.34	1.34	3.00	0.73	32.88
x5	0.34	0.62	0.22	0.40	0.09	25.22
x6	0.10	0.14	0.07	0.07	0.02	23.75
x7	6.98	10.58	4.11	6.47	1.72	24.65
x8	11.02	20.22	7.44	12.78	3.08	27.97
x9	4.81	6.60	3.90	2.70	0.52	10.91
x10	46.42	93.70	34.70	59.00	13.41	28.88
x11	63.51	97.17	32.67	64.50	16.14	25.42
x12	20.89	22.00	19.00	3.00	1.37	6.56
x13	10.42	12.00	10.00	2.00	0.61	5.82
x14	0.26	2.00	0.00	2.00	0.56	213.54
x15	0.26	2.00	0.00	2.00	0.56	213.54
x16	0.32	1.00	0.00	1.00	0.48	151.23
x17	9.74	10.00	9.00	1.00	0.45	4.65
x18	10.68	17.00	7.00	10.00	5.28	49.43
x19	17.53	18.00	16.00	2.00	0.77	4.41

说明 Note：x1：直立枝叶长（cm）Upright stem leaf length；x2：直立枝叶宽（cm）Upright stem leaf width；x3：草层高（cm）Turf height；x4：葡匐枝叶长（cm）Stolon leaf length；x5：葡匐枝叶宽（cm）Stolon leaf width；x6：节间直径（cm）Internode diamete；x7：节间长（cm）Internode length；x8：花序长（cm）Inflorescence length；x9：穗枝数（twig）Inflorescence branch number；x10：小穗数（entry）Spikelet number；x11：草层密度（100cm²）Turf density；x12：茎色（rank）Stem color；x13：叶色（rank）Leaf color；x14：叶腹面毛（rank）Leaf belly hair；x15：叶背面毛（rank）leaf dorsal hair；x16：叶鞘毛（rank）Leaf sheath hair；x17：小穗颜色（rank）Spikelet color；x18：花药颜色（rank）Anther color；x19：柱头颜色（rank）Stigma color。下同 The same as below.

2. 形态性状相关分析　19 个形态性状间的相关系数见表 3-19，不同种源外部性状间存在着显著或极显著的相关性。

由表 3-19 可知：草层高度与直立枝叶长、节间直径、密度呈极显著正相关，相关系数分别是 0.680 8、0.735 2 和 0.629 8。同时，直立枝叶长与节间直径呈显著正相关，相关系数是 0.526 1；节间直径与花序长、叶腹面毛和叶背面毛呈极显著正相关，相关系数分别是 0.616 8、0.579 2 和 0.579 2。节间长与匍匐枝叶长和柱头颜色呈显著正相关，相关系数是 0.459 2 和 0.466 0。说明弯穗狗牙根种源草层越高大，其叶片越长，草层越密，匍匐枝越粗。

花序长与匍匐枝叶长及叶宽、小穗数、匍匐茎颜色呈极显著正相关，相关系数分别为 0.650 3、0.664 6、0.704 4 和 0.653 4；与穗枝数和花药颜色呈显著正相关，相关系数是 0.501 6 和 0.542 9。同时，穗枝数与匍匐枝叶宽呈极显著正相关，相关系数是 0.638 2；与匍匐枝叶长和小穗数呈显著正相关，相关系数是 0.551 0 和 0.539 2；小穗数与匍匐枝叶长与叶宽呈极显著正相关，相关系数是 0.615 6 和 0.729 3。叶腹面毛与叶背面毛和叶鞘毛呈极显著正相关，相关系数是 1.000 和 0.708 2；说明花序越长，小穗数越多；匍匐枝叶片越宽大，匍匐茎颜色越深。叶色、小穗颜色和其他性状无明显的相关性。

表 3-19　弯穗狗牙根形态性状间的相关分析

Table 3-19　Correlation among the morphological characters *C. radiatus*

项目 Item	x1	x2	x3	x4	x5	x6	x7	x8	x9
x2	−0.151 6								
x3	0.680 8**	−0.012							
x4	−0.238 1	−0.079 3	−0.388 9						
x5	−0.304 6	0.0033	−0.440 4	0.888 2**					
x6	0.526 1*	−0.070 8	0.735 2**	−0.287 8	−0.134 5				
x7	−0.397 5	0.479 7*	−0.538 2	0.459 2*	0.453 4	−0.616 8**			
x8	0.112 4	−0.107 7	0.000 5	0.650 3**	0.664 6**	0.274 6	−0.041 3		
x9	0.072 2	0.056 5	−0.087 5	0.551 0*	0.638 2**	0.108 2	0.234 6	0.501 6*	
x10	−0.139 3	−0.241	−0.060 2	0.615 6**	0.729 3**	0.324 2	0.019 3	0.704 4**	0.539 2*
x11	0.425 2	−0.109 3	0.629 8**	−0.059 7	−0.272 3	0.205 1	−0.271 7	−0.004 9	−0.307 6
x12	−0.079 4	−0.149 9	−0.253 4	0.431 9	0.356 9	0.026 2	−0.161 2	0.653 4**	0.406 0
x13	0.349 6	−0.122 4	0.088 7	−0.259 1	−0.088 2	0.433 7	−0.206 3	0.112 4	0.0249
x14	−0.035 3	0.185 2	0.411 9	−0.103 8	−0.027 4	0.579 2**	−0.308 3	0.091 7	0.269 4
x15	−0.035 3	0.185 2	0.411 9	−0.103 8	−0.027 4	0.579 2**	−0.308 3	0.091 7	0.269 4
x16	0.158 3	0.200 1	0.444 7	0.060 6	0.04 3	0.430 9	−0.223	0.205 4	0.321 5
x17	0.278 6	0.093 4	−0.039 8	0.097 9	0.212 8	0.271 4	0.013 7	0.430 7	−0.037 9
x18	0.277 1	0.155 8	0.331 1	0.379 2	0.239 4	0.203 7	0.089 2	0.542 9*	0.368 7
x19	0.071 1	−0.124 1	−0.127 5	0.542 4*	0.371 3	−0.256 8	0.466 0*	0.360 5	0.342 7

（续）

项目 Item	x10	x11	x12	x13	x14	x15	x16	x17	x18
x11	−0.274 6								
x12	0.320 1	−0.081 5							
x13	−0.133	−0.002 9	0.183 5						
x14	0.441 3	−0.125 5	0.080 2	−0.260 8					
x15	0.441 3	−0.125 5	0.080 2	−−0.260 8	1.000 0**				
x16	0.300 8	0.166 7	0.105 9	−0.226 1	0.708 2**	0.708 2**			
x17	0.303 1	−0.078 8	0.146 2	0.334 4	−0.171 8	−0.171 8	−0.192 2		
x18	0.247 6	0.319 8	0.386 8	−0.012 6	0.171 9	0.171 9	0.121 1	−0.009 5	
x19	0.259 7	0.077 6	0.240 8	0.022 3	−0.340 6	−0.340 6	−0.036 7	0.163 9	0.300 4

说明：$R_{0.05}$＝0.455 5，$R_{0.01}$＝0.575 1；＊和＊＊分别表示 r 值达到显著（α＝0.01）和极显著（α＝0.05）水平。

Note：*and**means significant difference at 0.05 and 0.01 level，respectively.

3. 形态性状聚类分析　系统聚类分析结果如图3-10所示，对19项主要形态指标进行标准化，利用类平均法在欧氏距离8.24处可将19份弯穗狗牙根分为3类（表3-20）。昌江十月田的材料A416单独聚为第一类，占总材料的5.26%，表明这份材料和其他材料亲缘关系较远。其特点是直立枝叶片细小，穗枝数最少，草层较密，无毛，属细叶型；第二类包括 A300（澄迈金江）、A169（临高高山岭顶）、A476（昌江县大坡）3份材料，占总材料的15.79%，其特点是节间长且粗，穗枝数及小穗数多，草层较疏，属普通型；第三类包括15份材料，占总材料的78.95%，其特点是直立枝叶片宽大，节间细长，小穗数少，属宽叶型。第三类中的A250（东方抱板镇）、A366（东方市大田镇）、A403（东方市江边乡）和A278（五指山市）紧紧聚在一起，亲缘关系最近，A362（海口市东城银村）和A182（陵水黎安）亲缘关系最远，和地理条件有一定的关系。

表 3-20　弯穗狗牙根各形态类型特征

Table 3-20　Characteristics of different morphological types of *C. radiatus*

形态类型 Morphological types	x1	x2	x3	x4	x5	x6	x7	x8	x9	x10	x11
细叶型 Fine leaf type	3.76± 0.00	0.31± 0.00	11.97± 0.00	1.98± 0.00	0.30± 0.00	0.12± 0.00	6.06± 0.00	11.73± 0.00	3.90± 0.00	53.00± 0.00	84.17± 0.00
普通型 Common leaf type	4.10± 1.23	0.34± 0.11	7.11± 3.83	2.62± 1.55	0.43± 0.18	0.12± 0.03	7.29± 3.13	15.09± 4.47	5.57± 0.93	64.83± 26.93	46.39± 1.51
宽叶型 Wide leaf type	4.10± 1.59	0.40± 0.09	10.54± 7.56	2.15± 0.55	0.32± 0.05	0.10± 0.02	6.98± 1.53	10.16± 2.23	4.71± 0.20	42.30± 5.79	65.56± 15.39

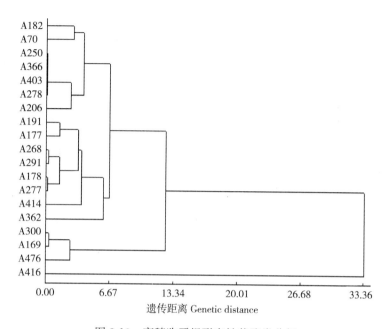

图 3-10　弯穗狗牙根形态性状聚类分析

Fig. 3-10　Morphological cluster of *C. radiatus*

三、结论与讨论

1. 海南弯穗狗牙根分布范围　本实验收集的弯穗狗牙根大多生长在路边荒地、山坡或海边沙地上。海拔 0.7～488.6m，纬度 18°06′～19°55′均有分布。Ramakrishnan 等（1966）研究指出，狗牙根对土壤要求不严，根据狗牙根对土壤钙的反应不同，将它分为 3 个类型，即喜钙型、中间型和厌氧型。从本次调查的土壤类型来看，有壤土、黏土、砂土等不同类型土壤，但以壤土中生长最好，这说明狗牙根环境适应能力强。根据野外观察研究，弯穗狗牙根生境多样性丰富，可将其初分为 3 种类型：山地型（山坡及路旁）；平原型（平地、耕地）；滩涂型（低洼泥生地、海边）。在对海南弯穗狗牙根资源进行调查采集时还发现弯穗狗牙根常与狗牙根（*C. dactylon*）、牛筋草［*Eleusine indica*（L.）Gaertn］、地毯草［*Axonopus compressus*（Sw.）Beauv］、马唐［*Sigitaria sanguinalis*（L.）Scop］、千金子［*Leptochloa chinensis*（L.）Nees］、雀稗（*Paspalum thunbergii* Kunth ex Steud.）等草种相伴而生。

2. 海南弯穗狗牙根形态多样性　从本实验的结果来看，海南弯穗狗牙根不同种源间的差异较大。叶毛、草层高度、花药颜色、直立枝和匍匐枝的叶长、小穗数、花序长、草层密度、直立枝及匍匐枝叶宽、节间长、节间直径和穗枝数的变异都达到 20%以上，具有较大的变异性。而在匍匐茎颜色、叶色、小穗颜色和柱头颜色方面的变异幅度较小，小于 10%。这表明弯穗狗牙根对生境变化反应敏捷，形态可塑性大，环境适应能力强。将实验结果与刘建秀（2003a）等对我国狗牙根形态变异的研究加以比较分析，可以看出本实验的叶宽变异范围为 0.28～0.62cm，略高于刘建秀等（2003a）所报道的 0.12～0.45cm，而叶长、草层高、节间直径、节间长、穗枝数的变异范围分别是 2.77～7.64cm、4.50～23.38cm、0.07～0.14cm、4.11～10.58cm、3.9～6.60枚。均稍低于刘建秀报道的 2.0～14.3cm、2.8～44cm、0.07～0.24cm、1.10～8.05cm、2.80～6.30 枚。由此可见，海南弯穗狗牙根相对全国狗牙根而言，叶片较短宽，节间细短，植株较矮。

相关分析表明，狗牙根各营养指标、生殖指标之间及其内部均存在不同程度的相关性，其中营养生长指标中相关性普遍高于生殖指标，这与张国珍等对四川狗牙根外部性状的研究结果一致。

刘建秀（2003a）将我国狗牙根种源分为粗高型、直立型、斜高型、斜矮型和和矮生型 5 个类型。本实验系统聚类分析结果表明，在欧氏距离 8.24 处可将 19 份弯穗狗牙根分为三类。分别是细叶型、普通型、宽叶型。其中宽叶型较多，更常见。

3. 海南弯穗狗牙根资源的开发前景　海南地处我国最南端，气候湿热，生境复杂，蕴藏着丰富的野生弯穗狗牙根资源。评价植物种质资源丰富程度时，不仅要考虑物种的多样性，还需考虑其蕴藏量。下一步工作可全面系统调查和收集海南、台湾及南海诸岛等地区野生弯穗狗牙根资源，扩大基因库，增加多样性，为弯穗狗牙根资源的合理开发和利用提供物质条件。

参 考 文 献

白昌军，刘国道．2005．热带牧草种质资源描述［M］．北京：中国农业出版社：159-165.

白昌军，刘国道．2007．热带牧草种质资源数据质量控制规范［M］．北京：中国农业出版社：531-560.

刘建秀，郭爱桂，郭海林，等．2003b．中华结缕草种质资源形态变异及其形态类型［J］．草地学报，11（3）：189-196.

刘建秀，郭爱桂，郭海林．2003a．我国狗牙根种质资源形态变异及形态类型划分［J］．草业学报，12（6）：99-104.

刘建秀，朱雪花，郭爱桂，等．2004．中国假俭草种质资源主要性状变异及其形态类型［J］．草地学报，12（3）：183-188.

王赞，毛凯，吴彦奇，等．2004．攀西地区野生狗牙根遗传多样性研究［J］．草地学报，12（2）：120-123.

严学兵，周禾，王堃，等．2005．披碱草属植物形态多样性及其主成分分析［J］．草地学报，13（2）：111-116.

张国珍，干友民，魏萍，等．2005．四川野生狗牙根外部性状变异及形态类型研究［J］．中国草地，27（3）：21-25，40.

Flora of China Editorial Committee. 2006. Flora of China. Vol. 22. Poaceae/Gramineae. Cynodon Richard. Beijing：492-493.

Ramakrishnan P S，Singh Vijay K. 1966. Differential response of the edaphic ecotypes in *Cynodon dactylon* to soil calcium ［J］. New Phytologist，65（1）：100-108.

Taliaferro C M. 1995. Diversity and vulnerability of bermuda turfgrass species ［J］. Crop Science，35（2）：327-332.

第六节 狗牙根种质资源形态多样性研究

狗牙根（*Cynodon dactylon*）是一种禾本科（Poaceae）狗牙根属（*Cynodon*）多年生草本植物（Gatschet et al.，1994），是世界著名的暖季型草坪草之一，广泛应用于各种运动场、公园及庭院，是绿化城市及美化环境的良好植物。主要生长于温暖湿润的热带及亚热带地区。分布范围广，生境类型丰富，这为狗牙根育种和品种改良提供了丰富的材料。

当前中国野生植物种质资源的开发和利用倍受关注，其中，遗传多样性是种质资源研究的核心内容，而形态多样性是遗传多样性研究最直观和常用的方法，关于狗牙根遗传多样性的研究目前已取得了一定的研究进展（凌瑶等，2010；齐晓芳等，2010）。国外对狗牙根种质资源的研究较早，Rochecouste（1962）根据株型、叶色、茎色、穗长等特征将毛里求斯的狗牙根分为4个生物类型；国内学者对狗牙根种质资源的研究起步稍晚，吴仁润和卢欣石（1992）根据外部形态、适应性、地理分布将普通狗牙根划分为热带宗、温带宗和塞琉西（Seleucidus）宗。刘建秀等（2003）根据15个外部性状将中国狗牙根分为粗高型、直立型、斜高型、斜矮型和矮生型。吴彦奇等（2001）对四川、重庆、云南及上海等地野生狗牙根的部分外部性状变异的研究表明，狗牙根草层自然高度、叶片长度、叶片宽度及节间长度的变异都达到显著性差异。王文恩等（2009）通过对辐射诱变后代变异植株的形态特征进行比较表明，各变异植株与对照之间在节间长度方面均有显著差异。另外，张国珍等（2005）、张小艾和张新全（2006）、尹权为等（2009）和黄春琼等（2010）也对狗牙根外部形态变异进行了研究。但有关系统收集、评价国内野生狗牙根种源形态学性状变异与国外野生种源之间的形态差异的研究尚未报道。

为全面认识狗牙根种内变异，笔者在系统调查收集国内野生狗牙根的基础上，通过田间试验对国内430份野生狗牙根种源及国外43份野生狗牙根种源的17个形态学性状进行观察测量，研究国内种源及国外种源的形态差异，从而为全面认识和利用狗牙根种质资源提供参考。

一、材料与方法

1. 材料

（1）供试材料 2006—2008年，对中国狗牙根分布地区及国外一些狗牙根分布较广泛的国家（刚果、越南、斯里兰卡、澳大利亚、哥伦比亚、印度、巴西、印度尼西亚、马来西亚、新加坡、巴布亚新几内亚、赞比亚、哥斯达黎加、柬埔寨、越南及泰国等）的野生狗牙根分布特点与生态特性进行调查研究，观察并记录野生狗牙根分布的地点、经纬度、海拔、地形、植被及土壤pH等。采集地既包括低山、丘陵、平原和高原，也包括江、河、湖、海及天然草地等。从所收集的材料中选出具有代表性的473份材料，并以国外引进的品种'Tifway'和'Tifgreen'为对照。其中国内的430份野生狗牙根种质采自19个省及4个直辖市，国外的43份种质采自大洋洲、南美洲、北美洲、非洲、亚洲等五大洲16个国家（表3-21）。

表 3-21　供试的 473 份野生狗牙根种质分布情况

Table 3-21　The distribution of 473 *C. dactylon* accessions for testing

国内 Domestic	种源数 Number	百分数 Percentage （%）	国外 Abroad	种源数 Number	百分数 Percentage （%）
华北地区 North China	13	2.75	大洋洲 Oceania	4	0.88
西北地区 Northwest China	11	2.33	北美洲 North America	3	0.63
华中地区 Central China	29	6.13	南美洲 South America	3	0.63
西南地区 Southwest China	71	15.01	亚洲 Asia	24	5.07
华东地区 Eastern China	195	41.23	非洲 Africa	9	1.90
华南地区 South China	111	23.47			

（2）试验地概况　大田试验在海南省儋州市中国热带农业科学院热带作物品种资源研究所试验基地进行。该试验地北纬 19°30′，东经 109°30′，海拔 134m；年平均气温23.4℃，年内平均气温最高月份（6、7 月）可达 27.7℃，最低月份（1 月）为 17℃，历年绝对高温 38.9℃，绝对低温 6.7℃；年平均降水量 1 766.2mm；试验地土壤为砖红壤，试验前土壤养分含量为，有机质 1.66%，碱解氮 65.83mg/kg，速效磷 20.74mg/kg，速效钾 105.33mg/kg，交换钙 2.12cmol/kg，交换镁 0.75cmol/kg，pH 值为 5.29。

2. 方法

（1）试验方法　田间试验采用随机区组设计，设 3 个重复，小区面积为 1.0m×1.0m，小区间隔 1.0m，株行距为 0.3m×0.3m；2008 年 12 月种植，材料种植成活后，定期除杂草，成坪后进行切边，让其自然生长。于 2009 年 5 月份进行观测。

（2）观测项目与方法　数量性状测定项目主要有直立枝叶长与叶宽、草层高度、匍匐枝叶长与叶宽、节间直径、节间长、花序长、穗枝数和小穗数等 10 个性状，重复 10 次求平均，测定方法如下：

直立枝叶长与叶宽：随机抽取直立枝顶部向基部的第四片成熟叶，测定其叶片长度及最宽处叶宽，倍率计测定。

草层高度：指种质的自然高度，米尺测定。

匍匐枝叶长与叶宽：随机抽取匍匐枝顶部向基部的第四片成熟叶，测定其叶片长度及最宽处的宽度，倍率计测定。

节间直径与节间长：游标卡尺测定匍匐枝顶端向基部的第四节茎的直径与节间长。

花序长：花序的基本长度，米尺测定。

穗枝数：每花序的分枝数，目测计数。

小穗数：每穗枝上的小穗数，目测计数。

质量性状观测项目主要有茎色、叶色、叶毛、叶姿、小穗颜色、花药颜色和柱头颜色等 7 个。采用目测法，重复 3 次。为便于数量化和统计分析，对质量性状进行赋值，具体方法参照文献（白昌军，刘国道；2005；白昌军，刘国道，2007）。

（3）数据处理　采用 Excel 2007 对数据进行处理；用 SAS 和 SPASS 16.0 软件进行

统计分析。

二、结果与分析

1. 狗牙根种质的形态特征变异

形态性状的变异在某种程度上反映了遗传变异的大小。为了解各性状的变异情况，对各性状的最大值、最小值、平均值、标准差和变异系数等进行分析。

（1）数量性状变异　10个数量性状的变异分析结果表明（表3-22），狗牙根不同种源各形态性状均具有广泛变异，不同性状的变异程度不同。10个数量性状中，草层高度变异范围最大，为1.42～40.50cm，变异系数是33.42%，平均草层高度为18.10cm，草层最高的是A196（南非），最矮的是A173（湖南）。直立枝及葡匐枝的叶长变异较大，变异范围分别为1.51～13.39cm，0.24～6.20cm，变异系数分别为32.40%、31.68%；其次是节间长、花序长、小穗数、直立枝叶宽、葡匐枝叶宽及节间直径，变异系数分别为23.72%、19.58%、18.30%、16.61%、16.45%和16.24%。其中，直立枝叶宽的变异范围为0.19～0.48cm，叶片最宽（质地最差）的是A055（山东），最窄（质地最好）的是A002（江苏）；花序最短的是A494（山东，4.22cm），最长的是A354（福建，17.36cm），平均花序长为10.34cm；节间最长的是A423（广东，10.39cm），最短的是A173（湖南，1.78cm）；节间最细的是A406（海南，0.068cm），最粗的是A027（江苏，0.218cm），平均节间直径为0.135cm；穗枝数变化范围最小，为2.90～6.60枝，变异系数是10.69%，平均为4.43枝，穗枝数最少的是A104（山东），最多的是A381（海南）。

表3-22　狗牙根形态学数量性状变异情况

Table 3-22　Variation of quantitative characteristics among *C. dactylon* accessions

项目 Item	直立枝叶长 Leaf length of the erect shoot（cm）	直立枝叶宽 Leaf width of the erect shoot（cm）	草层高度 Turf height （cm）	葡匐枝叶长 Stolon leaf length （cm）	葡匐枝叶宽 Stolon leaf width （cm）	节间直径 Internode diameter （cm）	节间长 Internode length （cm）	花序长 Inflorescence length （cm）	穗枝数 Inflorescence branch number	小穗数 Spikelet number
平均值 Mean	5.60	0.29	18.10	1.86	0.28	0.135	5.63	10.34	4.43	41.67
最大值 Maximum value	13.39	0.48	40.50	6.20	0.47	0.218	9.56	17.36	6.60	93.70
最小值 Minimum value	1.51	0.19	1.42	0.24	0.12	0.068	1.78	4.22	2.90	16.80
标准差 Standard deviation	1.81	0.05	6.05	0.59	0.05	0.022	1.34	2.03	0.47	7.62
变异系数 Coefficient of variation（%）	32.40	16.61	33.42	31.68	16.45	16.24	23.72	19.58	10.69	18.30

（2）质量性状变异　所观测的狗牙根7个质量性状中，变异系数均比较大（表3-23）。叶色呈现浅绿、绿、深绿色等变化，以绿色偏多，变异系数为107.13%；叶毛分为无、有、密3种，变异系数较大，为105.10%；叶姿有上举、平展和下垂3种情况，大多数

为平展，变异系数为 69.89%；匍匐茎颜色有红色、浅绿、绿、深绿、红褐、褐、深褐色等变化，以褐色偏多，变异系数相对较小，为 30.67%。

表 3-23　狗牙根形态学质量性状变异情况
Table 3-23　Variation of qualitative characteristics among *C. dactylon* accessions

项目 Item	茎色 Stem color	叶色 Leaf color	叶毛 Leaf hair	叶姿 Leaf posture	小穗颜色 Spikelet color	花药颜色 Anther color	柱头颜色 Stigma color
平均值 Mean	4.09	0.71	0.73	0.68	1.89	1.15	1.66
标准差 Standard deviation	1.25	0.76	0.77	0.47	0.63	1.23	0.79
变异系数 Coefficient of variation （%）	30.67	107.13	105.10	69.89	33.38	106.67	47.37

花的颜色也呈现很大的变化，其中，花药颜色有浅黄、黄、浅紫、紫和紫褐色等，以浅紫色为主，变异系数为 106.67%；柱头颜色以紫色偏多，变异系数为 47.37%；小穗的颜色有灰绿、浅绿、绿、浅紫和紫色等，以灰绿色为主，变异系数为 33.38%。

由此可知，本研究中的 475 份狗牙根种源间的差异较大，17 个形态性状变异系数均大于 10%。各形态性状变异大小为：叶色＞花药颜色＞叶毛＞叶姿＞柱头颜色＞草层高度＞小穗颜色＞直立枝叶长＞匍匐枝叶长＞茎色＞节间长＞花序长＞小穗数＞直立枝叶宽＞匍匐枝叶宽＞节间直径＞穗枝数。

因此，狗牙根在高度（草层高度）、营养器官长度（叶片长度和节间长度）等方面变异较大；其次为生殖器官长（花序长）；狗牙根在质地（叶宽）、节间直径及小穗数方面的变异较小；在穗枝数方面的变异幅度最小。也就是说可以通过系统选育的方法从狗牙根种质资源中筛选出低矮致密的优良狗牙根品系，而质地（叶宽）、茎粗（节间直径）、穗部性状（穗枝数及小穗数）则难以改良；同时表明狗牙根叶部差异主要表现在叶长，叶宽的变异较小，穗部性状差异主要在小穗数，穗枝数变异很小。

2. 国内外狗牙根种质的形态特征比较　国内外狗牙根形态特征比较见表 3-24，从表 3-24 可知，国内与国外种源的变异范围明显不同，国内的直立枝叶长、直立枝叶宽、草层高度、匍匐枝叶长、匍匐枝叶宽、节间直径、节间长、花序长、穗枝数和小穗数的变异范围分别为 1.51~13.39cm、0.19~0.48cm、1.42~31.55cm、0.24~6.20cm、0.12~0.47cm、0.068~0.218cm、1.78~9.56cm、4.22~17.36cm、2.90~6.60 枝及 16.80~93.70 个；而国外的为 2.29~11.02cm、0.24~0.37cm、3.97~40.50cm、1.13~3.41cm、0.20~0.36cm、0.088~0.169cm、4.28~9.38cm、8.10~13.59cm、3.50~5.20 枝及 31.50~62.60 个。

直立枝叶长及叶宽、匍匐枝叶长及叶宽、草层高度等 10 个数量性状中，除草层高度性状外，国内种源的其余 9 个形态性状的变异均比国外种源大（表 3-24）。就国内种源而言，变异系数最小的穗枝数为 10.77%，而变异系数最大的匍匐枝叶长高达 32.53%；而国外种源变异最小的为穗枝数（9.34%），变异最大的为直立枝叶长（28.14%）。

7 个质量性状变异均比较大。其中，国内外种源中变异最小的是茎色；国内种源中变异最大的是叶色，而国外种源中变异最大的是花药颜色；在茎色、叶色和柱头颜色方面，国内种源的变异偏大；而在叶毛、叶姿、小穗颜色和花药颜色方面，国外种源的变异颇大。

表 3-24 国内外狗牙根形态学特征变异对比

Table 3-24 Variation of morphological characteristics among domestic and abroad *C. dactylon* accessions

项目 Item	国内 Domestic			国外 Abroad		
	平均值±标准差 Mean±Standard deviation	变异范围 Variation range	变异系数 Coefficient of variation(%)	平均值±标准差 Mean±Standard deviation	变异范围 Variation range	变异系数 Coefficient of variation(%)
直立枝叶长 Leaf length of the erect shoot (cm)	5.51±1.79	1.51~13.39	32.45	6.54±1.84	2.29~11.02	28.14
直立枝叶宽 Leaf width of the erect shoot (cm)	0.29±0.05	0.19~0.48	17.14	0.29±0.03	0.24~0.37	10.26
草层高度 Turf height (cm)	17.81±5.76	1.42~31.55	32.32	21.02±7.95	3.97~40.50	37.81
匍匐枝叶长 Stolon leaf length (cm)	1.84±0.60	0.24~6.20	32.53	1.98±0.44	1.13~3.41	22.18
匍匐枝叶宽 Stolon leaf width (cm)	0.28±0.05	0.12~0.47	16.69	0.28±0.04	0.20~0.36	13.97
节间直径 Internode diameter (cm)	0.135±0.022	0.068~0.218	16.57	0.133±0.016	0.088~0.169	12.31
节间长 Internode length (cm)	5.52±1.30	1.78~9.56	23.61	6.72±1.17	4.28~9.38	17.36
花序长 Inflorescence length (cm)	10.29±2.09	4.22~17.36	20.33	10.82±1.22	8.10~13.59	11.23
穗枝数 Inflorescence branch number	4.41±0.47	2.90~6.60	10.77	4.60±0.43	3.50~5.20	9.34
小穗数 Spikelet number	41.35±7.68	16.80~93.70	18.56	44.53±6.56	31.50~62.60	14.74
茎色 Stem color	4.12±1.29	0~6	31.21	3.81±0.85	0~6	22.35
叶色 Leaf color	0.70±0.77	0~2	108.66	0.74±0.69	0~2	93.16
叶毛 Leaf hair	0.73±0.77	0~2	105.12	0.74±0.79	0~2	106.10
叶姿 Leaf posture	0.70±0.46	0~2	66.26	0.44±0.50	0~1	113.72
小穗颜色 Spikelet color	1.90±0.60	0~5	31.41	1.77±0.87	1~4	49.13
花药颜色 Anther color	1.21±1.23	0~5	101.94	0.70±1.23	0~3	175.64
柱头颜色 Stigma color	1.65±0.78	0~5	47.59	1.81±0.82	0~4	45.42

与国内种源相比，国外种源草层偏高，叶片偏大，茎秆偏细长，花序偏长，穗枝数及

小穗数偏多，叶毛偏多，叶色及柱头颜色偏深（表3-24）。而且草层最高的3份材料均来自国外，分别是南非的A196（40.50cm）、柬埔寨的A209（39.30cm）和哥伦比亚的A385（34.59cm），远高于其他材料，适合在饲草中开发利用；而最矮的2份材料均来自国内，分别是湖南的A173（1.42cm）和江苏的A259（2.10cm），远比对照'Tifway'（13.73cm）矮，且质地较细腻，有较强的草坪草开发潜力。

3. 国内不同地区狗牙根种质的形态特征比较 华南地区狗牙根草层较矮，直立枝叶片短宽（质地差），节间细长，花序较长（表3-25）；西南地区的狗牙根较高大，匍匐枝叶片较长，节间较粗，穗枝数及小穗数较多，直立枝叶片较窄（质地好）；华东地区的狗牙根直立枝叶片较短，匍匐枝叶片较宽，花序较短，小穗数及穗枝数较少；华北地区的狗牙根叶片较长；西北及华中地区的狗牙根各性状均居于中间水平。

表 3-25　国内各地区狗牙根形态变异比较

Table 3-25　Morphological characteristics of *C. dactylon* among five regions of China

地区 Region	项目 Item	直立枝叶长 Leaf length of the erect shoot (cm)	直立枝叶宽 Leaf width of the erect shoot (cm)	草层高度 Turf height (cm)	匍匐枝叶长 Stolon leaf length (cm)	匍匐枝叶宽 Stolon leaf width (cm)	节间直径 Internode diameter (cm)	节间长 Internode length (cm)	花序长 Inflorescence length (cm)	穗枝数 Inflorescence branch number	小穗数 Spikelet number
华北地区 North China	平均值 Mean	6.08	0.29	17.69	1.51	0.26	0.15	5.58	9.83	4.19	40.36
	最大值 Max	8.10	0.35	28.59	2.86	0.31	0.17	7.78	15.58	5.30	52.50
	最小值 Min	3.11	0.21	9.44	0.87	0.20	0.09	4.54	6.08	3.50	22.10
	标准差 SD	1.49	0.05	4.98	0.50	0.04	0.02	1.05	2.57	0.46	8.31
	变异系数 CV（%）	24.55	18.43	28.13	33.45	15.22	16.55	18.84	26.11	10.99	20.59
西北地区 Northwest China	平均值 Mean	5.31	0.30	17.12	1.61	0.26	0.16	5.46	10.70	4.52	42.60
	最大值 Max	8.47	0.36	23.91	2.99	0.32	0.20	7.26	14.56	5.00	51.30
	最小值 Min	3.20	0.26	11.88	1.04	0.21	0.13	3.42	8.30	4.20	35.10
	标准差 SD	1.59	0.04	4.61	0.57	0.04	0.02	1.13	1.85	0.26	4.63
	变异系数 CV（%）	29.92	12.11	26.95	35.23	15.36	14.03	20.70	17.33	5.67	10.86
华中地区 Central China	平均值 Mean	5.31	0.27	17.48	1.69	0.25	0.14	4.91	9.90	4.37	40.82
	最大值 Max	9.48	0.34	25.89	2.32	0.30	0.20	7.46	12.36	5.00	54.60
	最小值 Min	1.51	0.21	1.42	0.24	0.12	0.09	1.78	6.74	3.10	23.60
	标准差 SD	1.96	0.04	5.49	0.49	0.04	0.02	1.09	1.72	0.44	7.71
	变异系数 CV（%）	36.86	15.70	31.40	29.12	17.86	17.13	22.22	17.36	10.17	18.88
华东地区 Eastern China	平均值 Mean	5.51	0.29	17.13	1.89	0.29	0.14	5.38	9.47	4.29	38.70
	最大值 Max	13.39	0.48	31.47	6.20	0.47	0.22	9.31	14.33	6.30	56.10
	最小值 Min	1.61	0.19	2.10	0.68	0.15	0.08	1.93	4.22	2.90	16.80
	标准差 SD	1.79	0.05	5.51	0.64	0.04	0.02	1.36	1.88	0.49	6.92
	变异系数 CV（%）	32.50	17.73	32.19	33.88	15.26	16.37	25.34	19.87	11.35	17.89
西南地区 Southwest China	平均值 Mean	5.78	0.25	21.62	1.92	0.25	0.12	5.36	10.56	4.58	45.40
	最大值 Max	10.93	0.32	30.83	3.76	0.40	0.15	7.72	13.58	5.70	60.80
	最小值 Min	3.14	0.20	9.01	1.14	0.18	0.09	3.26	7.79	3.90	33.60
	标准差 SD	1.64	0.03	4.37	0.54	0.04	0.01	1.00	1.58	0.38	6.74
	变异系数 CV（%）	28.44	10.82	20.23	28.35	14.54	11.68	18.59	14.96	8.28	14.84

（续）

地区 Region	项目 Item	直立枝叶长 Leaf length of the erect shoot (cm)	直立枝叶宽 Leaf width of the erect shoot (cm)	草层高度 Turf height (cm)	匍匐枝叶长 Stolon leaf length (cm)	匍匐枝叶宽 Stolon leaf width (cm)	节间直径 Internode diameter (cm)	节间长 Internode length (cm)	花序长 Inflorescence length (cm)	穗枝数 Inflorescence branch number	小穗数 Spikelet number
华南地区 South China	平均值 Mean	5.32	0.31	16.75	1.81	0.28	0.13	6.03	11.63	4.54	43.68
	最大值 Max	11.49	0.41	31.55	4.18	0.41	0.18	9.56	17.36	6.60	93.70
	最小值 Min	2.00	0.21	3.76	0.93	0.19	0.07	2.48	7.15	3.30	31.50
	标准差 SD	1.87	0.04	6.30	0.58	0.05	0.02	1.33	2.04	0.47	7.96
	变异系数 CV（%）	35.08	13.44	37.64	32.06	16.35	14.02	22.01	17.52	10.39	18.22

4. 形态性状间相关分析 利用 SAS 9.0 软件对 17 个形态性状进行相关分析，结果表明（表 3-26），狗牙根各形态性状间存在较广泛的联系，各性状间几乎均呈显著或极显著相关关系。

表 3-26 狗牙根各性状间的相关分析

Table 3-26 Correlation among the morphological characteristics of *C. dactylon*

因子 Factor	直立枝叶长 Leaf length of the erect shoot	直立枝叶宽 Leaf width of the erect shoot	草层高度 Turf height	匍匐枝叶长 Stolon leaf length	匍匐枝叶宽 Stolon leaf width	节间直径 Internode diameter	节间长 Internode length	花序长 Inflorescence length
直立枝叶宽 Leaf width of the erect shoot	0.354 8**							
草层高度 Turf height	0.551 5**	0.067 2						
匍匐枝叶长 Stolon leaf length	0.357 0**	0.246 0**	0.245 5**					
匍匐枝叶宽 Stolon leaf width	0.231 1**	0.498 4**	0.098 3*	0.656 4**				
节间直径 Internode diameter	0.314 3**	0.285 5**	0.326 3**	0.139 0**	0.324 3**			
节间长 Internode length	0.355 7**	0.372 7**	0.311 6**	0.325 8**	0.396 3**	0.248 2**		
花序长 Inflorescence length	0.273 5**	0.305 9**	0.315 2**	0.259 4**	0.292 2**	0.217 5**	0.441 5**	
穗枝数 Inflorescence branch number	0.247 0**	0.159 7**	0.208 8**	0.250 7**	0.215 5**	0.053 3	0.330 7**	0.385 1**
小穗数 Spikelet number	0.188 9**	0.203 3**	0.286 4**	0.134 3**	0.225 1**	0.085 1	0.290 7**	0.517 2**
茎色 Stem color	−0.031 9	−0.098 1*	0.040 5	−0.002 0	−0.021 4	−0.084 5	−0.016 1	0.053 8
叶色 Leaf color	−0.008 0	−0.124 2**	0.197 8**	0.019 0	−0.099 7*	−0.020 4	0.028 5	0.162 6**
叶毛 Leaf hair	0.141 3**	−0.09 0	0.136 3**	−0.000 4	0.042 3	0.190 0**	−0.001 0	0.036 4
叶姿 Leaf posture	−0.197 9**	0.204 5**	−0.244 5**	0.181 2**	0.072 6	−0.061 5	−0.031 2	−0.041 2
小穗颜色 Spikelet color	−0.010 1	0.047 1	−0.011 8	0.024 8	0.024 0	−0.019 5	−0.027 5	0.052 0
花药颜色 Anther color	0.038 7	0.067 3	−0.033 4	−0.003 3	−0.005 1	0.038 4	−0.040 5	0.036 3
柱头颜色 Stigma color	0.025 6	0.229 6**	0.033 6	0.028 2	0.159 1	−0.074 2	0.225 2**	0.205 9**

（续）

因子 Factor	穗枝数 Inflorescence branch number	小穗数 Spikelet number	茎色 Stem color	叶色 Leaf color	叶毛 Leaf hair	叶姿 Leaf posture	小穗颜色 Spikelet color	花药颜 Anther color
小穗数 Spikelet number	0.416 6**							
茎色 Stem color	0.034 4	−0.015 8						
叶色 Leaf color	0.077 2	0.170 3**	0.091 3*					
叶毛 Leaf hair	−0.054 5	0.123 9*	−0.093 7*	−0.017 3				
叶姿 Leaf posture	−0.068 9	−0.090 1	0.101 9*	−0.035 5	−0.112 8*			
小穗颜色 Spikelet color	−0.029 8	0.037 5	−0.066 1	0.126 6**	0.101 5*	0.043 7		
花药颜 Anther color	0.058 7	0.033 2	−0.006 1	−0.097 0*	0.034 5	0.053 5	−0.075 0	
柱头颜色 Stigma color	0.122 3*	0.186 1**	0.040 9	0.062 4	0.000 7	0.141 5**	0.049 1	0.091 5

说明：$r_{0.05}=0.095\,4$，$r_{0.01}=0.125\,1$；*和**分别表示 r 值达到显著（$\alpha=0.05$）和极显著（$\alpha=0.01$）水平。

Note：$r_{0.05}=0.095\,4$，$r_{0.01}=0.125\,1$；*and**means significant difference at 0.05 and 0.01 level，respectively.

其中，59 对性状呈极显著正相关，分别是直立枝叶长与直立枝的叶宽、草层高度、匍匐枝叶长、匍匐枝叶宽、节间直径、节间长、花序长、穗枝数、小穗数、叶毛、叶姿；直立枝叶宽与匍匐枝叶长、匍匐枝叶宽、节间直径、节间长、花序长、穗枝数、小穗数、叶色、叶姿、柱头颜色；草层高度与匍匐枝叶长、节间直径、节间长、花序长、穗枝数、小穗数、叶色、叶毛；匍匐枝叶长与匍匐枝叶宽、节间直径、节间长、花序长、穗枝数、小穗数、叶姿；匍匐枝叶宽与节间直径、节间长、花序长、穗枝数、小穗数；节间直径与节间长、花序长、叶毛；节间长与花序长、穗枝数、小穗数、柱头颜色；花序长与穗枝数、小穗数、叶色、柱头颜色；穗枝数与小穗数；小穗数与叶色、柱头颜色；茎色与叶色、叶姿；叶色与小穗颜色；叶姿与柱头颜色。5 对性状呈显著正相关，分别是草层高度与匍匐枝叶宽；小穗数与叶毛；穗枝数与柱头颜色；茎色与叶姿；叶毛与小穗颜色。2 对性状呈极显著负相关，分别是直立枝叶长与叶姿、草层高度与叶姿。4 对性状呈显著负相关，分别是直立枝叶宽与茎色；匍匐枝叶宽与叶色；茎色与叶毛；叶色与花药颜色。其他各对性状间无明显相关关系。

以上结果表明，①狗牙根愈高，其叶片越宽大，匍匐枝越发达，花序愈长，穗枝数及小穗数愈多，叶毛也越多；②花序愈长，穗枝数及小穗数越多，叶色及柱头颜色越深。相关系数最大的是匍匐枝的叶长和叶宽，相关系数是 0.656 4，其次是草层高度与直立枝叶长，相关系数是 0.551 5，这与狗牙根生长情况相符合。

5. 形态性状间聚类分析 对狗牙根的 10 个主要形态指标（直立枝叶长与叶宽、草层高度、匍匐枝叶长与叶宽、节间直径、节间长、茎色、叶色及叶毛）进行标准化后，利用 SPSS 16.0 软件，选择欧氏距离聚类方法进行聚类分析，在欧氏距离 21.50 处可将 475 份狗牙根分为两大类群（Ⅰ和Ⅱ，即低矮型和高大型）（表 3-27）。

表 3-27 狗牙根种源形态类型特征
Table 3-27 The characteristics of morphological types among *C. dactylon*

形态类型 Morphological types	直立枝叶长 Leaf length of the erect shoot (cm)	直立枝叶宽 Leaf width of the erect shoot (cm)	草层高度 Turf height (cm)	匍匐枝叶长 Stolon leaf length (cm)	匍匐枝叶宽 Stolon leaf width (cm)	节间直径 Internode diameter (cm)	节间长 Internode length (cm)	花序长 Inflorescence length (cm)	穗枝数 Inflorescence branch number	小穗数 Spikelet number
低矮型 Low type	4.88 ±1.61	0.29 ±0.05	13.51 ±4.01	1.75 ±0.52	0.27 ±0.05	0.131 ±0.023	5.34 ±1.35	9.92 ±2.18	4.34 ±0.47	39.71 ±7.96
高大型 High type	6.38 ±1.70	0.29 ±0.04	23.08 ±3.34	1.97 ±0.64	0.28 ±0.04	0.140 ±0.020	5.95 ±1.25	10.82 ±1.73	4.52 ±0.46	43.86 ±6.60
Tifway	3.71	0.20	13.73	0.90	0.20	0.108	4.04	8.10	3.7	32.8
Tifgreen	2.88	0.18	6.25	0.56	0.16	0.08	2.44	—	—	—

注：表中数据表示"平均值±标准差"。

Note：Data of the table means "Mean±Standard deviation"．

第Ⅰ类（低矮型）包括 246 份野生狗牙根和 2 份对照材料'Tifway'和'Tifgreen'，占总材料的 52.21%，其来源及生境复杂。草层高度范围为 1.42~39.30cm，平均高度为 13.51cm，远低于对照 Tifway（13.73cm），属低矮型。其中，107 份种质比对照 Tifway（13.73cm）矮，1 份和'Tifway'一样高，15 份低于对照'Tifgreen'（6.25cm）；直立枝叶长的范围为 1.51~11.2cm；直立枝叶宽变化范围大，为 0.19~0.48cm；匍匐枝叶长为 0.24~3.65cm；匍匐枝叶宽为 0.12~0.41cm；节间直径的范围大，为 0.068~0.211cm；节间长的范围大，为 1.78~9.56cm；花序长为 4.22~15.19cm；穗枝数为 3.00~4.34 枝；小穗数为 16.80~39.71 个。另外，本类群中，A420（四川）、A174（浙江）和 A137（山东）3 份材料叶片质地细腻，节间较短，在欧氏距离 5.05 处前 2 份材料与对照'Tifway'聚在一起；后 1 份材料和对照'Tifgreen'聚在一起，它们在形态性状上有较大的相似性，具有良好的草坪草开发利用潜力。

第Ⅱ类（高大型）包括 227 份野生狗牙根种质。草层高度范围为 10.65~40.50cm，平均为 23.08cm，远高于对照'Tifway'（13.73cm）及'Tifgreen'（6.25cm），且明显高于第Ⅰ类（低矮型，13.51cm），属高大型。其中最矮的仅 A086（山东，10.65cm）1 份种质，其余的材料均在 18.35cm 以上；直立枝叶长为 1.82~13.90cm；直立枝叶宽为 0.20~0.29cm；匍匐枝叶长变化范围大，为 0.87~6.20cm；匍匐枝叶宽为 0.18~0.47cm；节间直径为 0.088~0.218cm；节间长为 2.08~9.31cm；花序长为 5.82~17.36cm；穗枝数为变化范围大，为 2.90~6.30 枝；小穗数为变化范围大，为 28.30~62.60 个。

本次聚类的结果显示，形态相似的狗牙根首先聚在一起。国外材料来自大洋洲、东南亚的材料基本聚在第Ⅰ类，其中，来自大洋洲的材料仅澳大利亚的 A181、东南亚的仅印尼的 A217 因植株高大、质地粗糙而聚在第Ⅱ类；而来自北美洲、南美洲及非洲的材料基本都聚在第Ⅱ类，北美洲的仅哥斯达黎加的 A219、南美洲的仅巴西的 A473，非洲的仅刚果的 A468、A471 及赞比亚的 A439 因植株低矮、质地细腻而聚在Ⅰ类。

从狗牙根种源形态类型特征（表 3-27）可知，第Ⅰ类即低矮型的特征是：植株矮小，叶片偏细小，茎秆较细，节间细短，花序短，穗枝数及小穗数偏少。第Ⅱ类即高大型的特征是：植株高大，叶片长，节间粗长，花序长，穗枝数及小穗数多。

对狗牙根种源各形态类型的产地加以分析，结果表明（表3-28），①狗牙根的两种形态类型即低矮型和高大型均有来自国外和国内不同地区的种源；②不同形态类型所包括种源的原产地各有不同。其中，低矮型的狗牙根主要包括华南地区（68份，14.38%）、华东地区（112份，23.68%）的种源；而西南地区的种源大多聚在高大型（54份，11.42%）类群；华北、华中、西北及国外的种源则交织在两类中。

表 3-28　狗牙根种源形态类型的地理分布特征

Table 3-28　Distribution of *C. dactylon* morphological types

地区 Region	形态	类型	Morphological	Types
	低矮型	Low type	高大型	High type
	种源数 Number	比例 Ratio（%）	种源数 Number	比例 Ratio（%）
华北地区 North China	6	1.27	7	1.48
西北地区 Northwest China	6	1.27	5	1.06
华中地区 Central China	17	3.59	12	2.54
华东地区 Eastern China	112	23.68	83	17.55
西南地区 Southwest China	17	3.59	54	11.42
华南地区 South China	68	14.38	43	9.09
国外 Abroad	20	4.23	23	4.86

聚类结果与材料的地理来源没有较强的一致性，与狗牙根的地理分布有相互交织的关系。这结果虽然受不同地区种源数目多少的影响，但也从一个侧面说明狗牙根种源外部性状的变异规律，即就国内种源而言，西南地区的狗牙根略显高大粗壮、华东地区及华南地区的狗牙根略显低矮。

三、结论与讨论

1. 狗牙根资源的分布范围和生境类型　普通狗牙根是世界广布型草种，在北纬45°至南纬45°内均有分布，向北可分布到北纬53°，在尼泊尔、克什米尔及喜马拉雅山海拔4 000m也有分布，甚至分布于海平面以下（Harlan and de Wet，1969）。刘伟（2006）指出狗牙根可分布在海拔 3 080m。而刘建秀等（1996）报道假俭草［*Eremochloa ophiuroides* (Munro) Hack］可以分布在1 000m的海拔高度。董厚德（2001）报道结缕草（*Zoysia japonica* Steud）可分布在日本1 500m的海拔高度。本研究中，根据笔者调查发现，狗牙根主要分布在海拔0～2 100m，北纬1°17′至南纬30°33′的范围内。可见作为三大暖季型草坪草之一的狗牙根，其分布范围比另两种暖季型草坪草（结缕草、假俭草）广，狗牙根的分布范围还需作进一步考证。

狗牙根对土壤要求不严，这与Ramakrishnan等（1966）报道的结果一致。从本研究调查的土壤类型来看，野生狗牙根生长的土壤有黄壤、棕壤、紫色土、砖黄壤、砂土、黏土等多种类型，土壤的pH值范围为5.5～8.5，这与刘伟（2006）报道的pH值5.5～

9.3 较为一致。

2. 狗牙根资源的形态变异　狗牙根种内变异很大，其不同种源在叶长、叶宽、叶色、株型、节间长、茎色以及穗长等方面都存在较大的变异（吴彦奇等，2001；Harlan and de Wet，1969）。刘建秀等（1998）认为，狗牙根种内营养器官的变异远比种内生殖器官的特征变异大。张小艾和张新全（2006）指出，营养器官特征是认识狗牙根种下变异类型的重要特征，与刘建秀等（1996）报道的营养器官是狗牙根形态分类的重要指标的结论基本一致，刘伟（2006）对西南地区的狗牙根研究发现，狗牙根在叶色、直立枝叶长、匍匐枝叶长、匍匐枝茎粗、节间长、花药颜色和柱头颜色的变异都达到 20% 以上，具有较大的变异性，而小穗长度和宽度的变异相对较小。

本研究采集的野生狗牙根地理分布范围广，在野外采集资源时，对于同一种群或来自相似生态环境地区的材料，分别注意采集不同形态类型的材料，确保材料的代表性和多样性。因此，研究发现，供试种源在叶色、花药颜色、叶毛、叶姿、柱头颜色、草层高度、小穗颜色、直立枝叶长、匍匐枝叶长、茎色、节间长、花序长、小穗数、直立枝叶宽、匍匐枝叶宽、节间直径和穗枝数等 17 个形态学性状方面均出现了较大的变异，变异系数均大于 10%，这些性状中，变异相对较小的是直立及匍匐枝叶宽、节间直径、花序长和小穗数，变异系数小于 20%，变异系数最小的是穗枝数，为 10.69%。这表明通过系统选育的方法可从狗牙根种质资源中筛选出低矮致密的优良狗牙根品系，而质地（叶宽）、茎粗（节间直径）、穗部性状（穗枝数及小穗数）则难以改良；同时表明叶部差异主要表现在叶长，而叶宽的变异较小，穗部性状差异主要在小穗数，穗枝数变异很小。

将试验结果与前人的研究进行比较分析，本试验的直立枝叶长、直立叶宽、匍匐枝叶长、匍匐枝叶宽、节间直径、节间长、花序长、穗枝数的变异范围明显大于刘伟（2006）对西南地区的狗牙根进行研究时报道的变异范围。在穗枝数方面则大于刘建秀等（2003）报道。在直立枝叶长及叶宽、草层高度、节间长等方面的变异远大于吴彦奇等（2001）报道的。因此应在广泛的地理位置上选择有代表性种源才能筛选出更加优良的种源。

3. 狗牙根资源的开发与利用　本研究结果显示，狗牙根种质资源具有丰富的遗传多样性，这为狗牙根的多种用途提供了基础。湖南的 A173 和江苏的 A259，远比对照'Tifway'矮，且质地较细腻，节间短，而来自四川的 A420、浙江的 A174 和山东的 A137 三份材料聚类分析时前 2 份材料与对照'Tifway'聚在一起；后 1 份材料和对照'Tifgreen'聚在一起，它们在形态性状上有较大的相似性，这些材料是草坪草育种的极好亲本材料；而南非的 A196、柬埔寨的 A209 和哥伦比亚的 A385 等材料株丛高大，匍匐茎节间长，可作为水土保持草坪草或饲草的育种材料。草坪质量及牧草品质评价结果也证实了这些材料是育种的良好亲本。总之，丰富的狗牙根种质资源，为国产草坪草和饲草的选种和育种提供了有利条件，其应用潜力和前景十分广阔。

参 考 文 献

凌瑶，张新全，齐晓芳，等.2010. 西南五省区及非洲野生狗牙根种质基于 SRAP 标记的遗传多样性分

析 [J]. 草业学报，19（2）：196-203.

刘伟.2006.西南区野生狗牙根种质资源遗传多样性与坪用价值研究 [D]. 雅安：四川农业大学.

刘建秀，贺善安，刘永东，等.1996.华东地区狗牙根形态分类及其坪用价值 [J]. 植物资源与环境，15（3）：18-22.

刘建秀，郭爱桂，郭海林.2003.我国狗牙根种质资源形态变异及形态类型划分 [J]. 草业学报，12（6）：99-104.

刘建秀.1998.草坪坪用价值综合评价体系的探讨——Ⅰ.评价体系的建立 [J]. 中国草地（1）：44-47.

吴仁润，卢欣石.1992.中国热带亚热带牧草种质资源 [M]. 北京：中国科学技术出版社.

吴彦奇，刘玲珑，熊曦，等.2001.四川野生狗牙根的利用和资源 [J]. 草原与草坪（3）：32-34.

尹权为，曾兵，张新全，等.2009.狗牙根种质资源在渝西地区的生态适应性评价 [J]. 草业科学，26（5）：174-178.

张国珍，干友民，魏萍，等.2005.四川野生狗牙根外部性状变异及形态类型研究 [J]. 中国草地，27（3）：21-25，40.

张小艾，张新全.2006.西南区野生狗牙根形态多样性研究 [J]. 草原与草坪（3）：35-38.

王文恩，包满珠，张俊卫，等.2009.狗牙根辐射诱变后代变异植株的形态特征比较和 ISSR 分析 [J]. 草业科学，26（12）：139-145.

白昌军，刘国道.2005.热带牧草种质资源描述 [M]. 北京：中国农业出版社.

白昌军，刘国道.2007.热带牧草种质资源数据质量控制规范 [M]. 北京：中国农业出版社.

董厚德，宫莉君.2001.中国结缕草生态学及其资源开发与应用 [M]. 北京：中国林业出版社：35-52.

黄春琼，刘国道，周少云，等.2010.华南地区野生狗牙根植物学形态特征变异研究 [J]. 草业学报，19（5）：210-217.

齐晓芳，张新全，凌瑶，等.2010.野生狗牙根种质资源的 AFLP 遗传多样性分析 [J]. 草业学报，19（3）：155-161.

Gatschet M J, Taliaferro C M, Anderson J A，et al. 1994. Cold acclimation and alterations in protein synthesis in bermudagrass crowns [J]. Journal of the American Society for Horticultural Science, 119 (3)：477-480.

Harlan J R, de Wet J M J. 1969. Sources of variation in *Cynodon dactylon* (L.) Pers [J]. Crop Science, 9 (6)：774-778.

Ramakrishnan P S, Singh V K. 1966. Differential response of the edaphic ecotypes in *Cynodon dactylon* (L.) Pers to soil calcium [J]. New Phytologist, 65 (1)：100-108.

Rochecouste E. 1962. Studies on the biotypes of *Cynodon dactylon* (L.) Pers. I. botanical investigations [J]. Weed Research, 2 (1)：1-23.

第七节　基于形态数据构建狗牙根核心种质

狗牙根（*Cynodon* Richard）属于禾本科画眉草亚科虎尾草族的 C_4 型多年生草本植物，是世界三大暖季型草坪草之一，也是一种优良牧草（Harlan，1969）。狗牙根属植物分为 9 种 10 变种（Taliaferro，1995）。大部分狗牙根起源于非洲地区，主要分布在温暖湿润的热带或亚热带地区，也有部分狗牙根分布在温带地区（Rochecouste，1962；Wofford and Baltensperger，1985；Harlan，1970）。其中普通狗牙根（*C.* var. *dactylon*）属于世界广布种，水平分布范围为北纬 53°至南纬 45°；垂直分布上，既能生长在海平面以下也能生长在海拔 4 000m 的喜马拉雅山上。中国有 2 种 1 变种，分别是普通狗牙根（*C. dactylon*）和弯穗狗牙根（*C. radiatus*）2 个种，以及双花狗牙根（*C. dactylon* var. *biflorus*）1 个变种（Flora of China Editorial Committee，2006）。国内外学者在狗牙根种质资源的收集、遗传多样性评价等方面已取得一定的进展（Wang et al.，2009；Wu et al.，2004；Wu et al.，2006；Tiwari et al.，2016；Zheng et al.，2017），这些研究为狗牙根种源的核心种质的构建奠定了良好的基础。

目前核心种质的构建研究主要集中在农作物或园艺作物（Li et al.，2002；Martínez，et al.，2017；Ortiz et al.，1998），草类植物方面研究比较少。近 20 年里已构建核心种质的牧草主要包括多年生黑麦草（*Lolium perenne*）、多年生苜蓿（*Medicago sativa*）、一年生苜蓿（annual *Medicago*）、卵叶山蚂蝗（*Desmodium ovalifolium*）和木豆（*Cajanus cajan*）等（Charmet and Balfourier，1995；Basigalup et al.，1995；Diwan et al.，1995；Reddy et al.，2005；Bhattacharjee et al.，2007）。已构建核心种质的几种主要的牧草信息见表 3-29。在狗牙根核心种质构建方面的研究较少，Anderson（2005）利用 598 份狗牙根的表型数据构建了包含 169 份材料的狗牙根核心种质。Jewell 等（2011）对 690 份澳大利亚狗牙根种质的 DNA 进行了 EST-SSR 扩增，将得到的 SSR 数据结合狗牙根的地理来源信息、染色体倍数和形态数据用分层聚类取样的方法从原始种质中抽取了 13% 的核心材料构建了澳大利亚的狗牙根核心种质。郑轶琦利用表型数据为 831 份狗牙根构建了包含 208 份材料的初级核心种质（Zheng et al.，2014）。

表 3-29　已构建的几种主要的牧草核心种质

Table 3-29　Several main constructed corecollections on pasture

牧草类型 Pasture	构建者 Constructor	时间 Time	原始群体 Initial collection	核心种质 Core collection	总体比例 Total proportion（%）
一年生苜蓿 annual *Medicago*	Diwan	1994	3 159	211	6.7
多年生苜蓿 *Medicago sativa*	Basigalup	1995	1 100	200	18
多年生黑麦草 *Lolium perenne*	Charmet	1995	550	112	20.4
卵叶山蚂蝗 *Desmodium ovalifolium*	Elke Fischer	2004	146	20	13.7
木豆 *Cajanus cajan*	Reddy L J	2005	12 153	1 290	10.6
珍珠粟 *Pennisetum glaucum*	Ranjana B	2007	16 063	1 600	10

注：引自王文强（2010）。

Note：Index of Wang Wenqiang（2010）.

中国热带农业科学院热带作物品种资源研究所近年来收集了大量的狗牙根种源，目前已从形态、分子、抗逆性、坪用价值、饲用价值等方面对所收集的代表性资源进行了研究（Huang et al.，2013；Huang et al.，2014），丰富的种质资源为狗牙根的系统研究和遗传育种工作提供了大量的材料，然而如此众多的资源给保存、评价、鉴定及利用带来了困难，如何更快、更有效地研究、利用现有的种质资源，对于加快发掘优异的资源为育种服务显得尤为重要。因此，进行狗牙根核心种质构建研究，对于种质资源创新和有效保护利用以及品种改良、新品种选育等具有十分重要的意义和应用前景。

一、材料与方法

1. 试验材料　本研究所用植物材料为中国热带农业科学院热带作物品种资源研究所草业研究室于 2006—2014 年从国内外 22 个不同国家和地区采集的 537 份野生狗牙根，包括 476 份普通狗牙根、59 份弯穗狗牙根、1 份双花狗牙根，1 份非洲狗牙根，材料来源见表 3-30。

表 3-30　文中所用狗牙根材料来源及分组

Table 3-30　The source and grouping of *Cynodon* spp. in the present study

分组编号 Group code	来源 Source	种名 Species	种质数量 Total number of accessions
1	华南地区（海南 136 份，广东 17 份，广西 21 份）	*C. dactylon*	174
2	华东地区（安徽 10 份，福建 27 份，上海 10 份，江苏 29 份，江西 11 份，山东 33 份，浙江 19 份）	*C. dactylon*	139
3	华中地区（河南 19 份，湖北 10 份，湖南 7 份）	*C. dactylon*	36
4	华北地区（河北 1 份，北京 1 份，天津 2 份）	*C. dactylon*	4
5	西南地区（重庆 1 份，贵州 16 份，四川 6 份，云南 25 份）	*C. dactylon*	48
6	西北地区（甘肃 1 份，新疆 20 份，陕西 7 份）	*C. dactylon*	28
7	国外（越南 3 份，泰国 3 份，柬埔寨 3 份，吉隆坡 1 份，东帝汶 2 份，缅甸 1 份，印度尼西亚 2 份，斯里兰卡 5 份，印度 1 份，格林纳达 1 份，哥斯达黎加 2 份，委内瑞拉 2 份，哥伦比亚 3 份，刚果 6 份，赞比亚 2 份，南非 1 份，澳大利亚 1 份，巴布亚新几内亚 5 份，利比里亚 1 份，布隆迪 1 份，科特迪瓦 1 份）	*C. dactylon*	47
8	国内（海南 48 份，广东 1 份，上海 1 份，江苏 2 份，山东 1 份，天津 1 份，云南 1 份）	*C. radiatus*	55
9	国外（越南 2 份，格林纳达 1 份，巴布亚新几内亚 1 份）	*C. radiatus*	4
10	西南地区（云南 1 份）	*C. dactylon* var. *biflorus*	1
11	南美洲（哥伦比亚 1 份）	*C. transuaalensis*	1

2. 试验方法

（1）性状测定方法　本试验从 2014 年 6 月至 2015 年 6 月进行，共测定 11 个性状，其中数量性状 7 个，质量性状 4 个。数量性状有直立枝叶长、直立枝叶宽、匍匐枝叶长、匍匐枝叶宽、匍匐枝茎粗、匍匐枝节间长、草层高度，重复测定 15 次，求平均值。质量性状的测定项目包括：叶毛、叶姿、叶色和茎色（Huang et al.，2012）。

（2）取样方法、总体取样比例、聚类方法和遗传距离筛选　取样方法为多次聚类优先取样法、多次聚类变异度取样法和不聚类完全随机法 3 种；总体取样比例为 5％、10％、15％、20％、25％、30％和 35％ 7 个等级；聚类方法采用最短距离法（Sibson，1973）、最长距离法（Sorensen，1948）、中间距离法、不加权类平均法（Sokal，1958）和离差平方和法（Jr. Ward，1963）5种；遗传距离分为欧氏距离、马氏距离和主要成分距离3种。将取样方法、总体取样比例、聚类方法和遗传距离这4个因素的各个水平进行两两完全组合，共构建出315份狗牙根核心子集，对核心子集它们进行评价，从种筛选出最优的取样方法、总体取样比例、聚类方法和遗传距离。

（3）组内取样比例筛选　先对原始种质进行分组，采用层次分组法，先按植物学分类将537份野生狗牙根材料分为普通狗牙根（*C. dactylon*）、弯穗狗牙根（*C. radiatus*）、双花狗牙根（*C. dactylon* var. *biflorus*）和非洲狗牙根（*C. transuaalensis*）4大组，在这4大组内按地理来源进行划分，一共分为11组。利用上面筛选出的取样方法、总体取样比例、聚类方法和遗传距离，在原始种质分组的情况下，对构建核心种质的3种组内取样比例（简单比例、对数比例和平方根比例）进行筛选，分别计算出这11组内应该抽取的核心材料数量，并利用已筛选好的取样方法、总体取样比例、聚类方法和遗传距离在这11组内分别抽取规定数量的核心材料，对它们进行评价，并对评价参数进行方差分析，以便筛选出最优的组内取样比例。

（4）狗牙根核心种质构建　利用筛选出的取样方法、总体取样比例、组内取样比例、聚类方法和遗传距离对狗牙根的表型数据进行处理，并抽取核心材料，即可构建出狗牙根表型核心种质。

（5）狗牙根核心种质评价　为了检验基于狗牙根表型数据构建的核心种质是否保存了原始种质的表型遗传多样性，本研究选择了均值差异百分率、方差差异百分率、极差符合率和变异系数变化率4个评价参数对其进行评价，核心种质只有满足均值差异百分率<20%且极差符合率≥80%才是有效的，且均值差异百分率越小，方差差异百分率、极差符合率以及变异系数变化率越大就越能代表原始种质的遗传多样性（Hu et al.，2000）。这4个评价参数的计算公式如下：

$$MD = (S_t/n) \times 100\%$$
$$VD = (S_F/n) \times 100\%$$
$$CR = \frac{1}{n} \sum_{i=1}^{n} \frac{R_{C(i)}}{R_{I(i)}} \times 100\%$$
$$VR = \frac{1}{n} \sum_{i=1}^{n} \frac{CV_{C(i)}}{CV_{I(i)}} \times 100\%$$

其中，i表示第i个性状；n是性状总数；S_t是核心种质与原始种质进行t检验时均值差异显著的性状数目；S_F是核心种质与原始种质进行F检验时方差差异显著的性状数目；$R_{C(i)}$是核心种质群体第i个性状的极差；$R_{I(i)}$表示原始种群第i个性状的极差；$CV_{C(i)}$表示核心种质第i个性状的变异系数；$CV_{I(i)}$表示原始种群第i个性状的变异系数。

（6）狗牙根核心种质的确认　为验证所构建核心种质的代表性，分别对原始种质和核心种质进行了主要成分分析，将第一和第二主要成分分别作为横、纵坐标绘制两者的主要成分二维分布图，以便比较两者的群体结构。还分别对原始种质和核心种质的11个表型性状的相关性进行分析，从而判断原始种质性状间的相关性在核心种质中是否得到了保存（Ortiz et al.，1998）。

3. 数据处理与分析　采用 Microsoft Office Excel 2007 对数据进行处理，SPASS 19.0 软件进行相关分析和主要成分分析。

二、结果与分析

1. 取样方法、总体取样比例、聚类方法和遗传距离的筛选　在原始种质不分组的情况下，结合 3 种取样方法（多次聚类优先取样法、多次聚类变异度取样法和不聚类完全随机法）、7 种总体取样比例（5％、10％、15％、20％、25％、30％和 35％）、5 种聚类方法（最短距离法、最长聚类法、中间距离法、不加权类平均法和离差平方和法）和 3 种遗传距离（欧氏距离、马氏距离和主要成分距离）共同构建了 315 份核心子集。用均值差异百分率、方差差异百分率、极差符合率和变异系数变化率对这 315 份核心子集进行评价，并分别对 4 个评价参数进行方差分析，其结果见表 3-31。

（1）取样方法的筛选　用均值差异百分率、方差差异百分率、极差符合率和变异系数变化率 4 个参数对 3 种取样方法构建的核心子集进行综合评价（表 3-31），结果表明，多次聚类优先取样法构建的核心子集除平均极差符合率和多次聚类变异度取样法都为 100％外，其他 3 个各参数明显优于多次聚类变异度取样法和不聚类完全随机法，因此最佳取样方法为多次聚类优先取样法。

（2）遗传距离筛选　由表 3-31 可知，由欧氏距离、马氏距离和主要成分距离 3 种遗传距离构建的核心子集平均均值差异百分率范围是 2.86％～4.16％，平均方差差异百分率范围是 65.32％～65.58％，平均极差符合率值都是 100％，平均变异系数变化率取值范围是 136.35％～157.76％，三者在 4 个评价参数上差异均不显著。所以认为选择 3 种遗传距离中的任意一种均可，本研究选择常用的马氏遗传距离为最佳遗传距离。

（3）聚类方法筛选　由表 3-31 可知，由最短距离法、最长聚类法、中间距离法、不加权类平均法和离差平方和法 5 种聚类方法构建的核心子集的平均均值差异百分率的最小值为 0.87％，最大值为 4.33％；平均方差差异百分率的取值范围为 62.34％～68.83％；平均极差符合率都是 100％；平均变异系数变化率的范围为 135.21％～160.08％。5 种聚类方法在 4 个评价参数上差异均不显著。所以选择任意一种聚类方法构建核心种质都可以，本研究选择常用的不加权类平均法为最佳聚类方法。

（4）总体取样比例初步筛选　由表 3-31 可知，用 5％、10％、15％、20％、25％、30％和 35％等 7 种不同的总体取样比例构建狗牙根核心子集，各核心子集的评价参数存在很大的差异。对 4 个评价参数进行综合分析，发现 5％、10％在 4 个评价参数中都是最优的，且差异不显著；10％、15％和 20％在除平均变异系数变化率外的 3 个评价参数上差异均不显著，总体参数值略差于 5％；25％总体参数值较前 4 者差，但比 30％和 35％好；30％和 35％总体参数值最差，且差异不显著。综上可知，总体取样比例最优的是 5％和 10％，其次是 15％和 20％，最差的是 30％和 35％。理论上，应选取 5％或 10％作为总体取样比例，然而这两个总体取样比例在同类研究中运用得较少，而且 15％和 20％和它们差异不大，因此笔者在此同时选择 10％和 20％留做备用总体取样比例，在接下来的试验中进一步筛选。

表 3-31　不同构建策略构建的核心子集与原始种质间遗传差异比较

Table 3-31　The evaluation parameter of core collection subset using different construction steategy

项目 Item	构建策略 Construction strategy	平均均值差异 百分率 Mean difference percentage（%）	平均方差差异 百分率 Variance difference percentage（%）	平均极差 符合率 Coincidence rate of range（%）	平均变异系数 变化率 Changeable rate of variation coefficient（%）
取样方法 Sampling method	多次聚类优先取样法 Multiple clustering priority sampling method	0.26Aa	69.44A	100.00Aa	162.35Aa
	多次聚类变异度取样法 Multiple clustering variability sampling method	7.19Bb	61.56B	100.00Aa	138.89Ab
	不聚类完全随机取样法 Nonclustered complete random sampling method	1.30Aa	44.16C	79.32Bb	101.86Bc
遗传距离 Genetic distance	欧氏距离 Euclidean distance	2.86a	65.32a	100.00a	136.35a
	马氏距离 Mahalanobis distance	4.16a	65.58a	100.00a	157.76a
	主要成分距离 Principal component	4.16a	65.58a	100.00a	157.76a
聚类方法 Clustering method	最短距离法 Single linkage method	0.87a	63.85a	100.00a	135.80a
	最长距离法 Completed linkage method	4.98a	67.53a	100.00a	135.41a
	中间距离法 Median linkage method	5.41a	64.94a	100.00a	160.08a
	不加权类平均法 Unweighted pair- group average method	3.03a	68.83a	100.00a	136.61a
	离差平方和法 Ward's method	4.33a	62.34a	100.00a	135.21a
取样比例 Sampling ratio	5%	0.00Aa	75.95Aa	98.38a	272.50Aa
	10%	0.59Aa	70.67ABab	99.44a	149.97ABab
	15%	1.47ABab	70.67ABab	99.44a	137.27BCbc
	20%	3.81ABab	69.21ABab	99.44a	128.75CDcd
	25%	4.99ABab	61.58BCbc	99.47a	122.04DEde
	30%	7.33Bb	55.13Cc	99.49a	118.01Eef
	35%	7.33Bb	50.44Cc	99.68a	114.80Ef

注：大写字母表示在 0.01 水平上差异极显著；小写字母表示在 0.05 水平上差异显著。

Note：Uppercase letters mean significant differences at 0.01 level，and the lowercase ones mean significant differences at 0.05 level.

2. 组内取样比例筛选与总体取样比例第二次筛选　组内取样比例设定为简单比例、平方根比例和对数比例 3 种，总体取样比例设定为 10% 和 20% 等两种，将总体取样比例和组内取样比例组合成 6 种方式进行筛选，计算用这 6 种方式从各组中抽取的核心材料数量（表 3-32）。由表 3-32 可知，第 9、10 和 11 组内包含的狗牙根材料分别只有 4、1 和 1 份。为了保证核心种质能保留原始种质中的特殊材料，3 种组内取样比例只有平方根比例能从这 3 个组中都抽取核心材料，因此选择平方根比例。

在选择平方根比例作为组内取样比例的基础上，比较 10% 和 20% 构建和核心子集的评价参数。由表 3-33 可知，两者在均值差异百分率上相等；在方差差异百分率和极差符合率上，20% 都大于 10%；而在变异系数变化率上，10% 较大。由此可知，20% 略微优于 10%，因此选择 20% 作为最佳取样比例。

综上可知，筛选出了基于表型数据构建狗牙根核心种质的策略，即取样方法选择多次聚类优先取样法，总体取样比例选择 20%，组内取样比例选择平方根比例，遗传距离为马氏距离，聚类方法为不加权类平均法。

表 3-32　不同取样比例在狗牙根各组内抽取的核心材料数目

Table 3-32　Numbers of core materials extracted in each group of *Cynodon* with
different sampling proportions

分组情况		10%			20%		
组编号 Group number	狗牙根数量 *Cynodon* quantity	对数比例 取样数目 Logarithmic proportion sampling number	平方根比例 取样数目 Square root proportion sampling number	简单比例 取样数目 Simple proportion sampling number	对数比例 取样数目 Logarithmic proportion sampling number	平方根比例 取样数目 Square root proportion sampling number	简单比例 取样数目 Simple proportion sampling number
1	173	9	11	17	18	22	35
2	139	8	10	14	17	20	28
3	37	6	5	4	12	10	7
4	4	2	2	0	5	4	1
5	48	7	6	5	13	12	10
6	28	6	4	3	11	9	6
7	47	7	6	5	13	12	9
8	55	7	6	6	14	13	11
9	4	2	2	0	5	4	1
10	1	0	1	0	0	1	0
11	1	0	1	0	0	1	0

表 3-33　2 种取样比例组合构建的核心子集的评价参数

Table 3-33　Evaluation parameters of the constructed core subsets with
the combination of two sampling proportions

取样比例 Sampling proportion（%）	均值差异百分率 Mean difference percentage（%）	方差差异百分率 Variance difference percentage（%）	极差符合率 Coincidence rate of range（%）	变异系数变 Variation coefficient changing rate 化率（%）
10	9.09	81.82	92.74	142.11
20	9.09	90.91	99.74	136.73

3. 狗牙根核心种质　利用上述筛选出的最佳核心种质构建策略对 537 份狗牙根种质的表型数据进行分析从中抽取核心材料，构建了由 108 份狗牙根种质主成的核心种质，核心种质的来源及分类见表 3-34。

表 3-34　狗牙根核心种质信息

Table 3-34　The core collection information of *Cynodon* spp.

种质编号 Accession code	种名 Species	采集地点 Collection site	种质数量 Total number of accessions
B2，B5，C10，C16，B21，B25，B45，B48， B51，B68，B113，B128，B134，B138，B141， B143，B147	狗牙根 *C. dactylon*	海南 Hainan	17
B190，B194	狗牙根 *C. dactylon*	广东 Guangdong	2
B203，B219，B220，B222	狗牙根 *C. dactylon*	广西 Guangxi	4
B226，B229	狗牙根 *C. dactylon*	安徽 Anhui	2
B245，B255，B256	狗牙根 *C. dactylon*	福建 Fujian	3
B276，B282，B288，B298，B300，B301	狗牙根 *C. dactylon*	江苏 Jiangsu	6
B304，B305	狗牙根 *C. dactylon*	江西 Jiangxi	2
B316，B320，B327，B329，B330，B339	狗牙根 *C. dactylon*	山东 Shandong	6
B267，B270	狗牙根 *C. dactylon*	上海 Shanghai	2
B367，B371，B372，B376，B380，B386	狗牙根 *C. dactylon*	河南 Henan	6
C20，B389，B395	狗牙根 *C. dactylon*	湖北 Hubei	3
B398，B399	狗牙根 *C. dactylon*	湖南 Hunan	2
B410	狗牙根 *C. dactylon*	天津 Tianjing	1
B449，B450，B451，B452，B456，B458	狗牙根 *C. dactylon*	贵州 Guizhou	6
B443	狗牙根 *C. dactylon*	四川 Sichuan	1
C3，B466，B469，B480	狗牙根 *C. dactylon*	云南 Yunnan	4
B440	狗牙根 *C. dactylon*	重庆 Chongqing	1
B411	狗牙根 *C. dactylon*	甘肃 Gansu	1
B435，B438，B439	狗牙根 *C. dactylon*	陕西 Shanxi	3
B412，B418，B422，B423，B428	狗牙根 *C. dactylon*	新疆 Xinjiang	5
B506	狗牙根 *C. dactylon*	东帝汶 Timor-Leste	1
B501	狗牙根 *C. dactylon*	柬埔寨 Cambodia	1
B514，B515	狗牙根 *C. dactylon*	斯里兰卡 Sri Lanka	2
B499	狗牙根 *C. dactylon*	泰国 Thailand	1
B509	狗牙根 *C. dactylon*	印度 India	1
B527	狗牙根 *C. dactylon*	哥伦比亚 Colombia	1
B521	狗牙根 *C. dactylon*	哥斯达黎加 Costa Rica	1
B532	狗牙根 *C. dactylon*	刚果 Congo	1
B567	狗牙根 *C. dactylon*	科特迪瓦 Ivory Coast	1
B535	狗牙根 *C. dactylon*	南非 South Aferica	1
B537	狗牙根 *C. dactylon*	赞比亚 Zambia	1

（续）

种质编号 Accession code	种名 Species	采集地点 Collection site	种质数量 Total number of accessions
C13，B35，B37，B39，B74，B90，B92，B119，B120，B146，B179，B180	弯穗狗牙根 *C. radiatus*	海南 Hainan	12
B325	弯穗狗牙根 *C. radiatus*	山东 Shandong	1
B492，B493	弯穗狗牙根 *C. radiatus*	越南 Vietnan	2
B518	弯穗狗牙根 *C. radiatus*	格林纳达 Grenada	1
B543	弯穗狗牙根 *C. radiatus*	巴布亚新几内亚 Pupua New Guinea	1
B491	双花狗牙根 *C. dactylon* var. *biflorus*	云南 Yunnan	1
B525	非洲狗牙根 *C. transvaalen-sis*	哥伦比亚 Colombia	1

4. 核心种质的评价

（1）遗传多样性参数评价　用均值差异百分率、方差差异百分率、极差符合率和变异系数变化率 4 个参数对狗牙根核心种质进行评价（表 3-35），由表 3-35 可知，核心种质的均值差异百分率为 9.09%，低于 20%；极差符合率为 99.74%，远远高于 80%，说明所构建的核心种质是一个有效的核心种质。另外，核心种质的方差差异百分率为 90.91%，变异系数变化率为 136.73%，说明核心种质表型性状的分离程度较原始种质高，去除冗余材料效果明显，是一个良好的核心种质。

表 3-35　狗牙根表型数据核心种质的评价

Table 3-35　Evaluation parameters of the constructed core subsets with the combination of two sampling proportions

项目 Item	均值差异百分率 Mean difference percentage（%）	方差差异百分率 Variance difference percentage（%）	极差符合率 Coincidence rate of range（%）	变异系数变 Variation coefficient changing rate 化率（%）
原始种质 Original collection	0.00	0.00	100.00	100.00
核心种质 Core collection	9.09	90.91	99.74	136.73

（2）表型性状相关分析　对原始种质和核心种质的 11 个表型性状进行了相关分析（表 3-36），由表 3-36 可知，在狗牙根原始种质中，28 对表型性状呈极显著相关，4 对表型性状呈显著相关；而在表型核心种质中有 24 对性状呈极显著相关，4 对性状呈显著相关。原始种质中 85% 左右的性状相关性在表型核心种质中得到了保持。

表 3-36 原始种质与核心种质性状间相关分析

Table 3-36 Correlation among the morphological characteristics in original collection and core collection

项目 Item	直立茎叶长	匍匐茎叶长	直立茎叶宽	匍匐茎叶宽	匍匐茎茎粗	匍匐茎节间长	草层高度	叶色	叶毛	叶姿	匍匐茎茎色
直立茎叶长		0.79**	0.55**	0.53**	0.66**	0.38**	0.80**	−0.16	0.41**	−0.13	−0.06
匍匐茎叶长	0.60**		0.44**	0.46**	0.49**	0.37**	0.70**	−0.27**	0.37**	−0.12	−0.15
直立茎叶宽	0.47**	0.27**		0.84**	0.46**	0.50**	0.41**	0.19	0.18	0.03	−0.09
匍匐茎叶宽	0.41**	0.37**	0.802*		0.44**	0.51**	0.41**	0.04	0.16	0.03	−0.09
匍匐茎茎粗	0.50**	0.27**	0.33**	0.33**		0.17	0.49**	0.08	0.21*	−0.23*	0.01
匍匐茎节间长	0.26**	0.10*	0.48**	0.41**	0.04		0.28**	−0.03	0.00	0.01	−0.05
草层高度	0.69**	0.52**	0.29**	0.25**	0.36**	0.13**		−0.14	0.52**	−0.12	−0.07
叶色	−0.07	−0.09*	0.08	0.08	0.16**	−0.09*	−0.04		−0.07	−0.00	−0.24 *
叶毛	0.26**	0.25**	0.11*	0.08	0.181*	−0.00	0.31**	−0.02		−0.11	−0.22*
叶姿	−0.07	−0.03	0.11**	0.08	−0.08	0.03	−0.02	−0.02	−0.08		−0.02
匍匐茎茎色	0.03	−0.11**	−0.05	−0.05	0.13**	−0.01	−0.03	0.02	−0.15**	−0.01	

注：上三角表示核心种质，下三角表示原始种质；＊表示在 0.05 水平下相关显著；＊＊代表在 0.01 水平下相关极显著。

Note：The above data of diagonal represents core collection, the below data of diagonal represents original collection；* represents correlation is significant at the 0.05 level, ** represents correlation is significant at the 0.01 level.

（3）主要成分分析 为了进一步检验核心种质对原始种质的代表性，本研究分别对两个群体的表型数据进行了主要成分分析（表 3-37），由表 3-37 可知，以特征值大于 1 为标准，选取了 4 个主要成分。核心种质与原始种质在各个主要成分的特征值、比例和累积贡献率上都比较接近，且前 3 个主要成分的特征值比原始种质的略高。根据种质材料在第一和第二主要成分上的得分绘制二维散点图（图 3-11）。从图 3-11 可以看出核心种质主要成分二维分布图的几何形状、特征与原始种质非常相似，两者的种质材料都主要集中分布在散点图的左方，而图中下方有零星分布，说明核心种质良好地保持了原始种群的遗传结构。

表 3-37 原始种质与核心种质主要成分分析的特征值与累积贡献率

Table 3-37 Eigen value and cumulative contributive percentage for the original collection and core collection

主要成分 Component	核心种质 Core collection			原始种质 Original collection		
	特征值 Eigen value	贡献率 Contributive percentage （%）	累积贡献率 Cumulative contributive percentage （%）	特征值 Eigen value	贡献率 Contributive percentage （%）	累积贡献率 Cumulative contributive percentage （%）
PC1	3.89	35.34	35.34	3.4	30.9	30.9

（续）

主要成分 Component	核心种质 Core collection			原始种质 Original collection		
	特征值 Eigen value	贡献率 Contributive percentage（%）	累积贡献率 Cumulative contributive percentage（%）	特征值 Eigen value	贡献率 Contributive percentage（%）	累积贡献率 Cumulative contributive percentage（%）
PC2	1.49	13.52	48.86	1.47	13.37	44.27
PC3	1.35	12.27	61.13	1.16	10.51	54.79
PC4	1.04	9.43	70.56	1.1	10.03	64.82

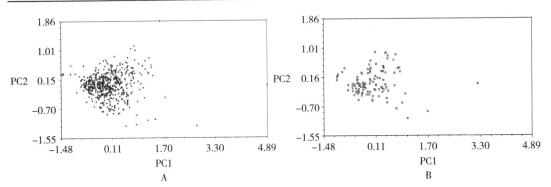

图 3-11 原始种质与核心种质基于表型数据的主要成分分布

Figure 3-11 Principal component plots of entire collection and core collection

注：横轴表示各核心种质的第一主要成分量，纵轴为第二主分量，图 A 为原始种质，图 B 为核心种质。

Note：The horizon axis in figure represents the first principal component，the vertical represents the second principal component；A：Plot for entire collection；B：Plot for core collection.

三、讨论

1. 核心种质构建策略 构建核心种质实际上是一个在一定的取样策略下不断抽取样本的过程。一个好的取样方法不仅能最大程度地剔除群体的遗传冗余，而且能使核心种质的变异和对原群体遗传多样性的保有量达到最大化（Brown，1989）。构建核心种质的方法主要有完全随机取样法，先分组再在组内完全随机取样法，先聚类再按遗传结构取样法。由于资源的遗传多样性分布是不均匀的，因此采用随机取样和聚类取样将会获得多样性结构不同的核心种质（Spagnoletti，1993）。大多数研究均发现聚类取样的抽样效果明显优于随机取样（Spagnoletti，1987；Diwan et al.，1995）。聚类取样法可以从遗传距离较近的材料中剔除一定比例的样本，从而降低了原种质的遗传冗余并保持原种质的遗传结构，所以抽样结果优于随机取样。本研究对 3 种取样方法（多次聚类优先取样法、多次聚类变异度取样法和不聚类完全随机取样法）进行筛选，发现多次聚类优先取样法更适合狗牙根核心种质的构建。

取样比例是构建核心种质的一个关键步骤，取样比例分为总体取样比例和组内土样比例。取样比例过高可能会包含冗余较高的样品，反之则会丧失重要的核心种质材料。在不同植物核心种质构建中，核心种质的比例为该物种全部收集品的 5%～30%，一般为 10%

左右（Lindroth et al.，2002）。目前仍没有一个合理的取样比例和合适的核心种质规模，其整个资源库的大小和遗传多样性有关（Balakrihsnan，2000）。本研选择了 20% 作为构建狗牙根核心种质的取样比例。本研究对 3 种组内取样比例（简单比例、对数比例和平方根比例）进行了筛选，发现平方根比例最优。Zheng 等（2014）用农艺性状构建狗牙根初级核心种质时组内取样比例的筛选结果也是平方根比例。

2. 核心种质的评价　性状间的相关性是一个物种的内在特性，是物种内在遗传物质存在关联的外在表现。抽样不应该改变这种物种固有的性状间的相关，因此一个优良的核心种质应该保持原始种质的性状相关性（Ortiz et al.，1998；Xu et al.，2006）。由于表型核心种质比原始种群的种质材料数量少，两者自由度不一样，所以比较相关系数的大小没有意义，只需要比较在原始群体中呈显著相关的性状是否在表型核心种质中也呈显著相关即可。本研究分别对原始种质和核心种质基于 11 个表型性状进行了相关分析，发现核心种质能保持原始种质 85% 以上的性状相关。

一个合格的核心种质不但要尽量多地保存原始种质的遗传多样性，还要尽量保持原始种质的群体遗传结构（Yan et al.，2007）。主要成分分析是一种将多变量、多指标转化为较少变量、较少指标的数据分析技术，已被广泛应用于生物多样性研究，包括核心种质构建（Zheng et al.，2014）。根据种质材料在第一、第二主要成分上的得分绘制的二维散点图可以近似地反映种质材料在群体中的分布情况，可以直观地反映群体的遗传结构。散点图中种质材料间的距离即反映了它们的遗传相似度，距离越近，相似度越高，距离越远，相异度越大；而且第一、第二主要成分的贡献率越大，反映得越精确。将原始种质与核心种质的主要成分二维分布图进行对比，可以直观地反映核心种质对原始种质的代表性。本研究对原始种质和核心种质进行了主要成分分析，并绘制了它们基于第一、第二主要成分的二维分布图。发现核心种质的二维分布图都有与原始种质相近的几何外形和分布特点，能大部分保持原始种质的群体遗传结构。

基于形态标记构建核心种质是核心种质构建的一种传统而重要的方法，但由于形态标记易受外界环境的影响，所以基于形态标记得到的核心种质难以代表原有种质资源的遗传多样性，使用分子标记的方法，能够在较短时间内获得大量的遗传信息，并且能很好地反映种质资源群体中个体间的亲缘关系，但由于分子标记实验的费用较高，而种质资源的原始群体一般规模庞大，因而很难对每个样品逐一进行分子标记检测。因此，只有将表型标记与分子标记等充分整合起来构建核心种质，才能最大限度地代表遗传多样性，提高核心种质的代表性、有效性。

参 考 文 献

王文强 . 2010. 牧草遗传资源核心种质及其构建［J］. 热带农业科学（1）：10-14.

Anderson W F. 2005. Development of a forage bermudagrass（*Cynodon* sp. ）core collection. Grassl Science，51（4）：305-308.

Balakrihsnan R，Nair N V，Screenivasan T V. 2000. A method of establishing a core collection of *Saccharum officinarum* L. germplasm based on quantitative morphological data. Genetic Resour ces and

Crop Evolution，47（1）：1-9.

Basigalup D H，Barnes D K，Stucker R E. 1995. Development of a core collection for perennial Medicago plant introductions. Crop Science，35（4）：1163-1168.

Bhattacharjee R，Khairwal I S，Bramel P J，et al. 2007. Establishment of a pearl millet ［*Pennisetum glaucum*（L.）Br.］core collection based on geographical distribution and quantitative traits. Euphytica，155（1-2）：35-45.

Brown A H D. 1989. Core collection：A practical approach to genetic resources management. Genome，31（2）：818-824.

Charmet G，Balfourier F. 1995. The use of geostatistics for sampling a core collection of perennial ryegrass populations. Genetic Resources and Crop Evolution，42（4）：303-309.

Diwan N，Mcintosh M S，Bauchan G R. 1995. Methods of developing a core collection of annual *Medicago* species. Theoretical and Applied Genetics，90（6）：755-761.

Flora of China Editorial Committee. 2006. Flora of China. Vol. 22. Poaceae. *Cynodon* Richard. Beijing，492-493.

Harlan J R，de wet J M J，Rawal K，et al. 1970. Cytogenetic studies in *Cynodon* L. C. Rich.（Gramineae）. Crop Science，10（3）：288-291.

Harlan，de wet J M J. 1969. Sources of viration in *Cynodon dactylon*（L.）Pers. Crop Science，9（6）：744-748.

Hu J，Zhu J，Xu H M. 2000. Methods of constructing core collections by stepwise clustering with three sampling strategies based on the genotypic values of crops. Theoretical and Applied Genetics，101（1-2）：264-268.

Huang C Q，Liu G D，Bai C J，et al. 2013. Genetic relationships of *Cynodon arcuatus* from different regions of China revealed by ISSR and SRAP markers. Scientia Horticulturae，162（3）：172-180.

Huang C Q，Liu G D，Bai C J，et al. 2014. Genetic analysis of 430 Chinese *Cynodon dactylon* accessions using sequence-related amplified polymorphism markers. Internation Journal of Molecular Science，15（10）：19134-19146.

Huang C Q，Liu G D，Bai C J，et al. 2012. A Study on the morphological diversity of 475 accessions of *Cynodon dactylon*. Acta Prataculturae Sinica，21（4）：33-42.

Jewell M C，Zhou Y，Loch D S，et al. 2011. Maximising genetic，morphological，and geographic diversity in a core collection of Australian bermudagrass. Crop Science，52（2）：879-889.

Jr. Ward J H. 1963. Hierarchical grouping to optimize an objective function. Journal of the American Statistical Association，58（301）：236-224.

Li Z C，Zhang H L，Zeng Y W，et al. 2002. Studies on sampling schems for the establishment of core collection of rice landraces in Yunnan. Genetic Resource and Crop Evolution，49（1）：67-74.

Lindroth R L，Osier T L，Barnhill H R H，et al. 2002. Effects of genotype and nutrient availability on phytochemistry of trembling aspen（*Populus tremuloides* Michx）during leaf senescence. Biochemical Systematics and Ecology，30（4）：297-307.

Martínez I B，de la Cruz V M，Nelson M R，et al. 2017. Establishment of a core collection of traditional cuban *Theobroma cacao* plants for conservation and utilization purposes. Plant Molecular Biology Reporter，35（1）：47-60.

Ortiz R，Ruia-Tapia E N，Mijica-Sanchez A. 1998. Sampling strategy for a core collection of peruvian qunoa grrmplasm. Theoretical and Applied Genetics，96（3-4）：475-483.

Reddy L J, Upadhyaya H D, Gowda C L L, et al. 2005. Development of core collection in pigeonpea [*Cajanus cajan* (L.) Millspaugh] using geographic and qualitative morphological descriptors. Genetic Resource and Crop Evolution, 52 (8): 1049-1056.

Rochecouste E. 1962. Studies on the biotypes of *Cynodon dactylon* (L.) Pers. I. botanical investigation. Weed Research, 2 (1): 1-23.

Sibson R. 1973. Slink: an optimally efficient algorithm for the single-link cluster method. Computer Journal, 16 (1): 30-34.

Sokal R. 1958. A statistical method for evaluating systematic relationships. Univ Kansas Sci Bul, 38: 1409-1438.

Sorensen T. 1948. A method of establishing groups of equal amplitude in plant sociology based on danish commons. Biol Skr, 5: 1-34.

Spagnoletti Z P L, Qualset C O. 1987. Geographical diversity for quantitative spike characters in a world collection of durum wheat. Crop Science, 27 (2): 235-241.

Spagnoletti Z P L, Qualset C O. 1993. Evaluation of five strategies for obaining a core subset from a large genetic resource collection of durum wheat. Theoretical and Applied Genetics, 87 (3): 295-304.

Taliaferro C M. 1995. Diversity and vulnerability of bermuda turfgrass species. Crop Science, 35 (2): 327-332.

Tiwari A K, kumar G, Tiwari B, et al. 2016. Optimization of ISSR-PCR system and assessing genetic diversity amongst turf grass (*Cynodon dactylon*) mutants. Indian Journal of Agricultural Sciences, 86 (12): 1571-1576.

Wang Z Y, Yuan X J, Zheng Y Q, et al. 2009. Molecular identification and genetic analysis for 24 turf-type *Cynodon* cultivars by sequence-related amplified polymorphism markers. Scientia Horticulturae, 122 (3): 461-467.

Wofford D S, Baltensperger A A. 1985. Heritability estimates for turfgrass characteristics in bermudagrass. Crop Science, 25 (1): 133-136.

Wu Y Q, Taliaferro C M, Bai G H, et al. 2004. AFLP analysis of *Cynodon dactylon* (L.) Pres. var. *dactylon* genetic variation. Genome, 47 (4): 689-696.

Wu Y Q, Taliaferro C M, Bai G H, et al. 2006. Genetic analyses of Chinese *Cynodon* accessions by flow cytometry and AFLP markers. Crop Science, 46 (2): 917-926.

Xu H M, Mei Y J, Hu J. 2006. Sampling a core collection of Island cotton (*Gossypium barbadense* L.) based on the genotypic values of fiber traits. Genetic Resource and Crop Evolution, 53 (3): 515-521.

Yan W G, Rutger J N, Bryant R J, et al. 2007. Development and evaluation of a core subset of the usda rice germplasm collection. Crop Science, 47 (2): 869-876.

Zheng Y, Xu S, Liu J, et al. 2017. Genetic diversity and population structure of Chinese natural bermudagrass [*Cynodon dactylon* (L.) Pers.] germplasm based on SRAP markers. PLoS ONE 12 (5): e0177508.

Zheng Y Q, Guo Y, Fang S J, et al. 2014. Constructing pre-core collection of *Cynodon dactylon* based on phenotypic data. Acta Prataculturae Sinica, 23 (4): 49-60.

第四章

SRAP 分子标记在狗牙根种质资源上的应用

第一节　狗牙根基因组 DNA 的提取方法比较

狗牙根〔*Cynodon dactylon*（Linnaeus）Persoon〕，又名铁线草、爬地草、百慕大草，属禾本科（Poaceae/Gramineae）画眉草亚科（Chloridoideae）虎尾草族（Chloridoieae Cynodonteae）C_4 型多年生草本植物（Gatschet et al.，1994）。是暖季型草坪草中最重要的世界广布型草种之一，同时又是优质牧草。广泛分布于纬度为北纬 53°至南纬 45°，海拔为 0～3 000m 的范围内（Harlan and de Wet，1969）。近几十年来，虽然具有丰富的狗牙根种质资源，但是优良种质的利用研究贫乏，随着科学技术的发展，狗牙根分子生物学研究快速发展起来，并已成为狗牙根研究的热点，而且在狗牙根的育种中发挥着越来越重要的作用。

本研究以狗牙根叶片为材料，选取 3 种 DNA 提取方法，对狗牙根基因组 DNA 进行提取研究，旨在筛选出一种快速、简便且可获得高质量 DNA 分子的方法，为进一步深入开展狗牙根分子生物学研究奠定基础。

一、材料与方法

1. 材料　试验取材于中国热带农业科学院热带作物品种资源研究所牧草中心种质资源圃，材料来源见表 4-1。

表 4-1　参试的 12 份狗牙根种质

Table 4-1　12 *C. dactylon* accessions in the present study

序号 No.	来源 Sources
1	海南三亚 Sanya，Hainan
2	云南景洪 Jinghong，Yunnan
3	上海松江 Songjiang，Shanghai
4	福建云霄 Yunxiao，Fujain
5	江西瑞金 Ruijin，Jiangxi
6	贵州兴义 Xingyi，Guizhou
7	四川攀枝花 Panzhihua，Sichuan
8	广西百色 Baise，Guangxi
9	浙江文成 Wencheng，Zhejiang
10	广东饶平 Raoping，Guangdong
11	江苏南京 Nanjing，Jiangsu
12	安徽淮北 Huaibei，Anhui

2. 试剂及仪器

试剂：Tris（三羟甲基氨基甲烷）、EDTA（乙二胺四乙酸）、CTAB（十六烷基三甲基溴化胺）、PVP（聚乙烯吡咯烷酮）、β-ME（β-巯基乙醇）均购自 BBI 公司；氯仿、异丙醇、异戊醇、盐酸（HCl）、溴酚蓝、无水乙醇等为国产分析纯，10mg/mL RNaseA 酶购自 Sigma 公司，引物 UBC810（序列为 5'-GAG AGA GAG AGA GAG AT-3'）为上海英俊公司合成。

仪器：Eppendorf 公司的核酸蛋白含量测定仪、高速冷冻离心机，Biometra 公司的琼脂糖水平电泳槽、PCR 仪和 EEC 公司的凝胶图像分析系统等。

3. 方法

（1）基因组 DNA 的提取方法

方法一：参照天根公司的《快捷型植物基因组 DNA 提取系统》试剂盒，目录号 DP321。

方法二：参照曾杰等（2002）的 CTAB 提取方法。

方法三：改进 CTAB 法。在方法 B 的基础上，对加样量、离心转速、离心时间、氯仿/异戊醇的使用次数及异丙醇的使用量等方面进行了优化，并且在使用异丙醇沉淀之前没有未加 5mol/L NaCl，也没有未使用高盐 TE，调整之后建立了方法三，具体操作如下：

①称取 0.400g 左右叶片样品置于研钵中，液氮研磨成粉末，迅速转入 2ml 离心管中，加入 1ml CTAB-free 缓冲液（王经源等，2004）（200mmol/L Tris-HCl，50mmol/L EDTA-Na$_2$，250mmol/L NaCl，1% 巯基乙醇）和 50μl β-巯基乙醇，混匀，置冰上10min；②4℃，7 000kr/min 离心 5min，弃上清，加入 1ml 65℃预热的 3×CTAB 提取缓冲液（3%CTAB，100mmol/L Tris-HCl，25mmol/L EDTA-Na$_2$，1.5mol/L NaCl，1% 巯基乙醇），混匀，65℃水浴 30～40min；③4℃，10 000kr/min 离心 5min，取上清，加入等体积的氯仿/异戊醇（24：1），轻轻颠倒混匀，4℃，12 000kr/min 离心 5min；④取上清，加入终浓度为 1/100 体积的 10mg/ml RNase A 酶，37℃温浴 30～60min；⑤加入等体积氯仿/异戊醇（24：1），轻轻颠倒混匀，4℃，12 000kr/min 离心 5min；⑥取上清，加入等体积 4℃预冷的异丙醇，轻轻颠倒混匀，4℃沉淀 30min；⑦弃上清，用 70%（体积分数）乙醇洗涤沉淀 2 次，风干，加入 200μl TE 缓冲液；⑧加 2 倍体积无水乙醇，混匀，置于 4℃沉淀 30min，4℃，7 000kr/min 离心 5min；⑨70%乙醇洗涤 2 次，风干，加入 50μl TE（10mmol/L Tris-HCl，1mmol/L EDTA）溶解沉淀，-20℃保存备用。

（2）基因组 DNA 的质量检测

①电泳检测：取 5μl DNA 和 1μl 6×loading buffer，于 1.0% g/L 的琼脂糖凝胶进行电泳，并再用凝胶图像分析系统检测。

②紫外检测：取 2μl DNA 样液稀释至 100μl，用核酸蛋白含量测定仪测其在波长230nm、260nm、280nm 波长处的吸光度 OD_{230}、OD_{260}、OD_{280}（A_{230}、A_{260}、A_{280}）值。依据下列公式，计算样液 DNA 浓度。

样液 DNA 浓度 ρ（μg/ml）$=OD_{260}\times50\mu$g/ml×稀释倍数（即 50 倍）

③ISSR-PCR 检测：以提取的 DNA 为模板，在 Biometra PCR 仪上进行 PCR 扩增。扩增反应体系为：15μl PCR 反应体系包含 2×Taq PCR Master Mix 7.5μl，引物 10μmol/

L UBC810（序列为 5'-GAG AGA GAG AGA GAG AT-3'）1.0μl，20ng/μl 模板 DNA 3μl。ISSR-PCR 扩增程序为：94℃预变性 5min；94℃变性 45s，51℃退火 1min，72℃延伸 90s，45 个循环，72℃延伸 7min，4℃保存。ISSR-PCR 产物于浓度为 2.0% g/L 的琼脂糖凝胶电泳检测。

二、结果与分析

1. 基因组 DNA 电泳检测分析 对 3 种方法提取的基因组 DNA 进行琼脂糖凝胶电泳检测，其中，方法一（试剂盒法）提取的总 DNA 电泳图见图 4-1，从图中可看出，有较严重的拖尾，主带不清晰，说明 DNA 降解严重，DNA 不完整，不能用于后续分子生物学实验；方法二（2×CTAB 法）提取的 DNA 电泳图见图 4-2，从图中可知所提取的含量不一致，且点样孔发亮，部分样品电泳带型很弱，且受多糖，蛋白等杂质污染严重。而方法三（改进 CTAB 法）提取的 DNA 电泳图见图 4-3，电泳带型清晰、完整、均匀一致，点样孔干净，无拖尾，DNA 完整无降解，可用于后续试验。

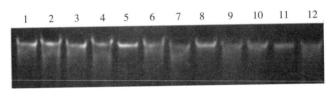

图 4-1　方法一提取的基因组 DNA 电泳检测图
Figure 4-1　Results of DNA electrophoresis with method 1
注：图中号码（1、2、3…12）为材料序号，下同。
Note：The no.（1，2，3…12）in the figure stand the materials no. The same as below.

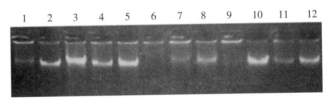

图 4-2　方法二提取的基因组 DNA 电泳检测图
Figure 4-2　Results of DNA electrophoresis with method 2

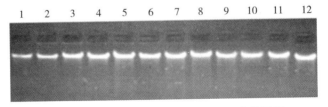

· 图 4-3　方法三提取的基因组 DNA 电泳检测图
Figure 4-3　Results of DNA electrophoresis with method C

2. 基因组 DNA 紫外检测分析 对 3 种方法提取的基因组 DNA 的进行紫外检测分析，方法一（表 4-2）和方法二（表 4-3）提取的 DNA，其 A_{260}/A_{280} 比值大多数小于 1.8 虽然 A 和 OD 均可表示吸光度，但应上下文一致，说明样品中蛋白未脱净，A_{260}/A_{230} 比值大多小于 2.0，表示溶液中残留有小分子物质及盐类物质。其中，方法一提取的基因组 DNA 浓度较低。而法三（表 4-4）提取的基因组 DNA，其 A_{260}/A_{280} 比值处于 1.69～2.02 之间、A_{260}/A_{230} 比值集中处于 1.82～2.08，说明酚类物质、多糖、色素、RNA 消去比较完全，提取时残留的氯仿、异戊醇、乙醇等小分子成分去除较好，纯度比较高。DNA 样品浓度在 342.5～1 782.5ng/μl 之间，已达到下游操作的要求。

表 4-2 方法一提取的狗牙根种质基因组 DNA 的 OD 值及浓度

Table 4-2 OD value and DNA concentration of *C. dactylon* by method 1

材料序号	吸光度			吸光度比值		DNA 浓度
	OD_{230}	OD_{260}	OD_{280}	OD_{260}/OD_{230}	OD_{260}/OD_{280}	（ng/μl）
1	0.021	0.032	0.024	1.51	1.32	80
2	0.014	0.021	0.015	1.45	1.43	52.5
3	0.051	0.070	0.037	1.36	1.89	175
4	0.012	0.038	0.007	3.21	5.21	95
5	0.004	0.009	0.003	2.32	3.24	22.5
6	0.018	0.022	0.015	1.23	1.45	55
7	0.053	0.072	0.042	1.35	1.73	180
8	0.011	0.019	0.006	1.78	2.98	47.5
9	0.007	0.011	0.007	1.64	1.55	27.5
10	0.021	0.028	0.022	1.35	1.28	70
11	0.008	0.008	0.007	1.02	1.09	20
12	0.025	0.036	0.023	1.44	1.56	90

表 4-3 方法二提取的狗牙根种质基因组 DNA 的 OD 值及浓度

Table 4-3 OD value and DNA concentration of *C. dactylon* by method 2

材料序号	吸光度			吸光度比值		DNA 浓度
	OD_{230}	OD_{260}	OD_{280}	OD_{260}/OD_{230}	OD_{260}/OD_{280}	（ng/μl）
1	0.012	0.021	0.013	1.72	1.64	52.50
2	0.055	0.093	0.059	1.68	1.58	232.50
3	0.057	0.088	0.057	1.54	1.54	220.00
4	0.034	0.045	0.030	1.32	1.52	112.50
5	0.105	0.190	0.114	1.81	1.67	475.00
6	0.004	0.012	0.006	2.98	1.86	30.00
7	0.020	0.024	0.024	1.23	1.02	60.00
8	0.065	0.124	0.070	1.92	1.78	310.00
9	0.019	0.023	0.017	1.24	1.34	57.50
10	0.055	0.098	0.058	1.79	1.69	245.00
11	0.052	0.087	0.056	1.67	1.56	217.50
12	0.043	0.081	0.043	1.89	1.87	202.5

表 4-4 方法三提取的狗牙根种质基因组 DNA 的 OD 值及浓度

Table 4-4　OD value and DNA concentration of *C. dactylon* by method 3

材料序号	吸光度			吸光度比值		DNA 浓度
	OD_{230}	OD_{260}	OD_{280}	OD_{260}/OD_{230}	OD_{260}/OD_{280}	（ng/μl）
1	0.226	0.459	0.243	2.03	1.89	1 147.5
2	0.081	0.157	0.090	1.95	1.74	392.5
3	0.112	0.212	0.112	1.89	1.89	530
4	0.256	0.509	0.268	1.99	1.90	1 272.5
5	0.282	0.514	0.279	1.82	1.84	1 285
6	0.067	0.137	0.080	2.05	1.72	342.5
7	0.375	0.713	0.407	1.90	1.75	1 782.5
8	0.457	0.859	0.459	1.88	1.87	2 147.5
9	0.167	0.329	0.163	1.97	2.02	822.5
10	0.331	0.688	0.360	2.08	1.91	1 720
11	0.078	0.155	0.080	1.99	1.94	387.5
12	0.079	0.160	0.095	2.02	1.69	400

3. 狗牙根基因组 DNA 提取方法的确立　通过电泳检测、紫外检测结果确定方法三为最佳狗牙根基因组 DNA 提取方法。用该方法提取的基因组 DNA 为模板，以 ISSR 引物 UBC810 进行 PCR 扩增，其扩增结果见图 4-4，从图中可以看出，12 份狗牙根种质的 DNA 经引物 UBC810 扩增后，出现清晰稳定的条带，且可把 12 份种质分开，因此，该方法提取的基因组 DNA 可以用于 ISSR-PCR 等分子标记研究。

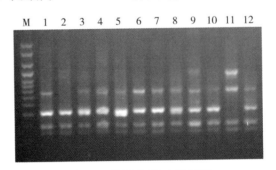

图 4-4　ISSR-PCR 电泳检测

Figure 4-4　The Electrophoresis detection result by ISSR-PCR

三、讨论

本研究采用 3 种方法提取狗牙根基因组 DNA，经不同方法检测后，其中方法一（即试剂盒）提取的基因组 DNA 降解较严重，所提取的 DNA 浓度低，而方法 B 提取的基因组 DNA 蛋白等杂质去除不干净。方法三（即改进 CTAB 法）提取的基因组 DNA 质量好，浓度及纯度高，适合狗牙根基因组 DNA 分离，是一种有效的基因组 DNA 小量提取方法，适合 ISSR-PCR 扩增及分子生物学后续工作的研究。

基因组 DNA 的制备是进行各种分子生物学研究的基础，探索一种适合的 DNA 提取方法至关重要。植物中的多酚类化合物和多糖对于 DNA 质量的影响是植物分子生物学研究中最常遇到而又必须解决的问题，由于多糖可以抑制多种酶的活性，被多糖污染的总 DNA 样品无法用于进一步的分子生物学研究（彭锐等，2003）。狗牙根组织中含有大量的次生物质，从狗牙根组织中获取高质量的 DNA 的关键在于去除其中的多酚、多糖、蛋白质等次生物质。因此，笔者对常规的 CTAB 法进行了改良。（1）在用提取缓冲液裂解细胞膜之前，加入 CTAB-free 缓冲液，充分混匀使果多糖溶解，经过离心后弃上清，可以将大部分的多糖除去，然后再用 CTAB 提取缓冲液进行抽提。（2）为防止材料褐变，笔者在提取 DNA 过程中加入适量的 β-巯基乙醇，能消除因材料褐变引起的 DNA 降解。（3）为防止降解，样品研磨转入离心管后，迅速加入 CTAB-free 缓冲液，混匀，使粉末充分湿润后置冰上，等所有样品研磨好后再去离心。（4）此外，还采取了两步沉淀法，先用异丙醇沉淀，再用乙醇沉淀，这样可以有效地将剩余地多糖去除，且避免了色素的沉积。（5）在提取过程中简化了一些步骤，节约了时间。此方法不但有效去除了多糖，而且还避免了在抽提过程中由于用力过猛而使 DNA 降解的现象。

参 考 文 献

曾杰，邹喻苹，白嘉雨，等．2002．顽拗植物类群的总 DNA 制备 [J]．植物学报，44（6）：694-697.

彭锐，宋洪元，李泉森，等．2003．石斛总 DNA 的提取及鉴定 [J]．中国中药杂志，28（12）：1129-1131.

王经源，郭明亮，林文雄，等．2004．高多糖含量植物——莲 DNA 的提取方法 [J]．福建稻麦科技，22（1）：8-9.

Gatschet M J, Taliaferro C M, Anderson J A, et al. 1994. Cold acclimation and alterations in protein synthesis in bermudagrass crowns [J]. Journal of the American Society for Horticultural Science, 119 (3): 477-480.

Harlan J R, de Wet J M J. 1969. Sources of variation in *Cynodon dactylon* (L.) Pers. [J]. Crop Science, 9: 774-778.

第二节　狗牙根 SRAP-PCR 反应体系的优化

随着生物技术的发展，分子标记技术的应用越来越广泛。对狗牙根资源进行鉴定评价、构建分子遗传图谱等方面的研究主要集中在随机扩增多态性 DNA（random amplified polymorphic DNA，RAPD）（袁长春等，2003；郑玉红等，2005）、限制性片段长度多态性（restriction fragment length polymorphisms，AFLP）（Wu et al.，2006；Kang et al.，2008）和简单重复序列（simple sequence repeat，SSR）（Wang et al.，2005）等，而利用序列相关扩增多态性（sequence-related amplified polymor-phism，SRAP）标记在狗牙根上的应用鲜见报道（易杨杰等，2008）。SRAP 是一种新型的基于 PCR 的标记系统，由美国加州大学 Li 与 Quiros 博士（2001）首次提出，该标记具有简便、稳定、产率高和便于克隆目标片段的特点，已被应用于比较基因组学（Li et al.，2003）、遗传多样性分析（Ferriol et al.，2003）、种质资源的鉴定（Ahmad et al.，2004）和遗传图谱的构建（Pan et al.，2005）等。为获得适合狗牙根［*Cynodon dactylon*（Linnaeus）Persoon］SRAP 标记技术的最佳反应条件，本研究采用单因子试验和正交设计这两种方法对 SRAP-PCR 反应条件中主要因子：Mg^{2+}、dNTP、引物、*Taq* 酶和模板 DNA 浓度及退火温度进行优化分析，旨在筛选出一个稳定性及重复性好，多态性高的最佳反应条件，为开展 SRAP 标记技术在狗牙根种质鉴定、遗传多样性等方面的研究提供有利的数据。

一、材料与方法

1. 植物材料 试验所用的 31 份狗牙根（*Cynodon* spp.）种质均取自中国热带农业科学院热带作物品种资源研究所牧草中心种质资源圃（表 4-5），用于体系优化的材料是第 31 号材料，其余材料均用于体系的验证。

表 4-5 供试狗牙根材料与来源

Table 4-5 The sources of *Cynodon* spp. accessions used in the experiment

序号 No.	种名 Species	来源 Sources	经度 Longitude (E)	纬度 Latitude (N)	海拔 Altitude (m)
1	弯穗狗牙根 *C. radaitus*	海南临高 Lingao，Hainan province	109°39′E	19°55′N	62.5
2	狗牙根 *C. dactylon*	海南昌江 Changjiang，Hainan province	108°41′E	19°21′N	62.4
3	弯穗狗牙根 *C. radaitus*	海南白沙 Baisha，Hainan province	109°10′E	19°35′N	48.0
4	弯穗狗牙根 *C. radaitus*	海南儋州 Danzhou，Hainan province	109°24′E	19°46′N	13.7
5	狗牙根 *C. dactylon*	海南乐东 Ledong，Hainan province	109°17′E	18°35′N	220.6
6	弯穗狗牙根 *C. radaitus*	海南海口 Haikou，Hainan province	109°24‴E	19°46′N	13.7
7	狗牙根 *C. dactylon*	海南琼中 Qiongzhong，Hainan province	109°36‴E	19°00′N	262.4
8	弯穗狗牙根 *C. radaitus*	海南儋州 Danzhou，Hainan province	109°21‴E	19°37′N	44.3
9	狗牙根 *C. dactylon*	海南五指山 Wuzhishan，Hainan province	109°36′E	18°44′N	342.4
10	狗牙根 *C. dactylon*	海南琼中 Qiongzhong，Hainan province	109°33′E	19°04′N	689.9
11	弯穗狗牙根 *C. radaitus*	海南临高 Lingao，Hainan province	109°31′E	19°53′N	0.7
12	狗牙根 *C. dactylon*	海南白沙 Baisha，Hainan province	109°28′E	19°21′N	294.9
13	弯穗狗牙根 *C. radaitus*	海南临高 Lingao，Hainan province	109°31′E	19°53′N	0.7
14	狗牙根 *C. dactylon*	海南五指山 Wuzhishan，Hainan province	109°40′E	18°53′N	623.1
15	弯穗狗牙根 *C. arcuatus*	海南保亭 Baoting，Hainan province	109°41′E	18°40′N	10.0
16	狗牙根 *C. dactylon*	海南三亚 Sanya，Hainan province	109°21′E	18°18′N	25.8
17	狗牙根 *C. dactylon*	海南五指山 Wuzhishan，Hainan province	109°40′E	18°54′N	703.5
18	狗牙根 *C. dactylon*	海南五指山 Wuzhishan，Hainan province	109°36′E	18°44′N	342.4
19	狗牙根 *C. dactylon*	海南昌江 Changjiang，Hainan province	108°57′E	19°15′N	54.2
20	弯穗狗牙根 *C. radaitus*	海南临高 Lingao，Hainan province	109°39′E	19°56′N	159.0
21	狗牙根 *C. dactylon*	海南临高 Lingao，Hainan province	109°46′E	19°46′N	88.8
22	弯穗狗牙根 *C. radaitus*	海南东方 Dongfang，Hainan province	108°51′E	19°09′N	58.3

（续）

序号 No.	种名 Species	来源 Sources	经度 Longitude (E)	纬度 Latitude (N)	海拔 Altitude (m)
23	狗牙根 *C. dactylon*	海南五指山 Wuzhishan，Hainan province	109°32′E	18°46′N	291.5
24	狗牙根 *C. dactylon*	海南琼中 Qiongzhong，Hainan province	109°42′E	19°24′N	103.1
25	狗牙根 *C. dactylon*	海南三亚 Sanya，Hainan province	109°46′E	18°19′N	4.2
26	狗牙根 *C. dactylon*	海南什迈 Shimai，Hainan province	109°36′E	19°00′N	227
27	狗牙根 *C. dactylon*	海南儋州 Danzhou，Hainan province	109°22′E	19°45′N	14.7
28	狗牙根 *C. dactylon*	海南文昌 Wenchang，Hainan province	110°42′E	19°24′N	4.5
29	弯穗狗牙根 *C. radaitus*	海南昌江 Changjiang，Hainan province	108°57′E	19°15′N	54.2
30	狗牙根 *C. dactylon*	海南儋州 Danzhou，Hainan province	109°25′E	19°38′N	81.2
31	弯穗狗牙根 *C. radaitus*	海南临高 Lingao，Hainan province	109°45′E	19°52′N	40.6

2. 试剂 引物采用 Li 和 Quiros（2001）、Lin（2005）和 Riaz 等（2001）发表的引物序列，正向引物 M2（5′-TGA GTC CAA ACC GGA CC-3′），反向引物 E7（5′-GAC TGC GTA CGA ATT GAC-3′），由上海英俊公司合成；TaKaRa Taq ™（编号 DR001CM）、DL2,000 DNA Marker（编号 D501A）和 50bp DNA Ladder Marker（编号 D505A）均购自 TaKaRa 公司。

3. 基因组 DNA 的提取和检测 以狗牙根幼叶为材料，采用改良 CTAB 法提取基因组 DNA，产物经核酸蛋白含量测定仪和琼脂糖凝胶电泳检测，筛选出符合试验要求的 DNA 样品并稀释至 $20ng/\mu l$，置于 $-20℃$ 冰箱保存。

4. SRAP-PCR 反应正交试验设计 为获得影响 SRAP-PCR 反应的 5 个主要因素（Mg^{2+}、dNTP、*Taq* DNA 聚合酶、引物和模板 DNA 浓度）的最佳浓度，选用 L_{16}（4^5）正交试验设计，进行 5 因素 4 水平筛选（表 4-6、表 4-7）。试验设 2 次重复。按 PCR 扩增清晰度及条带数量从高到低依次评分，条带数量丰富、清晰高度的产物记为 16 分，与此相反，最差的记为 1 分。并对试验结果进行统计分析，其中 S 指同一水平下各因素的扩增条带数之和；M 表示各因素在不同水平下的扩增条带数的平均值；R 指各因素在不同水平下扩增条带数最大值与最小值之差。

表 4-6 SRAP-PCR 反应的因素与水平

Table 4-6 Factors and levels of SRAP-PCR system

水平 Levels	因素 Factors				
	DNA (ng)	dNTP (mmol/L)	Mg^{2+} (mmol/L)	引物（μmol/L）Primer（μmol/L）	*Taq* DNA 聚合酶（U）*Taq* DNA polymerase（U）
1	20	0.10	1.5	0.2	0.5
2	40	0.15	2.0	0.3	1.0
3	60	0.20	2.5	0.4	1.5
4	80	0.25	3.0	0.5	2.0

表 4-7　SRAP-PCR L_{16} （4^5）正交试验设计

Table 4-7　[L_{16} （4^5）] orthogonal design for SRAP-PCR

处理组代号 Treatment combination	因素 Factors				
	DNA (ng)	dNTP (mmol/L)	Mg^{2+} (mmol/L)	引物 （μmol/L） Primer （μmol/L）	Taq DNA 聚合酶 （U） Taq DNA polymerase （U）
01	1	1	1	1	1
02	1	2	2	2	2
03	1	3	3	3	3
04	1	4	4	4	4
05	2	2	1	3	4
06	2	1	2	4	3
07	2	4	3	1	2
08	2	3	4	2	1
09	3	3	1	4	2
10	3	4	2	3	4
11	3	1	3	2	4
12	3	2	4	1	3
13	4	4	1	3	3
14	4	3	2	1	4
15	4	2	3	4	1
16	4	1	4	2	2

5. SRAP-PCR 单因子试验　本实验分别对 Mg^{2+}、dNTP、引物、Taq DNA 聚合酶和模板 DNA 浓度用量设置了不同的梯度进行优化（表 4-8）。

表 4-8　SRAP-PCR 体系单因子试验

Table 4-8　Single factor test of SRAP-PCR system

水平 Levels	因素 Factors				
	DNA (ng)	dNTP (mmol/L)	Mg^{2+} (mmol/L)	引物 （μmol/L） Primer （μmol/L）	Taq DNA 聚合酶 （U） Taq DNA polymerase （U）
1	10	0.05	0.5	0.1	0.50
2	20	0.10	1.0	0.2	0.75
3	30	0.15	1.5	0.3	1.00
4	40	0.20	2.0	0.4	1.25
5	50	0.25	2.5	0.5	1.50
6	60	0.30	3.0	0.6	1.75
7	70				2.00
8	80				2.25
9					2.50

6. SRAP-PCR 退火温度试验设计　采用 M2 和 E7 引物对组合，利用优化后的反应体系进行退火温度试验，以筛选出最佳退火温度。退火温度梯度设置（TaKaRa PCR Termal Cycler Dice™ 自动生成）为 48.0℃、48.3℃、48.6℃、49.2℃、49.9℃、50.6℃、51.3℃、52.0℃、52.8℃、53.4℃、53.7℃和54.0℃。

7. PCR 反应条件及扩增产物的检测　25μl 的 PCR 反应体系中，除上述变化因素外，每管中还加入 2.5μl 10×PCR buffer。反应程序为：94℃预变性 4min，94℃变性 1min，35℃复性 1min，72℃延伸 30s，共 5 个循环；然后，94℃变性 1min，50℃退火 1min，72℃延伸 45s，共 35 个循环；循环结束后，72℃延伸 7min；4℃停止反应。在 TaKaRa PCR 仪上进行扩增。除体系验证的扩增产物用 6.0% 的变性聚丙烯酰胺分离，快速银染检测，其余扩增产物均用 2% 的琼脂糖凝胶，90V 电压电泳检测。

二、结果与分析

1. SRAP-PCR 正交设计试验结果分析　本实验对 16 个组合的 SRAP-PCR 正交设计试验进行了 SRAP-PCR 扩增（图 4-5）及评分（表 4-9），其中，组合 13 的分值最高，其次为组合 14、15 和 16。因此，把组合 13 作为 SRAP-PCR 的最佳反应体系，即在 25μl 反应体系中，含有 1.5mmol/L Mg^{2+}、0.25mmol/L dNTP、0.4μmol/L 引物、1.5U *Taq* DNA 聚合酶和 80ng 模板 DNA。

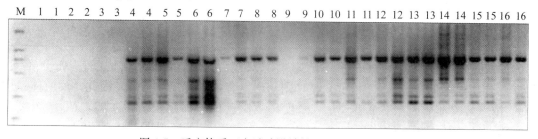

图 4-5　反应体系正交试验设计的 SRAP-PCR 扩增

Figure 4-5　SRAP-PCR amplification of system according to orthogonal design

注：1～16：参见表 4；M：分子量标准 DL2000。

Note：1～16：Showed in table 4；M：DNA marker DL2000.

表 4-9　SRAP-PCR 正交试验设计体系的评分结果

Table 4-9　Result of grade in 16 PCR systems

编号 Coding No.	重复 Repeat		编号 Coding No.	重复 Repeat		编号 Coding No.	重复 Repeat		编号 Coding No.	重复 Repeat	
	I	II		I	II		I	II		I	II
1	1	1	5	9	6	9	1	4	13	15	16
2	1	1	6	10	8	10	7	7	14	15	15
3	2	1	7	7	5	11	13	7	15	13	13
4	8	8	8	6	6	12	15	14	16	14	14

由统计分析结果（表 4-10）可看出，R 值最大的是模板 DNA，其次是 Mg^{2+}、*Taq* DNA 聚合酶和 dNTP，最小的是引物，也就是说，5 个因素中，对扩增结果影响最大的是模板 DNA 浓度，其次是 Mg^{2+}、*Taq* DNA 聚合酶和 dNTP 的浓度，影响最小的是引物

浓度。从表 4-10 的 M 值来看，5 个因素的 M 值均以 4 水平的最大，即 Mg^{2+}、dNTP、Taq DNA 聚合酶、模板 DNA 浓度均以水平 4 最好。这 5 个因素的 SRAP-PCR 最佳反应体系为：Mg^{2+} 3.0mmol/L、dNTP 0.25mmol/L、引物 0.5μmol/L、Taq DNA 聚合酶 2.0U 和 80ng 模板 DNA。5 个因素的最佳水平组合并没有在正交表中出现，但与分值最高的 13 号组合接近，模板 DNA 和 dNTP 的用量相同。该统计分析结果与评分结果基本一致，进一步确定组合 13 为最佳组合。因此，在使用正交设计进行反应体系优化时，可根据电泳结果直接选择就能够得到较好的反应体系。

表 4-10 正交试验结果的统计分析

Table 4-10 Statistic result of the orthogonal design

项目 Item	水平 Levels	DNA	dNTP	Mg^{2+}	引物 Primer	Taq DNA 聚合酶 Taq DNA polymerase
条带总数 S Total bands S	1	9	24	17	22	23
	2	29	23	25	22	16
	3	25	18	22	24	26
	4	32	30	31	27	30
平均条带数 M Average bands M	1	1.13	3.00	2.13	2.75	2.88
	2	3.63	2.88	3.13	2.75	2.00
	3	3.13	2.25	2.75	3.00	3.25
	4	4.00	3.75	3.88	3.38	3.75
	极差 Range R	2.88	1.50	1.75	0.63	1.75

2. Mg^{2+} 浓度对 SRAP-PCR 扩增的影响 Mg^{2+} 是 Taq 酶的激活剂。若 Mg^{2+} 不足，Taq 酶作用效率低；若 Mg^{2+} 浓度太高，则易产生非特异性扩增条带。因此，反应体系中 Mg^{2+} 浓度显得非常重要。根据 Mg^{2+} 浓度梯度试验的扩增结果（图 4-6），Mg^{2+} 浓度为 0.5mmol/L、1.0mmol/L 和 3.0mmol/L 时，扩增产物谱带很弱；浓度为 2.0mmol/L、2.5mmol/L 时，条带扩增效果较好；浓度为 1.5mmol/L 时，谱带更为清晰。因此，确定

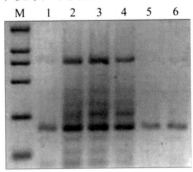

图 4-6 不同 Mg^{2+} 浓度的 SRAP-PCR 扩增

Figure 4-6 SRAP-PCR amplification by different amounts of Mg^{2+}

注：M：分子量标准 DL2000；1～6：0.5mmol/L，1.0mmol/L，1.5mmol/L，2.0mmol/L，2.5mmol/L 和 3.0mmol/L。

Note：M：DNA marker DL2000；1～6：0.5mmol/L，1.0mmol/L，1.5mmol/L，2.0mmol/L，2.5mmol/L and 3.0mmol/L，respectively.

1.5mmol/L 为最佳 Mg²⁺ 浓度。

3. dNTP 浓度对 SRAP-PCR 扩增的影响　dNTP 为 PCR 反应中 *Taq* DNA 聚合酶提供底物，dNTP 必须达到一定浓度才能满足要求，但浓度过高也会与 *Taq* 酶竞争 Mg²⁺，影响扩增的准确性。由 dNTP 浓度梯度试验的扩增结果（图 4-7）可知，dNTP 浓度为 0.30mmol/L 时，扩增产物谱带很弱；浓度为 0.05mmol/L 和 0.10mmol/L、0.25mmol/L 时，条带扩增效果较好；浓度为 0.15mmol/L、0.20mmol/L 时谱带更为清晰。因此，确定 0.20mmol/L 为最佳 dNTP 浓度。

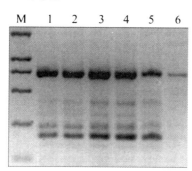

图 4-7　不同 dNTP 浓度的 SRAP-PCR 扩增

Figure 4-7　SRAP-PCR amplification by different amounts of dNTP

注：M：分子量标准 DL2000；1～6：0.05mmol/L，0.10mmol/L，0.15mmol/L，0.20mmol/L，0.25mmol/L 和 0.30mmol/L。

Note：M：DNA marker DL2000；1～6：0.05mmol/L，0.10mmol/L，0.15mmol/L，0.20mmol/L，0.25mmol/L and 0.30mmol/L，respectively.

4. 引物浓度对 SRAP-PCR 扩增的影响　引物浓度会引起引物与模板 DNA 结合的机会，从而影响扩增的效率。若引物用量少，与模板 DNA 结合的效率就低，产物的产量就会受到影响；而引物用量过大，则会增加非特异性结合的概率，也会增加引物之间形成引物二聚体的概率。由 dNTP 浓度梯度试验的扩增结果（图 4-8）表明，在 6 个引物浓度下，均能扩增出一定的条带；但当引物浓度为 0.4μmol/L 时，条带最清晰，且无杂带。

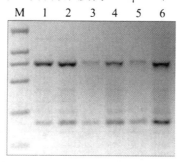

图 4-8　不同引物浓度的 SRAP-PCR 扩增

Figure 4-8　SRAP-PCR amplification by different amounts of primer

注：M：分子量标准 DL2000；1～6：0.1mmol/L，0.2mmol/L.0.3mmol/L.0.4mmol/L，0.5mmol/L 和 0.6mmol/L。

Note：M：DNA marker DL2000；1～6：0.1mmol/L，0.2mmol/L.0.3mmol/L.0.4 mmol/L，0.5 mmol/L and 0.6 mmol/L，respectively.

因此，确定 $0.4\mu mol/L$ 为最佳引物浓度。

5. Taq 浓度对 SRAP-PCR 扩增的影响 Taq DNA 聚合酶的用量过大会造成浪费，并且会导致非特异性扩增；用量过小，会影响扩增效率，降低扩增产物的产量。Taq DNA 聚合酶浓度梯度试验的扩增结果（图 4-9）表明：当 Taq 浓度为 0.5U，几乎看不见扩增条带，为 1.25U 时，扩增条带很弱，当浓度为 2.0U、2.25U 和 2.50U 时有非特异性扩增条带，当 Taq 浓度为 0.75U、1.00U、1.50U 和 1.75U 时，均能扩增出明亮、清晰条带；但当浓度为 1.5U 时，条带清晰，且无弱带。综合考虑其扩增效果和成本，所以确定 Taq DNA 聚合酶为 1.5U。

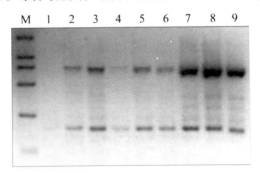

图 4-9　不同 Taq 浓度的 SRAP-PCR 扩增

Figure 4-9　SRAP-PCR amplification by different amounts of *Taq*

注：M：分子量标准 DL2000；1～9：0.5U、0.75U、1.00U、1.25U、1.50U、1.75U、2.0U、2.25U 和 2.50U。

Note：M：DNA marker DL2000；1～9：0.5U、0.75U、1.00U、1.25U、1.50U、1.75U、2.0U、2.25U and 2.50U，respectively.

6. 模板 DNA 浓度对 SRAP-PCR 扩增的影响 模板 DNA 的含量是制约扩增产量及特异性的一个因素。模板 DNA 用量过少，会减少引物与模板 DNA 结合的概率，降低扩增效率，导致扩增的产物量少，检测时条带淡或无条带；用量过大，会增加非特异性条带。由模板 DNA 浓度梯度试验的扩增结果（图 4-10）可知，模板用量在 10～80ng 均能扩增出完整的条带。这表明，SRAP 扩增对模板 DNA 的浓度范围要求较为宽松。通过比较，选用 80ng 为最佳模板量。

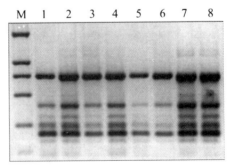

图 4-10　不同模板 DNA 浓度扩增结果

Figure 4-10　SRAP-PCR amplification by different amounts of template DNA

注：M：分子量标准 DL2000；1～8：10ng、20ng、30ng、40ng、50ng、60ng、70 和 80ng。

Note：M：DNA marker DL2000；1～8：10ng、20ng、30ng、40ng、50ng、60ng、70and 80ng，respectively.

7. 退火温度对 SRAP 扩增的影响 退火温度的高低直接影响到引物与 DNA 模板的特异性结合。退火温度梯度试验扩增结果（图 4-11）显示，当温度为 48.0℃、48.3℃、48.6℃、49.9℃、53.7℃ 和 54.0℃时，扩增条带较弱；当温度为 49.2℃、50.6℃、51.3℃、52.0℃、52.8℃和 53.4℃时，扩增条带清晰、明亮（图 4-11）。鉴于各因素考虑，确定最适退火温度为 50.6℃。

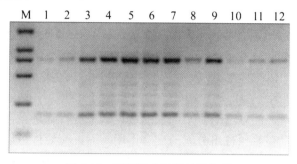

图 4-11　不同退火温度扩增结果

Figure 4-11　SRAP-PCR amplification by different amounts of annealing temperature

注：M：分子量标准 DL2000；1～12：48.0℃、48.3℃、48.6℃、49.2℃、49.9℃、50.6℃、51.3℃、52.0℃、52.8℃、53.4℃、53.7 和 54.0℃。

Note：M：DNA marker DL2000；1～12：48.0℃、48.3℃、48.6℃、49.2℃、49.9℃、50.6℃、51.3℃、52.0℃、52.8℃、53.4℃、53.7and 54.0℃，respectively.

8. SRAP-PCR 反应体系的确立 综合考虑以上各种因素，单因子试验和正交试验的 SRAP-PCR 体系基本相同，只是 dNTP 浓度稍有变化，单因子试验的 dNTP 浓度是 0.2mmol/L，正交试验的 dNTP 浓度是 0.25mmol/L，从结果稳定性出发，确定正交设计为狗牙根 SRAP-PCR 最佳反应体系：即 Mg^{2+} 1.5mmol/L、dNTPs 0.25mmol/L、引物 0.4μmol/L、*Taq* 酶 1.5U、模板 DNA 80ng；退火温度 50.6℃；反应总体积 25μl。依此条件，用引物 M2＋E7 组合在供试的 30 个狗牙种质中进行扩增（图 4-12），可见扩增条带清晰丰富、特异性高且稳定性好，由此 1 对引物即可把供试材料区分开。

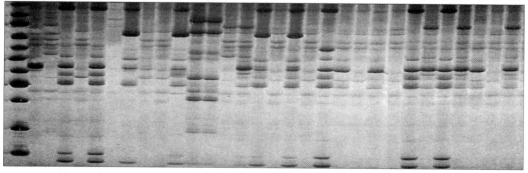

图 4-12　引物 M2＋E7 在 30 份狗牙根种质中的 SRAP-PCR 扩增

Figure 4-12　SRAP-PCR amplification by using primer M2＋E7 combination in the 30 bermuda grass genotypes

注：试材编号见表 1；M：50bp ladder plus。

Note：The codes were showed in table 1；M：DNA marker 50bp ladder plus.

三、讨论

有关 SRAP 的反应体系和程序优化的报道很多，但不同的植物 SRAP 最佳的反应体系差别很大，甚至同一种植物在不同的实验室结果都有差异。本研究通过单因子试验和正交设计试验这 2 种方法的比较，建立了适于狗牙根 SRAP-PCR 反应的最佳体系，即：$25\mu l$ 体系中，Mg^{2+} 1.5mmol/L、dNTP 0.25mmol/L、引物 $0.4\mu mol/L$、*Taq* 酶 1.5U、DNA 模板浓度为 80ng；退火温度为 50.6℃。该优化的 SRAP-PCR 体系在 30 个狗牙根种质中均能扩增出清晰稳定的条带。采用单因子试验和正交设计试验对 SRAP 反应体系进行了优化，发现此 2 种优化体系对扩增结果存在的差异较小，仅在 dNTP 浓度上稍有变化。单因子试验通过 DNA、Mg^{2+}、引物、dNTP 和 *Taq* DNA 聚合酶等因素的多个水平来确定最佳的反应体系，此方法对每个因素的最佳水平进行筛选，需要进行多次试验，过程烦琐、成本高，且没有兼顾各组分间的交互作用。而正交设计可以综合考察各因素之间的交互作用，并且可以节约时间，所以更适合用于 PCR 反应体系的优化。

参 考 文 献

易杨杰，张新全，黄琳凯，等 .2008. 野生狗牙根种质遗传多样性的 SRAP 研究 [J]. 遗传，30 (1)：94-100.

袁长春，施苏华，赵运林 .2003. 湖南四种尾矿环境下的狗牙根遗传多样性的 RAPD 分析 [J]. 广西植物，23 (1)：36-40.

郑玉红，刘建秀，陈树元 .2005. 中国狗牙根（*Cynodon dactylon*）优良选系的 RAPD 分析 [J]. 植物资源与环境学报，14 (2)：6-9.

Ahmad R，Potter D，Southwick S M et al. 2004. Genotyping of peach and nectarine cultivars with SSR and SRAP molecular markers [J]. Journal of the American Society for Horticultural Science，129 (2)：204-211.

Ferriol M，Pico B，Nuez F. 2003. Genetic diversity of a germplasm collection of Cucurbit a pepo using SRAP and AFLP markers [J]. Theoretical and Applied Genetics，107 (2)：271-282.

Kang S Y，Lee G J，Lim K B，et al. 2008. Genetic diversity among Korean bermudagrass（*Cynodon* spp.）ecotypes characterized by morphological，cytological and molecular approaches [J]. Molecules and Cells，25 (2)：163-171.

Li G，Gao M，Yang B，et al. 2003. Gene for gene alignment between the Brassica and Arabidopsis genomes by direct transcriptome mapping [J]. Theoretical and Applied Genetics，107 (1)：168-180.

Li G，Quiros C F. 2001. equence-related amplified polymorphism (SRAP)，a new marker system based on a simple PCR reaction：its application to mapping and gene tagging in Brassica [J]. Theoretical and Applied Genetics，103 (2-3)：455-461.

Lin Z，He D，Zhang X，et al. 2005. Stewart J M. Linkage map construction and mapping QTL for cotton fibre quality using SRAP，SSR and RAPD [J]. Plant Breeding，124 (2)：180-187.

Pan J S，Wang G，Li X，et al. 2005. Construction of a genetic map with SRAP markers and localization of the gene responsible for the first-flower-node trait in cucumber（*Cucumis sativus* L.）[J]. Progress in Natural Science，15 (5)：407-413.

Riaz A，Li G，Quresh Z，et al. 2001. Genetic diversity of oilseed Brassica napus inbred lines based on sequence-related amplified polymorphism and its relation to hybrid performance [J]. Plant Breeding，120 (5)：411-415.

Wang M L，Barkley N A，Yu J K，et al. 2005. Transfer of simple sequence repeat (SSR) markers from major cereal crops to minor grass species for germplasm characterization and evaluation [J]. Plant Genetic Resources，3 (1)：45-57.

Wu Y Q，Taliaferro C M，Bai G H，et al. 2006. Genetic analyses of Chinese Cynodon accessions by flow cytometry and AFLP markers [J]. Crop Science，46 (2)：917-926.

第三节 5 大洲 17 个国家的狗牙根遗传多样性的 SRAP 研究

狗牙根（*Cynodon dactylon*）是多年生草种，是优良的热带牧草和草坪草。广泛分布在北纬 45°至南纬 45°（Harlan and de Wet，1969；Harlan，1970；Taliaferro，1995）。

近年来，形态标记已广泛应用在牧草的遗传多样性分析研究方面，例如水牛草（*Cenchrus ciliaris*）和倒刺蒺藜草（*Cenchrus setigerus*）（Pengelly et al.，1992）、狼尾草（*Pennisetum purpureum*）（van de Wouw et al.，1999））、扁豆（*Lablab purpureus*）（Ewansiha et al.，2007），多枝草合欢（*Desmanthus virgatus*）（Zabala et al.，2008）、黍属（*Panicum* spp.）（van de Wouw et al.，2008）、水牛草（Jorge et al.，2008）和狗牙根（van de Wouw et al.，2009）。与形态标记不同的是分子标记不易受环境的影响，因此提供了一个决定植物遗传关系的稳定机制。以评估核苷酸序列和揭示多态性为基础，DNA 分子标记可用来揭示遗传多样性和遗传关系。目前许多分子标记已经用来揭示狗牙根的遗传关系，例如 DAF（DNA 指纹图谱，Caetano-Anolles et al.，1995；Assefa et al.，1999；Yerramsetty et al.，2008），RAPD（随机扩增片段长度多态性标记，Roodt et al.，2002；Etemadi et al.，2006）和 AFLP（扩增片断长度多态性标记，Zhang et al.，1999；Wu et al.，2004）。这些研究表明用分子标记揭示狗牙根遗传关系是可行的。虽然前人对狗牙根遗传关系的研究已比较多，除吴彦奇等（Wu et al.，2004），没有一个研究是针对全世界的狗牙根种质进行遗传变异分析。

SRAP（相关序列扩增多态性，Li and Quiros 2001）的原理是利用独特的引物设计对 ORFs（open reading frames，开放阅读框架）进行扩增，它能够用大量的多态性位点揭示许多共显性标记。在揭示遗传多样性方面，SRAP 比 SSR、ISSR 和 RAPD 产生更多的多态性片段（Budak et al.，2004b）。Ferriol 等（2003）研究表明，与 AFLP 相比，SRAP 提供的信息比与形态变异和历史进化更符合。因此，SRAP 已经广泛地应用在基因型鉴定、遗传图谱构建、基因定位等方面（Budak et al.，2004a；2004b；2004c）。

尽管前人在狗牙根的遗传多样性上已经进行了许多研究，但就系统和全面分析来自全世界的狗牙根的报道是有限的。本研究的目的是利用 SRAP 标记分析来自全世界五大洲 17 个国家的 57 份狗牙根的遗传多样性。

一、材料与方法

1. 植物材料 参试共 57 份狗牙根材料，其中包括 55 份野生狗牙根和 2 个栽培种

'Tifway'和'Tifgreen',其来源详见表4-11。

表4-11 参试狗牙根材料来源
Table 4-11 The origin of *C. dactylon* in the present study

序号 No.	种质 Accession or cultivar	来源 Origin	采集年份 Year of collection	序号 No.	种质 Accession or cultivar	来源 Origin	采集年份 Year of collection
1	Aus-01	Australia (Oceania)	2005	30	Vie-30	Vietnam (Asia)	2006
2	Bra-02	Brazil (South America)	2007	31	Vie-31	Vietnam (Asia)	2006
3	Bra-03	Brazil (South America)	2007	32	Vie-32	Vietnam (Asia)	2006
4	Con-04	Congo (Africa)	2008	33	Vie-33	Vietnam (Asia)	2006
5	Con-05	Congo (Africa)	2008	34	Vie-34	Vietnam (Asia)	2006
6	Con-06	Congo (Africa)	2008	35	Vie-35	Vietnam (Asia)	2006
7	Con-07	Congo (Africa)	2008	36	Vie-36	Vietnam (Asia)	2006
8	Con-08	Congo (Africa)	2008	37	Vie-37	Vietnam (Asia)	2008
9	Con-09	Congo (Africa)	2008	38	Zam-38	Zambia (Africa)	2008
10	Con-10	Congo (Africa)	2008	39	Pap-39	Papua New Guinea(Oceania)	2009
11	Col-11	Colombia(South America)	2007	40	Pap-40	Papua New Guinea(Oceania)	2009
12	Cos-12	Costa Rica(North America)	2006	41	Pap-41	Papua New Guinea(Oceania)	2009
13	Cos-13	Costa Rica(North America)	2006	42	Sin-42	Singapore (Asia)	2008
14	Cos-14	Costa Rica(North America)	2007	43	Sin-43	Singapore (Asia)	2008
15	Cam-15	Cambodia (Asia)	2007	44	Chi-44	China (Asia)	2006
16	Cam-16	Cambodia (Asia)	2007	45	Chi-45	China (Asia)	2006
17	Sou-17	South Africa (Africa)	2007	46	Chi-46	China (Asia)	2006
18	Mal-18	Malaysia (Asia)	2006	47	Chi-47	China (Asia)	2006
19	Sri-19	Sri Lanka (Asia)	2007	48	Chi-48	China (Asia)	2007
20	Sri-20	Sri Lanka (Asia)	2007	49	Chi-49	China (Asia)	2007
21	Sri-21	Sri Lanka (Asia)	2007	50	Chi-50	China (Asia)	2008
22	Sri-22	Sri Lanka (Asia)	2007	51	Chi-51	China (Asia)	2008
23	Sri-23	Sri Lanka (Asia)	2007	52	Chi-52	China (Asia)	2008
24	Sri-24	Sri Lanka (Asia)	2007	53	Chi-53	China (Asia)	2008
25	Tha-25	Thailand (Asia)	2006	54	Chi-54	China (Asia)	2006
26	Tha-26	Thailand (Asia)	2008	55	Chi-55	China (Asia)	2006
27	Tha-27	Thailand (Asia)	2008	56	Tifway	(Burton 1966)	2008
28	Indo-28	Indonesia (Asia)	2006	57	Tifgreen	(Hein 1961)	2008
29	Ind-29	India (Asia)	2008				

2. 基因组 DNA 的提取 选取健康幼嫩的狗牙根植株叶片,采用 CTAB 法进行 DNA 提取,参考 Doyle 和 Doyle (1990) 的方法稍做修改。用 1.0% (g/v) 的琼脂糖凝胶电泳

检测 DNA 质量。将 DNA 稀释成 20ng/μl 保存备用。

3. SRAP-PCR 反应　引物筛选：选取 3 个亲缘关系较远的狗牙根种质作为模板，利用 Li 和 Quiros（2001）报道的引物序列，由上海生工合成，其序列见表 4-12，以表 4-12 中的 7 条正向引物和 7 条反向引物两两组合成的 49 对引物组合进行引物筛选。筛选遵循以下原则：①条带清晰可辨；②多态性高；③重复性好。

狗牙根 SRAP-PCR 反应体系为：25μl 反应体系中，含 1.5mmol/L Mg^{2+}、0.25mmol/L dNTPs、0.4μmol/L 引物、1.5U Taq 酶和 80ng 模板 DNA。

SRAP-PCR 反应程序为：94℃预变性 4min，94℃变性 1min，35℃复性 1min，72℃延伸 30s，共 5 个循环；然后，94℃变性 1min，50℃退火 1min，72℃延伸 45s，共 35 个循环；循环结束后，72℃延伸 7min；4℃停止反应。扩增产物用 6%（g/v）聚丙烯酰胺凝胶电泳检测（Xu et al.，2002）。

表 4-12　文中所用的 SRAP 引物序列
Table 4-12　The SRAP primer information in the present study

名称 Name	正向序列 Forward primer（3′-5′）	名称 Name	反向序列 Reverse primer（3′-5′）
Me1	TGAGTCCAAACCGGATA	Em1	GACTGCGTACGAATTAAT
Me5	TGAGTCCAAACCGGAAG	Em3	GACTGCGTACGAATTGAC
Me7	TGAGTCCAAACCGGTAG	Em4	GACTGCGTACGAATTTGA
Me8	TGAGTCCAAACCGGTAA	Em5	GACTGCGTACGAATTAAC
Me9	TGAGTCCAAACCGGTCC	Em6	GACTGCGTACGAATTGCA
Me10	TGAGTCCAAACCGGTGC	Em7	GACTGCGTACGAATTCGA
Me11	TGAGTCCAAACCGGT	Em8	GACTGCGTACGAATTCAA

4. 数据统计与分析　电泳图谱中的每一条带视为一个分子标记，并代表一个引物结合位点。按凝胶同一位置上的 DNA 带的有无进行统计，采用"0～1"系统记录谱带，清晰的条带记为"1"，同一位置没有条带的记为"0"，模糊或难以辨认的带不记。将所有记录的数据均录入计算机组成原始矩阵。利用 NTSYS-pc 2.1 软件，选择 Qualitiative data 程序，计算遗传相似系数（GSC）。获得相似系数矩阵后，用 SAHN 程序中非加权配对算术方法（UPGMA）进行聚类分析，并通过 Tree plot 模块生成聚类图（Nei and Li，1979）。利用 NTSYS-pc 2.1 软件，选择 Ordination 程序里的 Eigen 子程序，导入遗传相似系数矩阵，便可生成二维或三维图。

二、结果与分析

1. SRAP 扩增产物多态性分析　从 49 对引物组合中筛选出 15 对引物组合，引物序列见表 4-13。以筛选出的 15 对引物组合对所有种质进行扩增，不同的引物组合在扩增带型、扩增带数量、条带分布均匀度、多态性检出率等方面存在差异，15 对引物共扩增出 439 条条带，平均每对引物组合扩增带数是 33.33 条。其中 431 条（98.3%）是多态性条带。扩增带数最多的组合是 Me10-Ee1 和 Me11-Ee8，扩增带数最少的组合是 Me7-Ee7。每对引物扩增的多态性条带为 24～36 条，平均是 28.7 条。

表 4-13　文中所用的 15 对引物组合

Table 4-13　The 15 primer combinations in the present sutdy

序号 No.	引物组合 Primer combinations	序号 No.	引物组合 Primer combinations	序号 No.	引物组合 Primer combinations
1	Me1-Em1	6	Me5-Em5	11	Me10-Em1
2	Me1-Em3	7	Me7-Em7	12	Me10-Em4
3	Me1-Em6	8	Me8-Em8	13	Me10-Em6
4	Me1-Em8	9	Me9-Em1	14	Me11-Em5
5	Me5-Em1	10	Me9-Em5	15	Me11-Em8

表 4-14　引物组合及扩增结果

Table 4-14　The amplification results by 15 primer combinations

引物组合 Primer combinations	扩增带数 Number of amplified bands	多态性条带 Number of polymorphic bands	多态性百分率 Percentage of polymorphic bands（%）
Me1-Em1	26	26	100
Me1-Em3	32	32	100
Me1-Em6	29	27	93.1
Me1-Em8	25	25	100
Me5-Em1	32	28	87.5
Me5-Em5	27	27	100
Me7-Em7	24	24	100
Me8-Em8	26	25	96.2
Me9-Em1	34	34	100
Me9-Em5	31	31	100
Me10-Em1	36	35	97.2
Me10-Em4	31	31	100
Me10-Em6	24	24	100
Me11-Em5	26	26	100
Me11-Em8	36	36	100
Total	439	431	98.2

2. SRAP 遗传多样性分析　为比较狗牙根不同种质间的遗传差异，根据 15 对引物组合扩增获得的 SRAP 多态性数据，采用 NTSYs-pc 软件计算各个材料间的遗传相似性系数（GSC）。遗传相似系数越大，表明供试材料间的亲缘关系越近，反之则越远。通过计算可知 GSC 的范围为 0.53～0.97，平均值为 0.72。在这 57 份材料中，来自中国的 Chi-47 和来自刚果的 Con-06 遗传相似性最低（0.53），遗传距离最远，亲缘关系最远，而来自斯里兰卡的 Sri-23 和 Sri-24 遗传相似性最高（0.97），遗传距离最近，亲缘关系最近。

基于遗传形似系数，按 UPGMA 法进行聚类分析表明，在 GSC 值为 0.73 处，可将 57 份狗牙根明显分为 7 个类群（图 4-13）。第 Ⅰ 类群仅包含 1 份来自中国海南的种质。第

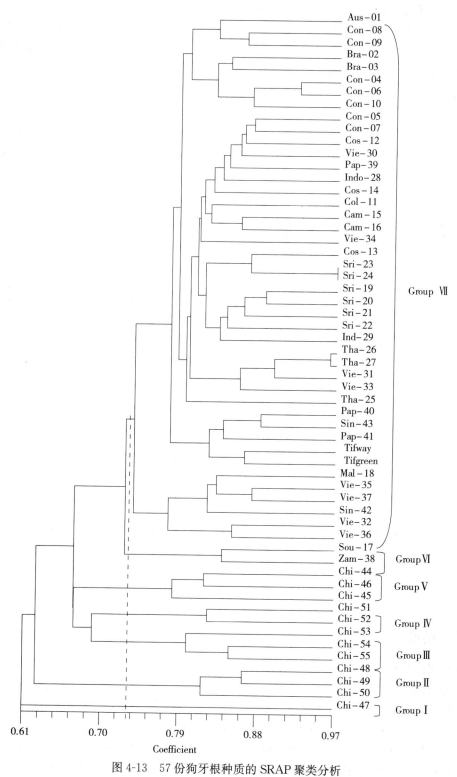

图 4-13　57 份狗牙根种质的 SRAP 聚类分析

Figure 4-13　Cluster analysis of 57 *C. dactylon* accessions based on SRAP-PCR

Ⅱ类群包括 3 份来自中国云南的种质，GSC 值介于 0.82～0.86 间。第Ⅲ类群包括 3 份中国中部的种质，GSC 值介于 0.79～0.84 间。第Ⅳ类群包括两个中国江苏的种质，GSC 为 0.82。第Ⅴ类群包括 3 份海南的种质，GSC 值介于 0.78～0.82 间。第Ⅵ类群包括 2 份种质，其中一份来自非洲，一份来自赞比亚。第Ⅶ类群是最大的一个类群，包括 41 份种质和 2 份栽培种'Tifway'和'Tifgreen'。

　　基于遗传相似系数，在 NTSYS 2.1 软件上对 57 份狗牙根种质进行主要成分分析，并根据第一、第二主要成分进行作图，形成狗牙根种质的位置分布图，如图 4-14 所示，第一主要成分和第二主要成分值分别为 73.68% 和 3.05%。图中位置靠近的材料表示它们之间关系亲密，远离者表示关系疏远。将位置靠近的狗牙根材料划归在一起，共得到 4 个主要类群。主要成分分析将中国的种质分为 3 个类群，其余的种质聚为一个类群，主要成分分析结果和聚类分析结果基本一致。这两种方法在聚类唯一不同的是聚类分析将 8 份来自中国东部、中部和南部的狗牙根分为 3 个类群，而主要成分分析把 8 份种质聚为一个类群。

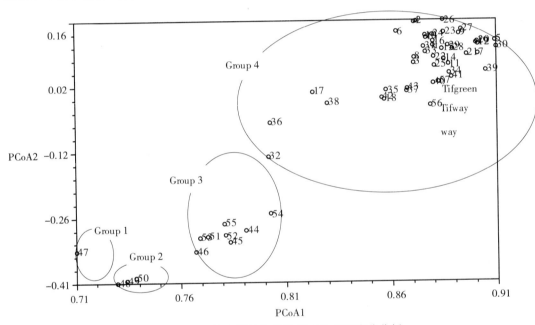

图 4-14　57 份狗牙根种质的 SRAP 主要成分分析

Figure 4-14　Principal component analysis of 57 *C. dactylon* accessions based on SRAP markers

三、结论与讨论

　　本研究首次利用 SRAP 标记分析来自较宽分布范围的狗牙根的遗传多样性。Wu 等（2004）分析了 28 份来自 4 大洲 11 个国家的狗牙根的遗传关系，而本研究包括 57 份来自 5 大洲 17 个国家的种质。然而本研究的局限是，所用的材料包括 36 份来自亚洲的种质，9 份来自非洲（其中 7 份来自刚果），1 份来自澳大利亚。为了增加遗传变异程度，Wu 等（2004）建议应加强对狗牙根分布中心种质的收集。Van de Wouw 等（2009）支持了这一观点并建议尤其加强对澳大利亚和东南亚地区狗牙根种质的收集。本研究也支持 Wu 等（2004）和 Van de Wouw 等（2009）的观点，并且应加大对非洲、澳洲和其他狗牙根主要分布地区的收集力度。

　　本研究中发现中国的狗牙根明显的和其他地方的不同，聚类分析分为 5 个类群。Wu 等（2004）的研究也表明中国狗牙根和非洲、欧洲和澳洲的狗牙根明显不同。Yerramsetty 等（2008）的研究也得出了相似结果。这些研究表明中国狗牙根是一个独特而有价值的用来开发遗传多样性的种质资源。此外，在本研究中我们也发现中国狗牙根的遗传变异最大。这一研究结果与 Wu 等（2004）报道的最大的遗传变异存在于非洲狗牙根中不同。导致这一结果的原因可能是不同的生境和不同数量的狗牙根种质导致不同的遗传变异程度。中国狗牙根种质采自特殊的环境条件，有不同的形态特征，这些也可以说明为什么中国狗牙根和其他种质如此不同。Chi-47（第Ⅰ类群）来自海南比较干旱的地区，有特殊的形态特征，例如植物矮小，叶片短宽，叶色浅绿，匍匐枝节间短。Chi-44，Chi-45 和 Chi-46（第Ⅱ类群）来自海南的海边，植株高大，叶片较长。Chi-48，Chi-49 和 Chi-50（第Ⅲ类群）来自高海拔地区，植株高大，质地粗糙，叶色深绿，叶片无毛。Chi-51 和 Chi-52（第Ⅳ类群）来自湿地，植株矮小，质地较好，叶色浅绿。Chi-53，Chi-54 和 Chi-55（第Ⅴ类群）来自山坡，植株高大，质地粗糙，叶色浅绿，茎色和小穗颜色一样。

　　我们还发现中国的狗牙根种质明显不同于越南、泰国、柬埔寨等亚洲国家的种质。从形态特征观察发现越南、泰国、柬埔寨等亚洲国家的狗牙根种质与中国的相比：植株更高，叶片更加宽大，节间直径和花序更长，但是中国的狗牙根茎色也叶色更深。更奇怪的是其余的来自其他州的种质没有明显的分开，这可能是因为不同州之间存在基因漂流现象。此外，形态观察发现其余来自其他州的狗牙根种质草层更高，叶片更大小穗数更多，叶毛更多，节间更长，而中国狗牙根的茎色和叶色更深，无叶毛。

　　和其他分子标记一样，SRAP 标记是一个研究遗传关系的有效工具（Li and Ge，2001）。本研究的多态性比较高，为 98.3%，这和前人的报道一致（Wang et al.，2009），这进一步证实了 SRAP 标记用来开发狗牙根种质资源的有效性。Budak 等利用 SRAP 标记对野牛草的研究中为多态性为 95%，比 ISSR（81%），RAPD（79%）和 SSR（87%）的多态性高。本研究所反映的多态性和 Yerramsetty 等（2008）利用 DAF（97%）进行研究的多态性相似，而比 Wu 等（2004）利用 AFLP（75%）标记的高。多态性高的原因可能与狗牙根的生境有关，本研究所用的材料来源广泛，地理差异显著；另外 SRAP 标记是针对 ORF 进行扩增。

　　本研究的 57 份材料之间的遗传相似性系数（GSC）非常高，这一研究结果和 Caetano-Anolles 等（1995）、Assefa 等（1999）、Roodt 等（2002）和 Wu 等（2004，2006）的报道一致。这支持了通过主要成分分析的聚类情况，这一结果肯定了前人的研究结果（Heering et al.，1996；Chandra et al.，2004），聚类分析和主要成分分析是分析遗传多样性的有效工具。本研究支持了 Wu 等（2006）的观点，大量遗传变异存在狗牙根之间这可能和狗牙根的遗传进化有关。

　　利用分子标记用来区分狗牙根种质资源的研究已有很多报道，Assefa 等（1999）利用 DAF 把 62 份狗牙根区分开并且对其遗传关系进行分析。Caetano-Anolles 等（1999）的研究表明 DAF 对狗牙根栽培种的鉴定、种子鉴定、误种种的鉴定、贴错标签的材料等的鉴定是一个很好的工具。Zhang 等（1999）利用 AFLP 技术成功地把非洲狗牙根

（*C. transvaalensis*）从杂交狗牙根（*C. dactylon* × *C. trans-vaalensis*）中鉴定出来，而 AFLP 标记不能够把普通狗牙根（*C. dactylon*）和非洲狗牙根（*C. transvaalensis*）区分出来。本研究表明 SRAP 标记能够用于狗牙根种质资源的遗传多样性分析。Xie 等（2009）在狼尾草上也报道了相似的结果。从研究结果来看，形态标记和分子标记之间的关系很小，这和 Roland-Ruiz 等（2001）和 Etemadi 等（2006）的研究结果一致。

总之，本研究所用的研究材料比以往报道的材料来源范围更宽广。但是一些狗牙根主要分布区域的种质还是有限的，比如非洲和澳洲。因此，为了克服这些不足，后续关于狗牙根种质资源遗传变异的研究应该收集更广泛的狗牙根资源，尤其是收集狗牙根主要分布的区域。SRAP 标记是一种简单且能产生较多多态性的分子标记，可适用于更多的遗传关系研究领域。

参 考 文 献

Assefa S, Taliaferro C M, Anderson M P, et al. 1999. Diversity among *Cynodon* accessions and taxa based on DNA amplification fingerprinting [J]. Genome, 42: 465-474.

Budak H, Shearman R C, Gaussoin R E. 2004c. Application of sequence-related amplified polymorphism markers for characterization of turfgrass species [J]. HortScience, 39: 955-958.

Budak H, Shearman R C, Parmaksiz I, et al. 2004b. Comparative analysis of seeded and vegetative biotype buffalograsses based on phylogenetic relationship using ISSRs, SSRs, RAPDs, and SRAPs [J]. Theoretical and Applied Genetics, 109: 280-288.

Budak H, Shearman R C, Parmaksiz I. 2004a. Molecular characterization of buffalograss germplasm using sequence-related amplied polymorphism markers [J]. Theoretical and Applied Genetics, 108: 328-334.

Burton G W. 1966. Tifway (Tifton 419) bermudagrass [J]. Crop Science, 6: 93-94.

Caetano-Anolles G, Callahan L M, Williams P E, et al. 1995. DNA amplification fingerprinting analysis of bermudagrass (*Cynodon*): genetic relationships between species and interspecific crosses [J]. Theoretical and Applied Genetics, 91: 228-235.

Chandra A, Saxena R, Roy A K, et al. 2004. Estimation of genetic variation in *Dichanthium annulatum* genotypes by the RAPD technique [J]. Tropical Grasslands, 38: 245-252.

Doyle J J, Doyle J L. 1990. Isolation of plant DNA from fresh tissue [J]. *Focus*, 12: 13-15.

Etemadi N, Sayed-Tabatabaei B E, Zamanni Z, et al. 2006. Evaluation of diversity among *Cynodon dactylon* (L.) Pers [J]. International Journal of Agriculture and Biology, 8: 198-202.

Ewansiha S U, Chiezey U F, Tarawali S A, et al. 2007. Morpho-phenological variation in *Lablab purpureus* [J]. Tropical Grasslands, 41: 277-284.

Ferriol M, Pico B, Nuez F. 2003. Genetic diversity of a germplasm collection of *Cucurbita pepo* using SRAP and AFLP markers [J]. Theoretical and Applied Genetics, 107: 271-282.

Harlan J R, de Wet J M J. 1969. Sources of variation in *Cynodon dactylon* (L.) Pers [J]. Crop Science, 9: 774-778.

Harlan J R. 1970. Geographic distribution of the species of *Cynodon* L. C. 1970. Rich (Gramineae) [J]. East African Agricultural and Forestry Journal, 36: 220-226.

Heering J H, Nokoe S, Mohammed J. 1996. The classification of a *Sesbania sesban* (ssp. *sesban*) collection. Ⅰ. Morphological attributes and their taxonomic significance [J]. Tropical Grasslands, 30: 206-214.

Hein M A. 1961. Registration of varieties and strains of bermudagrass. Ⅲ. [*Cynodon dactylon* (L.) Pers.] [J]. Agronomy journal, 53: 276.

Jorge M A B, van de Wouw M, Hanson J, et al. 2008. Characterisation of a collection of buffel grass (*Cenchrus ciliaris*) [J]. Tropical Grasslands, 42: 27-39.

Li A, Ge S. 2001. Genetic variation and clonal diversity of *Psammochloa villosa* (Poaceae) detected by ISSR markers [J]. *Annals of Botany*, 87: 585-590.

Li G, Quiros C F. 2001. Sequence-related amplified polymorphism (SRAP), a new marker system based on a simple PCR reaction: Its application to mapping and gene tagging in *Brassica* [J]. Theoretical and Applied Genetics, 103: 455-461.

Nei M, Li W H. 1979. Mathematical model for studying genetic variation in terms of restriction endonucleases [J]. Proceedings of the National Academy of Science of USA, 76: 5269-5273.

Pengelly B C, Hacker J B, et al. 1992. The classification of a collection of buffel grasses and related species [J]. Tropical Grasslands, 26: 1-6.

Roldan-Ruiz I, Van Eeuwijk F A, Gilliland T J, et al. 2001. A comparative study of molecular and morphological methods of describing relationships between perennial ryegrass (*Lolium perenne* L.) varieties [J]. Theoretical and Applied Genetics, 103: 1138-1150.

Roodt R, Spies J J. 2002. Preliminary DNA fingerprinting of the turfgrass *Cynodon dactylon* (Poaceae: Chloridoideae) [J]. *Bothalia*, 32: 117-122.

Taliaferro C M. 1995. Diversity and vulnerability of bermuda turfgrass species [J]. Crop Science, 35: 327-332.

van de Wouw M, Hanson J, et al. 1999. Morphological and agronomic characterisation of a collection of napier grass (*Pennisetum purpureum*) and *P. purpureum* × *P. glaucum* [J]. Tropical Grasslands, 33: 150-158.

van de Wouw M, Mohammed J, Jorge M A. et al. 2009. Agro-morphological characterisation of a collection of *Cynodon* [J]. Tropical Grasslands, 43: 151-161.

van de Wouw, Jorge M A, Bierwirth J et al. 2008. Characterisation of a collection of perennial *Panicum* species [J]. Tropical Grasslands, 42: 40-53.

Wang Z Y, Yuan X J, Zheng Y Q, et al. 2009. Molecular identification and genetic analysis for 24 turf-type *Cynodon* cultivars by sequence-related amplified polymorphism markers [J]. Scientia Horticulturae, 122: 461-467.

Wu Y Q, Taliaferro C M, Bai G H, et al. 2006. Genetic analyses of Chinese *Cynodon* accessions by flow cytometry and AFLP markers [J]. Crop Science, 46: 917-926.

Wu Y Q, Taliaferro C M, Bai G H, et al. 2004. AFLP analysis of *Cynodon dactylon* (L.) Pres. var. *dactylon* genetic variation [J]. Genome, 47: 689-696.

Xie X M, Zhou F, Zhang X Q, et al. 2009. Genetic variability and relationship between MT-1 elephant grass and closely related cultivars assessed by SRAP markers [J]. Journal of Genetics, 88: 281-290.

Xu S B. Tao, Y F, Yang Z Q, et al. 2002. A simple and rapid method used for silver staining and gel preservation [J]. Hereditas, 24: 335-336.

Yerramsetty P N, Anderson M P, Taliaferro C, M et al. 2008. Genetic variations in clonally propagated bermudagrass cultivars identified by DNA fingerprinting [J]. Plant Omics Journal, 1: 1-8.

Zabala J M，Pensiero J F，Tomas P A，et al. 2008. Morphological characterisation of populations of *Desmanthus virgatus* complex from Argentina [J]. Tropical Grasslands，42：229-236.

Zhang LH，Ozias-Akins P，Kochert G，et al. 1999. Differentiation of bermudagrass（*Cynodon* spp.）genotypes by AFLP analyses [J]. Theoretical and Applied Genetics，98：895-902.

第四节　利用 SRAP 标记分析狗牙根种质资源遗传多样性

狗牙根［*Cynodon dactylon*（Linn.）Pers.］是暖季型 C_4 植物，是一个异花授粉的四倍体，天然杂交产生的大量变异为狗牙根育种提供了丰富的遗传基础（付玲玲，2003）。遗传多样性研究为品种选育奠定了基础，任何选育过程都离不开对材料本身所具有的多样性。因此，多样性研究尤为必要。

SRAP 标记是一种新型的基于 PCR 的标记系统，由美国加州大学 Li 与 Quiros 博士于 2001 年提出（Li and Quiros，2001）。其原理是利用独特的引物设计对 ORFs（open reading frames，开放阅读框架）进行扩增，上游引物长 17 bp，5'端的前 10 bp 是一段填充序列，紧接着是 CCGG，它们组成核心序列及 3'端 3 个选择碱基，对外显子进行特异扩增，因为研究表明外显子一般处于富含 GC 区域。下游引物长 18 bp，5'端的前10～11bp 是一段填充序列，紧接着是 AATT，它们组成核心序列及 3'端 3 个选择碱基，对内含子区域、启动子区域进行特异扩增，因个体不同以及物种的内含子、启动子与间隔长度不等而产生多态性。由于内含子、启动子和间隔序列在不同物种甚至不同个体间变异很大，富含 AT 的区域序列通常见于启动子和内含子中，SRAP 中使用的下游引物的 3'端含有的核心 AATT，以特异结合富含 AT 区，这就使得有可能扩增出基于内含子与外显子的 SRAP 多态性标记。SRAP 和 AFLP 一样，可以应用于物种分子遗传学许多方面的研究。

SRAP 标记与其他分子标记相比，具有许多优越性，实验操作过程简单快捷，多态性高，重复性好，产率中等，扩增谱带清晰，每对引物扩增的谱带和多态性谱带较多，引物设计简单且具有通用性，而且正反引物两两搭配组合，提高了引物的使用效率，降低了成本。已被应用于图谱构建、比较基因组学（Li et al.，2003）和遗传多样性分析等（Ferriol et al.，2003）。目前 SRAP 标记已经在水牛草（*Bubalus bubalis*）（Budak et al.，2004b）、鸭茅（*Dactylis glomerata*）（Zeng et al.，2008）、鼠尾草（*Salvia miltiorrhiza* beg）（Song et al.，2010）、象草（*Pennisetum purpureum* Schum）（Xie et al.，2009）、狗牙根（*Cynodon dactylon*）（易杨杰等，2008）、假俭草（*Eremochloa ophiuroides*）（郑轶琦等，2008）、结缕草（*Zoysia*）（郭海林等，2009）、老芒麦（*Elymus sibiricus*）（鄢家俊等，2010）等草种研究中得到应用。

本研究运用 SRAP 扩增技术对来自国内外不同地区的 475 份野生狗牙根［*Cynodondactylon*（Linnaeus）Persoon］进行了遗传多样性分析，从分子水平上探讨了该地区野生狗牙根的遗传多样性，为狗牙根育种提供理论参考。

一、材料与方法

1. 供试材料　从所收集的材料中选出具有代表性的 473 份野生材料，并以国外引进的品种'Tifway'和'Tifgreen'为对照。其中国内的 430 份野生狗牙根种质采自 19 个省及 4 个直辖市，国外的 43 份种质采自大洋洲、南美洲、北美洲、非洲、亚洲等五大洲 16 个国家（表 4-15）。

表 4-15　供试的 473 份野生狗牙根种质分布情况

Table 4-15　The distribution of 473 *C. dactylon* accessions for testing

国内 Domestic	种源数 Number	百分数 Percentage （%）	国外 Abroad	种源数 Number	百分数 Percentage （%）
华北地区 North China	13	2.75	大洋洲 Oceania	4	0.88
西北地区 Northwest China	11	2.33	北美洲 North America	3	0.63
华中地区 Central China	29	6.13	南美洲 South America	3	0.63
西南地区 Southwest China	71	15.01	亚洲 Asia	24	5.07
华东地区 Eastern China	195	41.23	非洲 Africa	9	1.90
华南地区 South China	111	23.47			

2. 方法

（1）基因组 DNA 的提取　采用改良 CTAB 法（黄春琼和刘国道）。

（2）基因组 DNA 质量检测　琼脂糖凝胶电泳检测：制备 1.0%（g/v）的琼脂糖凝胶，分别取 $5\mu l$ DNA 和 $2\mu l$ 上样缓冲液混合，用 $0.5×$TBE 缓冲液于 140V 电泳 30min，并用凝胶图像分析系统检测，拍照。

核酸蛋白分析仪检测：取 $2\mu l$ DNA 原液，用无菌水稀释 50 倍，用核酸蛋白含量测定仪测其在波长 230、260、280nm 处的吸光度（A_{230}、A_{260} 和 A_{280}），依据下列公式计算样液 DNA 浓度。样液 DNA 浓度 ρ（$\mu g/mL$）＝$A_{260}×50×$稀释倍数（即 50 倍）。

（3）SRAP-PCR 引物的筛选　选 3 个亲缘关系较远的狗牙根种质，即 A175（海南）、A475（云南）和 A386（哥伦比亚）的 DNA 作模板，利用 Li 和 Quiros（2001）报道的引物序列，由上海生工合成，其序列见表 4-16，以表 1 中的 10 条正向引物和 9 条反向引物两两组合成的 90 对引物组合进行筛选。筛选遵循以下原则：①条带清晰可辨；②多态性高；③重复性好。

表 4-16　文中所用的 SRAP 引物

Table 4-16　The forward and reverse SRAP primer information for this study

编号 code	正向引物序列 Forward primer sequence（3'-5'）	编号 code	反向引物序列 Reverse primer sequence（3'-5'）
M1	TGAGTCCAAACCGGATA	E1	GACTGCGTACGAATTAAT
M2	TGAGTCCAAACCGGAGC	E3	GACTGCGTACGAATTGAC
M3	TGAGTCCAAACCGGAAT	E4	GACTGCGTACGAATTTGA
M5	TGAGTCCAAACCGGAAG	E5	GACTGCGTACGAATTAAC

（续）

编号 code	正向引物序列 Forward primer sequence （3′-5′）	编号 code	反向引物序列 Reverse primer sequence （3′-5′）
M6	TGAGTCCAAACCGGAGC	E6	GACTGCGTACGAATTGCA
M7	TGAGTCCAAACCGGTAG	E7	GACTGCGTACGAATTCGA
M8	TGAGTCCAAACCGGTAA	E8	GACTGCGTACGAATTCAA
M9	TGAGTCCAAACCGGTCC	E9	GACTGCGTACGAATTCTG
M10	TGAGTCCAAACCGGTGC	E10	GACTGCGTACGAATTAGC
M11	TGAGTCCAAACCGGT	—	—

（4）SRAP-PCR 反应体系及扩增程序　25μl 的 PCR 反应体系中包括 2.5μl 10×PCR buffer、Mg^{2+} 1.5mmol/L、dNTPs 0.25mmol/L、引物 0.4μmol/L、*Taq* 酶 1.5U、模板 DNA 80ng；94℃预变性 4min，94℃变性 1min，35℃复性 1min，72℃延伸 30s，共 5 个循环；然后，94℃变性 1min，50℃退火 1min，72℃延伸 45s，共 35 个循环；循环结束后，72℃延伸 7min；4℃停止反应。

（5）SRAP-PCR 扩增产物的检测

①聚丙烯酰胺凝胶的制备。

1）用洗洁精洗净玻璃板，再用去离子水冲洗，然后用 75％乙醇擦拭其上表面，晾干；再用无水乙醇擦拭，保证玻璃板上表面干净。

2）待玻璃板风干后，在短玻璃板上加 1ml 玻璃硅烷，用纸巾快速涂抹均匀；换手套，在长玻璃板上加 240μl 亲和硅烷，用 95％乙醇喷湿的纸巾涂抹均匀。

3）待玻璃板风干后，放上洗净的垫片，用夹子固定胶板两侧。

4）取 120ml 6％（g/v）聚丙烯酰胺溶液，加入 0.7ml 10％（g/v）过硫酸铵（AP），70μl TEMED，用针筒吸入，均匀注入，立即插入梳子，在此过程中要避免产生气泡，然后用夹子夹住两块玻璃板。

5）静置 30～50min，待胶完全凝固后，方可进行电泳。

②电泳。

1）取下固定胶板的夹子，拔出梳子，立即用去离子水冲洗加样孔。安装在电泳槽上，在上下槽倒上适量的 1×TBE 电泳缓冲液。

2）接通电源，用 1 500V 的电压、70W 的功率预电泳 30min。

3）PCR 产物每管中加入 8μl 上样缓冲液（98％去离子甲酰胺，10mmol/L EDTA，1mg/ml二甲苯青 FF，1mg/ml 溴酚蓝，5μl/ml 甘油）混匀，在 PCR 仪上 95℃下变性 5min，立即置于冰上。

4）用吸管吸取 1×TBE 缓冲液冲洗加样孔，然后取上述变性的混合液 5μl 上样，电泳时用同样的功率电泳 2～3h。

③银染。

1）电泳结束后，关闭电泳仪，用刀子轻轻分开玻璃板，将附有凝胶的玻璃板放入盛有 2L 染色液（2g AgNO$_3$，加双蒸水 2L）的槽中染色，放在水平摇床上摇动

15～20min。

2）将凝附有凝胶的玻璃板取出，稍沥干染色液，放入盛有2L显色液（40g NaOH，0.8g NaCO₃，8ml甲醛，加双蒸水2L）的槽中显色，显色5～10min至显示清晰的条带为止。

3）将凝附有凝胶的玻璃板取出，稍沥干显色液，放入盛有2L去离子水的槽中漂洗2～3次，取出晾干，即可进行拍照记录。

（6）数据统计与分析

①扩增图谱结果统计。电泳图谱中的每一条带视为一个分子标记，并代表一个引物结合位点。按凝胶同一位置上的DNA带的有无进行统计，采用"0～1"系统记录谱带，清晰的条带记为"1"，同一位置没有条带的记为"0"，模糊或难以辨认的带不记。将所有记录的数据均录入计算机组成原始矩阵。

②多态性分析。在供试材料中，对某一扩增带而言，某些材料有，其他材料无的带叫多态性带。多态性比例即多态性谱带数占总谱带数的百分比。

③聚类分析。利用NTSYS-pc 2.1软件，选则Qualitiative data程序，依据下列公式计算遗传相似系数（GSC）。$GSC = 2N_{ij}/(N_i + N_j)$，其中，$N_{ij}$代表材料$i$和$j$共有的扩增片段数目，$N_i$为材料$i$中出现的扩增片段数目，$N_j$为材料$j$中出现的扩增片段数目。获得相似系数矩阵后，用SAHN程序中非加权配对算术方法（UPGMA）进行聚类分析，并通过Tree plot模块生成聚类图。

④主要成分分析。利用NTSYS-pc 2.1软件，选择Ordination程序里的Eigen子程序，导入遗传相似系数矩阵，便可生成二维或三维图。

二、结果与分析

1. 基因组总DNA的提取　利用改进的CTAB法即方法C提取出来的DNA呈乳白色，风干后呈透明无色，电泳结果见图4-15，从电泳图谱可知，用方法C（3×CTAB法）提取的总DNA电泳带型清晰、完整、均匀一致，点样孔干净，无拖尾，说明DNA含量高，DNA完整无降解，符合下游操作要求。

提取的基因组DNA核酸蛋白质分析仪测定结果见表4-17，A260/A280值介于1.69～2.02间、A260/A230介于1.82～2.08间，这一结果说明酚类物质、多糖、色素及RNA去除比较完全，提取时残留的氯仿、异戊醇、乙醇等小分子成分去除较好，纯度比较高，DNA样品浓度在342.5～1 782.5ng/μl之间，已达到下游操作的要求。

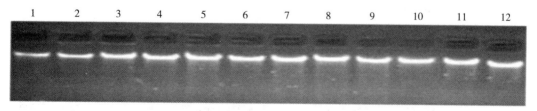

图4-15　改良CTAB法提取的部分基因组DNA电泳检测

Figure 4-15　Part of DNA electrophoresis with modified CTAB method

表 4-17　部分狗牙根基因组 DNA 的浓度

Table 4-17　Part of DNA concentration of *C. dactylon* accessions

序号 No.	A230	A260	A280	A260/A230	A260/A280	浓度 Concentration （ng/μl）
1	0.226	0.459	0.243	2.03	1.89	1 147.5
2	0.081	0.157	0.09	1.95	1.74	392.5
3	0.112	0.212	0.112	1.89	1.89	530.0
4	0.256	0.509	0.268	1.99	1.9	1 272.5
5	0.282	0.514	0.279	1.82	1.84	1 285.0
6	0.067	0.137	0.08	2.05	1.72	342.5
7	0.375	0.713	0.407	1.90	1.75	1 782.5
8	0.457	0.859	0.459	1.88	1.87	2 147.5
9	0.167	0.329	0.163	1.97	2.02	822.5
10	0.331	0.688	0.360	2.08	1.91	1 720.0
11	0.078	0.155	0.080	1.99	1.94	387.5
12	0.079	0.160	0.095	2.02	1.69	400.0

2. SRAP-PCR 引物的筛选　利用 SRAP-PCR 优化后的最佳体系，选取 3 个亲缘关系较远的 DNA 模板（A175、A475 和 A385），采用 Li 和 Quiros（2001）提供的 10 条正向引物和 9 条反向引物组合的 90 对引物组合进行筛选，从中选出 15 对扩增条带清晰、稳定、重复性好、条带多的引物（表 4-18）。

3. SRAP-PCR 扩增产物多态性分析　以筛选出的 15 对引物组合对所有种质进行扩增，不同的引物组合在扩增带型、扩增带数量、条带分布均匀度、多态性检出率等方面存在差异，15 对引物共扩增出 500 条条带，且均是多态性带，平均每对引物组合扩增带数是 33.33 条。扩增带数最多的组合是 M9-E1、M9-E5 和 M11-E8，它们的扩增带数都是 38 条；扩增带数最少的组合是 M10-E6，扩增带数是 26 条。SRAP 引物组合及扩增结果见表 4-18、图 4-16。

表 4-18　SRAP 引物组合及扩增结果

Table 4-18　15 Primer combinations of SRAP and amplification results

编号 Code	引物组合 Primer combinations	扩增带数 Number of Amplified bands	多态性带 Number of Polymorphic bands	编号 Code	引物组合 Primer combinations	扩增带数 Number of Amplified bands	多态性带 Number of Polymorphic bands
1	M1-E1	31	31	10	M9-E5	38	38
2	M1-E3	37	37	11	M10-E1	36	36
3	M1-E6	35	35	12	M10-E4	35	35
4	M1-E8	28	28	13	M10-E6	26	26
5	M5-E1	37	37	14	M11-E5	30	30
6	M5-E5	33	33	15	M11-E8	38	38
7	M7-E7	29	29	总计 Total	—	500	500
8	M8-E8	29	29	平均 Average	—	33.33	33.33
9	M9-E1	38	38				

　　虽然SRAP技术在不同材料间检测出大量的多态性图谱，但每对引物组合在不同材料间也出现共同的带，这一方面表明供试材料遗传背景的复杂性，另一方面也表明狗牙根种质间的共性。同时材料间无完全相同的指纹，这表明应用SRAP技术构建狗牙根指纹图谱的高效性。通过不同材料的DNA指纹图谱及指纹图谱中不同材料间的指纹特征，可以为品种鉴定，亲缘关系的演化提供可靠的遗传背景依据。

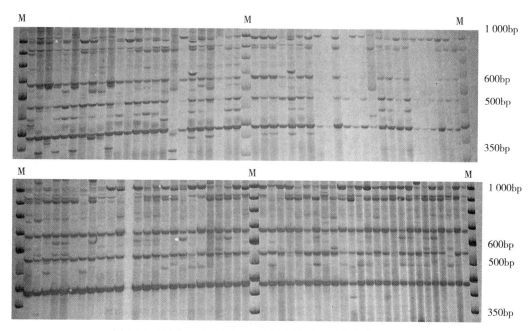

图4-16　部分狗牙根SRAP标记电泳图（引物组合M10-E1）

Figure 4-16　The electropherogram of some *C. dactylon* by SRAP

（primer combination M10-E4）

　　4. 特征带与特征种质鉴定　　有些狗牙根种质可以通过一些特征条带加以快速鉴别。例如当利用引物组合M1-E3和M7-E7分析时，天津的A129及海南的A331分别在550bp和430bp处拥有自己的特征带，从而可以将其从供试材料中快速识别出来。当利用引物M5-E5时，河南的A435在345bp和970bp处拥有特征带；而海南的A319在采用引物M1-E3及M8E8时都分别拥有自己的特征带。依照此方法分析，总结供试材料的特征带，总计4个狗牙根种质共产生了7条特征带（表4-19）。

表4-19　部分狗牙根种质的特征指纹

Table 4-19　**Particular fingerprints of partial *C. dactylon* accessions**

引物组合 Primer combinations	特征带 Characteristic bands	具有该带的种质 Characteristic accessions	来源 Origin
M1-E3	440	A319	海南 Hainan
M1-E3	550	A129	天津 Tianjin
M1-E3	800	A319	海南 Hainan
M5-E5	345	A435	河南 Henan

（续）

引物组合 Primer combinations	特征带 Characteristic bands	具有该带的种质 Characteristic accessions	来源 Origin
M5-E5	970	A435	河南 Henan
M7-E7	430	A331	海南 Hainan
M8-E8	430	A319	海南 Hainan

5. SRAP 标记的遗传相似性分析 为比较狗牙根不同种质间的遗传差异，根据 15 对引物组合扩增获得的 SRAP 多态性数据，采用 NTSYs-pc 软件计算各个材料间的遗传相似性系数（GSC）。遗传相似系数越大，表明供试材料间的亲缘关系越近，反之则越远。通过计算可知 GSC 的范围为 0.544～0.972，平均值为 0.723（表 4-20）。在这 475 份材料中，来自斯里兰卡的 A383 和 A389 遗传相似性最高，遗传距离最近，亲缘关系最近，而 A068（江苏）和 A175（海南）遗传相似性最低，遗传距离最远，亲缘关系最远。

从表 4-20 可知，对国内不同地区及国外种源间的遗传相似系数进行比较，发现国内种源间的 GSC 为 0.554～0.964，而国外种源间的 GSC 为 0.686～0.972，说明国内种源比国外种源的遗传差异大，国内种源间遗传基础相对较宽。国内各地区中，华东、华南及西南地区的狗牙根遗传基础较宽，而华北、西北及华中地区的遗传基础稍窄。

表 4-20 国内外狗牙根 SRAP 遗传相似系数比较

Table 4-20 GSC of *C. dactylon* among domestic and abroad

项目 Code	国内 Domestic							国外 Abroad	合计 Total
	华北地区 North China	西北地区 Northwest China	华中地区 Central China	华东地区 Eastern China	西南地区 Southwest China	华南地区 South China	总计 Total		
平均值 Mean	0.845	0.852	0.861	0.778	0.835	0.770	0.732	0.805	0.723
范围 Range	0.802～0.910	0.762～0.944	0.774～0.944	0.618～0.964	0.712～0.930	0.598～0.954	0.554～0.964	0.686～0.972	0.544～0.972

为比较国内不同地区间的遗传关系，计算出不同地区间狗牙根种质的平均 GSC，见表 4-21，从表 4-21 可知，西北与华中地区间的平均 GSC 最大，为 0.852，说明他们之间的遗传距离最近；其次是华北与华中地区（0.851）及华北与西北地区（0.839）；平均 GSC 最小的是华东与华南地区（0.740），说明他们的遗传距离最远。

表 4-21 国内不同地区间狗牙根种质的平均遗传相似系数

Table 4-21 The average GSC of *C. dactylon* among different regions of China

地理来源 Geographic origin	华北 North China	西北 Northwest China	华中 Central China	华东 Eastern China	西南 Southwest China	华南 South China
华北 North China	1.000					

（续）

地理来源 Geographic origin	华北 North China	西北 Northwest China	华中 Central China	华东 Eastern China	西南 Southwest China	华南 South China
西北 Northwest China	0.839	1.000				
华中 Central China	0.851	0.852	1.000			
华东 Eastern China	0.774	0.774	0.770	1.000		
西南 Southwest China	0.812	0.814	0.796	0.765	1.000	
华南 South China	0.762	0.762	0.756	0.740	0.752	1.000

　　根据狗牙根种质各地区间的平均遗传相似系数矩阵（表 4-21）进行 UPGMA 聚类分析，结果如图 4-17 所示，图中清楚地展示了各地区间的遗传距离，西北及华中地区遗传距离较近先聚在一起，后再与华北地区的聚在一起；华东及华南地区的遗传距离较远，最后才与其他群体聚类。

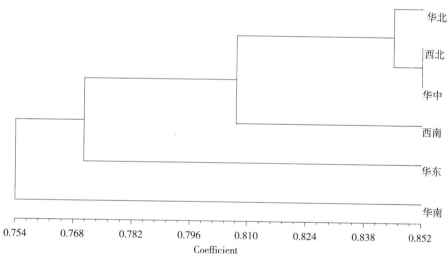

图 4-17　基于平均遗传相似系数的国内狗牙根 UPGMA 聚类分析
Figure 4-17　Dendrogram of *C. dactylon* accessions of China based on average GSC of different regions

6. SRAP 标记的聚类分析　　基于遗传形似系数，按 UPGMA 法进行聚类分析表明，利用 SRAP 标记能将 475 份狗牙根区分开（图 4-18）。从聚类图中可看出，在 GSC 值为 0.698 处，可将 475 份狗牙根种质明显分为三大类（Ⅰ、Ⅱ和Ⅲ），且国内外材料明显分别聚在不同的类，呈现一定地域分布规律。

　　第Ⅰ类是最大的一个类群，包括 428 份种源，且均来自国内，占国内总种源的 99.53%，GSC 值介于 0.554～0.964 间。该类群中，GSC 值（0.964）最大的是山东的 A165 和 A167，GSC 值（0.554）最小的是江苏的 A099 和海南的 A175。该类群在 GSC 值为 0.713 处可明显分为三大亚类（a、b 和 c），这三大亚类把国内各地区的种源明显区

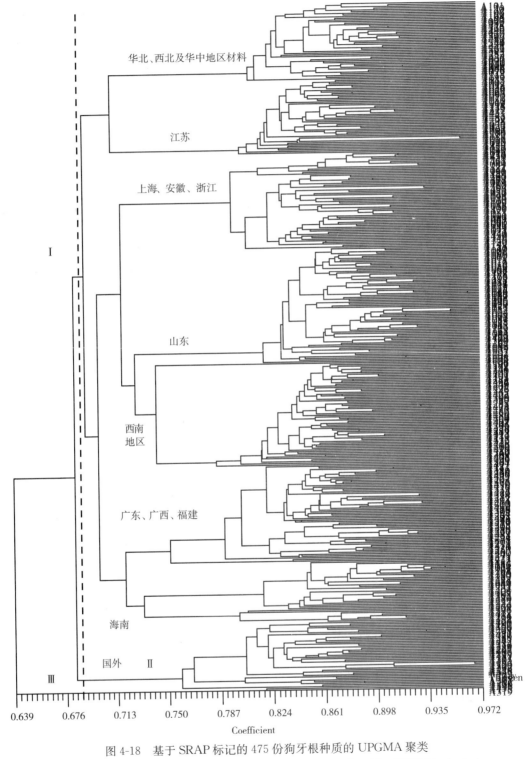

图 4-18 基于 SRAP 标记的 475 份狗牙根种质的 UPGMA 聚类

Figure 4-18 Dendrogram of 475 *C. dactylon* accessions produced by UPGMA clustering
method based on SRAP markers

分开。a 亚类包括了华北、西北和华中地区的所有种源（53 份）及来自江苏的 50 份种源，GSC 介于 0.646～0.960 间，江苏的 50 份种源集中聚为一小类。GSC 最大的是江苏的 A019 和 A020，GSC 值最小的是河南 A435 和江苏 A029。b 亚类包括华东地区和西南地区的所有种源（266 份），GSC 为 0.618～0.964，GSC 最大的是山东烟台的 A166 和山东威海的 A167，均采自海边。其中，华东地区中，山东的 79 份种源单独集中聚为一类，上海、安徽浙江的 66 份种源集中聚为一类，GSC 为 0.618～0.964；而西南地区的 71 份种源集中聚为一类，其中云南的大部分材料集中聚在一起，GSC 为 0.712～0.930，该小类中，云南的 A475 和 A487 遗传相似性最高，这两份材料均是来自云南怒江州片马口岸（中缅边境），海拔为 1 700 多 m，而云南怒江州福贡县马 A486（海拔 1 432m）和云南思茅的 A189（海拔 977m）遗传相似性最低。c 亚类包括了华南地区的 111 份材料，GSC 为 0.616～0.954，在该亚类中，海南的 44 份种源集中聚为一小类，广东、广西及福建的 67 份种源集中聚为一类。

第 Ⅱ 类包括所有国外的种源（43 份）和 2 份栽培种 'Tifway' 和 'Tifgreen'，GSC 值的范围为 0.686～0.972，与国内即第 Ⅰ 类相比其基因型之间的遗传基础较宽，相对遗传距离较远。该类群中，遗传相似性最小的是来自越南的 A228 和巴西的 A473，其 GSC 值为 0.686，说明它们的亲缘关系远，而来自斯里兰卡的 A383 和 A389 遗传相似性最高。第 Ⅱ 类中的 45 份种源又分为三亚类（A、B 和 C），第 A 亚类包括 37 份种源，该类群包括 'Tifway' 和 'Tifgreen' 两个栽培品种，与来自巴布亚新几内亚（大洋洲）的 2 份种源 A538 和 A539 和新加坡的 A546 聚成一小类，而其他 32 份种源则根据遗传相似性聚为不同的小类群。来自澳大利亚的 A181、来自巴西的 A298 和 A473 与来自刚果的 4 份材料聚成一小类；来自斯里兰卡的材料全聚在一小类群中。B 亚类包括 6 份种源，均来自亚洲国家，其中 4 份来自越南，1 份来自新加坡，1 份来自马来西亚。C 亚类包括南非的 A196 和赞比亚的 A439 两份种源。

第 Ⅲ 类仅包括 2 个来自海南的种源（A175 和 A319），相似系数为 0.818，这显示他们的遗传背景较相似，与其他材料的遗传距离较远，A175 和 A319 均来自海南儋州。

7. SRAP 标记的主要成分分析　基于遗传相似系数，在 NTSYS 2.1 软件上对 475 份狗牙根种质进行主要成分分析，并根据第一、第二主要成分进行作图，形成狗牙根种质的位置分布图，如图 4-19 所示，图中位置靠近的材料表示它们之间关系亲密，远离者表示关系疏远。将位置靠近的狗牙根材料划归在一起，共得到 4 个主要类群。其中海南的 A175 和 A319 单独聚为一个类群；华北、西北及华中地区的材料单独聚为一类；西南地区的单独聚为一类群；国外的材料和华中、华南地区的材料聚在一大类群里，其中，国外的材料大部分聚在一起，而华东及华南的地区分别单独集中聚在一起。聚类结果表明主要成分分析结果与聚类分析结果基本一致，同一地区的材料基本都聚在一起，主要成分分析结果更直观地表明了不同狗牙根种源之间的亲缘关系。

三、讨论

随着生物技术的发展，分子标记技术的应用越来越广泛。对狗牙根资源进行鉴定评价、构建分子遗传图谱等方面的研究已有大量报道，而利用 SRAP 在狗牙根上的应用鲜

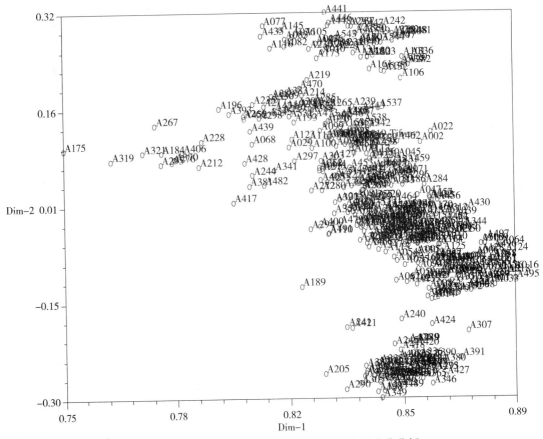

图 4-19　基于 SRAP 标记的狗牙根种质的主要成分分析

Figure 4-19　Principal component analysis of 475 *C. dactylon* accessions based on SRAP markers

见报道（易杨杰等，2008）。SRAP 是一种新型的基于 PCR 的标记系统，该标记具有简便、稳定、产率高和便于克隆目标片段的特点，已被应用于比较基因组学（Li et al.，2003）、遗传多样性分析（Ferriol et al.，2003）、种质资源的鉴定（Ahmad et al.，2004）、遗传图谱的构建（Pan et al.，2005）和核心种质的构建（白瑞霞，2008）等。

通过对狗牙根的 SRAP 标记研究，每对引物组合的平均多态性带数为 33.33 条，高于 Budak（2004b）等对野牛草研究的 8 条多态性带数及曾兵（2007）对鸭茅种质研究的 17.29 条。而且不同研究中，扩增条带的多态性比例差异较大，Budak 等对野牛草的研究中为多态性为 95%，曾兵对鸭茅的研究中为 82.08%，而本研究中为 100%。这一结果可能与所研究的材料的类型及数目有关，本文遗传多样性研究使用的材料为普通狗牙根，数量多，材料来源较为广泛，地理差异显著。

本研究利用所筛选的 15 对 SRAP 引物组合对 475 份供试种源的基因组 DNA 进行 PCR 扩增，共扩增出 500 条谱带，聚类分析可将 475 份种源分为三大类，聚类结果与材料的来源比较密切，来自相同地区相似气候环境的材料基本都聚在一起，其 GSC 为 0.554～0.964，而 Wu 等（2004）对来自 11 个国家的 28 份狗牙根研究发现其 GSC 为 0.53～0.98，并指出中国的 119 份狗牙根 GSC 为 0.65～0.99（Wu et al.，2006）；

Gulsen等（2009）对土耳其的182份狗牙根种质的遗传多样性进行研究指出其GSC范围为0.50～0.98；Wang等（2009）对24个狗牙根栽培种指纹图谱的构建的研究中表明GSC为0.57～0.97；Kang等（2008）对朝鲜的40份狗牙根遗传多样性研究指出，GSC为0.42～0.94，与上述报道相比，本研究的GSC范围比较大，这可能是因为本研究所用的材料来源广、生态多样性丰富。Ferriol等（2003）研究认为，SRAP标记获得的信息比AFLP标记更为贴近植物的形态变异和种源的进化史。Budak等（2004c）运用不同标记对野牛草进行研究结果显示，SRAP标记产生的多态性要比ISSR、RAPD和SSR的高，它们分别为95％、81％、79％和87％。运用SRAP标记分析野牛草品系间和野生狗牙根种质资源间的多样性和亲缘关系中具有良好的适用性（Budak et al.，2004a；2004b；易杨杰等，2008）。

参 考 文 献

白瑞霞.2008.枣种质资源遗传多样性的分子评价及其核心种质的构建［D］.保定：河北农业大学.

付玲玲.2003.狗牙根种质资源的RAPD分析［D］.兰州：甘肃农业大学.

郭海林，郑轶琦，陈宣，等.2009.结缕草属植物种间关系和遗传多样性的SRAP标记分析［J］.草业学报，18（5）：201-210.

黄春琼，刘国道.2009.3种暖季型草坪草基因组DNA的提取方法［J］.中国农学通报，25（18）：417-419.

鄢家俊，白史且，张新全，等.2010.青藏高原老芒麦种质基于SRAP标记的遗传多样性研究［J］.草业学报，19（1）：173-183.

易杨杰，张新全，黄琳凯，等.2008.野生狗牙根种质遗传多样性的SRAP研究［J］.遗传，30（1）：94-100.

曾兵.2007.鸭茅种质资源遗传多样性的分子标记及优异种质评价［D］.雅安：四川农业大学.

郑轶琦，王志勇，郭海林，等.2008.正交设计优化假俭草SRAP-PCR反应体系及引物筛选［J］.草业学报，17（4）：110-117.

Ahmad R，Potter D，Southwick S M. 2004. Genotyping of peach and nectarine cultivars with SSR and SRAP molecular markers［J］. Journal of the American Society for Horticultural Science，129（2）：204-211.

Budak H，Shearman R C，Gaussoin R E. 2004c. Application of sequence-related amplified polymorphism markers for characterization of turfgrass species［J］. Hortscience，39：955-958.

Budak H，Shearman R C，Parmaksiz I，et al. 2004b. Comparative analysis of seeded and vegetative biotype buffalograsses based on phylogenetic relationship using ISSRs，SSRs，RAPDs，and SRAPs［J］. Theoretical and Applied Genetics，109（2）：280-288.

Budak H，Shearman R C，Parmaksiz I. 2004a. Molecular characterization of buffalograss germplasm using sequence-related amplified polymorphism markers［J］. Theoretical and applied genetics，108：328-334.

Ferriol M，Picó B，Nuez F. 2003. Genetic diversity of a germplasm collection of *Cucurbita* pepo using SRAP and AFLP markers［J］. Theoretical and Applied Genetics，107（2）：271-282.

Gulsen O，Sever-Mutlu S，Mutlu N，et al. 2009. Polyploidy creates higher diversity among *Cynodon* accessions asassessed by molecular markers［J］. Theoretical and Applied Genetics，118：1309-1319.

Kang S Y，Lee G J，Lim K B，et al. 2008. Genetic diversity among Korean bermudagrass (*Cynodon* spp.) ecotypes characterized by morphological，cytological and molecular approaches [J]. Molecules and Cells，25：163-171.

Li G，Gao M，Yang B，et al. 2003. Gene for gene alignment between the Brassica and Arabidopsis genomes by direct transcriptome mapping [J]. Theoretical and Applied Genetics，107 (1)：168-180.

Li G，Quiros C F. 2001. Sequence-related amplified polymorphism (SRAP)，a new marker system based on a simple PCR reaction：Its application to mapping and gene tagging in *Brassica* [J]. Theoretical and Applied Genetics，103：455-461.

Pan J S，Wang G，Li X Z，et al. 2005. Construction of a genetic map with SRAP markers and localization of the gene responsible for the first-flower-node trait in cucumber (*Cucumis sativus* L.) [J]. Progress in Natural Science，15 (5)：407-413.

Song Z Q，Li X F，Wang H G，et al. 2010. Genetic diversity and population structure of *Salvia miltiorrhiza* Bge in China revealed by ISSR and SRAP [J]. Genetica，138：241-249.

Wang Z Y，Yuan X J，Zheng Y Q，et al. 2009. Molecular identification and genetic analysis for 24 turf-type *Cynodon* cultivars by sequence-related amplified polymorphism markers [J]. Scientia Horticulture，122：461-467.

Wu Y Q，Taliaferro C M，Bai G H，et al. 2004. AFLP analysis of *Cynodon dactylon* (L.) Pres. var. *dactylon* genetic variation [J]. Genome，47：689-696.

Wu Y Q，Taliaferro C M，Bai G H，et al. 2006. Genetic analyses of Chinese *Cynodon* accessions by flow cytometry and AFLP markers [J]. Crop Science，46：917-926.

Xie X M，Zhou F，Zhang X Q，et al. 2009. Genetic variability and relationship between MT-1elephant grass and closely related cultivars assessed by SRAP markersb [J]. Journal of Genetics，88 (3)：281-290.

Zeng B，Zhang X Q，Lan Y，et al. 2008. Evaluation of genetic diversity and relationships in orchardgrass (*Dactylis glomerata* L.) germplasm based on SRAP markers [J]. Canadian Journal of Plant Science，88：53-60.

第五章

ISSR 分子标记在狗牙根种质资源上的应用

第一节　狗牙根 ISSR-PCR 反应体系的优化研究

狗牙根［*Cynodon dactylon*（Linnaeus）Persoon］原产于非洲，分布在热带、亚热带和温带沿海地区。既是应用最广泛的暖季型草坪草，同时又是优质的牧草。

近年来利用 DNA 分子标记对狗牙根资源进行鉴定评价、构建分子遗传图谱等已取得一定进展（Wu et al.，2006；Bethel et al.，2006；Wang et al.，2005；Kang et al.，2008；袁长春等，2003；郑玉红等，2005），但多为随机扩增多态性 DNA（random amplified polymorphic DNA，RAPD）、限制性片段长度多态性（restriction fragment length polymorphisms，AFLP）、简单重复序列（Simple sequence repeat，SSR），很少见利用简单序列重复区间扩增多态性（Inter Simple Sequence Repeat，简称 ISSR）标记在狗牙根上应用的报道（刘伟等，2007）。

ISSR 是 Zietkiewicz 等人于 1994 年提出的一种利用 PCR 扩增进行检测的 DNA 标记（Zietkiewicz et al.，1994）。与上述标记相比，稳定性好、多态性丰富、成本低、操作简单（何予卿等，2001）、所需 DNA 量少且无需预知研究对象的基因组序列，该技术在植物遗传分析中应用得到了广泛应用（奥斯伯，1998），在牧草上，如紫花苜蓿（*Medicago sativa* Linnaeus）、羊茅（*Festuca ovina* Linnaeus）、冰草［*Agropyron cristatum*（Linnaeus）Gaertner］、雀麦（*Bromus japonicus* Thunberg）、黑麦（*Secale cereale* Linnaeus）等，ISSR 分子标记也得到广泛应用（解新明和卢小良，2005）。由于 ISSR 是基于 PCR 反应的一种标记，扩增结果易受体系的影响，为实现 ISSR 分析结果的可靠性和重复性，必须根据具体环境，对反应体系进行筛选优化，获得稳定的扩增结果。因此，基于 ISSR 的以上特点，本研究采用正交设计试验，从 Mg^{2+}、dNTP、引物、Taq 酶、模板 DNA 五个因素四个水平对狗牙根 ISSR-PCR 反应体系进行优化分析，拟筛选出最佳 ISSR-PCR 反应体系，以期为应用 ISSR-PCR 对狗牙根属（*Cynodon* Richard）种质资源遗传多样性的研究奠定基础。

一、材料与方法

1. 材料

（1）植物材料　试验所用的 25 份狗牙根（*C. dactylon*）种质均取自中国热带农业科学院热带作物品种资源研究所牧草中心种质资源圃，其来源见表 5-1，其中，用于体系优化的材料是 A475。

（2）试剂　TaKaRa Taq™（编号 DR001CM）、DL2,000 DNA Marker（编号 D501A）和 100bp DNA Ladder Marker（编号 D505A）均购自 TaKaRa 公司；引物根据

加拿大哥伦比亚大学公布的第 9 套 ISSR 引物，由上海英骏生物技术有限公司合成，其序列见表 5-2。

表 5-1　供试材料的名称与来源

Table 5-1　Names and sources of experimental materials

序号 No.	编号 Code	来源 Sources	序号 No.	编号 Code	来源 Sources	序号 No.	编号 Code	来源 Sources
1	A181	澳大利亚	10	A471	刚果	19	A239	斯里兰卡
2	A298	巴西	11	A385	哥伦比亚	20	A285	斯里兰卡
3	A473	巴西	12	A219	哥斯达黎加	21	A342	斯里兰卡
4	A393	刚果	13	A235	哥斯达黎加	22	A382	斯里兰卡
5	A443	刚果	14	A261	哥斯达黎加	23	A383	斯里兰卡
6	A452	刚果	15	A192	柬埔寨	24	A389	斯里兰卡
7	A468	刚果	16	A209	柬埔寨	25	A475	云南
8	A469	刚果	17	A196	南非			
9	A470	刚果	18	A217	吉隆坡			

表 5-2　ISSR 引物序列

Table 5-2　Primer sequences used for ISSR analysis

引物编号 Primer code	序列　Sequence（5′-3′）	引物编号 Primer code	序列　Sequence（5′-3′）
UBC810	GAG AGA GAG AGA GAG AT	UBC855	ACA CAC ACA CAC ACAC YT
UBC825	ACA CAC ACA CAC ACA CT	UBC864	ATG ATG ATG ATG ATG ATG
UBC826	ACA CAC ACA CAC ACA CC	UBC873	GAC AGA CAG ACA GAC A
UBC834	AGA GAG AGA GAG AGA GYT	UBC880	GGA GAG GAG AGG AGA
UBC836	AGA GAG AGA GAG AGA GYA	UBC881	GGG TGG GGT GGG GTG
UBC842	GAG AGA GAG AGA GAG AYG	UBC895	AGA GTT GGT AGC TCT TGA TC
UBC853	TCT CTC TCT CTC TCT CRT		

2. 方法

（1）基因组 DNA 的提取和检测　以狗牙根的幼叶为材料，采用改良 CTAB 法提取狗牙根基因组 DNA，产物经核酸蛋白含量测定仪和琼脂糖凝胶电泳检测，筛选出符合试验要求的样品，稀释成 $20ng/\mu l$，$-20℃$ 冰箱保存。

（2）ISSR-PCR 正交试验设计　采用 L_{16}（4^5）正交试验设计，对 Mg^{2+}、dNTPs、引物、Taq DNA 聚合酶和 DNA 模板进行 5 因素 4 水平筛选。所用引物为 UBC855，方案如表 5-3 和表 5-4 所示；设 2 次重复。为便于统计分析，参照何正文等（1998）的方法对该扩增结果进行直观分析，将 2 个重复 16 个处理结果划分为 16 个等级进行评分。条带数量丰富、清晰高度的产物记为 16 分，反之记为 1 分。并参照穆立蔷等（2006），对各组分浓度组合的正交试验结果进行了统计分析，其中 K 值代表某水平下某因子参与反应所产生的扩增条带的总和；ki 代表某因子在某水平参与反应所产生的扩增条带的平均值；R 为某因了的极差，即某因子在不同水平下最大值与最小值之差。

（3）ISSR-PCR 反应条件　根据表 5-2 和表 5-3 制备总体积为 $25\mu l$ 的 PCR 反应体系，除表中的变化因素外，每管中还加入 $2.5\mu l$ $10\times$ PCR buffer。PCR 扩增程序为：94℃预变性 5min；94℃变性 1min，51℃退火 1min，72℃延伸 90s，45 个循环；72℃延伸 7min；4℃保存。扩增产物用 1% 的琼脂糖凝胶，90V 电压电泳检测，凝胶成像系统拍照。

（4）ISSR-PCR 退火温度试验设计　利用优化后的反应体系进行退火温度试验，以筛选出最佳退火温度。根据引物 T_m 值，设定退火温度（TaKaRa PCR Termal Cycler Dice™自动生成）为 50.0、50.5、51.0、52.0、53.2、54.4、55.6、56.8、58.0、59.0、59.5 和 60.0℃。

表 5-3　ISSR-PCR 反应的因素与水平

Table 5-3　factors and levels of ISSR-PCR system

水平 Levels	因素　Factors				
	Mg^{2+} (mmol/L)	dNTP (mmol/L)	引物 Primer (μmol/L)	Taq DNA 聚合酶 Taq DNA polymerase（U）	DNA (ng)
1	1.5	0.10	0.2	0.5	20
2	2.0	0.15	0.3	1.0	40
3	2.5	0.20	0.4	1.5	60
4	3.0	0.25	0.5	2.0	80

表 5-4　ISSR-PCR L_{16}（4^5）正交试验设计

Table 5-4　$[L_{16}$（4^5）$]$ Orthogonal design for ISSR-PCR

编号 No.	Mg^{2+} (mmol/L)	dNTP (mmol/L)	引物 Primer (μmol/L)	Taq DNA 聚合酶 Taq DNA polymerase（U）	DNA (ng)
1	1.5	0.10	0.2	0.5	20
2	2.0	0.15	0.3	1.0	20
3	2.5	0.20	0.4	1.5	20
4	3.0	0.25	0.5	2.0	20
5	1.5	0.15	0.4	2.0	40
6	2.0	0.10	0.5	1.5	40
7	2.5	0.25	0.2	1.0	40
8	3.0	0.20	0.3	0.5	40
9	1.5	0.20	0.5	1.0	60
10	2.0	0.25	0.4	0.5	60
11	2.5	0.10	0.3	2.0	60
12	3.0	0.15	0.2	1.5	60
13	1.5	0.25	0.4	1.5	80
14	2.0	0.20	0.2	2.0	80
15	2.5	0.15	0.5	0.5	80
16	3.0	0.10	0.3	1.0	80

（5）ISSR-PCR 体系的验证　利用优化后的最佳反应体系，以表 5-1 中的 1～24 号材料为模板，用引物 UBC810 和 UBC864 对 24 份狗牙根种质进行 ISSR-PCR 扩增，检测 ISSR-PCR 扩增效率及体系的稳定性。

二、结果与分析

1. ISSR-PCR 正交设计试验结果分析　ISSR-PCR 正交设计试验的扩增结果如图 5-1 所示。16 个组合的分数见表 5，由表可知组合 7 分值最高，其次为组合 3、6、8。因此，确定组合 7 为 ISSR-PCR 的最佳反应体系，即 $25\mu l$ 反应体系中含有 Mg^{2+} 2.5mmol/L、dNTPs 0.25mmol/L、引物 $0.2\mu mol/L$、Taq DNA 聚合酶 1.0U、模板 DNA 40ng。

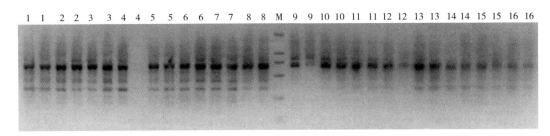

图 5-1　ISSR-PCR 反应体系正交试验设计的扩增结果

Figure 5-1　The results of ISSR-PCR amplification system according to orthogonal design

说明：1～16 为处理号（表 5-4）；M 为分子量标准 DL2000。

Notes：1～16means treatment No，showed in table 4；M，DNA Marker DL2000.

表 5-5　正交试验设计体系的评分结果

Table 5-5　Result of grade in 16 PCR systems

编号 Code	重复 Repeat		编号 Code	重复 Repeat		编号 Code	重复 Repeat		编号 Code	重复 Repeat	
	I	II		I	II		I	II		I	II
1	9	9	5	10	10	9	9	9	13	6	6
2	14	14	6	15	15	10	8	8	14	4	4
3	13	13	7	16	16	11	7	7	15	3	3
4	11	11	8	14	14	12	5	1	16	2	2

各组分浓度组合的正交试验统计分析结果见表 5-6，R 值结果显示在选定的 4 个水平范围内，Mg^{2+}、dNTPs、引物、Taq DNA 聚合酶和模板 DNA 5 个因素对结果的影响由大到小依次为：模板 DNA＞引物＞Mg^{2+}＞Taq＝dNTPs。ki 值反映了影响因素各水平对反应体系的影响情况，ki 值越大，反应水平越好。从 ki 值结果来看，DNA 以水平 2 好，dNTPs 以水平 4 好，Taq DNA 聚合酶和引物以水平 3 好，Mg^{2+} 在水平 2、3 一样好。即 ISSR-PCR 反应中 5 个影响因素的最佳水平为 Mg^{2+} 2.0 或 2.5mmol/L、dNTPs 0.25mmol/L、引物 $0.4\mu mol/L$、Taq DNA 聚合酶 1.5U、模板 DNA 40ng。5 个因素的最佳水平组合并没有在正交表中出现，但与分值最高的 7 号组合接近，Mg^{2+}、dNTPs 和模板 DNA 的用量相同。该结果与直观分析得出的结果基本一致，进一步确定组合 7 为最优组合。

2. 退火温度对 ISSR 扩增的影响　退火温度 At（Annealing temperature）对 ISSR-PCR 扩增谱带有明显的影响。引物 UBC881 的退火温度如图 5-2 所示，当退火温度 $At＞$ 55.6℃时，扩增谱带有缺失和杂带多的现象，不利于条带统计；当退火温度为 50～

55.6℃时，扩增条带清晰，综合比较其完整性和清晰度，因此，确定引物 UBC881 最佳退火温 50.5℃。表7为本研究得到的部分引物最佳退火温度及其 T_m 值。

表 5-6　正交试验结果的统计分析

Table 5-6　Statistic result of the orthogonal design

项目 Item	水平 Levels	Mg²⁺	dNTP	引物 Primer	Taq DNA 聚合酶 Taq DNA polymerase	DNA
条带总数 K	1	23	26	24	26	25
	2	28	22	27	23	30
	3	28	25	29	28	25
	4	21	27	20	23	20
平均条带数 ki	1	2.88	3.25	3.00	3.25	3.13
	2	3.50	2.75	3.38	2.88	3.75
	3	3.50	3.13	3.63	3.50	3.13
	4	2.63	3.38	2.50	2.88	2.50
	极差 R	0.88	0.63	1.13	0.63	1.25

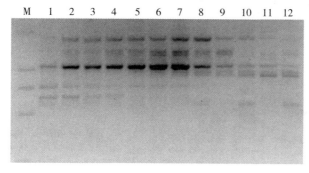

图 5-2　不同退火温度对 ISSR-PCR 的扩增结果（引物 UBC881）

Figure 5-2　The results of annealing temperature on ISSR-PCR amplification（Primer UBC881）

说明：M 为分子量标准 DL2000；1～12 号条带的退火温度依次为 50.0、50.5、51.0、52.0、53.2、54.4、55.6、56.8、58.0、59.0、59.5、60.0℃。

Notes：M，DL2000 Marker；The annealing temperature：50.0，50.5，51.0，52.0，53.2，54.4，55.6，56.8，58.0，59.0，59.5，60.0℃。

表 5-7　部分引物最佳退火温度和 T_m 值

Table 5-7　The optimal annealing temperature and T_m value of some primers

引物编号 Primer code	At （℃）	T_m （℃）	引物编号 Primer code	At （℃）	T_m （℃）	引物编号 Primer code	At （℃）	T_m （℃）
UBC810	51.0	50.3	UBC842	54.4	54.8	UBC880	50.0	50.3
UBC825	51.0	50.3	UBC853	53.2	52.6	UBC881	50.5	58.5
UBC826	53.2	52.7	UBC855	51.0	52.6	UBC895	52.0	55.4
UBC834	53.2	52.6	UBC864	51.0	46.9			
UBC836	53.2	52.6	UBC873	53.2	49.0			

3. ISSR-PCR 反应体系的验证结果 对上述反应体系各组分浓度的优化，得到 ISSR-PCR 最佳反应体系为：$2.5\mu l$ $10\times PCR$ buffer、Mg^{2+} $2.5mmol/L$、dNTPs $0.25mmol/L$、引物 $0.2\mu mol/L$、Taq DNA 聚合酶 $1.0U$，模板 DNA $40ng$，总体积为 $25\mu l$。应用该反应体系，以表 5-1 中的 $1\sim24$ 号材料为模板，用引物 UBC810 和 UBC864 对 24 份狗牙根种质进行 ISSR-PCR 扩增，扩增结果如图 5-3 所示，结果表明，2 条引物均能扩增出清晰丰富、特异性高且稳定性好的条带。为了更好的验证该反应体系，本试验通过 2 条引物对 24 份狗牙根材料所扩增出的条带数和多态性进行比较（表 5-8），结果表明：引物 UBC810 和 UBC864 检测到的多态性位点存在差异，但这 2 个引物在不同的材料间也出现共同谱带，这表明供试材料遗传背景的复杂性，也表明狗牙根种质间的共性。其中，引物 UBC810 检测到的多态性位点为 10 个，多态性比率为 90.91%；而 UBC864 检测到的多态性位点为 7 个，多态性比率是 77.78%。由此可见，优化后确定的 ISSR-PCR 体系是稳定可靠的。

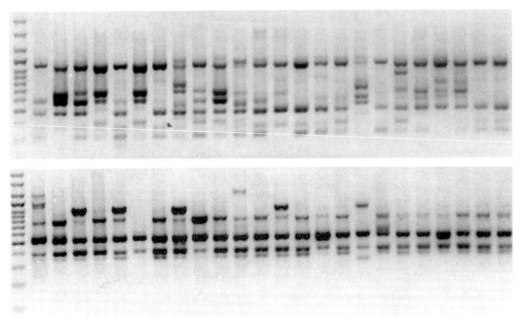

图 5-3　引物 UBC810、UBC864 在 24 份狗牙根种质中的 PCR 扩增结果

Figure 5-3　The results of ISSR amplification using primer UBC810 and UBC864

combination in the 24 *Cynodon dactylon* genotypes

说明：上图引物为 UBC810，下图引物为 UBC864；试材编号见表 1；M 为分子量标准 100bp ladder plus。

Notes：Primer UBC810 was used in the over figure, the following was UBC864; the codes were showed in table1, M：DNA Marker 100bp ladder plus.

表 5-8　优化体系中 2 条引物的扩增结果多态性比较

Table 5-8　Polymorphism compare of the result amplified by two primer in optimized system

引物 Primer	扩增总带数 Number of total bands	共同带数 Common bands	多态性带数 Number of polymorphism bands	多态性比例（%） Number of polymorphism rate
UBC810	11	1	10	90.91
UBC864	9	2	7	77.78

三、讨论与结论

ISSR 标记是基于 PCR 的技术，扩增结果受反应条件的影响。本研究结果显示，采用不同的扩增体系其结果差异很大。因此，在利用 ISSR 标记时，应对影响扩增结果的各个因素进行优化。反应条件一旦确定后，在整个试验过程中就应保持不变，同时还应尽可能使用同一厂家的药剂和同一 PCR 仪等设备，才能保证分析结果的重复性和可靠程度（刘海河等，2004）。有关 PCR 反应体系优化的报道很多，但大多是采用单因子试验方法对每个因素的最佳水平进行摸索，需要进行多次梯度试验，费时费力，且不能兼顾到各因素间的交互作用。正交试验设计具有均衡分散、综合可比、效用明确的特点（唐燕琼等，2008）。本研究依照刘伟（2007）对西南区野生狗牙根遗传多样性的 ISSR 标记分析中的体系对 10 份狗牙根种质进行扩增，结果无条带或条带不清晰，因此，反应体系必须进行优化。本研究利用正交试验设计对 ISSR 反应条件的 5 个主要因素 Mg^{2+}、dNTPs、引物、Taq 聚合酶、模板 DNA 在 4 个水平上进行优化试验，确立了适合狗牙根的 ISSR-PCR 反应体系。并利用该反应体系对 24 份狗牙根种质进行体系验证，结果表明该反应体系稳定可靠，该反应体系的成功建立为今后 ISSR 标记在狗牙根属植物的种质鉴定、遗传多样性分析等方面的广泛应用奠定了重要基础。

参 考 文 献

奥斯伯 F. 1998. 精编分子生物学试验指南 ［M］. 北京：科学出版社.

何正文，刘运生，陈立华，等. 1998. 正交设计直观分析法优化 PCR 条件 ［J］. 湖南医科大学学报，23（4）：403-404.

何予卿，张宇，孙海，等. 2001. 利用 ISSR 标记研究栽培稻和野生稻亲缘关系 ［J］. 农业生物技术学报，9（2）：123-127.

解新明，卢小良. 2005. SSR 和 ISSR 标记及其在牧草遗传与育种研究中的应用前景 ［J］. 草业科学，22（2）：30-37.

刘海河，侯喜林，张彦萍. 2004. 西瓜 ISSR-PCR 体系的正交优化研究 ［J］. 果树学报，21（6）：615-617.

刘建秀，刘永东，贺善安，等. 2000. 南京狗牙根的选育 ［J］. 草业科学，21（11）：84-85.

刘伟，张新全，李芳，等. 2007. 西南区野生狗牙根遗传多样性的 ISSR 标记与地理来源分析 ［J］. 草业学报，16（3）：55-61.

穆立蔷，刘赢男，冯富娟，等. 2006. 紫椴 ISSR-PCR 反应体系的建立与优化 ［J］. 林业科学，42（6）：26-31.

唐燕琼，吴紫云，郭建春，等. 2008. 柱花草 DNA 提取及 ISSR 反应体系的正交优化 ［J］. 热带作物学报，29（3）：532-537.

王建波. 2002. ISSR 分子标记及其在植物遗传学研究中的应用 ［J］. 遗传，24（5）：613-616.

袁长春，施苏华，赵运林. 2003. 湖南四种尾矿环境下的狗牙根遗传多样性的 RAPD 分析 ［J］. 广西植物，23（1）：36-40.

郑玉红，刘建秀，陈树元. 2005. 中国狗牙根（Cynodon dactylon）优良选系的 RAPD 分析 ［J］. 植物资源与环境学报，14（2）：6-9.

Bethel C M, Sciara E B, Estill J C, et al. 2006. A framework linkage map of bermudagrass (*Cynodon dactylon* × *transvaalensis*) based on single-dose restriction fragments [J]. Theoretical and Applied Genetics, 112 (4): 727-737.

Kang S Y, Lee G J, Ki B L, et al. 2008. Genetic diversity among Korean bermudagrass (*Cynodon* spp.) ecotypes characterized by morphological, cytological and molecular approaches [J]. Molecules and Cells, 25 (2): 163-171.

Wang M L, Barkley J K, Yu J K, et al. 2005. Transfer of simple sequence repeat (SSR) markers from major cereal crops to minor grass species for germplasm characterization and evaluation [J]. Plant Genetic Resources, 3 (1): 45-57.

Wu Y Q, Taliaferro C M, Bai G H, et al. 2006. Genetic analyses of Chinese *Cynodon* accessions by flow cytometry and AFLP markers [J]. Crop Science, 46 (2): 917-926.

Zietkiewicz E, Rafalski A, Labuda D. 1994. Genome fingerprinting by simple sequence repeat (SSR) - anchored polymerase chain reaction amplification [J]. Genomics, 20 (2): 176-183.

第二节 广东地区狗牙根种质资源
遗传多样性的 ISSR 分析

狗牙根［*Cynodon dactylon* (Linnaeus) Persoon］又名铁线草、爬地草、百慕大草，属禾本科（Poaceae/Gramineae）画眉草亚科（Chloridoideae）虎尾草族（Cynodonteae）狗牙根属（*Cynodon* Richard）C_4 型多年生草本植物，广泛分布于北纬 53°至南纬 45°，海拔 0～3 000m 范围内（Gatschet et al., 1994；Harlan and de Wet, 1969）。狗牙根是暖季型草坪草中最重要的世界广布型草种之一，同时又是优质的牧草。

遗传多样性研究的主要检测方法有 4 种：形态标记（Morphological markers）、细胞标记（Cytological markers）、生化标记（Biochemical markers）和分子标记（Molecular markers）。形态标记的缺点主要是数量少、多态性差、易受环境条件的影响，变异所需时间长，并且可能同时诱变产生不利的重要性状，因而远远不能满足遗传育种的需要。细胞学标记是指能明确显示遗传多样性的细胞学特征，但细胞学标记的数量很有限，有时观察和鉴定较困难，从而限制了细胞学标记的发展应用。生化标记主要是指同功酶标记。同工酶标记因位点数量不够和基因表达具明显的组织特异性等而不能成为更加理想的遗传标记（刘勋甲等，1998）。分子标记是以 DNA 分子碱基序列的变异作为基础，所揭示的多态性直接反映基因组 DNA 间的差异。与形态学标记、细胞学标记和生化标记比较，分子标记是直接以核酸作为研究对象，在生物体的各个组织、各个发育时期均可检测，不受季节和环境限制，与发育时期无关，可用于生物基因型的早期选择；而且具有准确度高、数量多、多态性高、共显性好，能够鉴别出纯合基因型与杂合基因型、对表型无影响、检测手段简单快捷以及开发和使用成本低等优越性（贾继增，1996；田义轲等，2000；周廷清，2000；Waldron and Glasziou, 1972；于德花，2007）。Caetano（1998）用 DAF 和 ASAP 检测狗牙根品种，发现'Tifgreen'和'Tifdwarf'的遗传不稳定性，容易用 DNA 探针检测到，此结果说明对研究选择性变种的品种的遗传稳定性可用分子标记代替的可能。Assefa 等（1999）也利用 DAF 技术分析了 8 个狗牙根种之间的遗传相关性。Karaca 等

（2002）利用 AFLP 技术区别了 31 种狗牙根基因型。Roodt 等（2002）用 RAPD 技术确定了南非狗牙根栽培种间的遗传相关性。Zhang 等（1999）和 Wu 等（2005）用 AFLP 技术量化了非洲狗牙根（*C. transvaalensis*）的遗传变异程度以及与六倍体狗牙根的相关性。

ISSR 标记技术是由加拿大蒙特利尔大学的 Zietkiewic 等（1994）提出来的。其基本原理就是在 SSR 的 3′或 5′端锚定 1～4 个核苷酸，然后对反向排列 SSR 间的一段 DNA 进行 PCR 扩增，而不是扩增 SSR 本身。ISSR 分子标记通常为显性标记，呈孟德尔式遗传，具有简便、快速、稳定、DNA 多态性高等优点。目前 ISSR 分子标记技术在牧草的遗传多样性研究中得到广泛的应用。臂形草（陈晓斌，2008）、柱花草（唐燕琼等，2009）、鸭茅（范彦等，2006；曾兵等，2006）等牧草的遗传多样性研究就是采取 ISSR 分子标记技术分析的。刘伟等利用 ISSR 分子标记技术对西南区野生狗牙根进行遗传多样性分析，ISSR 标记能够将西南区 45 份材料区分开，供试材料可聚为 4 类，但材料间的遗传关系与其地理来源间没有严格的一致性关系（刘伟等，2007）。本研究运用 ISSR-PCR 扩增技术首次对广东地区野生狗牙根进行了遗传多样性分析，从分子水平上探讨了该地区野生狗牙根的遗传多样性，旨在对华南地区野生狗牙根种质资源的保护鉴定、利用及其日后的育种工作提供一定的参考。

一、材料与方法

1. 供试材料　本研究所用的 30 份狗牙根材料取自广东不同地区，材料来源见表 5-9，保存于中国热带农业科学院热带作物品种资源研究所牧草中心种质资源圃。

表 5-9　供试材料来源

Table 5-9　The sources of *Cynodon* spp. accessions in the present study

序号 No.	种质 Accessions	拉丁名 Latin ame	采集地点 Collection site
1	A171	狗牙根 *C. dactylon*	肇庆市 Zhaoqing
2	A213	狗牙根 *C. dactylon*	曲江县 Qujiang
3	A215	狗牙根 *C. dactylon*	惠阳市 Huiyang
4	A220	狗牙根 *C. dactylon*	英德市 Yingde
5	A227	狗牙根 *C. dactylon*	广州市 Guangzhou
6	A294	狗牙根 *C. dactylon*	湛江市 Zhanjiang
7	A313	狗牙根 *C. dactylon*	深圳 Shenzhen
8	A315	狗牙根 *C. dactylon*	惠州市 Huizhou
9	A317	狗牙根 *C. dactylon*	高州市 Gaozhou
10	A320	狗牙根 *C. dactylon*	信宜市 Xinyi
11	A350	狗牙根 *C. dactylon*	潮安县 Chaoan
12	A351	弯穗狗牙根 *C. radiatus*	鹤山市 Heshan
13	A353	狗牙根 *C. dactylon*	陆丰市 Lufeng
14	A355	狗牙根 *C. dactylon*	惠州市 Huizhou

（续）

序号 No.	种质 Accessions	拉丁名 Latin ame	采集地点 Collection site
15	A357	狗牙根 *C. dactylon*	龙川县 Longchuan
16	A358	狗牙根 *C. dactylon*	普宁市 Puning
17	A359	狗牙根 *C. dactylon*	梅州市 Meizhou
18	A360	狗牙根 *C. dactylon*	龙川县 Longchuan
19	A374	狗牙根 *C. dactylon*	遂溪县 Suixi
20	A392	狗牙根 *C. dactylon*	梅州市 Meizhou
21	A396	狗牙根 *C. dactylon*	深圳 Shenzhen
22	A397	狗牙根 *C. dactylon*	潮州市 Chaozhou
23	A398	狗牙根 *C. dactylon*	湛江市 Zhanjiang
24	A400	狗牙根 *C. dactylon*	肇庆市 Zhaoqing
25	A402	狗牙根 *C. dactylon*	肇庆市 Zhaoqing
26	A423	弯穗狗牙根 *C. radiatus*	恩平市 Enping
27	A479	狗牙根 *C. dactylon*	四兴县 Sixing
28	A488	狗牙根 *C. dactylon*	饶平县 Raoping
29	A491	狗牙根 *C. dactylon*	南雄市 Nanxiong
30	A493	狗牙根 *C. dactylon*	电白县 Dianbai

2. 方法

（1）基因组 DNA 的提取与检测　采用改进 CTAB 法提取狗牙根的总 DNA（周少云等，2009），10g/L 琼脂糖、GoldView 染色凝胶电泳检测质量，核酸蛋白分析仪检测 DNA 的浓度和纯度，并将各组 DNA 浓度用灭菌水、稀释成 20μg/ml 的混合模板 DNA。

（2）ISSR 引物筛选　ISSR 引物是根据加拿大 BritishColumbia 大学公布的 100 条引物序列，由上海生工公司合成其中的 50 条引物，用 A264、A385 和 A475 三份材料作为 DNA 模板从中筛选出 15 条扩增条带较多、信号强、背景清晰的引物用于 ISSR-PCR 扩增反应。

用 A475 作为 DNA 模板对筛选的引物进行引物退火温度的 PCR 扩增，退火温度设为 50～60℃，PCR 仪自动生成 12 个退火温度（50.0、50.5、51.0、52.0、53.2、54.4、55.6、56.8、58.0、59.0、59.5、60.0℃），20g/L 的琼脂糖凝胶（含 GoldView 染色剂），90V 的电压电泳检测，筛选出每个引物合适的退火温度。

（3）PCR 体系及其扩增程序　PCR 反应体系为 15.0μl，其中包括模板 DNA 3.0μl，ISSR 引物 1.0μl（100nmol/μl），2×EasyTaqPCRSuperMix（含染料）7.5μl，ddH$_2$O 3.5μl。反应程序参照刘伟：94℃预变性 5min；94℃变性 45s，50～55℃退火 1min，72℃延伸 90s，45 个循环；72℃延伸 7min；最后于 4℃短期保存。PCR 产物检测：取样 7μl，1×TBE 缓冲液，20g/L 的琼脂糖凝胶（含 GoldView 染色剂），90V 的电压电泳约 2h。电泳完毕后在 Uvidoc 凝胶成像系统上观测照相保存。

（4）数据处理　ISSR 扩增产物以 0、1 统计建立 ISSR 数据库。同一引物、迁移率相同的条带记为1个位点，并按其扩增产物的有（1）无（0）记录，形成0，1矩阵，利用NTSYS 2.10e统计软件的UPGMA法构建供试材料的分子系统树，并计算材料的遗传相似系数（遗传距离）GS。用POPGENE 1.31软件，计算ISSR-PCR扩增产物的Shannon信息指数I、Nei's基因多样性h、每位点有效等位基因数ne。

二、结果与分析

1. ISSR引物筛选和引物退火温度 从50条引物中共筛选出15条多态性好、条带清晰的引物对供试的30份狗牙根进行PCR扩增，结果见表5-10，在15个引物中，有10个二核苷酸重复序列，1个三核苷酸重复序列（864），1个四核苷酸重复序列（873），2个五核苷酸重复序列（880，881），1个混合基元（895）。其中二核苷酸重复序列（AG）n有4条，（AC）n有3条，（GA）n有2条，（TC）n有1条。这说明广东野生狗牙根基因组中存在大量的AG、AC、GA二核苷酸重复序列。15个引物的退火温度集中在50~55℃之间（表5-10）。

表5-10 用于ISSR分析的15个ISSR引物序列、退火温度及扩增结果

Table 5-10　The 15 ISSR primer sequence，annealing temperature and amplification results in the present study

引物编号 Primer No.	引物序列（5'-3'） Primer sequence（5'-3'）	退火温度 Annealing temperature（℃）	扩增总条带 Number of amplified bands	多态性条带数 Number of polymorphic bands	多态性比率 Percentage of polymorphic bands（%）
808	$(AG)_8C$	53.2	8	7	87.5
809	$(AG)_8C$	53.2	7	7	100
810	$(GA)_8T$	51	11	11	100
825	$(AC)_8T$	51	11	10	90.9
826	$(AC)_8C$	53.2	11	10	90.9
834	$(AG)_8YT$	53.2	13	13	100
836	$(AG)_8YA$	53.2	9	9	100
842	$(GA)_8YG$	54.4	12	12	100
853	$(TC)_8RT$	53.2	8	8	100
855	$(AC)_8YT$	51	15	14	93.3
864	$(ATG)_6$	51	8	6	75
873	$(GACA)_4$	53.2	12	12	100
880	$(GGAGA)_3$	50	9	7	77.8
881	$(GGGTG)_3$	50.5	10	9	90
895	AGAGTTGGTAGCTCTTGATC	52	7	7	100
合计			151	142	
平均			10.07	9.47	93.7

说明："引物序列"中Y=（C/T）；R=（A/G）。

Note：Y=（C/T），R=（A/G）in the primer sequence.

2. ISSR 扩增结果及多态性分析 15 个引物共扩增出 151 条条带（表 5-10），平均每条引物扩增出 10.07 条条带，其中，引物 855 扩增的条带数最多，为 15 条，扩增条带数最少的引物为 809 和 895，为 7 条。平均每条引物扩增出 9.47 条条带，多态性条带比率平均为 93.7%。POPGENE 分析软件结果表明，平均 Shannon 信息指数 I 为 0.568 9，平均 Nei's 基因多样性 h 为 0.381 3，每位点平均有效等位基因数 ne 为 1.619 6。狗牙根的 ISSR-PCR 扩增片段大约集中在 200～2 200bp 之间（图 5-4）。多态性条带最多的为二核苷酸重复序列引物 855 和 834，可分别扩增出 14 和 13 条多态性条带，多态性比率分别达 93.3% 和 100%。多态性比率达 100% 的还有引物 809、810、836、842、853、873 和 895，多态性丰富，但这些引物扩增出的条带较少。结果表明广东地区野生狗牙根种质间的遗传多样性很丰富，如果对狗牙根进一步做 ISSR 研究，其引物最好选二核苷酸重复序列和混合基元类型的引物。

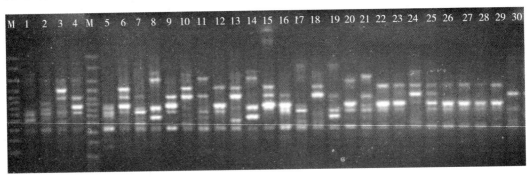

图 5-4　30 份狗牙根种质的 ISSR 扩增图谱（引物 855）

Figure 5-4　The electropherogram of *Cynodon* spp. by ISSR（primer 855）

3. 狗牙根 ISSR 的遗传相似性分析 利用 NTSYS 软件计算出 30 份野生狗牙根材料间 Nei-Li 相似系数 GS，得到供试材料相似性矩阵。野生狗牙根的 GS 值在 0.582 78～0.927 15，平均 GS 值为 0.719 16。由相似系数矩阵可以看出，在 30 份野生狗牙根材料中，8 号和 14 号的遗传相似系数（0.927）最大，表明这 2 份材料的亲缘关系较近，遗传差异最小；3 号和 14 号，4 号和 22 号、29 号的遗传相似系数最小（0.583），表明 3 号和 14 号，4 号和 22 号、29 号的亲缘关系较远，遗传差异最大，存在较高的遗传多样性。遗传相似性分析可知，广东地区野生狗牙根有较大的遗传差异性和种内遗传相似性，结果再次表明，广东地区野生狗牙根有很丰富的遗传多样性。

4. 狗牙根 ISSR 的聚类分析 基于遗传相似系数，按 UPGMA 法作聚类分析，获得聚类树系（图 5-5）。从聚类图中得知，在图中划线处（GS=0.705）可把 30 份狗牙根种质聚为四类。其中 9 号（A317 茂名高州市区）与其余材料差异非常明显，单独聚为一类（第 Ⅱ 类）；4 号（A220 英德市青塘镇）和 20 号（A392 梅州市区）又单独聚为一类（第 Ⅲ 类）；1 号（A171 肇庆鼎湖区桂城）、8 号（A315 惠州市马安镇）、14 号（A355 惠州市）、2 号（A213 曲江县）、11 号（A350 潮安县）、7 号（A313 深圳皇岗区）、30 号（A493 茂名市电白县）、17 号（A359 梅县径南镇）、19 号（A374 湛江市遂溪县）、21 号（A396 深圳龙岗坪地镇）和 5 号（A227 广州）聚为一类（第 Ⅰ 类）；第 Ⅳ 类所包含的种质资源最多，有 16 份，包括 3 号（A215 惠阳市镇隆镇）、6 号（A294 湛江洋青镇）、23 号（A398 湛江市官渡镇）、25 号（A402 肇庆大沙镇）、10 号（A320 信宜市区）、18 号（A360 龙川县城）、24 号（A400 肇庆罗定市区）、13 号（A353 陆丰市葵谭镇）、16 号（A358 普宁市区）、12 号（A351 鹤山市）、15 号（A357 龙川县柳城镇）、22 号（A397 潮州市官塘镇）、29 号（A491 南雄市全安镇）、26 号（A423 恩平市那吉镇）、28 号（A488 饶平县）、27 号（A479 韶关四兴县）。在 GS＝0.69 处，也可把 30 份狗牙根种质分为两大类，即第 I 类、第 II 类和第 III 类为一类，第 IV 类为第二类。

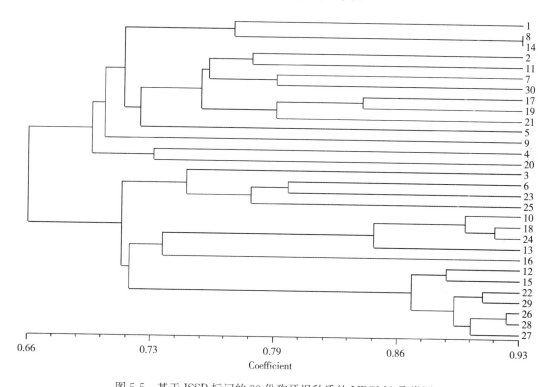

图 5-5　基于 ISSR 标记的 30 份狗牙根种质的 UPGMA 聚类图

Figure 5-5　Dendrogram of 30 *Cynodon* spp. accessions produced by UPGMA clustering method based on ISSR markers

三、讨论

Wu 等（2004）利用 AFLP 检测了欧洲、大洋洲、非洲、亚洲 28 份野生狗牙根（*C. dactylonvar. dactylon*）材料的遗传多样性，其 GS 值为 0.53～0.98。刘伟等（2007）利用 ISSR 分子标记技术对西南区野生狗牙根进行遗传多样性分析，每个引物扩增的多态带数为 5.27 条，多态性条带比率为 70.9%，GS 值为 0.77～0.98。易杨杰等（2008）利用 SRAP 分子标记技术对采自中国四川、重庆、贵州、西藏四省区的 32 份野生狗牙根（*C. dactylon*）材料进行遗传多样性分析，14 对引物组合共得到 132 条多态性条带，平均每对引物扩增出 9.4 条多态带，多态性位点百分率为 79.8%，材料间的遗传相似系数范围在 0.591～0.957，平均 GS 值为 0.759。本研究利用 ISSR 分子标记技术首次对广东地区野生狗牙根进行遗传多样性分析，每个引物扩增的多态带数为 10.7 条，多态性条带比率为 93.7%，GS 值为 0.582 78～0.927 15，平均 GS 值为 0.719 16。综上所述，本试验野生狗牙根的 ISSR 标记表现出较高的多态性（93.7%），表明广东地区野生狗牙根在分子水平上差异较大，具有较丰富的遗传多样性。本试验与以上研究结果有差别的原因，可能是由于材料和研究方法的不同造成的。Prevost 和 Wilkinson（1999）仅仅用 4 个 ISSR 引物就能将马铃薯安第斯亚种［*Solanumtuberosum Linnaeussubsp*. andigena（JuzepczuketBukasov）Hawkes］的 34 个品种分开，且其中任 2 个引物都能将 34 个品种区分开。Pasqualone 等（2000）仅用 2 条 ISSR 引物就把硬粒小麦［*Triticumturgidum Linnaeussubsp*. durum（Desfontaines）Husnot］的 30 个栽培品种和 22 个品系区分开。刘莉等（2008）在野牛草［*Buchloe dactyloides*（Nuttall）Engelmann］的研究中，从 50 条 ISSR 引物中筛选出 7 条，均能得到清晰的扩增产物，将 20 份野牛草单株区分开。刘忠辉等（2009）从 100 个 ISSR 引物中共筛选出 16 个多态性明显、反应稳定的引物，将云南 41 份野生猪屎豆属（*Crotalaria Linnaeus*）种质区分开。本研究利用 15 个 ISSR 引物能够将 30 份材料分开，并利用 UPGMA 法将供试材料划分为四大类。这也再次证实了 ISSR 分子标记技术在野生狗牙根遗传多样性分析中是一种重复性好、效率高的分子标记技术，适合野生狗牙根遗传多样性的研究，与刘伟等（2007）得出 ISSR 分子标记技术用于狗牙根遗传多样性分析是行之有效的结论一致。

从供试材料间的聚类结果可以看出，广东地区野生狗牙根的遗传聚类与地理来源没有严格的一致性关系，这与刘伟等（2007）的西南区野生狗牙根的基因型与地理来源之间并不是简单的一一对应关系的结论相一致。与刘永财等（2009）多数来源地相同的种质表现出较为密切的亲缘关系结论相反。究其原因，可能是由于广东地区地形多样复杂，有高山、平原、海滩、河滩等地形地貌，使得广东地区野生狗牙根资源遗传多样性较明显。值得注意的是，9 号（A317 茂名高州市区）与其余材料差异非常明显，单独聚为一类，与同是茂名地区的 30 号（A493 茂名市电白县）并不聚为一类。其原因可能是地理位置而导致的基因变异的关系，9 号是高州市区在北边靠山区，30 号是电白县在南边靠海边。

本研究用 ISSR-PCR 扩增技术对广东地区 30 份野生狗牙根材料进行遗传多样性分析，从分子水平上探讨和验证了广东地区野生狗牙根的分类，明确了它们之间的遗传相似性。广东地区野生狗牙根的遗传多样性丰富，且野生狗牙根的遗传关系与地理来源无严格一致的关系，因此，应加强野生狗牙根资源的原生境保护或异地保护以及加大选育优良野生狗牙根材料的力度，为野生狗牙根种质资源的保护、利用、遗传学研究、育种实践和建立野生狗牙根核心种质资源库做好准备。

参 考 文 献

曾兵，张新全，范彦，等 .2006. 鸭茅种质资源遗传多样性的 ISSR 研究［J］. 遗传，28（9）：1093-1100.

陈晓斌，邹冬梅，田维敏，等 .2008. 应用 ISSR 标记分析 12 份臂形草种质的遗传差异［J］. 热带作物学报，29（3）：311-315.

范彦，曾兵，张新全，等.2006.中国野生鸭茅遗传多样性的ISSR研究［J］.草业学报，15（5）：103-108.

贾继增.1996.分子标记种质资源鉴定和分子标记育种［J］.中国农业科学，29（4）：1-10.

刘莉，邓春婷，包满珠.2008.野牛草实生群体多样性的表型及ISSR分析［J］.草业科学，25（1）：100-105.

刘伟，张新全，李芳，等.2007.西南区野生狗牙根遗传多样性的ISSR标记与地理来源分析［J］.草业学报，16（3）：55-61.

刘伟.2006.西南区野生狗牙根种质资源遗传多样性与坪用价值研究［D］.雅安：四川农业大学.

刘勋甲，郑用琏，尹艳.1998.遗传标记的发展及分子标记在农作物遗传育种中的运用［J］.湖北农业科学（1）：33-35.

刘永财，孟林，张国芳.2009.新麦草种质遗传多样性的ISSR分析［J］.华北农学报，24（5）：107-112.

刘忠辉，刘国道，黄必志.2009.云南猪屎豆属遗传多样性的ISSR分析［J］.草业学报，18（5）：184-191.

唐燕琼，胡新文，郭建春，等.2009.柱花草种质遗传多样性的ISSR分析［J］.草业学报，18（1）：57-64.

田义轲，王彩虹，孟凡佳.2000.DNA分子标记技术及其原理［J］.莱阳农学院学报（3）：176-179.

易杨杰，张新全，黄琳凯，等.2008.野生狗牙根种质遗传多样性的SRAP研究［J］.遗传，30（1）：94-100.

于德花.2007.分子标记在作物育种中的应用［J］.河北农业科学，11（4）：73-75.

周少云，黄春琼，刘国道.2009.狗牙根基因组DNA提取方法的比较［J］.湖南农业科学（11）：8-10，14.

周廷清.2000.遗传标记的发展［J］.生物学通报，35（5）：17-18.

Assefa S，Taliaferro C M，Anderson M P，et al. 1999. Diversity among *Cynodon* accessions and taxa based on DNA amplification fingerprinting［J］. Genome，42：465-474.

Caetano G. 1998. Genetic in stability of bermudagrass（*Cynodon* cultivars 'Tifgreen' and 'Tifdwarf'）detected by DAF and ASAP analysis of accessions and off-types［J］. Euphytica，101（2）：165-173.

Gatschet M J，Taliaferro C M，Anderson Jeffrey A，et al. 1994. Cold acclimation and alterations in protein synthesisin bermudagrass crowns［J］. Journal of the American Society for Horticultural Science，119（3）：477-480.

Harlan J R，de Wet J M J. 1969. Sources of variation in *Cynodon dactylon*（L.）Pers［J］. Crop Science，9（6）：774-778.

Karaca M，Saha S，Zipf A，et al. 2002. Genetic diversity among forage bermudagrass（*Cynodon* spp.）：Evidence from chloroplast and nuclear DNA fingerprinting［J］. Crop Science，42：2118-2127.

Pasqualone A，Lotti C，Bruno A，et al. 2000. Use of ISSR markers for cultivar identification in durum wheat［J］. Options Mediterraneennes（3）：157-161.

Prevost A，Wilkinson M J. 1999. A new system of comparing PCR primers applied to ISSR fingerprinting of potato cultivars［J］. Theoretical and Applied Genetics，98（1）：107-112.

Roodt R，Spies J J，Burger T H. 2002. Preliminary DNA finger-printing of the turfgrass *Cynodon* dactylon（Poaceae：Chloridoideae）［J］. Bothealia，32：117-122.

Waldron J C，Glasziou K T. 1972. Isoenzymes amethod of varietal identification in srhareane［J］. ProeISST（14）：249-256.

Wu Y Q, Taliaferro C M, Bai G H, et al. 2004. AFLP analysis of *Cynodon dactylon*（L.）Pers. var. dactylon genetic variation［J］. Genome，47（4）：689-696.

Wu Y Q, Taliaferro C M, Bai G H, et al. 2005. Genetic diversity of *Cynodon* transvaalensis Burtt-Davy and its relatedness to hexaploid *C. dactylon*（L.）Pers. as indicated by AFLP markers［J］. Crop Science，45：848-853.

Zhang L H, Ozias-Akins P, Kochert G, et al. 1999. Differentiation of bermudagrass（*Cynodon* spp.）genotypes by AFLP analyses［J］. Theor Appl Genet，98：859-902.

Zietkiewicz E, RafalskiAntoni, L D. 1994. Genome fingerprinting by simple sequence repeat（SSR）-anchored polymerase chain reaction amplification［J］. Genomics，20（2）：176-183.

第三节　华南地区狗牙根种质资源遗传多样性的 ISSR 分析

狗牙根属（Cynodon Richard）植物全世界共有 9 种 10 变种，我国主要分布有 2 种 1 变种，分别为普通狗牙根（*C. dactylon*）、弯穗狗牙根（*C. radiatus* Roth ex Roemer et Schultes）以及变种双花狗牙根（*C. dactylon var. biflorus* Merino）（Flora of China Editorial Committee，2006）。狗牙根具发达的根茎和匍匐茎，繁殖力强，是暖季型草坪草中最重要的世界广布型草种之一，同时又是优质牧草（黄复瑞等，1999；孙宗玖等，2002；郑玉红等，2002；Li and Qu，2002）。狗牙根在我国黄河流域以南是栽培应用较广泛的优良草种之一。长江中下游地区，多用它铺建草坪，或与其他暖季型草种进行混合铺设各类草坪运动场、足球场。同时又可应用于公路、铁路、水库等处作固土护坡绿化材料种植。野生狗牙根在我国的分布特点主要是零星分布在丘陵、山地、路边等的地方，部分河滩低地草甸也有呈带状或团块状分布。在干旱沙漠区也有野生狗牙根的分布，新疆喀什型和伊犁型狗牙根在冬季−32℃下仍能安全越冬（阿不来提，1998）。

简单序列重复区间扩增多态性（Inter-simple sequence repeat，简称 ISSR）是一种新型的分子标记，是由加拿大蒙特利尔大学的 Zietkiewic 等于 1994 年提出来的分子标记技术（Zietkiewicz et al.，1994）。用于 ISSR-PCR 扩增的引物通常为 16～18 个碱基序列，由 1～4 个碱基组成的串联重复和几个非重复的锚定碱基组成，从而保证了引物与基因组 DNA 中 SSR 的 5′或 3′末端结合，通过 PCR 反映扩增 SSR 之间的 DNA 片段。ISSR 技术是在 SSR 序列的 5′或 3′末端加上 2～4 个随机选择的核苷酸作为引物，以引起特定序列位点的退火，降低其他可能靶标退火的数目。因而避免了引物在基因组上的滑动，可提高 PCR 扩增反应的专一性。测定过程中以锚定 SSR 寡聚核苷酸为引物，以位于反向排列于 SSR 之间的 DNA 序列为基础进行 PCR 扩增，用 17～22 个碱基的重复锚定引物扩增重复序列之间的片段，而不是扩增 SSR 本身，其在引物设计上比 SSR 技术简单得多，不需知道 DNA 序列即可进行扩增，又可以提示比 RAPD、SSR 更丰富的多态性。ISSR 典型的反应每个泳道可产生 20 多条带，条带的多少取决于不同的物种和引物。例如：Nagoka 和 Ogihara 在小麦的 ISSR 标记研究中发现 ISSR 标记可获得几倍于 RAPD 标记的信息量。SSR 在真核生物中的分布非常普遍，并且进化变异速度非常快，因而锚定引物的 ISSR-

PCR可以检测基因组许多位点的差异。

　　ISSR标记通常为显性标记，呈孟德尔式遗传，具有很好的稳定性和多态性（Tsumura et al.，1996；Fang et al.，1997）；DNA用量少，无需知道任何靶标序列的SSR背景信息，引物设计容易，实验成本低廉；操作过程简单、快速、高效（Fernandez et al.，2002）；引物通常为16～25bp；PCR扩增时的退火温度较高，通常为45～65℃，从而保证了PCR扩增的可重复性。基于ISSR标记的这些优点，目前在草业中的应用方面较多。范彦等（2006）以宝兴鸭茅和国外安巴鸭茅品种为对照，用ISSR分子标记技术对四川、重庆、云南、贵州、新疆等地的32份野生鸭茅材料进行遗传多样性研究，说明我国鸭茅具有较丰富的遗传多样性，根据研究结果进行了聚类分析和主要成分分析，可将32份中国野生鸭茅材料分为五大类，同一地区的鸭茅品种（系）基本聚在同一类，呈现出一定的地域性分布规律。孙群等（2007）利用形态学指标结合ISSR标记对34份乌拉尔甘草种质资源进行遗传多样性分析，结果表明，新疆地区乌拉尔甘草遗传变异最为丰富，其次是西北地区，东北地区遗传变异最低。刘伟等（2007）利用72条ISSR引物对西南区42份野生狗牙根和3份栽培品种的遗传多样性进行研究，发现ISSR标记能够将西南区45份材料区分开，供试材料可聚为四类，其中栽培品种单独聚成一类，野生材料聚为三类，基于地理距离和遗传距离的相关分析显示，西南区野生狗牙根材料间的遗传关系与其地理来源间没有严格的一致性关系。肖海峻（2007）以ISSR技术研究来自8省的90份鹅观草材料，发现鹅观草的遗传多样性指数的大小与其所处生境的纬度、海拔高度和年均降雨达到显著或极显著的相关性。胡雪华等（2005）以上海结缕草JD-1和细叶结缕草、沟叶结缕草、结缕草为试材，利用15个ISSR标记对其亲缘关系进行了分析，其中有14个ISSR标记在4个材料中获得了良好扩增，并由扩增条带构建成指纹图谱。

　　华南地区包括广东、广西、福建、海南4省（自治区），该地区全年高温，最冷月平均气温≥10℃，极端最低气温≥−4℃，日平均气温≥10℃的天数在300d以上，属热带、亚热带气候，降水与风向有密切关系，冬季盛行来自中国内地的东北风，降水少，夏季盛行来自印度洋的西南风，降水丰沛，年降水量大部分地区为1 400～2 000mm，但有些地区远多于此数。该地区拥有丰富的土地、水、气、生物资源，是一个高温多雨、四季常绿的热带-亚热带区域。这里，植物生长茂盛，种类繁多，有热带两林、季雨林和南亚热带季风常绿阔叶林等地带性植被。现状植被多为热带灌丛、亚热带草坡和小片的次生林，地表侵蚀切割强烈，丘陵广布。在长期高温多雨的气候条件下，丘陵台地上发育有深厚的红色风化壳。在迅速的生物积累过程的同时，还进行着强烈的脱硅富铝化过程，成为我国砖红壤、赤红壤集中分布的区域。区内拥有广阔的热带海洋。广东地区以平原为主，海南中间为山地，四周为平原。福建2/3是山地，平原较少。广西以山地为主，石山、丘陵台地等零星分布。丰富多样的地形地貌和充足的水热条件形成了丰富多样的植物生境，丰富多样的植物生境为植物的遗传变异提供了一定的物质条件，为植物的遗传多样性研究提供必要的物质基础。因此，本研究利用ISSR标记对对华南地区的野生狗牙根遗传多样性进行研究，以期了解华南地区野生狗牙根种质资源的遗传多样性，为开发利用我国野生狗牙根资源提供理论依据。

一、材料与方法

1. 试验材料　本研究所用材料为 2006—2008 年中国热带农业科学院热带作物品种资源研究所草业研究室从华南地区收集的野生 118 份野生狗牙根，其中包括普通狗牙根 96 份，弯穗狗牙根 22 份，其来源详见表 5-11。

表 5-11　供试狗牙根材料

Table 5-11　Names and sources of tested Cynodon spp. resources

序号 No.	种质 Accession	拉丁名 Latin name	采集地点 Collection site
1	A171	狗牙根 <i>C. dactylon</i>	广东肇庆 Zhaoqing, Guangdong
2	A213	狗牙根 <i>C. dactylon</i>	广东曲江 Qujiang, Guangdong
3	A215	狗牙根 <i>C. dactylon</i>	广东惠阳 Huiyang, Guangdong
4	A220	狗牙根 <i>C. dactylon</i>	广东英德 Yingde, Guangdong
5	A227	狗牙根 <i>C. dactylon</i>	广东广州 Guangzhou, Guangdong
6	A294	狗牙根 <i>C. dactylon</i>	广东湛江 Zhanjiang, Guangdong
7	A313	狗牙根 <i>C. dactylon</i>	广东深圳 Shenzhen, Guangdong
8	A317	狗牙根 <i>C. dactylon</i>	广东茂名 Maoming, Guangdong
9	A320	狗牙根 <i>C. dactylon</i>	广东信宜 Xinyi, Guangdong
10	A350	狗牙根 <i>C. dactylon</i>	广东潮安 Chaoan, Guangdong
11	A351	弯穗狗牙根 <i>C. radiatus</i>	广东鹤山 Heshan, Guangdong
12	A353	狗牙根 <i>C. dactylon</i>	广东陆丰 Lufeng, Guangdong
13	A357	狗牙根 <i>C. dactylon</i>	广东龙川 Longchuan, Guangdong
14	A358	狗牙根 <i>C. dactylon</i>	广东普宁 Puning, Guangdong
15	A359	狗牙根 <i>C. dactylon</i>	广东梅州 Meizhou, Guangdong
16	A360	狗牙根 <i>C. dactylon</i>	广东龙川 Longchuan, Guangdong
17	A374	狗牙根 <i>C. dactylon</i>	广东湛江 Zhanjiang, Guangdong
18	A392	狗牙根 <i>C. dactylon</i>	广东梅州 Meizhou, Guangdong
19	A397	狗牙根 <i>C. dactylon</i>	广东潮州 Chaozhou, Guangdong
20	A398	狗牙根 <i>C. dactylon</i>	广东湛江 Zhanjiang, Guangdong
21	A400	狗牙根 <i>C. dactylon</i>	广东肇庆 Zhaoqing, Guangdong
22	A402	狗牙根 <i>C. dactylon</i>	广东肇庆 Zhaoqing, Guangdong
23	A423	弯穗狗牙根 <i>C. radiatus</i>	广东恩平 Enping, Guangdong
24	A479	狗牙根 <i>C. dactylon</i>	广东韶关 Shaoguan, Guangdong
25	A488	狗牙根 <i>C. dactylon</i>	广东饶平 Raoping, Guangdong
26	A491	狗牙根 <i>C. dactylon</i>	广东南雄 Nanxiong, Guangdong
27	A493	狗牙根 <i>C. dactylon</i>	广东茂名 Maoming, Guangdong
28	A203	狗牙根 <i>C. dactylon</i>	广西隆林 Longlin, Guangxi

（续）

序号 No.	种质 Accession	拉丁名 Latin name	采集地点 Collection site
29	A224	狗牙根 *C. dactylon*	广西梧州 Wuzhou, Guangxi
30	A324	狗牙根 *C. dactylon*	广西贺州 Hezhou, Guangxi
31	A326	狗牙根 *C. dactylon*	广西柳江 Liujiang, Guangxi
32	A327	狗牙根 *C. dactylon*	广西河池 Hechi, Guangxi
33	A329	狗牙根 *C. dactylon*	广西柳州 Liuzhou, Guangxi
34	A340	狗牙根 *C. dactylon*	广西合浦 Hepu, Guangxi
35	A368	狗牙根 *C. dactylon*	广西河池 Hechi, Guangxi
36	A371	狗牙根 *C. dactylon*	广西桂林 Guilin, Guangxi
37	A372	狗牙根 *C. dactylon*	广西百色 Baise, Guangxi
38	A376	狗牙根 *C. dactylon*	广西南丹 Nandan, Guangxi
39	A410	狗牙根 *C. dactylon*	广西玉林 Yulin, Guangxi
40	A411	狗牙根 *C. dactylon*	广西梧州 Wuzhou, Guangxi
41	A412	狗牙根 *C. dactylon*	广西隆林 Longlin, Guangxi
42	A415	狗牙根 *C. dactylon*	广西田林 Tianlin, Guangxi
43	A200	狗牙根 *C. dactylon*	福建上杭 Shanghang, Fujian
44	A211	狗牙根 *C. dactylon*	福建龙岩 Longyan, Fujian
45	A249	狗牙根 *C. dactylon*	福建南靖 Nanjing, Fujian
46	A287	狗牙根 *C. dactylon*	福建诏安 Zhaoan, Fujian
47	A309	狗牙根 *C. dactylon*	福建福州 Fuzhou, Fujian
48	A311	狗牙根 *C. dactylon*	福建厦门 Xiamen, Fujian
49	A312	狗牙根 *C. dactylon*	福建南平 Nanping, Fujian
50	A314	狗牙根 *C. dactylon*	福建厦门 Xiamen, Fujian
51	A316	狗牙根 *C. dactylon*	福建连城 Liancheng, Fujian
52	A348	狗牙根 *C. dactylon*	福建三明 Sanming, Fujian
53	A354	狗牙根 *C. dactylon*	福建泉州 Quanzhou, Fujian
54	A394	狗牙根 *C. dactylon*	福建莆田 Putian, Fujian
55	A399	狗牙根 *C. dactylon*	福建三明 Sanming, Fujian
56	A477	狗牙根 *C. dactylon*	福建南靖 Nanjing, Fujian
57	A478	狗牙根 *C. dactylon*	福建东山 Dongshan, Fujain
58	A483	狗牙根 *C. dactylon*	福建龙岩 Longyan, Fujian
59	A492	狗牙根 *C. dactylon*	福建云霄 Yunxiao, Fujian
60	A70	弯穗狗牙根 *C. radiatus*	海南三亚 Sanya, Hainan
61	A71	狗牙根 *C. dactylon*	海南三亚 Sanya, Hainan
62	A169	弯穗狗牙根 *C. radiatus*	海南临高 Lingao, Hainan

（续）

序号 No.	种质 Accession	拉丁名 Latin name	采集地点 Collection site
63	A177	弯穗狗牙根 C. radiatus	海南白沙 Baisha, Hainan
64	A178	弯穗狗牙根 C. radiatus	海南儋州 Danzhou, Hainan
65	A180	狗牙根 C. dactylon	海南乐东 Ledong, Hainan
66	A182	弯穗狗牙根 C. radiatus	海南海口 Haikou, Hainan
67	A184	狗牙根 C. dactylon	海南琼中 Qiongzhong, Hainan
68	A186	狗牙根 C. dactylon	海南五指山 Wuzhishan, Hainan
69	A188	狗牙根 C. dactylon	海南琼中 Qiongzhong, Hainan
70	A191	弯穗狗牙根 C. radiatus	海南临高 Lingao, Hainan
71	A195	狗牙根 C. dactylon	海南白沙 Baisha, Hainan
72	A201	狗牙根 C. dactylon	海南五指山 Wuzhishan, Hainan
73	A206	弯穗狗牙根 C. radiatus	海南保亭 Baoting, Hainan
74	A207	狗牙根 C. dactylon	海南三亚 Sanya, Hainan
75	A208	狗牙根 C. dactylon	海南五指山 Wuzhishan, Hainan
76	A222	狗牙根 C. dactylon	海南五指山 Wuzhishan, Hainan
77	A226	狗牙根 C. dactylon	海南昌江 Changjiang, Hainan
78	A244	狗牙根 C. dactylon	海南临高 Lingao, Hainan
79	A250	弯穗狗牙根 C. radiatus	海南东方 Dongfang, Hainan
80	A251	狗牙根 C. dactylon	海南五指山 Wuzhishan, Hainan
81	A252	狗牙根 C. dactylon	海南琼中 Qiongzhong, Hainan
82	A255	狗牙根 C. dactylon	海南澄迈 Chengmai, Hainan
83	A260	狗牙根 C. dactylon	海南儋州 Danzhou, Hainan
84	A268	弯穗狗牙根 C. radiatus	海南临高 Lingao, Hainan
85	A269	狗牙根 C. dactylon	海南乐东 Ledong, Hainan
86	A272	狗牙根 C. dactylon	海南琼中 Qiongzhong, Hainan
87	A273	狗牙根 C. dactylon	海南白沙 Baisha, Hainan
88	A276	狗牙根 C. dactylon	海南临高 Lingao, Hainan
89	A277	弯穗狗牙根 C. radiatus	海南白沙 Baisha, Hainan
90	A278	弯穗狗牙根 C. radiatus	海南五指山 Wuzhishan, Hainan
91	A280	狗牙根 C. dactylon	海南临高 Lingao, Hainan
92	A283	狗牙根 C. dactylon	海南儋州 Danzhou, Hainan
93	A284	狗牙根 C. dactylon	海南五指山 Wuzhishan, Hainan
94	A286	狗牙根 C. dactylon	海南临高 Lingao, Hainan
95	A291	弯穗狗牙根 C. radiatus	海南乐东 Ledong, Hainan
96	A295	狗牙根 C. dactylon	海南三亚 Sanya, Hainan

（续）

序号 No.	种质 Accession	拉丁名 Latin name	采集地点 Collection site
97	A296	狗牙根 *C. dactylon*	海南保亭 Baoting, Hainan
98	A297	狗牙根 *C. dactylon*	海南五指山 Wuzhishan, Hainan
99	A300	弯穗狗牙根 *C. radiatus*	海南澄迈 Chengmai, Hainan
100	A331	狗牙根 *C. dactylon*	海南儋州 Danzhou, Hainan
101	A332	狗牙根 *C. dactylon*	海南儋州 Danzhou, Hainan
102	A334	狗牙根 *C. dactylon*	海南儋州 Danzhou, Hainan
103	A341	狗牙根 *C. dactylon*	海南五指山 Wuzhishan, Hainan
104	A362	弯穗狗牙根 *C. radiatus*	海南陵水 Lingshui, Hainan
105	A366	弯穗狗牙根 *C. radiatus*	海南东方 Dongfang, Hainan
106	A369	弯穗狗牙根 *C. radiatus*	海南东方 Dongfang, Hainan
107	A370	狗牙根 *C. dactylon*	海南儋州 Danzhou, Hainan
108	A381	狗牙根 *C. dactylon*	海南儋州 Danzhou, Hainan
109	A384	狗牙根 *C. dactylon*	海南乐东 Ledong, Hainan
110	A403	弯穗狗牙根 *C. radiatus*	海南东方 Dongfang, Hainan
111	A404	狗牙根 *C. dactylon*	海南三亚 Sanya, Hainan
112	A405	狗牙根 *C. dactylon*	海南东方 Dongfang, Hainan
113	A406	狗牙根 *C. dactylon*	海南白沙 Baisha, Hainan
114	A414	弯穗狗牙根 *C. radiatus*	海南儋州 Danzhou, Hainan
115	A416	弯穗狗牙根 *C. radiatus*	海南昌江 Changjiang, Hainan
116	A417	狗牙根 *C. dactylon*	海南儋州 Danzhou, Hainan
117	A428	狗牙根 *C. dactylon*	海南儋州 Danzhou, Hainan
118	A476	弯穗狗牙根 *C. radiatus*	海南昌江 Changjiang, Hainan

2. 试验方法

（1）基因组 DNA 的提取　采用改进的 CTAB 法提取狗牙根基因组总 DNA（黄春琼，2009）。

（2）基因组 DNA 质量检测　琼脂糖凝胶电泳检测：制备 1.0%（g/v）的琼脂糖凝胶，分别取 5μl DNA 和 2μl 上样缓冲液混合，用 0.5×TBE 缓冲液于 140V 电泳 30min，并用凝胶图像分析系统检测，拍照。

核酸蛋白分析仪检测：取 2μl DNA 原液，用无菌水稀释 50 倍，用核酸蛋白含量测定仪测其在波长 230、260、280nm 处的吸光度（A_{230}、A_{260} 和 A_{280}），依据下列公式计算样液 DNA 浓度。样液 DNA 浓度 ρ（μg/ml）$= A_{260} \times 50 \times$ 稀释倍数（即 50 倍）。

（3）ISSR引物的筛选　利用加拿大哥伦比亚大学（University of British Columbia, UBC）所设计的ISSR引物，从中选取50条常用引物，由上海英骏生物技术有限公司合成，引物序列见表2，用3个亲缘关系较远的狗牙根种质的DNA作模板进行引物筛选。筛选遵循以下原则：①条带清晰可辨；②多态性高；③重复性好。

表5-12　合成的50条引物序列

Table 5-12　The sequence of 50 man-made primers

引物编号 Primer No.	引物序列（5-3′） Primer sequence（5-3′）	引物编号 Primer No.	引物序列（5-3′） Primer sequence（5-3′）
808	$(AG)_8C$	842	$(GA)_8YG$
809	$(AG)_8G$	844	$(CT)_8RC$
810	$(GA)_8T$	846	$(CA)_8RT$
811	$(GA)_8C$	847	$(CA)_8RC$
812	$(GA)_8A$	848	$(CA)_8RG$
814	$(CT)_8A$	853	$(TC)_8RT$
815	$(CT)_8G$	855	$(AC)_8YT$
817	$(CA)_8A$	856	$(AC)_8YA$
818	$(CA)_8G$	857	$(AC)_8YG$
819	$(GT)_8A$	858	$(TG)_8RT$
820	$(GT)_8C$	860	$(TG)_8RA$
821	$(GT)_8T$	864	$(ATG)_6$
822	$(TC)_8A$	873	$(GACA)_4$
823	$(TC)_8C$	874	$(CCCT)_4$
824	$(TC)_8G$	880	$(GGAGA)_3$
825	$(AC)_8T$	881	$(GGGTG)_3$
826	$(AC)_8C$	884	HBH $(AG)_7$
827	$(AC)_8G$	886	VDV $(CT)_7$
829	$(TG)_8C$	887	DVD $(TC)_7$
830	$(TG)_8G$	889	DBD $(AC)_7$
834	$(AG)_8YT$	891	HVH $(TG)_7$
835	$(AG)_8YC$	892	TAGATCTGATATCTGAATTCCC
836	$(AG)_8YA$	895	AGAGTTGGTAGCTCTTGATC
840	$(GA)_8YT$	899	CATGGTGTTGGTCATTGTTCCA
841	$(GA)_8YC$	900	ACTTCCCCACAGGTTAACACA

说明：R＝A/G，Y＝C/T，B＝G/C/T，D＝A/G/T，H＝A/C/T，V＝A/G/C。

Note：R＝A/G，Y＝C/T，B＝G/C/T，D＝A/G/T，H＝A/C/T，V＝A/G/C。

（4）ISSR-PCR 反应扩增体系及程序 狗牙根的 ISSR 扩增反应体系，反应总体积为 15μl，其中包括模板 DNA 3.0μl，ISSR 引物 1.0μl（100nmol/μl），2×Easy Taq PCR Super Mix（含染料）7.5μl，ddH$_2$O 3.5μl。反应程序为：94℃预变性 5min；94℃变性 45s，50～55℃退火 1min，72℃延伸 90s，45 个循环；72℃延伸 7min；最后于 4℃短期保存。

（5）ISSR-PCR 扩增产物检测 PCR 产物经 2.0%琼脂凝胶（1×TBE 缓冲系统）电泳分离。电泳条件为：取 5μl 扩增产物和 1μl 6×loading buffer 混均上样，1×TBE 缓冲液，2.0%的琼脂糖凝胶（其中含有 Gold View 核酸染料），90V 的电泳电压电泳 1h。电泳完毕后在 Uvidoc 凝胶成像系统上观测、照相，用于分析 ISSR 扩增结果。

（6）数据统计与分析 ISSR 扩增产物以 0、1 统计建立 ISSR 数据库。同一引物、迁移率相同的条带记为 1 个位点，并按其扩增产物的有（1）无（0）记录，形成 0，1 矩阵。运用 NTSYS 2.10e 统计软件，采取 Dist 距离和类平均法（UPGMA）对编码后的形态指标进行聚类分析。利用 NTSYS 2.10e 统计软件的 UPGMA 法构建供试材料的分子系统树，并计算材料的遗传相似系数（遗传距离）GS。

二、结果与分析

1. 狗牙根基因组 DNA 提取结果 利用改进的 CTAB 法提取出来的狗牙根基因组 DNA 呈乳白色，风干后无色透明。经 1%的琼脂糖凝胶电泳检测结果显示（图 5-6），电泳条带基本在同一水平上，迁移率低，条带清晰，大小整齐一致，无拖带现象，表明 DNA 完整性好，RNA 消去比较完全；点样孔中没有出现荧光，说明提出的 DNA 样品较纯，多糖、酚类等次生物质基本去除干净，纯度基本达到下游实验的要求。

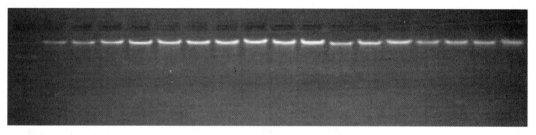

图 5-6 部分基因组 DNA 电泳图

Figure 5-6 The result of electrophoresis for DNA with the improved CTAB method

经核酸蛋白含量测定仪检测后，所得的结果（表 5-13）显示：OD260/OD280 的吸收比值在 1.23～2.39 之间，说明得到的大部分 DNA 质量较纯，蛋白质、酚类及多糖等次生物质去除比较干净，RNA 消去比较完全，提取时残留的氯仿、异戊醇、乙醇等小分子成分能够基本除去，但有少数 OD260/OD280 的吸收比值较小，说明少数 DNA 质量不是很纯。而 OD260/OD230 的吸收比值在 1.17～3.78 之间，也说明 DNA 溶液中基本上没有残存的小分子及盐类等杂质，DNA 样品浓度在 30～1 950μg/μl 之间，其纯度已达到下游操作的要求，可用于 ISSR 分子标记。

表 5-13 狗牙根基因组 DNA 的提取结果

Table 5-13 Extracted result of genomic DNA of bermudagrass resources

序号	OD260/OD280	OD260/OD230	OD260	实浓度(μg/μl)	序号	OD260/OD280	OD260/OD230	OD260	实浓度(μg/μl)
1	1.55	1.59	0.065	162.5	34	1.72	1.71	0.036	90.0
2	1.61	1.72	0.087	217.5	35	1.56	1.73	0.141	352.5
3	1.57	1.79	0.099	247.5	36	1.41	1.52	0.187	467.5
4	1.90	1.38	0.028	70.0	37	1.73	2.10	0.099	247.5
5	1.87	1.49	0.435	1 087.5	38	1.67	1.82	0.113	282.5
6	1.49	1.72	0.048	120.0	39	1.48	1.74	0.203	507.5
7	1.23	1.51	0.035	87.5	40	1.62	1.61	0.101	252.5
8	1.58	1.55	0.08	200.0	41	1.27	1.4	0.28	700.0
9	1.51	1.81	0.059	147.5	42	1.62	1.71	0.068	170.0
10	1.69	1.17	0.121	302.5	43	1.59	1.57	0.09	225.0
11	1.55	1.91	0.113	282.5	44	1.74	1.91	0.031	77.5
12	1.82	1.96	0.071	177.5	45	1.52	1.78	0.36	900.0
13	1.91	1.28	0.033	82.5	46	1.54	1.48	0.075	187.5
14	1.89	2.00	0.725	1 812.5	47	1.82	1.25	0.688	1 720.0
15	1.78	1.84	0.131	327.5	48	1.65	1.87	0.164	410.0
16	1.59	1.80	0.096	240.0	49	2.14	1.92	0.717	1 792.5
17	1.63	1.67	0.018	45.0	50	1.87	1.53	0.78	1 950.0
18	1.75	1.66	0.079	197.5	51	1.78	3.78	0.571	1 427.5
19	1.33	1.69	0.046	115.0	52	1.76	1.29	0.692	1 730.0
20	1.65	1.77	0.056	140.0	53	1.75	1.78	0.052	130.0
21	1.45	1.84	0.07	175.0	54	2.10	1.29	0.514	1 285.0
22	2.05	1.96	0.302	755.0	55	1.36	1.73	0.078	195.0
23	1.60	1.59	0.509	1 272.5	56	1.63	1.47	0.482	1 205.0
24	1.52	1.58	0.09	225.0	57	1.97	1.74	0.36	900.0
25	1.63	1.17	0.012	30.0	58	1.81	1.85	0.426	1 065.0
26	1.54	1.79	0.083	207.5	59	1.73	1.83	0.647	1 617.5
27	1.45	1.88	0.068	170.0	60	1.35	1.66	0.072	180.0
28	1.51	1.68	0.119	297.5	61	1.81	1.67	0.062	155.0
29	1.52	1.75	0.032	80.0	62	1.28	1.74	0.09	225.0
30	1.68	1.65	0.164	410.0	63	1.61	1.44	0.071	177.5
31	1.66	1.67	0.048	120.0	64	1.73	1.58	0.079	197.5
32	1.60	1.71	0.097	242.5	65	1.36	1.67	0.06	150.0
33	1.54	1.56	0.23	575.0	66	1.62	1.72	0.099	247.5

（续）

序号	OD260/OD280	OD260/OD230	OD260	实浓度($\mu g/\mu l$)	序号	OD260/OD280	OD260/OD230	OD260	实浓度($\mu g/\mu l$)
67	1.47	1.67	0.058	145.0	93	1.56	1.62	0.081	202.5
68	1.71	1.65	0.051	127.5	94	1.48	1.67	0.071	177.5
69	1.38	1.62	0.118	295.0	95	1.53	1.48	0.042	105.0
70	1.55	1.68	0.07	175.0	96	1.76	1.69	0.048	120.0
71	1.65	1.64	0.057	142.5	97	1.27	1.70	0.063	157.5
72	1.94	1.58	0.033	82.5	98	1.52	1.61	0.08	200.0
73	1.54	1.47	0.105	262.5	99	1.61	1.54	0.048	120.0
74	1.58	1.53	0.084	210.0	100	1.94	1.54	0.029	72.5
75	1.57	1.39	0.051	127.5	101	1.56	1.58	0.139	347.5
76	1.45	1.63	0.048	120.0	102	1.44	1.58	0.067	167.5
77	1.56	1.60	0.065	162.5	103	1.37	1.68	0.076	190.0
78	1.29	1.79	0.054	135.0	104	1.35	1.66	0.085	212.5
79	1.57	1.54	0.194	485.0	105	1.79	1.79	0.075	187.5
80	1.35	1.67	0.078	195.0	106	1.70	1.89	0.211	527.5
81	1.81	2.00	0.061	152.5	107	1.41	1.68	0.10	250.0
82	2.39	1.72	0.028	70.0	108	1.32	1.55	0.066	165.0
83	1.49	1.58	0.066	165.0	109	1.65	1.49	0.076	190.0
84	1.61	1.55	0.111	277.5	110	1.36	1.62	0.073	182.5
85	1.53	1.43	0.048	120.0	111	1.44	1.75	0.066	165.0
86	1.50	1.70	0.091	227.5	112	1.90	1.49	0.036	90.0
87	1.61	1.63	0.083	207.5	113	1.46	1.65	0.082	205.0
88	1.64	1.64	0.09	225.0	114	1.56	1.47	0.071	177.5
89	1.35	1.69	0.097	242.5	115	1.59	1.53	0.096	240.0
90	1.51	1.67	0.061	152.5	116	1.60	1.46	0.048	120.0
91	1.71	1.73	0.114	285.0	117	1.74	1.24	0.448	1 120.0
92	1.61	1.66	0.093	232.5	118	1.65	1.74	0.092	230.0

2. ISSR 引物及引物退火温度的确定　本研究根据最佳 ISSR-PCR 反应的最佳体系，用 A268、A360、A477 三份材料作为 DNA 模板，根据引物平均 T_m 值（最高与最低 T_m 值的平均）分成 50、52、54、58℃四组进行 PCR 扩增。图 5-7 显示了部分引物筛选的扩增情况，从左到右每三个泳道表示同一引物对不同模板 DNA 的扩增情况。通过全部引物筛选图片的分析比较，根据扩增条带的多少、清晰度、稳定性和多态性高低筛选出 14 条引物（表 5-14）用于 ISSR-PCR 扩增反应。

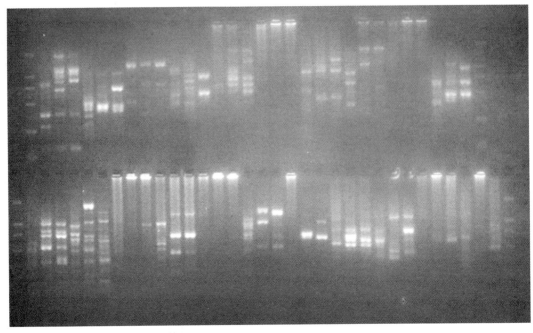

图 5-7　部分 ISSR 引物筛选图

Figure 5-7　Part of ISSR primers screening

　　用 A475 作为 DNA 模板对筛选的引物进行引物退火温度的 PCR 扩增，退火温度设为 50～60℃，PCR 仪自动生成 12 个退火温度（50.0、50.5、51.0、52.0、53.2、54.4、55.6、56.8、58.0、59.0、59.5、60.0℃），引物 842 退火温度的扩增情况如图 3 所示，引物 842 在 54.4、55.6、56.8、58.0、59.0℃处能扩出较亮的带，但在 54.4℃泳道中扩增出的带最清晰，故引物 842 的退火温度确定为 54.4℃。通过 14 个引物退火温度的分析比较，筛选出每个引物合适的退火温度（表 4）。由表 4 可知，在 14 个引物中，有 9 个二核苷酸重复序列，1 个三核苷酸重复序列（864），1 个四核苷酸重复序列（873），2 个五核苷酸重复序列（880，881），1 个混合基元（895）。其中二核苷酸重复序列（AG）$_n$有 3 条，（AC）$_n$有 3 条，（GA）$_n$有 2 条，（TC）$_n$有 1 条。这说明野生狗牙根基因组中存在大量的 AG、AC、GA 二核苷酸重复序列。14 个引物的退火温度集中在 50～55℃之间。

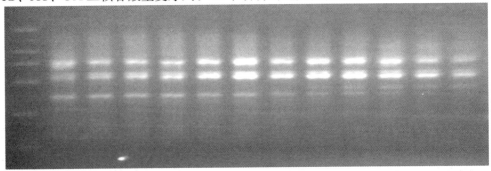

图 5-8　引物 842 退火温度筛选

Figure 5-8　The annealing temperature screening of primer 842

3. ISSR-PCR 扩增结果及多态性分析 如表 5-14 所示，14 个引物共扩增出 210 条条带，平均每条引物扩增出 15 条带，最多的能扩增得到 18 条清晰带（855、880、881），最少的能扩增得到 11 条（809）。在 210 条带中，有 210 条重复性好、清晰的多态带，多态性条带比率为 100%。多态性分析表明华南地区野生狗牙根种质间的遗传多样性很丰富。图 5-9 是引物 855 对 118 份狗牙根的 ISSR 扩增结果。左边第一列为 Marker 分子量标准 100bp ladder plus，从上到下，自左向右（除第一泳道外）每泳道按顺序表示 1～118 份狗牙根材料。

表 5-14 14 个 ISSR 引物对狗牙根的扩增结果

Table 5-14 The amplification results of 14 ISSR primers on *Cynodon* spp. resources

引物 Primer	退火温度 Annealing temperature	扩增总条带 Number of amplified bands	多态性条带 Number of polymorphic bands
808	53.2℃	12	12
809	53.2℃	11	11
810	51.0℃	14	14
825	51.0℃	15	15
826	53.2℃	16	16
836	53.2℃	17	17
842	54.4℃	17	17
853	53.2℃	13	13
855	51.0℃	18	18
864	51.0℃	12	12
873	53.2℃	15	15
880	50.0℃	18	18
881	50.5℃	18	18
895	52.0℃	14	14

4. 狗牙根 ISSR 的遗传相似性分析 基于 ISSR 扩增所产生的 210 条 DNA 片段，利用 NTSYS 软件计算出华南地区 118 份野生狗牙根材料间的 Nei-Li 相似系数 GS，得到供试材料相似系数矩阵（略）。遗传相似系数越大，表明亲缘关系越近；遗传相似系数越小，表明亲缘关系越远。华南地区野生狗牙根的 GS 值在 0.471 43～0.971 43 之间。其中，75 号和 77 号的遗传相似系数（0.971 43）最大，表明这 2 份材料的亲缘关系较近，遗传差异最小；30 号和 62 号的遗传相似系数最小（0.471 43），表明他们之间的亲缘关系较远，遗传差异最大，存在较高的遗传多样性。遗传相似性分析可知，华南地区野生狗牙根有较大的遗传差异性。

5. 狗牙根的 ISSR 聚类分析 根据遗传相似系数矩阵，按 UPGMA 法作聚类分析，获得聚类树系（图 5-10）。从聚类图 5-10 中得知，在图 5-10 中直线 L1 处（$GS=0.73$）可把 118 份狗牙根种质聚为五大类。具体分类如下：Ⅰ类包括材料 63、66、70 号。Ⅱ类包括材料 86、106、115、116、108 号。Ⅲ类包括材料 60、62、67、84、73、79、95、

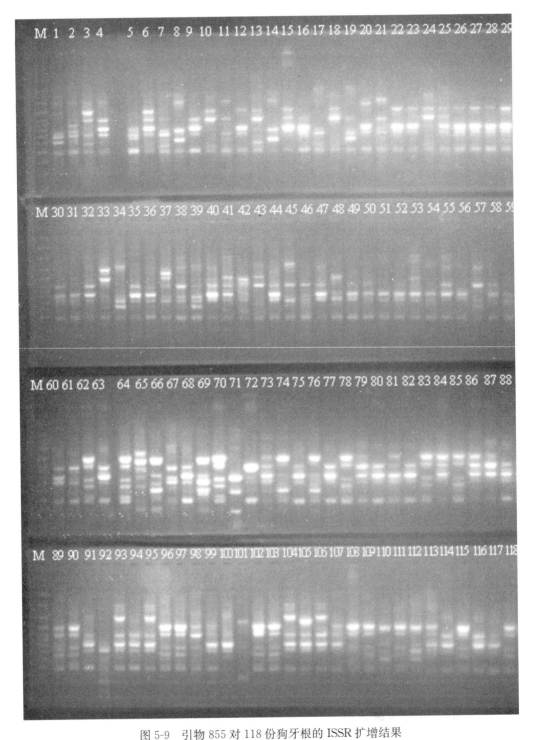

图 5-9 引物 855 对 118 份狗牙根的 ISSR 扩增结果

Figure 5-9 The result of ISSR amplification of primer 855 for 118 bermudagrass resources

注：Marker 为 100 bp ladder plus

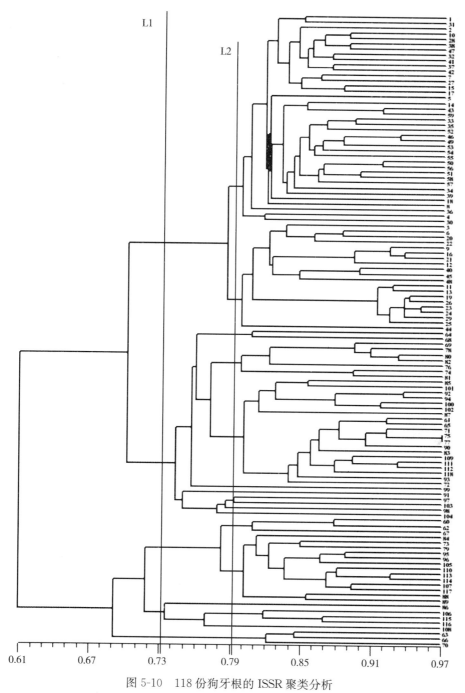

图 5-10　118 份狗牙根的 ISSR 聚类分析

Figure 5-10　The dendrogram of clustering of 118 *Cynodon* spp. accessions based on ISSR data

96、105、110、113、114、107、117、88、89 号。Ⅳ类包括材料 64、68、69、78、80、82、76、74、81、85、101、92、94、100、102、87、61、65、71、75、77、90、83、109、111、112、118、93、72、99、91、97、103、98、104 号。Ⅴ类除去Ⅰ—Ⅳ类剩下的全部材料。其中，1～27 号材料是采自广东地区，28～42 号采自广西地区，43～59 号

采自福建地区，60～118 号采自海南地区。从聚类情况分析看，广东、广西、福建的材料全部聚为一类（Ⅴ类），海南的材料分为四类（Ⅰ类、Ⅱ类、Ⅲ类、Ⅳ类），说明海南地区野生狗牙根的遗传多样性很丰富。从聚类图中可以看出，在直线 L2 处（GS＝0.79）可把广东、广西、福建的材料（Ⅴ类）聚为两大类。ⅰ类：包括 3、6、20、22、9、16、21、12、40、45、48、11、13、19、26、23、24、29、25、44 号；ⅱ类：包括 1、31、2、10、28、38、47、32、41、37、42、7、27、15、17、5、14、43、59、33、35、52、46、49、53、54、55、50、56、51、58、57、34、39、18、8、36、4、30 号。

三、讨论

狗牙根遗传多样性研究所用的分子标记主要有 AFLP、DAF、ASAP、RAPD、SRAP、ISSR 等。Wu 等（2004）利用 AFLP 检测了欧洲、大洋洲、非洲、亚洲 28 份野生狗牙根（*C. dactylon* var. *dactylon*）材料的遗传多样性，其 GS 值为 0.53～0.98。刘伟等（2007）利用 ISSR 分子标记技术对西南区野生狗牙根进行遗传多样性分析，每个引物扩增的多态带数为 5.27 条，多态性条带比率为 70.9%，GS 值为 0.77～0.98。易杨杰等（2008）利用 SRAP 分子标记技术对采自中国四川、重庆、贵州、西藏 4 省（自治区）的 32 份野生狗牙根（*C. dactylon*）材料进行遗传多样性分析，14 对引物组合共得到 132 条多态性条带，平均每对引物扩增出 9.4 条多态带，多态性位点百分率为 79.8%，材料间的遗传相似系数范围在 0.591～0.957，平均 GS 值为 0.759。本实验利用 ISSR 分子标记技术首次对华南地区野生狗牙根进行遗传多样性分析，从 50 个 ISSR 引物中筛选出 14 个多态性明显、反应稳定的引物，共扩增出 210 条谱带，平均每个引物能扩增出 15 条带，其中多态性条带总数达 210 条，多态性条带比率为 100%。材料间遗传相似系数 GS＝0.471 43～0.971 43。基于遗传相似系数，利用 UPGMA 聚类分析表明，供试材料可聚为五类。本实验野生狗牙根的 ISSR 标记表现出很高的多态性（100%），表明华南地区野生狗牙根在分子水平上差异很大，具有很丰富的遗传多样性。本实验与以上研究的结果有差别的原因，可能是由于材料和研究方法的不同造成的（易杨杰等，2008）。Prevost 和 Wilkinson（1999）仅仅用 4 个 ISSR 引物就能将马铃薯安第斯亚种 [*Solanum tuberosum* Linnaeus subsp. *andigena* （Juzepczuk et Bukasov） Hawkes] 的 34 个品种分开，且其中任 2 个引物都能将 34 个品种区分开。Pasqualone 等（2000）仅用 2 条 ISSR 引物就把硬粒小麦 [*Triticum turgidum* Linnaeus subsp. *durum* （Desfontaines） Husnot] 的 30 个栽培品种和 22 个品系区分开。刘忠辉等（2009）从 100 个 ISSR 引物中共筛选出 16 个多态性明显、反应稳定的引物，将云南 41 份野生猪屎豆属（*Crotalaria* Linnaeus）种质区分开。本试验利用 14 个 ISSR 引物能够将 118 份材料分开，并利用 UPGMA 法将供试材料划分为 5 大类。这也再次证实了 ISSR 分子标记技术在野生狗牙根遗传多样性分析中是一种重复性好、效率高的分子标记技术，适合华南地区野生狗牙根遗传多样性的研究，与刘伟等（2007）得出 ISSR 分子标记技术用于狗牙根遗传多样性分析是行之有效的结论一致。

从供试材料间的聚类结果可知，华南地区野生狗牙根可聚为五类，海南的材料分为四类（Ⅰ类、Ⅱ类、Ⅲ类、Ⅳ类），广东、广西、福建的材料全部聚为一类（Ⅴ类）。其中广东、广西、福建的材料又可分为两类。华南地区野生狗牙根的遗传聚类与地理来源之间没有严格的一致性关系，这与刘伟等（刘伟等，2007）的西南区野生狗牙根的基因型与地理来源之间并不是简单的一一对应关系的结论相一致。但是，海南的材料与广东、广西、福建的材料完全不聚在一起，这与刘永财等（2009）多数来源地相同的种质表现出较为密切的亲缘关系结论有些一致。究其原因，可能是由于海南地区是一个独立的海岛的自然环境有一定的关系。海南岛四面环海，这使得海南地区野生狗牙根资源遗传多样性较为明显。本研究用 ISSR-PCR 扩增技术对华南地区 118 份野生狗牙根材料进行遗传多样性分析，从分子水平上探讨和验证了华南地区野生狗牙根的分类，明确了它们之间的遗传相似性。华南地区野生狗牙根的遗传多样性丰富，且野生狗牙根的遗传关系与地理来源无严格一致的关系，因此，应加强野生狗牙根资源的原生境保护或异地保护以及加大选育优良野生狗牙根材料的力度，为野生狗牙根种质资源的保护、利用、遗传学研究、育种实践和建立野生狗牙根核心种质资源库做好准备。

参 考 文 献

阿不来提，石定燧，杨光 .1998. 新疆野生狗牙根研究初报［J］. 新疆农业大学学报，21（2）：124-127.

范彦，曾兵，张新全，马啸 .2006. 中国野生鸭茅遗传多样性的 ISSR 研究［J］. 草业学报，15（5）：103-108.

胡雪华，何亚丽，安渊，等 .2005. 上海结缕草 JD-1 和结缕草属几个主要坪用草种的 ISSR 指纹分析［J］. 上海交通大学学报（农业科学学报），23（2）：163-167.

黄春琼，刘国道 .2009.3 种暖季型草坪草基因组 DNA 的提取方法［J］. 中国农学通报，25（18）：417-419.

黄复瑞，刘祖祺 .1999. 现代草坪建植与管理技术 . 中国农业出版社，79-82.

刘伟，张新全，李芳，等 .2007. 西南区野生狗牙根遗传多样性的 ISSR 标记与地理来源分析［J］. 草业学报，16（3）：55-61.

刘永财，孟林，张国芳 .2009. 新麦草种质遗传多样性的 ISSR 分析［J］. 华北农学报，24（5）：107-112.

刘忠辉，刘国道，黄必志 .2009. 云南猪屎豆属遗传多样性的 ISSR 分析［J］. 草业学报，18（5）：184-191.

孙群，佟汉文，吴波，等 .2007. 不同种源乌拉尔甘草表态和 ISSR 遗传多样性研究［J］. 植物遗传资源学报，8（1）：56-63.

孙宗玖，阿不来提，赵清，等 .2002. 狗牙根抗寒性研究［J］. 草食家畜，114（1）：50-52.

易杨杰，张新全，黄琳凯，等 .2008. 野生狗牙根种质遗传多样性的 SRAP 研究［J］. 遗传，30（1）：94-100.

郑玉红，刘建秀，陈树元 .2002. 中国狗牙根［Cynodon dactylon（L.）Pers.］耐寒性及其变化规律［J］. 植物资源与环境学报，11（2）：48-52.

Fang D Q, Roose M L. 1997. Identification of closely related Citrus cultivars with inter-simple sequence repeat markers［J］. Theoretical and Applied Genetics，95：408-417.

Fernandez M E, Figueiras A M, Benito C. 2002. The use of ISSR and RAPD markers for detecting DNA polymorphism, genotype identification and genetic diversity among barley cultivars with known origin

[J]. Theoretical and Applied Genetics, 104: 845-851.

Flora of China Editorial Committee. 2006. Flora of China. Vol. 22. Poaceae [M]. *Cynodon* Richard. Beijing, 492-493.

Li L, Qu R. 2002. In vitro somatic embryogenesis in turf-type bermudagrass: roles of abscisic acid and gibberellic acid, and occurrence of secondary somatic embryogenesis [J]. Plant Breeding, 121: 155-158.

Pasqualone A, Lotti C, Bruno A, et al. 2000. Use of ISSR markers for cultivar identification in durum wheat [J]. Options Mediterraneennes (3): 157-161.

Prevost A, Wilkinson M J. 1999. A new system of comparing PCR primers applied to ISSR fingerprinting of potato cultivars [J]. Theoretical and Applied Genetics, 98 (1): 107-112.

Tsumura Y, Ohba K, Straus S H. 1996. Diversity and inheritance of inter-simple sequence repeat polymorphisms in Douglas-fir (Pseudotsuga menziesii) and sugi (Cryptomeria japonica) [J]. Theoretical and Applied Genetics, 92: 40-45.

Wu Y Q, Taliaferro C M, Bai G H, et al. 2004. AFLP analysis of *Cynodon dactylon* (L.) Pers. var. *dactylon* genetic variation [J]. Genome, 47 (4): 689-696.

Zietkiewicz E, Rafalski A, Labuda D. 1994. Genome fingerprinting by simple sequence repeat (SSR) - anchored polymerase chain reaction amplification [J]. Genomics, 20 (2): 176-183.

第四节　利用 ISSR 标记分析狗牙根种质资源遗传多样性

狗牙根（*Cynodon* Richard）属禾本科（Gramineae）画眉草亚科虎尾草族（Chloridoieae）C_4 型多年生草本植物（Gatschet and Taliaferro, 1994）。Taliaferro（1995）把该属植物分为 9 种 10 变种。狗牙根属植物大多起源于非洲东部，欧亚大陆、印度尼西亚、马来西亚和印度也有广泛分布。主要生长于温暖湿润的热带、亚热带地区。其中普通狗牙根（*C. dactylon*）是世界广布型草种（Harlan, 1969）。从水平分布上看，在北纬 45°至南纬 45°范围内，狗牙根几乎遍布所有大陆、岛屿，向北它可一直分布到北纬 53°。从垂直分布上看，在尼泊尔、克什米尔及喜马拉雅山海拔 4 000m 高度也有分布，甚至在海平面以下都有分布，如约旦、加利福尼亚及我国新疆南部也有分布（Harlan, 1999）。分布在我国的狗牙根共有 2 种 1 变种，分别是普通狗牙根 [*C. dactylon* (Linnaeus) Persoon]、弯穗狗牙根（*C. radiatus* Roth ex Roemer et Schultes）2 个种，变种是双花狗牙根（*C. dactylon* var. *biflorus* Merino）（Flora of China Editorial Committee, 2006）。

简单序列重复区间扩增多态性是 Zietkiewicz 等人（1994）提出的一种利用 PCR 扩增进行检测的 DNA 标记，是近年来在 SSR 基础上发展起来的一种新型分子标记技术。ISSR 标记根据植物广泛存在 SSR 的特点，利用在植物基因组常出现 SSR 本身设计引物，无需预先克隆和测序。用于 ISSR-PCR 扩增的引物通常为 16～18 个碱基序列，由 1～4 个碱基组成的串联重复和几个非重复的锚定碱基组成，从而保证了引物与基因组 DNA 中的 SSR 的 5'或 3'末端结合，避免了 SSR 在基因组上的滑动，大大提高了 PCR 扩增的专一性。ISSR技术的原理和操作与SSR、RAPD非常相似，只是引物设计要求不同，但其产物多态性比SSR、RAPD更加丰富，可以提供更多的关于基因组的信息。ISSR技术具有简单、快速、高效、重复性好等特点，已广泛应用于植物的遗传图谱构建、遗传多样性检测、品种鉴定与分类等研究中。如玉米（Maize）（Kantety et al.，1995）、小麦（Nagoaka and Ogihara，1997）和红树林（Jian et al.，2004）等植物遗传多样性的研究。在草业科学领域方面，目前在沙鞭（*Psammochloa villosa*）（Li and Ge，2001）、芒草（*Miscanthus*）（Hodkinson et al.，2002）、斑茅（*Saccharum arundinaceum*）（张木清等，2004）、紫花苜蓿（*Medicago sativa*）、羊茅（*Festuca ovina*）、冰草（*Agropyron cristatum*）、雀麦（*Bromus japonicus*）、黑麦（*Secale cereale*）（解新明，2005）、鸭茅（*Dactylis glomerata*）、扁穗牛鞭草（*Hemarthria compressa*）（范彦等，2006；2007）、柱花草（*Stylosanthes*）（唐燕琼等，2009）、猪屎豆（*Crotalaria latifolia*）（刘忠辉等，2009）、早熟禾（*Poa*）（刘美等，2009）、雀麦属（*Bromus*）（田青松等，2010）、扁蓿豆（王照兰等，2010）等草种质资源的遗传多样性研究上有报道。

本研究拟运用ISSR技术扩增技术对来自国内外不同地区的475份野生狗牙根进行了遗传多样性分析，从分子水平上探讨该地区野生狗牙根的遗传多样性，为狗牙根育种提供理论参考。

一、材料与方法

1. 供试材料 从所收集的材料中选出具有代表性的473份材料，并以国外引进的品种'Tifway'和'Tifgreen'为对照。其中国内的430份野生狗牙根种质采自19个省及4个直辖市，国外的43份种质采自大洋洲、南美洲、北美洲、非洲、亚洲等5大洲16个国家，其来源见表5-15。

表5-15 供试的473份野生狗牙根种质分布情况

Table 5-15 The distribution of 473 *C. dactylon* accessions for testing

国内 Domestic	种源数 Number	百分数 Percentage （%）	国外 Abroad	种源数 Number	百分数 Percentage （%）
华北地区 North China	13	2.75	大洋洲 Oceania	4	0.88
西北地区 Northwest China	11	2.33	北美洲 North America	3	0.63
华中地区 Central China	29	6.13	南美洲 South America	3	0.63
西南地区 Southwest China	71	15.01	亚洲 Asia	24	5.07
华东地区 Eastern China	195	41.23	非洲 Africa	9	1.90
华南地区 South China	111	23.47			

2. 方法

（1）基因组DNA的提取 采用改进的CTAB法提取狗牙根基因组总DNA（黄春琼，

2009)。

（2）基因组 DNA 质量检测　琼脂糖凝胶电泳检测：制备 1.0%（g/v）的琼脂糖凝胶，分别取 5μl DNA 和 2μl 上样缓冲液混合，用 0.5×TBE 缓冲液于 140V 电泳 30min，并用凝胶图像分析系统检测，拍照。

核酸蛋白分析仪检测：取 2μl DNA 原液，用无菌水稀释 50 倍，用核酸蛋白含量测定仪测其在波长 230、260、280nm 处的吸光度（A_{230}、A_{260} 和 A_{280}），依据下列公式计算样液 DNA 浓度。样液 DNA 浓度 ρ（μg/mL）＝A_{260}×50×稀释倍数（即 50 倍）。

（3）ISSR 引物的筛选　利用加拿大哥伦比亚大学（University of British Columbia，UBC）所设计的 50 个引物，用 3 个亲缘关系较远的狗牙根种质，即 A175（海南）、A475（云南）和 A386（哥伦比亚）的 DNA 作模板进行筛选。筛选遵循以下原则：①条带清晰可辨；②多态性高；③重复性好。

（4）ISSR-PCR 退火温度的优化　以 A475（云南）的 DNA 作模板，利用筛选出的引物和优化后的反应体系进行退火温度试验，以筛选出最佳退火温度。根据引物 T_m 值，设定退火温度（TaKaRa PCR Termal Cycler Dice™ 自动生成）为 50.0、50.5、51.0、52.0、53.2、54.4、55.6、56.8、58.0、59.0、59.5 和 60.0℃。

（5）ISSR-PCR 反应体系及扩增程序　25μl 的 PCR 反应体系中包括 2.5μl 10×PCR buffer、Mg^{2+} 2.5mmol/L、dNTPs 0.25mmol/L、引物 0.2μmol/L、Taq DNA 聚合酶 1.0U，模板 DNA 40ng。PCR 扩增程序为：94℃预变性 5min；94℃变性 1min，51℃退火 1min，72℃延伸 90s，45 个循环；72℃延伸 7min；4℃保存。

（6）ISSR-PCR 扩增产物的检测　采用琼脂糖凝胶电泳检测。电泳条件为：上样 5μl，0.5×TBE 缓冲液，2.0%（g/v）的琼脂糖凝胶（其中含有 Gold View 核酸染料），90V 的电泳电压电泳 2h。电泳完毕后在凝胶成像系统上观测、照相。

（7）数据统计与分析　ISSR 扩增产物以 0，1 统计建立 ISSR 二元数据矩阵，扩增带存在时赋值 1，无时赋值 0。利用 NTSYS 2.1 软件进行统计分析。

二、结果与分析

1. ISSR 引物的筛选及退火温度的确定　本研究根据最佳 ISSR-PCR 反应的最佳体系，选取 3 个 DNA 模板（A175、A475 和 A386），利用 UBC 提供的 50 个 ISSR 引物，根据上海生工合成引物的 T_m 值，将 T_m 值相近的引物集中在一起，分批在不同温度下从 50 个 ISSR 引物中进行初筛，从这 50 个引物中选出扩增条带清晰、稳定、重复性好、条带多的 14 条引物，再针对筛选出的引物逐个进行梯度退火试验，设定退火温度（TaKaRa PCR Termal Cycler Dice™ 自动生成）为 50.0、50.5、51.0、52.0、53.2、54.4、55.6、56.8、58.0、59.0、59.5 和 60.0℃。确定引物的最佳退火温度。

退火温度 At（Annealing temperature）对 ISSR-PCR 扩增谱带有明显的影响，退火温度的高低直接影响到引物与 DNA 模板的特异性结合，是 ISSR-PCR 能否扩增出理想条带的关键因素之一。引物 UBC881 的退火温度筛选情况如图 5-11 所示，当退火温度 At＞55.6℃时，扩增谱带有缺失和杂带多的现象，不利于条带统计；当退火温度为 50～55.6℃时，扩增条带清晰，综合比较其完整性和清晰度，确定引物 UBC881 最佳退火温

50.5℃。筛选出的 14 条引物及退火温度（表 5-16）。所筛选出的 14 条引物中有 9 条为锚定的二核苷酸重复序列，其中由 AG 和 AC 组成的二核苷酸重复序列引物各为 3 条；由 TC 组成的二核苷酸引物 1 条；由 GA 组成的 2 条。

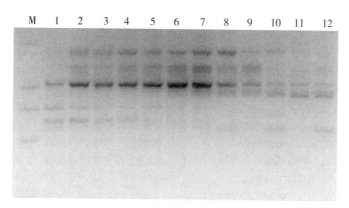

图 5-11　不同退火温度对 ISSR-PCR 的扩增结果（引物 UBC881）

Figure 5-11　The results of annealing temperature on ISSR-PCR amplification （Primer UBC881）

说明：M 为分子量标准 DL2000；1～12 号条带的退火温度依次为 50.0、50.5、51.0、52.0、53.2、54.4、55.6、56.8、58.0、59.0、59.5、60.0℃。

Notes：M，DL2000 Marker；The annealing temperature：50.0，50.5，51.0，52.0，53.2，54.4，55.6，56.8，58.0，59.0，59.5，60.0℃.

2. ISSR 扩增产物多态性分析　以筛选出的 14 条多态性高、重复性好的 ISSR 引物对所有种质进行扩增，结果见表 5-16、图 5-12。从表 1 可知，共扩增出 266 条谱带，且均是多态性条带，平均每条引物扩增带数是 19 条。其中，UBC881 扩增的带数最多，为 23 条，而 UBC853 扩增的总带数最少，为 14 条，扩增的 DNA 片段在 200～3 500bp 之间。

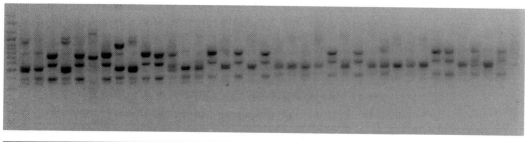

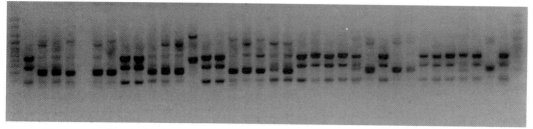

图 5-12　部分狗牙根 ISSR 标记电泳图（引物 UBC864）

Figure 5-12　The electropherogram of some *C. dactylon* by ISSR（primer UBC864）

表 5-16　14 条 ISSR 引物序列、退火温度及扩增结果

Table 5-16　Results of amplification by 14 ISSR primers（R＝A，G；Y＝C，T）

编号 Code	引物序列 Primer sequence（5′-3′）	扩增范围 Length of amplified bands	退火温度 Annealing Temperature （℃）	扩增带数 Number of Amplified bands	多态性带 Number of polymorphic bands
UBC808	AGAGAGAGAGAGAGAGC	350～1 300	53.2	16	16
UBC809	AGAGAGAGAGAGAGAGG	200～1 500	53.2	17	17
UBC810	GAGAGAGAGAGAGAGAT	250～3 000	51.0	20	20
UBC825	ACACACACACACACACT	200～2 000	51.0	17	17
UBC826	ACACACACACACACACC	300～2 000	53.2	23	23
UBC836	AGAGAGAGAGAGAGAGYA	300～3 000	53.2	22	22
UBC842	GAGAGAGAGAGAGAGAYG	200～2 000	54.4	21	21
UBC853	TCTCTCTCTCTCTCTCRT	400～2 200	53.2	14	14
UBC855	ACACACACACACACACYT	300～2 200	51.0	21	21
UBC864	ATGATGATGATGATGATG	300～1 600	51.0	14	14
UBC873	GACAGACAGACAGACA	300～2 500	53.2	20	20
UBC880	GGAGAGGAGAGGAGA	300～1 800	50.0	22	22
UBC881	GGGTGGGGTGGGGTG	400～2 500	50.5	23	23
UBC895	AGAGTTGGTAGCTCTTGATC	400～3 500	52.0	16	16
总计 Total	—	—	—	266	266
平均 Average	—	—	—	19	19

3. ISSR 标记的遗传相似性分析　利用 14 条 ISSR 引物对 475 份狗牙根种质进行扩增，共获得 266 条扩增片段，在 NTSYs-pc 软件计算遗传相似性系数（GSC），通过计算可知 GSC 的范围为 0.549～0.981，平均值为 0.761（表 5-17）。其中 GSC 值（0.981）最大的分别是来自上海的 A456 和 A457，来自海南的 A208 和 A226，说明它们之间的亲缘关系最近，而 GSC 值（0.549）最小的是来自江苏的 A259 和海南的 A319，说明亲缘关系最远。

表 5-17 显示，国内种源间的 GSC 为 0.549～0.981，而国外种源间的 GSC 为 0.598～0.959，说明国内种源比国外种源间的遗传差异大。国内大部分种源间遗传基础相对比较宽，而国内各地区中，华东、西南及华南地区的遗传范围较广，华北及西北地区的遗传基础较窄。

表 5-17　国内外狗牙根 ISSR 遗传相似系数比较

Table 5-17　GSC of *C. dactylon* among domestic and abroad

项目 Item	国内 Domestic							国外 Abroad	合计 Total
	华北 North China	西北 Northwest China	华中 Central China	华东 Eastern China	西南 Southwest China	华南 South China	总计 Total		
平均值 Mean	0.804	0.841	0.833	0.782	0.836	0.786	0.770	0.772	0.761
范围 Range	0.729～ 0.808	0.767～ 0.841	0.722～ 0.936	0.617～ 0.981	0.707～ 0.921	0.602～ 0.981	0.549～ 0.981	0.598～ 0.959	0.549～ 0.981

4. ISSR 标记的聚类分析　根据材料间的遗传相似性系数，利用 UPGMA 法进行聚类分析表明，利用 ISSR 标记可将 475 份材料分开，结果见图 5-13，从聚类图中可以看出，

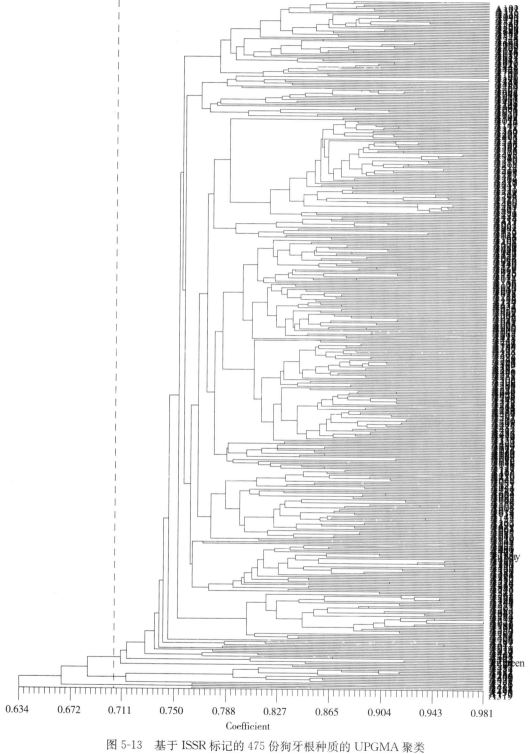

图 5-13 基于 ISSR 标记的 475 份狗牙根种质的 UPGMA 聚类

Figure 5-13 Dendrogram of 475 *C. dactylon* accessions produced by UPGMA clustering method

在 GSC 为 0.711 处可分为四大类（Ⅰ、Ⅱ、Ⅲ和Ⅳ）。第Ⅰ类包括 459 份种源，是最大的一个类群，可分为 12 个亚类（A、B、C、D、E、F、G、H、I、J、K 和 L）。A 亚类包括 52 份种源，均来自华北、西北、华中地区。除湖南的 A173 外，华北、西北和华中地区的种源几乎都聚在 A 类，占该类地区总种源的 98.11%。B 亚类包括 28 份种源，均来自华东地区（上海、浙江和江苏）。C 亚类包括 294 份种源，均来自华东、西南和华南地区。D 亚类包括 36 份种源，其中国外种源 34 份，占国外种源数的 79.07%，山东的 A009 和栽培种'Tifway'也聚在该亚类里。E 亚类由 32 份海南的种源构成，占海南总种源的 72.73%。F 亚类仅由山东的 A011 组成。G 亚类包括江苏的 A017、A019、A020 和 A154 共 4 份种源。H 亚类仅包括 A449 和 A466 两份来自上海的种源。I 亚类仅包括来自云南的 A341 和 A325 两份种源。J 亚类包括江苏的 A259、湖南的 A173 和'Tifgreen'。K 亚类由巴西的 A298 和 A473 及刚果的 A393、A452 和 A471 共 5 份材料构成，且来自巴西的 2 份种源和来自刚果的 3 份种源各自单据聚在一个分支。L 亚类仅包括 A212 和 A482 两份来自福建的种源。第Ⅱ类包括 12 份种源，GSC 为 0.650~0.917，其中 2 份来自越南，10 份来自中国海南，来自越南的 2 份种源紧聚在一起与来自海南的种源在不同的分支。第Ⅲ类由来自南非的 A196 和来自赞比亚的 A439 两份种源构成，GSC 为 0.763。第Ⅳ类仅包括 A175 和 A319 两份来自中国海南的种源，GSC 为 0.763。

5. ISSR 标记的主要成分分析　为了更直观的表示狗牙根种质间的相互距离，对 ISSR 标记获得的遗传相似系数矩阵进行了主要成分分析，并根据第一、第二主要成分进行作图，形成各狗牙根种质的位置分布图（图 5-14），图中位置靠近的材料表示它们之间关系亲密，远离者表示关系疏远。将位置靠近的狗牙根材料划归在一起，共得到 4 个主要类群。其中，海南的 A184、A175、A319 和赞比亚的 A439、越南的 A267 单独聚在图中最左边，与其他种质亲缘关系较远。另外，越南的 A228、南非的 A196 海南的 A295、A428、A406、A370、福建的 A212 也与其他材料距离位置较远，表示与其他狗牙根材料的亲缘关系远。华南地区的材料大部分聚在图中的右下角位置，西南地区的大部分材料聚在一起，其余的种质大部分按照地理来源，相同地区的材料聚在一起共为一大类群。

三、讨论

近年来利用 DNA 分子标记对狗牙根资源进行鉴定评价、构建分子遗传图谱等已取得一定进展（Wu et al.，2006；Bethel，2006；Wang et al.，2005；Kang et al.，2008；郑玉红等，2005），但多为 RAPD、AFLP 和 SSR，很少见利用 ISSR 标记在狗牙根上应用的报道（刘伟等，2007）。

ISSR 是一种利用 PCR 扩增进行检测的 DNA 标记。与上述标记相比，稳定性好、多态性丰富、成本低、操作简单（何予卿等，2001）、所需 DNA 量少且无需预知研究对象的基因组序列（王建波，2002），该技术在植物遗传分析中应用得到了广泛应用，由于 ISSR 是基于 PCR 反应的一种标记，扩增结果易受体系的影响，为实现 ISSR 分析结果的可靠性和重复性，必须根据具体环境，对反应体系进行筛选优化，获得稳定的扩增结果。

有关 PCR 反应体系优化的报道很多，但大多是采用单因子试验方法对每个因素的最佳水平进行摸索，需要进行多次梯度试验，费时费力，且不能兼顾到各因素间的交互作

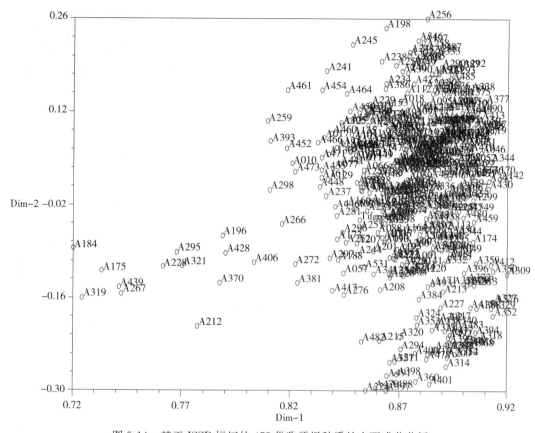

图 5-14　基于 ISSR 标记的 475 份狗牙根种质的主要成分分析

Figure 5-14　Principal component analysis of 475 *C. dactylon* accessions based on ISSR markers

用。正交设计试验具有均衡分散、综合可比、效用明确的特点（唐燕琼等，2008）。本研究依照刘伟（2007）对西南区野生狗牙根遗传多样性的 ISSR 标记分析中的体系对 10 份狗牙根种质进行扩增，结果无条带或条带不清晰，因此，反应体系必须进行优化。本研究利用正交试验设计对 ISSR 反应条件的 5 个主要因素 Mg^{2+}、dNTPs、引物、Taq 聚合酶和模板 DNA 在 4 个水平上进行优化试验，确立了适合狗牙根的 ISSR-PCR 反应体系，即 $25\mu l$ 反应体系中含有 2.5mmol/L Mg^{2+}、0.25mmol/L dNTPs、0.2μmol/L 引物、1.0U Taq DNA 聚合酶和 40ng 模板 DNA。本研究结果显示，采用不同的扩增体系其结果差异很大。因此，在利用 ISSR 标记时，应对影响扩增结果的各个因素进行优化。反应条件一旦确定后，在整个试验过程中就应保持不变，同时还应尽可能使用同一厂家的药剂和同一 PCR 仪等设备，才能保证分析结果的重复性和可靠程度（刘海河等，2004）。该反应体系的成功建立为今后 ISSR 标记在狗牙根属植物的种质鉴定、遗传多样性分析等方面的广泛应用奠定了重要基础。

　　通过对狗牙根的 ISSR 标记研究，14 条 ISSR 引物对 475 份种源的基因组 DNA 进行 PCR 扩增，共扩增出 266 条谱带，且均是多态性谱带，平均每个引物扩增出 19 条谱带。狗牙根的 ISSR-PCR 获得了较高的多态性，高于其他作物上的研究。如 Qian（2001）在应用 ISSR 标记对中国庆粒野生稻的遗传多样性研究中获得了 72.95％多态性；尚海英等（2003）在黑麦的遗传多样性研究中获得了 83.1％的多，张木清等（2004）对我国斑茅无性系的分子多态性分析获得的多态性为 64.89％，曾兵对鸭茅的研究获得的多态性为 84.04％，肖海峻（2007）对鹅观草遗传多样性的研究中获得的多态性条带的比例为 87.8％，李永祥（2005）利用 33 条引物对披碱草属 12 个物种进行遗传多样性检测，其多态性比例为 91％，本研究扩增得到的多态性较高的原因可能是因为笔者所用的材料较为广泛，且生境差异大的原因。

本研究还表明，利用 ISSR 标记对狗牙根种质扩增，其 GSC 的范围为 0.549～0.981，证实了不同狗牙根之间差异较大，遗传多样性丰富，且国内的狗牙根 GSC 为 0.549～0.981，而国外的 GSC 为 0.598～0.959，这表明国内的狗牙根遗传基础较宽，这一结果可能跟所采集的种源数量有关，本研究中国内种源（430 份）远大于国外种源 43 份，应该加大对国外种源的收集。刘伟等（2007）和易杨杰等（2008）分别用 ISSR 和 SRAP 标记对中国西南地区的野生狗牙根种源研究表明，西南地区种源遗传基础比较狭窄。由此可见，不同标记之间以及不同材料之间获得的结果差异比较明显。因此，在评估遗传多样性时，应尽可能地结合多个标记进行评估。另外，研究野生草资源遗传多样性时，种源的代表性也非常重要，在大量选取有代表性的种源前提下进行研究，为获得更加准确的结果奠定基础。

参 考 文 献

范彦，曾兵，张新全，等．2006．中国野生鸭茅遗传多样性的 ISSR 研究 [J]．草业学报，15（5）：103-108.

范彦，李芳，张新全，等．2007．扁穗牛鞭草种质遗传多样性的 ISSR 分析 [J]．草业学报，16（4）：76-81.

何予卿，张宇，孙海，等．2001．利用 ISSR 标记研究栽培稻和野生稻亲缘关系 [J]．农业生物技术学报，9（2）：123-127.

黄春琼，刘国道．2009．3 种暖季型草坪草基因组 DNA 的提取方法 [J]．中国农学通报，25（18）：417-419.

解新明，卢小良．2005．SSR 和 ISSR 标记及其在牧草遗传与育种研究中的应用前景 [J]．草业科学，22（2）：30-37.

李永祥，李斯深，李立会，等．2005．披碱草属 12 个物种遗传多样性的 ISSR 和 SSR 比较分析 [J]．中国农业科学，38（8）：1522-1527.

刘海河，侯喜林，张彦萍．2004．西瓜 ISSR-PCR 体系的正交优化研究 [J]．果树学报，21（6）：615-617.

刘美，赵桂琴，刘欢，等．2009．早熟禾 ISSR 反应体系的优化 [J]．中国草地学报，31（5）：107-111.

刘伟，张新全，李芳，等．2007．西南区野生狗牙根遗传多样性的 ISSR 标记与地理来源分析 [J]．草业学报，16（3）：55-61.

刘忠辉，刘国道，黄必志，等．2009．云南猪屎豆属遗传多样性的 ISSR 分析 [J]．草业学报，18（5）：184-191.

尚海英，郑有良，魏育明，等．2003．应用 RAMP 标记研究黑麦属遗传多样性 [J]．农业生物技术学报，

11（6）：566-571.

唐燕琼，胡新文，郭建春，等．2009. 柱花草种质遗传多样性的 ISSR 分析［J］. 草业学报，18（1）：57-64.

唐燕琼，吴紫云，郭建春，等．2008. 柱花草 DNA 提取及 ISSR 反应体系的正交优化［J］. 热带作物学报，29（3）：532-537.

田青松，韩冰，杨劼，等．2010. 96 份雀麦属材料遗传多样性的 ISSR 分析［J］. 中国草地学报，32（1）：18-25.

王建波．2002. ISSR 分子标记及其在植物遗传学研究中的应用［J］. 遗传，24（5）：613-616.

王照兰，杨持，赵丽丽，等．2010. 扁蓿豆不同品系 ISSR 标记遗传差异和遗传多样性［J］. 中国草地学报，32（1）：11-17.

肖海峻．2007. 鹅观草种质资源遗产多样性研究［D］. 北京：中国农业科学院．

易杨杰，张新全，黄琳凯，等．2008. 野生狗牙根种质遗传多样性的 SRAP 研究［J］. 遗传，30（1）：94-100.

张木清，洪艺殉，李奇伟，等．2004. 中国斑茅种质资源分子多态性分析［J］. 植物资源与环境学报，13（1）：1-6.

张木清，洪艺殉，李奇伟，等．2004. 中国斑茅种质资源分子多态性分析［J］. 植物资源与环境学报，13（1）：1-6.

Bethel C M, Sciara E B, Estill J C, et al. 2006. A framework linkage map of bermudagrass (*Cynodon dactylon* × *transvaalensis*) based on single-dose restriction fragments［J］. Theoretical and Applied Genetics, 112（4）：727-737.

Flora of China Editorial Committee. 2006. Flora of China. Vol. 22. Poaceae［M］. *Cynodon* Richard. Beijing, 492-493.

Gatschet M J, Taliaferro C M. 1994. Cold Acclimation and Alterations in Protein Synthesis in bermudagrass crowns［J］. Journal of the American Society for Horticultural Science, 119（3）：477-480.

Harlan J R, de wet J M J. 1969. Sources of viration in *Cynodon dactylon*（L.）Pers［J］. Crop Science, 36：744-748.

Harlan J R. 1999. Sourees of variation in *Cynodon dactylon*（L.）Pers［J］. Crop science, 39：774-778.

Hodkinson T R, Chase M W, Renvoize S A. 2002. Characterization of a genetic resource collection for *Miscanthus*（Saccharinae, Andropogoneae, Poaceae）using AFLP and ISSR PCR［J］. Annals of Botany, 89：627-636.

Jian S G, Tang T, Zhong Y, et al. 2004. Variation in inter-simple sequence repeat（ISSR）in mangrove and non-mangrove population of Heritiera littoralis（Sterculiaceae）from China and Australia［J］. Aquatic Botany, 79：75-86.

Kang S Y, Lee G J, Lim K B, et al. 2008. Genetic diversity among Korean bermudagrass（*Cynodon* spp.）ecotypes characterized by morphological, cytological and molecular approaches［J］. Molecules and Cells, 25：163-171.

Kantety R V, Zeng X P, Bennetzen J L, et al. 1995. Assesment of genetic diversity in dent and popcorn（Zea mays L.）inbred lines using inter-simple sequence repeat（ISSR）amplification［J］. Molecule Breeding, 1：365-373.

Li A, Ge S. 2001. Genetic variation and clonal diversity of *Psammochloa villosa*（Poaceae）detected by ISSR markers［J］. Annals of Botany, 87：585-590.

Nagoaka T, Ogihara Y. 1997. Applicability of inter- simple sequence repeat polymorphisms in wheat for use as DNA markers in comparison to RFLP and RAPD markers [J]. Theoretical and Applied Genetics, 94：597-602.

Qian W. 2001. Genetic variationwithin and among populations of a wild rice *Oryza* granulate from China deteeted by RAPD and ISSR markers [J]. Theoretieal and Applied Geneties, 102：440-449.

Taliaferro C M. 1995. Diversity and vulnerability of bermuda turfgrass species [J]. Crop Science, 35（2）：327-332.

Wang M L, Barkley N A, Yu J K, et al. 2005. Transfer of simple sequence repeat（SSR）markers from major cereal crops to minor grass species for germplasm characterization and evaluation [J]. Plant Genetic Resources, 3（1）：45-57.

Wu Y Q, Taliaferro C M, Bai G H, et al. 2006. Genetic analyses of chinese *Cynodon* accessions by flow cytometry and AFLP markers [J]. Crop Science, 46：917- 926.

Zietkiewicz, E, Rafalski A, Labuda D. 1994. Genome fingerprinting by simple sequence repeat（SSR）-anchored polymerase chain reaction amplification [J]. Genomics（20）：176-183.

第六章

狗牙根种质资源利用价值研究

第一节　狗牙根种质资源坪用价值评价

评价草坪质量的指标不仅是对草坪生态功能的反映，同时也是草坪实用功能的综合体现。观赏草坪一般应具备草层致密、质地细腻、均一和漂亮的颜色，能增进景色之美；运动场草坪应有适用于运动的能力，如足球场草坪应具有牢固的坪面、缓和冲击力的弹性、耐践踏性及受损害后的快速恢复能力；而水土保持草坪则要求根系发达，抓地性强，对土壤有持久的固定作用。可见草坪质量的标准是与草坪草的生物特征和使用目的密切相关的，评定草坪质量的具体指标、内容与方法对草坪充分发挥其生态、社会、经济效益具有重要的影响（张珍，2000）。作为草坪草，评选的依据要求草丛低矮、成坪速度快、密度大、质地细腻、对环境适应性强、抗病性强、耐低修剪等。不同类型、不同利用目的草坪，评价的指标与方法不同（任继周，1998）。

目前，草坪质量评价以景观评价为主，评价指标有颜色、密度、质地、均一性及青绿期等（夏汉平和赵南先，2000；孙吉雄，1989；王钦和谢源芳，1993；边秀举和张训忠，2005；胡林，1998；刘及东等，1999），评价方法主要有三分制、五分制、九分制和十分制，其中国际上比较流行的是九分制。也有一些学者将体现草坪草使用性能的指标如光滑度、耐磨性、再生力等用来评价草坪质量，并在草坪坪用质量评定时提及草坪草的适用性问题（Van Wijk，1993）。孙吉雄（1989）以均一性、盖度、密度、质地、生育型、光滑度、颜色、刚性、弹性、回弹性、产草量、青绿度、生根量、恢复能力、草皮强度、有机质层十六个评定项目对草坪进行全面评定，并且于1991年提出主要采用目测法，以密度、质地、绿期、抗病性、成坪速度、草坪强度、再生力、耐阴性、耐盐性、耐涝性来衡量草坪质量。张珍（2000）通过构造权重比值矩阵，得到可接受权重值，将质量评价结果数据化，减少主观性误差，提高数据精度。鉴于草坪质量评定的指标具有模糊性，李德颖将模糊综合评判法、模糊关系矩阵和层次分析法等模糊数学相关方法引入草坪质量评价（李景奇，1997；吉红和郝志刚，1995；苏德荣，2000）。随着草坪科学的完善和发展，人们越来越寻求简单、全面、易操作的草坪质量评价体系；周禾等（1999）指出，草坪质量的评价体系可从草坪外观、草坪生态、草坪基况、使用情况等几个方面来建立；为了能较全面评价草坪质量，刘建秀（2000）从草坪的坪用价值角度提出景观—性能—应用适合度综合评价体系；郑海金（2003）也从草坪养护管理角度提出外观—生态—使用综合评价指标体系。

一、材料与方法

1. 试验地概况　试验在海南省儋州市中国热带农业科学院热带作物品种资源研究所

试验基地进行。该试验地北纬 19°30′，东经 109°30′，海拔 134m；年平均气温 23.4℃，年内平均气温最高月份（6、7 月）可达 27.7℃，最低月份（1 月）为 17℃，历年绝对高温 38.9℃，绝对低温 6.7℃；年平均降水量 1 766.2mm；试验地土壤为砖红壤，试验前土壤养分含量为：有机质 1.66%，碱解氮 65.83mg/kg，速效磷 20.74mg/kg，速效钾 105.33mg/kg，交换钙 2.12cmol/kg，交换镁 0.75cmol/kg，pH 为 5.29。

2. 试验材料　以国外引进品种'Tifway'和'Tifgreen'为对照，对 473 份野生狗牙根［*Cynodon dactylon*（Linnaeus）Persoon］种源进行坪用价值评价，材料来源见表 1。其中国内的 430 份野生狗牙根种质采自 19 个省及 4 个直辖市，国外的 43 份种质采自大洋洲、南美洲、北美洲、非洲、亚洲等五大洲 16 个国家（表 6-1）。

表 6-1　供试的 473 份野生狗牙根种质分布情况

Table 6-1　The distribution of 473 *C. dactylon* accessions for testing

国内 Domestic	种源数 Number	百分数 Percentage(%)	国外 Abroad	种源数 Number	百分数 Percentage（%）
华北地区 North China	13	2.75	大洋洲 Oceania	4	0.88
西北地区 Northwest China	11	2.33	北美洲 North America	3	0.63
华中地区 Central China	29	6.13	南美洲 South America	3	0.63
西南地区 Southwest China	71	15.01	亚洲 Asia	24	5.07
华东地区 Eastern China	195	41.23	非洲 Africa	9	1.90
华南地区 South China	111	23.47			

3. 试验方法　田间试验采用随机区组设计，设 3 个重复，小区面积为 1.0m×1.0m，小区间隔 1.0m，株行距为 0.3m×0.3m；2008 年 12 月种植，材料种植成活后，定期除杂草，成坪后进行切边，让其自然生长。于 2009 年 5 月进行观测。

（1）观察项目与测定方法　观测项目共 9 个。包括草坪高度、质地、密度、颜色、均一性、绿色期、成坪速度、盖度、抗病性。

①高度：指草坪生长的自然高度（不需人为拉直），选有代表性的狗牙根营养枝条，测其自然高度。米尺测定，每个小区随机测定 5 次。

②质地：即叶片的细软程度。用来衡量叶片宽度的一项指标，以叶宽为主要的测定指标，用成熟叶片最宽处宽度表示。数显游标卡尺测定，每个小区测定 30 个叶片。

③密度：用 10cm×10cm 样方测定样方内的草坪植株枝条数，每个小区随机测定 5 次。

④颜色：以墨绿、深绿、绿、浅绿、黄绿的梯度。采用目测打分法。

⑤均一性：均一性是指整个草坪的外貌均匀程度，是草坪密度、颜色、质地、整齐性等差异程度的综合反映。目测法测定。

⑥成坪速度：从移栽到草坪盖度达到 85% 所需的天数。目测法测定。

⑦盖度：草坪覆盖地面的面积与草坪总面积的百分比。目测法测定。

⑧绿色期：从 50% 的植株返青变绿到 50% 的植株枯黄的持续天数。目测法测定。

⑨抗病性：在病害发生较严重的季节，目测草坪草病害发生情况。目测法测定。

（2）草坪质量评定方法 在狗牙根成坪后质量最佳季节（5～6月），按照上述方法测定草坪价值评价所需各项指标，并采用5分制分级标准，按表1对草坪进行评分，其中，5分表示优秀，4分表示良好，3分表示一般，2分表示差，1分表示最差。

表6-2 狗牙根坪用性状评分标准
Table 6-2 The standard for evaluation turf characteristics of *C. dactylon*

性状 Character	分值 Score				
	5	4	3	2	1
高度 Height（cm）	≤10	10～20	20～30	30～40	≥40
质地 Texture（mm）	≤2	2～2.5	2.5～3.5	3.5～4	≥4
密度 Density（g/100cm²）	≥120	90～120	70～90	50～70	≤50
颜色 Color	墨绿	深绿	绿	浅绿	黄绿
均一性 Uniformity	很整齐	整齐	基本均一	不均一	杂乱
成坪速度 Maturate time of turf（d）	≤70	70～90	90～110	110～120	≥120
盖度 Covering（%）	≥90	80～90	70～80	60～70	≤60
绿色期 Green period（d）	≥340	330～340	310～330	290～310	≤290
抗病性 Disease resistance（%）	0	1～20	20～50	50～80	≥80

注：评级标准参考刘伟（2006）的方法，稍有改动。

Note：The standard for evaluation refered to Liu（2006），and modified slightly.

（3）草坪坪用价值的评估方法 按草坪的4种不同用途，即观赏草坪、游憩草坪、运动草坪、水保草坪来确定各指标的权重，利用各种源不同性状得分所得的数据矩阵与表6-3所得的权重矩阵相乘即得各类草坪的坪用价值分数。如表6-3所示，观赏草坪中权重最高的指标为密度、质地、均一性及叶色；游憩草坪各指标的权重较为一致；运动草坪和保土型草坪的成坪速度的权重稍高，不同类型草坪对坪用性状的权重与其实际要求是基本一致的。

表6-3 不同类型草坪坪用指标权重
Table 6-3 The weight of turf character indexs for different turf types

草坪类型 Turf type	坪用指标的权重 The weight of turf character indexs								
	高度 Height	质地 Texture	密度 Density	颜色 Color	均一性 Uniformity	成坪速度 Maturate time of turf	盖度 Covering	绿色期 Green period	抗病性 Disease resistance
观赏草坪 Ornamental turf	0.00	0.15	0.20	0.20	0.15	0.00	0.10	0.10	0.10
游憩草坪 Open turf	0.10	0.15	0.10	0.10	0.10	0.10	0.15	0.10	0.10
运动草坪 Athletic field	0.10	0.10	0.10	0.10	0.10	0.20	0.10	0.10	0.10
保土草坪 Utility turf	0.05	0.10	0.10	0.10	0.10	0.20	0.15	0.10	0.10

注：评级标准参考刘建秀（1996，1997，2000）、王赞（2005）及刘伟（2006）的方法，稍有改动。

Note：The standard for evaluation refered to Liu（1996，1997，2000），Wang（2005）and Liu（2006），and modified slightly.

4. 数据处理与分析 采用 Microsoft office Excel 2007 及 SAS 9.0 对数据进行处理。

二、结果与分析

1. 草坪坪用性状测定结果 以 473 份野生狗牙根为研究对象，并以栽培品种'Tifway'和'Tifgreen'为对照，通过观测绿期、密度、色泽、质地、均一性、草坪高度、成坪速度、盖度及抗病性 9 个指标来对其进行综合评价。

①高度：草坪高度是草坪质量的一项重要指标。草层越高表明草坪质量越差，管理费用越高。一般低矮的草坪是首选的因素。本试验草坪高度的变化范围较大，为 1.42～40.50cm，草坪最高的是南非的 A196，最矮的是湖南的 A173。低于对照'Tifgreen'（6.25cm）和'Tifway'（13.73cm）的材料有 13 份，分别是湖南的 A173、江苏的 A259、越南的 A228 和 A267、海南的 A428、A406、A295、A381、A184 和 A370、山东的 A060 和 A137 以及广西的 A367。

②质地：质地是衡量草坪品质的一项重要指标。根据测量叶宽来表示，叶片越窄，表示质地越好，反之越差。根据测量结果发现野生狗牙根的平均叶宽为 0.29cm，叶片最宽的是山东的 A055（0.48cm），比对照'Tifway'（0.20cm）和'Tifgreen'（0.18cm）窄或一样宽的材料有 10 份，其中仅 2 份材料的叶宽为 0.19cm，分别是江苏的 A002 和 A225，8 份材料的叶宽为 0.20cm，分别是山东的 A124、湖南的 A173、江苏的 A259 和 A051、云南的 A236 和 A346、河南的 A231 和 A242。大多数材料的叶宽在 0.25～0.30 间。整体上，野生狗牙根的质地与对照相比略显粗糙。

③密度：密度是草坪质量最重要的指标，草坪密度与草坪质量密切相关，一种不适应当地气候、土壤条件及抗性差的草坪是不可能形成高密度草坪的。在坪用性状评定中，野生狗牙根密度变化范围较大，为 22.00～242.33 枝/100cm²，密度比 Tifway（174 枝/100cm²）和'Tifgreen'（184 枝/100cm²）大的有 7 份材料，分别是江苏的 A259（242 枝/100cm²）、湖南的 A173（235 枝/100cm²）、湖北的 A253（210 枝/100cm²）、云南的 A271（197.5 枝/100cm²）、河南的 A435（189 枝/100cm²）、贵州 A407（184 枝/100cm²）和云南 A189（176.67 枝/100cm²）。

④颜色：叶片颜色是草坪草的一个重要生物学特征，是草坪品质评定的重要指标，叶色越深，草坪质量越好。所观测材料的叶片呈墨绿、深绿、绿、浅绿、黄绿的梯度。仅广东的 A397、海南的 A251、A255 和 A260 为黄绿色，湖南的 A173、江苏的 A259、山东的 A006 和 A156 等 7 份材料为墨绿色，其余均为浅绿、绿色和深绿色，以绿色居多。对照'Tifway'和'Tifgreen'为绿色。

⑤均一性：均一性是草坪密度、颜色、质地、整齐性等差异程度的综合反映。供试材料基本都能形成均一、平整的草坪，基本没有裸露地。其中，有 25.37% 的材料均一性较高，有平整的表面，颜色均匀且较深，密度大。15.64% 的材料均一性一般。其余材料的均一性都良好。

⑥成坪速度：32.1% 的材料能在 3 个月内成坪，来自云南的材料成坪速度较快，如云南的 A189、A194、A198、A238、A271、A485 和 A409 成坪速度比对照'Tifgreen'（108d）和'Tifway'（108d）快，成坪天数为 63d，而来自海南的材料成坪最慢。

⑦盖度：供试材料本都具有很好的覆盖性，覆盖率基本在100％，仅11.63％的材料覆盖率小于90％。覆盖性较差的主要是来自海南的材料，如A175、A319、A321等，成坪性差，盖度小。

⑧绿期：从观察结果看，狗牙根的绿期较长，大多在320d以上，平均绿期为328d，绿期变化范围为289～348d。绿期比对照'Tifway'（336d）和'Tifgreen'（339d）长的有140份材料。绿期最长的是湖南的A173（348d），其次是澳大利亚的A181、巴西的A298和A473、刚果的A393、A443和A452，绿期为345d，最短的是来自上海的A463、A464和A465等材料，绿期为289d。

⑨抗病性：通过田间观测发现狗牙根抗病性较强，无严重病害发生。抗病性稍弱的有上海的A216、A454、A460、A461、A464和A457等，但没有影响它们的正常生长。

2. 草坪坪用质量评定结果　根据表6-1的评级标准将473份野生狗牙根和对照'Tifway'和'Tifgreen'的9个坪用性状加以评分定级，由结果可以看出，各项指标综合得分最高的是江苏的A259和云南的A238，它们的质地、密度、叶色和均一性都较好且成坪快，其次是贵州的A409、湖南的A173、江苏的A438及云南的A271；得分最低的是山东的A008，其叶片粗糙，成坪速度慢，密度及盖度小；其次是山东的A143、上海的A464及浙江的A081等，其中上海的A464绿期最短，坪用性状综合评分位于前50名的见表6-4，其中优于或接近世界著名种'Tifway'和'Tifgreen'的有16份。

表6-4　坪用性状综合评分位于前50名的野生狗牙根种质及'Tifway'和'Tifgreen'

Table 6-4　Evaluation turf characteristics of 50 *C. dactylon* Accessions plus 'Tifway' and 'Tifgreen

序号 No.	来源 Origin	质地 Texture	高度 Heitgh	叶色 Color	成坪天数 Maturate time	密度 Density	均一性 Unifor- mity	抗病性 Disease resistance	盖度 Cover degree	绿期 Green period	综合得分 Total score
A259	江苏 Jiangsu	5	5	5	1	5	5	5	5	5	41
A238	云南 Yunnan	4	3	4	5	5	5	5	5	5	41
A409	贵州 Guizhou	4	3	4	5	5	5	4	5	5	40
A173	湖南 Hunan	5	5	5	1	5	4	4	5	5	39
A438	江苏 Jiangsu	4	5	4	4	4	5	4	5	5	39
A271	云南 Yunnan	4	3	4	5	5	5	4	5	4	39
Tifgreen	美国 America	5	5	3	3	5	5	4	5	4	39
A223	河南 Henan	4	4	3	4	5	5	4	5	5	38
A231	河南 Henan	5	4	3	3	5	5	4	5	4	38
A043	江苏 Jiangsu	3	4	4	3	4	5	5	5	5	38
A189	云南 Yunnan	4	3	4	5	5	5	4	5	3	38
A198	云南 Yunnan	3	3	4	5	5	5	4	5	5	38
A236	云南 Yunnan	5	3	3	4	5	4	4	5	5	38
A292	云南 Yunnan	4	3	4	4	5	5	4	5	4	38
A490	云南 Yunnan	4	4	4	5	5	5	4	5	3	38
A421	贵州 Guizhou	4	4	4	4	5	5	3	5	5	38
A400	广东 Guangdong	3	4	4	3	5	5	4	5	5	38
Tifway	美国 America	5	4	3	3	5	5	4	5	4	38
A436	河南 Henan	3	4	4	4	4	5	4	5	4	37

（续）

序号 No.	来源 Origin	质地 Texture	高度 Heitgh	叶色 Color	成坪天数 Maturate time	密度 Density	均一性 Unifor- mity	抗病性 Disease resistance	盖度 Cover degree	绿期 Green period	综合得分 Total score
A016	天津 Tianjin	3	4	4	4	4	4	4	5	5	37
A056	山东 Shandong	4	4	3	3	5	5	4	5	4	37
A137	山东 Shandong	4	5	3	3	4	5	4	5	4	37
A234	云南 Yunnnan	4	4	2	4	4	5	4	5	5	37
A248	云南 Yunnnan	4	3	4	4	5	4	4	5	4	37
A256	云南 Yunnnan	4	3	4	4	4	4	4	5	4	37
A293	云南 Yunnnan	3	4	4	4	5	4	4	5	4	37
A325	云南 Yunnnan	4	3	4	4	5	4	4	5	4	37
A386	云南 Yunnnan	4	4	4	4	4	4	4	5	4	37
A494	云南 Yunnnan	4	3	4	4	5	5	4	5	3	37
A364	贵州 Guizhou	4	3	4	4	4	4	4	5	5	37
A380	贵州 Guizhou	4	4	2	4	4	5	4	5	5	37
A215	广东 Guangdong	3	5	2	3	5	5	5	5	4	37
A493	广东 Guangdong	4	3	4	3	4	4	5	5	5	37
A326	广西 Guangxi	4	5	4	1	4	5	4	5	5	37
A340	广西 Guangxi	3	5	4	2	3	5	5	5	5	37
A415	广西 Guangxi	4	4	4	1	5	5	4	5	5	37
A285	斯里兰卡 Sri Lanka	3	3	3	4	4	4	4	5	4	37
A106	天津 Tianjin	4	5	2	4	4	5	4	5	3	36
A242	河南 Henan	5	4	2	3	4	5	4	5	4	36
A435	河南 Henan	3	4	3	4	5	5	4	5	4	36
A253	湖北 Hubei	4	4	2	4	5	5	3	5	4	36
A282	湖北 Hubei	4	4	2	4	4	4	4	5	5	36
A262	湖南 Hunan	3	4	4	4	3	5	4	5	4	36
A549	湖南 Hunan	3	3	5	4	2	5	4	5	5	36
A550	湖南 Hunan	3	4	5	4	2	5	5	5	3	36
A367	上海 Shanghai	3	4	4	4	5	5	4	5	2	36
A449	上海 Shanghai	3	4	4	4	4	5	5	5	2	36
A075	安徽 Anhui	4	4	3	4	4	5	4	5	3	36
A139	浙江 Zhejiang	3	4	3	4	4	5	4	5	4	36
A430	浙江 Zhejiang	3	4	5	4	3	5	4	5	3	36
A022	江苏 Jiangsu	3	3	4	4	4	4	4	5	5	36
A025	江苏 Jiangsu	4	4	3	4	2	5	4	5	5	36

3. 坪用价值评定结果 将得分数据矩阵与表 6-3 的权重矩阵相乘，就可得到狗牙根在 4 种类型草坪上的价值得分。

观赏草坪要有较好的景观效果，主要体现在密度、质地、色泽、均一性上。从表中可看出，江苏的 A259 分值最高，为 5 分，'Tifway' 和 'Tifgreen' 均为 4.4 分，比对照 Tifway' 和 'Tifgreen' 高的有江苏的 A259、湖南的 A173、云南的 A238、贵州的 A409、广西 A415、云南 A271 和 A292、河南 A231、广东 A400 等 9 份材料，因具有较高的密度，纤细的质地，诱人的色泽和高度的均一性而拥有最高的观赏价值。上海的 A464（2.3 分）则因密度低、质地粗糙，颜色较浅且绿期最短而得分最低。

就游憩草坪而言，对照 'Tifway' 为 4.3 分、'Tifgreen' 为 4.4 分，分值最高的是江苏 A259（4.6 分），其次为云南 A238（4.55 分）、贵州的 A409（4.45 分）、湖南的 A173（4.4 分）、江苏的 A438（4.35 分）和云南 A271（4.35 分），河南的 A231（4.3 分）和 'Tifway' 一样高；分值最低的是山东的 A008（2.40 分）。

就运动草坪而言，评分比对照 'Tifgreen'（4.20 分）高的有 12 份材料，分别是云南的 A238（4.6 分）、贵州的 A409、云南的 A271、江苏的 A438、云南的 A189 和 A198、河南的 A223 及江苏的 A259；和对照 'Tifway' 一样高的材料有 14 份，分别是河南的 A231 和 A436、云南的 A248、A256、A293、A325、A194、A234 和 A386、贵州的 A364 和 A380、江苏的 A043、山东的 A016、广东的 A400；分值最低的 3 份材料是山东的 A008 和 A443 及浙江的 A081。

保土草坪要求具备较快的成坪速度和较高的密度。其中评分最高的为云南的 A238（4.7 分），较高的有贵州的 A409（4.6 分）、云南的 A271（4.5 分）、云南的 A198（4.4 分）、A189、A232 和 A292 及江苏的 A438 等 27 份材料，它们的评分均比对照 Tifway（4.15 分）'Tifgreen'（4.2 分）高或一样高。分值最低的 3 份材料为山东 A008、浙江的 A081 和上海的 A321。

从观赏、游憩、运动、保土的综合坪用价值评分来看，评分较高（≥4 分）的有 A400、A494、A043、A248、A256 等 50 份材料（表 6-5），其中，比对照 'Tifway'（4.24 分）和 'Tifgreen'（4.30 分）高或一样高的材料有 14 份，即云南的 A238、A271、A189、A292、A490、A236 和 A198、贵州的 A409 和 A421、江苏的 A259 和 A438、湖南的 A173 及河南的 A231 和 A223。其中，A259、A292、A173、A490、A421 和 A431 适合用来开发观赏草坪；A438 和 A236 适合开发游憩草坪；A238、A409、A271、A198 在水土保持中具有开发价值。平均得分在 3 及以下的有 83 份材料，占总材料的 17.54%，这类材料不适合用于草坪开发利用。

表 6-5 综合坪用价值排名前 50 的狗牙根种质及对照 'Tifway' 和 'Tifgreen'
Table 6-5 50 *C. dactylon* Accessions plus 'Tifway' and 'Tifgreen'

来源 Origin	编号 Code	坪用价值 Turf value	来源 Origin	编号 Code	坪用价值 Turf value
河南 Henan	A223	观赏、游憩、保土	河南 Henan	A231	观赏

（续）

来源 Origin	编号 Code	坪用价值 Turf value	来源 Origin	编号 Code	坪用价值 Turf value
河南 Henan	A436	保土	云南 Yunan	A271	保土
湖北 Hubei	A253	游憩、保土	云南 Yunan	A292	观赏
湖南 Hunan	A173	观赏	云南 Yunan	A293	观赏、保土
湖南 Hunan	A549	保土	云南 Yunan	A325	观赏
上海 Shanghai	A367	观赏	云南 Yunan	A386	游憩、保土
上海 Shanghai	A449	保土	云南 Yunan	A426	观赏
安徽 Anhui	A075	游憩、保土	云南 Yunan	A472	观赏
浙江 Zhejiang	A430	保土	云南 Yunan	A475	游憩、保土
江苏 Jiangsu	A022	保土	云南 Yunan	A490	观赏
江苏 Jiangsu	A043	观赏	云南 Yunan	A494	观赏
江苏 Jiangsu	A259	观赏	贵州 Guizhou	A364	观赏、保土
江苏 Jiangsu	A322	保土	贵州 Guizhou	A377	保土
江苏 Jiangsu	A438	游憩、保土	贵州 Guizhou	A380	游憩、保土
山东 Shandong	A016	保土	贵州 Guizhou	A409	保土
山东 Shandong	A056	观赏	贵州 Guizhou	A413	保土
山东 Shandong	A137	游憩	贵州 Guizhou	A421	观赏
云南 Yunnan	A189	保土	广东 Guangdong	A215	游憩
云南 Yunnan	A198	保土	广东 Guangdong	A400	观赏
云南 Yunnan	A232	观赏、保土	广东 Guangdong	A493	观赏
云南 Yunnan	A234	游憩、保土	广西 Guangxi	A326	观赏
云南 Yunnan	A236	游憩、保土	广西 Guangxi	A415	观赏
云南 Yunnan	A238	保土	巴西 Guangxi	A298	观赏
云南 Yunnan	A248	观赏	越南 Vietnam	A265	游憩、保土
云南 Yunnan	A256	观赏	Tifway		观赏
云南 Yunan	A258	游憩、保土	Tifgreen		观赏、游憩

三、讨论

狗牙根是应用较广泛的暖季型草坪草，通过匍匐茎扩展及匍匐茎上斜生出的大量枝条以形成致密的坪面。供试的狗牙根均是采自全国各地及国外的部分材料，其抗病性及抗旱性强。

草坪质量是草坪使用功能的综合表现，主要是对草坪性能进行的综合评价，目前有不同的评价方法及不同的评价指标，通常采用五级制、九级制和十级制等多种形式。本试验中采用较为常用的五级制评定方法，每一指标的评级标准均是根据本试验特点，综合刘建秀和龙瑞军的"草坪质量性状评定标准"和"草坪质量性状等级标准"和宋桂龙的"表观质量各指标分级标准"制定而成（刘建秀，1998，2000）。并根据刘建秀及龙瑞军对四种草坪类型评价指标的权重确定本试验的指标权重，然后对其坪用性状进行评分，最后计算2种草坪草加权后的综合得分，评定其在4种草坪类型中的等级，从而确定其适用范围。本试验在草坪质量评价中，共涉及9个评价指标，即绿期、密度、质地、草坪高度、色泽、均一性、盖度、成坪速度及抗病性。采用综合评价体系对狗牙根的草坪质量进行了评价，筛选出不同使用性能评分较高的50份材料，其中，比对照'Tifway'和'Tifgeen'高的坪用材料有14份。

目前，草坪质量评价仍然是一个复杂而困难的问题。因为综合评价体系中使用了指标分级、指标权重的分配，使该体系中具有较大人为主观性。如叶色指标中按颜色的深浅来定级，这可能会导致一些其他性状极佳的材料评分并不高。其次，评价体系中较多的指标仍然靠间接观察和估计，这都会对草坪质量的准确评价产生影响，需要进一步研究解决（刘伟，2006）。

参 考 文 献

边秀举，张训忠．2005．草坪学基础［M］．北京：中国建筑工业出版社．

胡林．1998．如何用九分制对草坪进行评分［J］．园林（3）：44-45．

吉红，郝志刚．1994．用模糊综合评判法对运动场草坪评床类型与混播配方优化组合的评价［J］．中国草地（1）：41-45．

李景奇．1997．草坪质量的模糊综合评价方法研究［J］．中国园林，13（3）：18-19．

刘及东，陈秋全，焦念智．1999．草坪质量评定方法的研究［J］．内蒙古农牧学院学报，20（2）：44-48．

刘建秀．1998．草坪坪用价值综合评价体系的探讨——1．评价体系的应用［J］．中国草地（1）：44-47．

刘建秀．2000．草坪坪用价值综合评价体系的探讨——11．评价体系的应用［J］．中国草地（3）：54-56．

刘伟．2006．西南区野生狗牙根种质资源遗传多样性与坪用价值研究［D］．雅安：四川农业大学．

任继周．1998．草业科学研究方法［M］．北京：中国农业出版社：382-389．

苏德荣．2000．草坪工程质量评价模型［J］．北京林业大学学报，3（2）：54-55．

孙吉雄．1989．草坪学［M］．兰州：甘肃科学技术出版社．

王钦，谢源芳．1993．草坪质量评定方法［J］．草业科学，10（3）：69-73．

夏汉平，赵南先．2000．中国草坪科学发展过程中几个值得注意的问题［J］．中国园林（5）：13-16．

张珍．2000．草坪质量综合评价体系研究［D］．兰州：甘肃农业大学．

郑海金，华珞，高占国．2003．草坪质量的指标体系和评价方法［J］．首都师范大学学报（自然科学版），24（1）：78-82．

周禾，潘奋成，杨波．1999．草坪质量评价研究方法［C］．面向21世纪的中国草坪科学与草坪业．北京：中国农业大学出版社．

van Wijk A J P．1993．Turfgrass in Europe, cultivar evaluation and advances in breeding［M］．Intertec Publishing Corp：26-37．

第二节　狗牙根种质资源营养价值评价

狗牙根［*Cynodon dactylon*（Linnaeus）Persoon］，别名行义芝、百慕大草、铁线草、绊根草、爬根草等，是禾本科（*Poaceae*）狗牙根属（*Cynodon Richard*）多年生草本植物（Gatschet et al.，1994），狗牙根既是应用最广泛的暖季型草坪草，同时又是优质的牧草。繁殖能力及再生能力较强，叶量丰富，草质柔软，味淡，适口性好，黄牛、水牛、马、山羊、兔等家畜均喜采食。狗牙根根系发达，根量多，是一种良好的水土保持植物；同时也是运动场、公园、庭院、绿化城市、美化环境的良好植物；根茎可以入药，具有清血功效。我国目前栽培利用的狗牙根草坪品种主要有'Tifway'、'Tifgreen'、'Tifdrawf'、'Midiron'、'Mirage'、'Pyramid'、'Jackpot'和'Common'等，用作牧草的品种以岸杂1号（Coastcross-1）为主。

有关狗牙根利用价值的研究大多集中在坪用价值研究方面（刘建秀，1998；刘伟，2006；阿不来提等，2009），而狗牙根作为饲草方面的研究鲜有报道。因此，为充分利用狗牙根种质资源，笔者选取不同生境的91份狗牙根种质，分析不同狗牙根种质的干物质、粗蛋白、粗脂肪、粗纤维、粗灰分、无氮浸出物、钙、磷等营养成分含量，探讨其营养价值，旨在为优良饲草的选育提供理论参考。

一、材料与方法

1. 材料

（1）供试材料　供试的91狗牙根材料来源详见表6-6，供试的狗牙根样品为种植一年的营养生长期材料。

（2）试验地概况　大田试验在海南省儋州市中国热带农业科学院热带作物品种资源研究所试验基地进行。该试验地北纬19°30′，东经109°30′，海拔134m；年平均气温23.4℃，年内平均气温最高月份为6、7月，可达27.7℃，最低月份为1月，为17℃，历年绝对高温38.9℃，绝对低温6.7℃；年平均降雨量1 766.2mm；试验地土壤为砖红壤，试验前土壤化学养分肥力指标分别为：有机质16.6g/kg，碱解氮65.8mg/kg，速效磷20.7mg/kg，速效钾105.3mg/kg，交换钙2.12cmol/kg，交换镁0.75cmol/kg，pH为5.29。

2. 方法

（1）试验方法　田间试验采用随机区组设计，设3个重复，小区面积为1.0m×1.0m，小区间隔1m，株行距为0.3m×0.3m，于2008年12月份种植，材料种植成活后，成坪后进行切边及除杂，让其自然生长。

试验于2009年6月（营养生长期），从3个重复区里，随机抽样割取地上部分的茎叶约500g左右，用报纸包好，称重，105℃杀青30min后，在65～75℃烘48～72h，冷却，称干重。用粉碎机将干样粉碎过0.25mm筛，装入封口的塑料袋中，置于干燥器中保存。

表 6-6　91 份狗牙根种质的来源

Table 6-6　The origin of 91 *Cynodon dactylon* accessions

序号 No.	种质 Accession	来源 Origin	序号 No.	种质 Accession	来源 Origin
1	A131	北京 Beijing	47	A335	四川 Sichuan
2	A160	北京 Beijing	48	A422	四川 Sichuan
3	A130	天津 Tianjin	49	A379	重庆 Chongqing
4	A161	天津 Tianjin	50	A294	广东 Guangdong
5	A146	甘肃 Gansu	51	A374	广东 Guangdong
6	A378	甘肃 Gansu	52	A340	广西 Guangxi
7	A010	河北 Hebei	53	A371	广西 Guangxi
8	A103	河北 Hebei	54	A401	福建 Fujian
9	A105	河北 Henan	55	A492	福建 Fujian
10	A190	河南 Henan	56	A180	海南 Hainan
11	A237	河南 Henan	57	A186	海南 Hainan
12	A436	河南 Henan	58	A373	海南 Hainan
13	A270	湖北 Hubei	59	A381	海南 Hainan
14	A282	湖北 Hubei	60	A428	海南 Hainan
15	A262	湖南 Hunan	61	A181	澳大利亚 Austrialia
16	A299	江西 Jiangxi	62	A298	巴西 Brazil
17	A481	江西 Jiangxi	63	A473	巴西 Brazil
18	A112	江苏 Jiangsu	64	A393	刚果 Congo
19	A017	江苏 Jiagnsu	65	A443	刚果 Congo
20	A322	江苏 Jiagnsu	66	A452	刚果 Congo
21	A068	江苏 Jiagnsu	67	A468	刚果 Congo
22	A090	江苏 Jiagnsu	68	A469	刚果 Congo
23	A107	山东 Shandong	69	A470	刚果 Congo
24	A136	山东 Shandong	70	A471	刚果 Congo
25	A092	山东 Shandong	71	A385	哥伦比亚 Columbia
26	A083	陕西 Shanxi	72	A219	哥斯达黎加 Costa Rica
27	A084	陕西 Shanxi	73	A235	哥斯达黎加 Costa Rica
28	A367	上海 Shanghai	74	A261	哥斯达黎加 Costa Rica
29	A450	上海 Shanghai	75	A217	马来西亚 Malaysia
30	A467	上海 Shanghai	76	A192	柬埔寨 Cambodia
31	A344	安徽 Anhui	77	A209	柬埔寨 Cambodia
32	A044	安徽 Anhui	78	A439	赞比亚 Zambia
33	A096	浙江 Zhejiang	79	A196	南非 South Africa
34	A189	云南 Yunnan	80	A239	斯里兰卡 Sri Lanka
35	A194	云南 Yunnan	81	A285	斯里兰卡 Sri Lanka
36	A198	云南 Yunnan	82	A383	斯里兰卡 Sri Lanka
37	A257	云南 Yunnan	83	A389	斯里兰卡 Sri Lanka
38	A271	云南 Yunnan	84	A388	泰国 Thailand
39	A475	云南 Yunnan	85	A172	印度尼西亚 Indonesia
40	A485	云南 Yunnan	86	A214	印度 India
41	A494	云南 Yunnan	87	A193	越南 Vietnam
42	A337	贵州 Guizhou	88	A266	越南 Vietnam
43	A375	贵州 Guizhou	89	A229	越南 Vietnam
44	A377	贵州 Guizhou	90	A432	Tifway
45	A380	贵州 Guizhou	91	A455	Tifgreen
46	A413	贵州 Guizhou			

（2）测定项目与方法　狗牙根营养成分测定参照《饲料分析及饲料质量检测技术》（张丽英，2002），并稍作修改。以下各测定项目均重复 3 次求平均。

水分（H_2O）：采用直接烘干法测定。干物质含量 $w(DM) = 100\% - w(H_2O)$。

粗蛋白（CP）：植物样品用硫酸－双氧水法消煮后，用靛酚蓝比色法测定消煮液中的氮含量 $w(N)$，再按公式计算样品中的粗蛋白含量 $w(CP)$，即 $w(CP) = w(N) \times 6.25$。

粗脂肪（EE）：采用索式提取法测定。

粗纤维（CF）：采用酸性洗涤法测定。

粗灰分（Ash）：采用高温电炉（550℃）直接灰化法测定。

无氮浸出物（NFE）：按公式 $w(NFE) = 100\% - w(H_2O) - w(CP) - w(EE) - w(CF) - w(Ash)$ 计算。

磷（P）：采用钼锑钪比色法测定。

钙（Ca）：采用等离子发射光谱法测定。

计算营养价值的公式为 $R = \Sigma W_i K_i$（式中，W_i 为各层次因素指标的权重值；K_i 为各因素的指标，i 为各因素。粗蛋白、粗脂肪、粗纤维和无氮浸出物的权重分别为 49.6%、28.7%、14.4% 和 7.3%）（张喜军，1991；白昌军和刘国道，2001；唐燕琼，2008）

（3）数据处理与分析　采用 Microsoft office Excel 2007 对数据进行处理，用 SAS 和 SPASS 16.0 软件进行统计分析。

二、结果与分析

在营养期取样分析常规营养成分，91 份狗牙根的干物质、粗蛋白、粗脂肪、粗纤维、粗灰分、无氮浸出物、磷、钙等营养成分含量均为测定 3 次重复的平均值，测定结果见表 6-7，含量变异比较结果如表 6-8。

表 6-7　91 份狗牙根种质的营养成分含量及营养价值评定

Table 6-7　Nutritional content and evaluation of nutritional quality among 91 *C. dactylon* accessions

| 序号 No. | 种质 Accession | 营养成分含量 w（g/kg） | | | | | | | | 营养价值 Nutrition value （g/kg） | 排序 Order |
		干物质 DM	粗蛋白 CP	粗脂肪 EE	粗纤维 CF	粗灰分 Ash	无氮浸出物 NFE	磷 P	钙 Ca		
64	A393	338.6	152.2	48.5	153.5	85.2	560.6	2.8	5.4	152.4	1
12	A436	279.2	106.5	90.7	231.8	97.1	473.8	2.2	3.5	146.8	2
78	A439	308.4	123.6	57.1	211.7	99.9	507.7	2.2	7.2	145.2	3
69	A470	288.2	114.6	55.4	257.0	92.4	480.7	2.4	5.9	144.8	4
6	A378	303.4	97.1	97.2	190.1	81.1	534.4	2.5	2.7	142.5	5
9	A105	316.0	97.0	58.1	291.3	72.4	481.1	2.8	5.1	141.9	6
27	A084	230.6	107.4	68.7	213.3	92.6	518.0	2.5	5.9	141.5	7
89	A229	366.2	104.3	64.6	205.3	82.6	543.1	3.3	2.3	139.5	8

（续）

序号 No.	种质 Accession	营养成分含量 w（g/kg）								营养价值 Nutrition value （g/kg）	排序 Order
		干物质 DM	粗蛋白 CP	粗脂肪 EE	粗纤维 CF	粗灰分 Ash	无氮浸出物 NFE	磷 P	钙 Ca		
82	A383	371.4	93.0	68.6	277.8	111.7	448.9	3.1	2.3	138.6	9
79	A196	426.8	97.0	60.3	242.3	86.7	513.6	1.9	3.3	137.8	10
86	A214	357.8	113.2	51.1	188.7	104.3	542.8	1.2	3.1	137.6	11
29	A450	266.6	106.4	61.0	199.3	105.4	527.9	2.3	4.4	137.5	12
85	A172	329.8	96.9	80.3	187.9	98.7	536.1	2.7	7.5	137.3	13
8	A103	250.1	97.7	69.0	196.8	85.7	550.8	2.3	4.4	136.8	14
11	A237	290.7	87.1	92.6	213.8	110.7	495.7	2.3	3.9	136.8	15
68	A469	310.4	74.9	52.9	356.9	76.1	439.1	1.7	5.0	135.8	16
36	A198	373.9	85.4	81.5	218.8	88.7	525.6	2.2	5.8	135.6	17
60	A428	316.8	89.4	60.9	215.9	61.1	572.7	1.0	2.9	134.7	18
80	A239	331.9	88.4	65.9	255.2	111.4	479.1	2.2	1.7	134.5	19
87	A193	347.9	96.1	60.9	201.3	94.6	547.0	2.5	2.2	134.1	20
4	A161	279.3	90.6	70.9	204.5	95.0	539.1	2.1	4.0	134.1	21
7	A010	282.5	90.4	67.9	212.5	93.8	535.3	2.3	4.0	134.0	22
26	A083	270.8	77.9	79.0	247.8	89.7	505.4	1.9	5.5	133.9	23
1	A131	255.7	91.1	48.0	259.3	89.6	512.1	1.8	5.5	133.7	24
81	A285	319.8	91.0	64.9	238.3	120.8	485.1	2.8	1.7	133.5	25
71	A385	444.5	87.1	61.7	233.1	91.9	526.1	2.3	4.0	132.9	26
83	A389	382.1	94.3	51.5	234.8	106.7	512.7	3.6	1.4	132.8	27
63	A473	305.5	89.8	50.1	225.1	68.7	566.2	1.3	1.1	132.7	28
74	A261	384.7	99.0	50.1	210.6	111.8	528.4	2.9	1.9	132.4	29
88	A266	341.4	92.1	53.6	223.6	98.8	531.9	2.5	2.5	132.1	30
21	A68	343.6	94.7	53.7	197.0	92.4	562.2	2.4	5.2	131.8	31
41	A494	336.7	96.2	45.7	193.0	82.6	582.4	2.4	6.2	131.1	32
25	A092	383.8	102.0	36.5	193.5	99.3	568.6	2.2	7.7	130.4	33
28	A367	256.3	102.3	31.7	185.1	88.3	592.6	1.9	5.2	129.7	34
31	A344	410.6	90.3	61.3	162.2	85.4	600.9	2.5	6.2	129.6	35
34	A189	353.8	91.5	48.5	182.0	77.8	600.2	1.9	3.9	129.3	36
77	A209	383.9	80.2	61.1	244.7	112.6	501.4	2.3	5.3	129.2	37
10	A190	245.9	86.7	65.2	172.2	93.5	582.4	4.0	7.2	129.0	38
72	A219	402.3	79.2	68.3	204.6	96.6	551.2	2.3	3.8	128.6	39
30	A467	273.9	104.7	25.2	176.5	96.7	596.8	2.6	5.0	128.2	40
33	A96	358.7	88.1	52.0	194.6	98.5	566.8	2.8	4.3	128.0	41
14	A282	299.2	93.0	59.3	159.9	116.4	571.3	2.0	2.8	127.9	42
2	A160	341.5	87.9	38.0	222.8	92.1	559.3	1.8	8.6	127.4	43
49	A379	272.7	91.4	35.2	203.0	89.0	581.3	1.6	5.5	127.1	44
37	A257	308.6	81.1	44.2	228.1	81.6	564.9	2.1	5.1	127.0	45
70	A471	281.7	90.2	47.7	176.6	95.7	589.8	2.4	5.2	126.9	46
19	A017	317.5	84.1	35.2	267.7	112.1	500.9	2.4	9.0	126.9	47
38	A271	349.3	91.0	23.5	221.7	75.4	588.3	2.0	7.5	126.8	48
23	A107	313.0	85.1	44.8	217.5	99.7	552.8	2.5	5.4	126.8	49
65	A443	332.0	81.1	52.0	202.6	84.2	580.1	2.0	8.8	126.7	50
5	A146	296.4	71.9	78.3	169.6	80.7	599.5	2.0	2.4	126.3	51

（续）

序号 No.	种质 Accession	营养成分含量 w（g/kg）								营养价值 Nutrition value （g/kg）	排序 Order
		干物质 DM	粗蛋白 CP	粗脂肪 EE	粗纤维 CF	粗灰分 Ash	无氮浸 出物 NFE	磷 P	钙 Ca		
57	A186	420.5	73.9	62.2	181.9	62.1	619.9	1.2	5.1	125.9	52
73	A235	382.1	73.9	53.3	236.0	97.1	539.7	2.5	1.6	125.3	53
40	A485	274.5	71.0	46.9	238.5	64.0	579.6	2.2	8.5	125.3	54
17	A481	334.7	77.7	69.1	155.7	87.4	610.2	1.6	6.9	125.3	55
46	A413	396.6	84.3	51.7	153.7	75.9	634.4	2.4	3.8	125.1	56
42	A337	333.7	104.8	3.7	198.9	104.3	588.2	2.8	5.2	124.6	57
51	A374	442.0	80.2	57.6	137.7	60.5	664.0	1.2	1.5	124.6	58
50	A294	396.3	74.0	56.4	182.0	64.0	623.7	1.0	1.9	124.6	59
3	A130	253.7	69.6	66.8	195.2	82.9	585.5	2.2	2.9	124.6	60
13	A270	288.8	79.2	48.7	191.2	83.5	597.4	4.5	3.7	124.4	61
22	A090	330.8	75.6	42.2	222.3	80.1	579.9	2.0	5.7	123.9	62
59	A381	353.2	69.4	71.2	180.1	88.8	590.4	1.2	3.2	123.9	63
32	A044	301.7	79.2	52.2	190.1	100.8	577.7	2.0	5.2	123.8	64
91	A455	297.3	67.8	51.9	245.2	88.4	546.7	2.3	1.2	123.7	65
16	A299	322.6	70.5	81.6	134.1	83.8	629.9	2.3	2.5	123.7	66
61	A181	406.6	69.4	57.0	183.4	60.2	630.0	1.1	2.8	123.2	67
56	A180	384.4	71.7	59.1	175.4	72.7	621.1	1.3	2.7	123.1	68
62	A298	346.1	65.4	50.7	231.8	67.5	584.5	1.0	1.2	123.0	69
43	A375	348.3	78.3	54.5	178.9	102.6	585.8	2.3	5.6	123.0	70
66	A452	388.4	69.8	50.4	213.5	82.3	584.1	2.0	5.8	122.4	71
84	A388	376.8	70.4	55.0	210.5	97.9	566.2	2.7	3.3	122.3	72
76	A192	460.6	72.0	56.1	188.7	96.2	587.0	1.9	2.1	121.8	73
24	A136	371.3	75.8	42.2	197.9	89.1	595.0	2.4	3.9	121.6	74
52	A340	394.3	72.2	51.1	163.2	77.5	636.1	0.8	2.7	120.4	75
20	A322	368.9	70.8	48.6	176.5	81.5	622.6	2.4	3.0	119.9	76
90	A432	332.0	76.2	36.8	182.4	84.7	619.6	2.5	1.3	119.9	77
15	A262	368.2	75.4	51.3	134.0	79.5	659.9	2.1	4.6	119.6	78
48	A422	325.4	79.8	25.5	187.7	81.7	625.3	2.1	3.4	119.6	79
45	A380	408.7	71.3	49.2	160.3	80.6	638.6	2.3	4.4	119.2	80
39	A475	325.5	64.0	56.0	179.1	81.2	619.7	2.1	5.4	118.9	81
44	A377	360.8	78.2	29.3	181.4	88.3	622.9	2.5	7.2	118.8	82
35	A194	313.1	78.7	20.3	178.8	79.1	643.2	2.0	4.7	117.5	83
55	A492	397.0	59.2	62.1	155.2	72.4	651.1	1.3	2.3	117.1	84
75	A217	410.4	70.2	56.8	117.6	84.0	671.4	1.2	4.4	117.1	85
58	A373	297.2	76.3	26.7	205.0	125.1	566.8	1.5	3.4	116.4	86
54	A401	435.0	55.7	61.8	140.0	57.7	684.8	0.8	2.1	115.5	87
47	A335	337.4	68.5	25.0	175.4	94.0	637.1	2.5	5.7	112.9	88
53	A371	445.8	31.3	47.8	123.5	51.1	746.3	1.1	3.4	101.5	89
18	A112	325.7	9.3	35.5	189.0	77.1	689.1	0.6	4.3	92.3	90
67	A468	344.1	9.2	47.6	168.9	98.9	675.4	0.6	4.4	91.8	91

表 6-8 91 份狗牙根营养成分含量变异比较

表 6-8 91 份狗牙根营养成分含量变异比较

Table 6-8　Variation comparison of nutritional content among 91 *C. dactylon* accessions

项目 Item	营养成分含量 Nutritional conten（g/kg）								营养价值 Nutritional value （g/kg）
	干物质 DM	粗蛋白 CP	粗脂肪 EE	粗纤维 CF	粗灰分 Ash	无氮浸 出物 NFE	磷 P	钙 Ca	
最大值 Max	460.6	152.2	97.2	356.9	125.1	746.3	4.5	9	152.4
最小值 Min	230.6	9.2	3.7	117.6	51.1	439.1	0.6	1.1	91.8
平均值 Average	339.9	83.2	54.1	200.2	88.4	574.1	2.1	4.3	127.5
标准差 Standard deviation	51.9	19.4	16	37.9	14.6	56.8	0.7	1.9	9.8
变异系数 Variable coefficient(%)	15.27	23.34	29.63	18.93	16.56	9.89	32.22	44.92	7.65
F 值 F value	**	**	**	**	**	**	**	**	**

由表 6-7、表 6-8 可以看出，91 份狗牙根种质干物质含量 w 范围为 230.6～400.6g/kg，平均为 339.9g/kg；粗蛋白含量 w 的范围为 9.2～152.2g/kg，平均为 83.2g/kg；粗脂肪含量 w 平均为 54.1g/kg，范围为 3.7～97.2g/kg；粗纤维含量 w 平均为 206.2g/kg，范围为 117.6～356.9g/kg；粗灰分含量 w 平均为 88.4g/kg，范围为 51.1～125.1g/kg；无氮浸出物含量 w 平均为 574.1g/kg，范围为 439.1～746.3g/kg。其中，粗蛋白、粗脂肪、粗纤维、粗灰分、磷和钙的变异均大于 10%，而无氮浸出物的变异最小，小于 10%。

1. 干物质含量　干物质是衡量植物有机物积累、营养成分多寡的一个重要指标。干物质含量 w 的高低从侧面上反映了饲料中各营养物质的总含量，它与饲料的保存状况、存放时间、外部条件等有关。从表 6-8 中可以看出，狗牙根种质的干物质含量平均为 339.9g/kg，变化范围为 230.6～460.6g/kg，变异系数为 152.7g/kg，干物质含量高于平均值的狗牙根种质有 34 份。其中：干物质含量最高的为 A192（460.6g/kg），其次是 A371（445.8g/kg）、A385（444.5g/kg）、A374（442.0g/kg）；最低的为 A084（230.6g/kg），其次是 A190（245.9g/kg）和 A103（250.1g/kg）。

2. 粗蛋白含量　粗蛋白质含量 w 的高低是衡量饲草营养价值的重要指标，饲草营养价值含量与粗蛋白含量成正比。从表 6-8 可以看出，91 份狗牙根种质植株的粗蛋白含量平均为 83.2g/kg，变化范围为 9.2～152.2g/kg，变异系数为 23.34%。粗蛋白含量高于平均值的狗牙根种质有 46 份，‘Tifway’和‘Tifgreen’的蛋白质含量均低于平均值。其中，蛋白质含量最高的是刚果的 A393（152.2g/kg），其次是 A439（123.6g/kg）、A470（114.6g/kg）、A214（113.2g/kg）及 A084（107.4g/kg）等，粗蛋白含量最低的 3 份是 A468（9.2g/kg）、A112（9.3g/kg）和 A371（31.3g/kg）。

3. 粗纤维含量　粗纤维含量 w 也是评价饲草营养价值的重要指标。一般情况下，饲草粗纤维不易被家畜消化，所以其营养价值与粗纤维含量成反比。从表 6-8 可知，狗牙根种质的粗纤维含量平均为 200.2g/kg，低于平均值的狗牙根种质有 50 份，粗纤维含量变化范围为 117.6～356.9g/kg，变异系数为 18.93%。其中，粗纤维含量最低的为 A217（117.6g/kg），其次是 A371（123.5g/kg）、A262（134.0g/kg）、A299（134.1g/kg）及 A374（137.7g/kg）等；最高的是 A469（356.9g/kg），其次是 A105（291.3g/kg）、

A383（277.8g/kg）及 A017（267.7g/kg）等。

4. 营养成分指标间的相关分析　利用 SAS 软件，对粗蛋白、粗脂肪及粗纤维等 7 个营养指标进行指标间相关分析，结果见表 6-9，从表 6-9 种可知：粗蛋白与粗灰分呈极显著正相关，与粗纤维呈显著正相关；粗纤维与粗灰分呈极显著正相关；粗脂肪与无氮浸出物呈极显著负相关，与钙呈显著负相关；无氮浸出物与钙没有显著相关关系，与其余几个指标均呈极显著负相关；磷和粗蛋白和及粗灰分呈极显著正相关，与粗纤维呈显著正相关，与其他成分无明显相关关系；钙和粗脂肪呈显著负相关，与其他指标无明显相关关系；其余指标间无明显相关关系。这说明粗蛋白含量越高，粗纤维、粗灰分及磷含量越高，而无氮浸出物含量越低。

表 6-9　狗牙根营养成分含量间的相关分析

Table 6-9　Correlation among the nutritional content of *C. dactylon* accessions

项目 Item	粗蛋白 CP	粗脂肪 EE	粗纤维 CF	粗灰分 Ash	无氮浸出物 NFE	磷 P
粗脂肪 EE	0.077 4					
粗纤维 CF	0.229 4*	0.039 8				
粗灰分 Ash	0.338 6**	0.014 4	0.275 0**			
无氮浸出物 NFE	−0.604 5**	−0.338 3**	−0.828 1**	−0.561 3**		
磷 P	0.486 0**	0.037 9	0.221 2*	0.447 8**	−0.440 0**	
钙 Ca	0.170 0	−0.240 8*	0.090 0	0.084 6	−0.071 9	0.142 3

注：r0.01＝0.267，r0.05＝0.205，n＝91，＊和＊＊分别表示 r 值达到显著（α＝0.01）和极显著（α＝0.05）水平

Note：r0.01＝0.267，r0.05＝0.205，n＝91，＊ and ＊＊ means significant difference at 0.05 and 0.01 level, respectively.

5. 营养价值聚类分析　狗牙根营养价值的评价以粗蛋白、粗脂肪、粗纤维和无氮浸出物作为判断指标。从表 6-7 中可知，91 份狗牙根的营养价值范围为 91.8～152.4g/kg，平均为 127.5g/kg。营养价值最高的种质为 A393（152.4g/kg），该种质也是蛋白质含量最高的；其次是 A436（146.8g/kg）、A439（145.2g/kg）和 A470（144.8g/kg），他们的蛋白质含量也是比较高的；最低的为 A468（91.8g/kg），其次是 A112（92.3g/kg）、A371（101.5g/kg）及 A335（112.9g/kg）等，它们的蛋白质含量均比较低。

根据营养价值计算欧氏距离，利用 SPASS 16.0 软件，根据类平均法（UPGMA）进行聚类分析（图 6-1），从图 6-1 可以看出，营养价值聚类结果可将 91 份种质分为 3 种类型，即高营养型、普通营养型及低营养型。

第Ⅰ类（普通营养型）包括 57 份种源，该类的营养价值中等。

第Ⅱ类（低营养型）仅包括 A112 和 A468 两份种质，占总种源的 2.20%，其营养价值最差，这 2 份种质的蛋白质含量也是最低的。

第Ⅲ类（高营养型）包括 32 份种质，占总种源的 35.38%，其营养价值较高（表 6-7），可用于饲草开发。

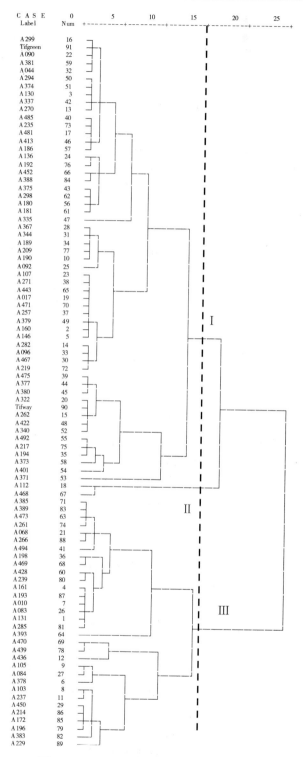

图 6-1 91 份狗牙根营养价 UPGMA 聚类

Figure 6-1 UPGMA dendrogram for nutritional quality among 91 *C. dactylon* accessions

三、结论与讨论

本研究结果发现，营养价值最高的种质为 A393，该种质也是蛋白质含量最高的；其次是 A436、A439 和 A470，他们的蛋白质含量也是比较高的；最低的为 A468，其次是 A112、A371 及 A335 等，它们的蛋白质含量均比较低。从这个研究结果可看出，一般蛋白质含量高，其营养价值也高。研究结果还发现，不同种质的营养成分含量不同。造成狗牙根种质之间各营养成分含量不同的原因既有遗传方面的因素，也有发育时期上的差异因素，因此本试验取样季节控制为种质营养生长期。

营养价值的高低是评价牧草是否优良的重要指标。牧草的营养价值主要取决于所含营养成分的种类和数量。营养成分指牧草饲用部分营养物质的组分，包括粗蛋白质、粗脂肪、粗纤维、无氮浸出物、钙、磷及其他微量元素。其中粗蛋白质和粗纤维含量是 2 项重要指标，提高牧草粗蛋白质含量，降低纤维素含量是提高牧草营养价值，改善牧草品质的重要内容，也是牧草育种的主要目标性状。粗蛋白质含量越高营养成分越好；牧草中粗蛋白的含量随生长期的不同而不同。一般来讲，幼嫩期的粗蛋白含量最高，营养中期粗蛋白含量处于中等水平，粗纤维含量较为丰富。91 份狗牙根种质之间在粗蛋白、粗纤维含量上存在差异，这些差异是进一步筛选蛋白质含量高、粗纤维含量低的狗牙根育种材料的重要依据。在狗牙根营养成分测定的基础上，兼顾产量才能筛选出高产优质的狗牙根品种。

分析牧草中 5 种概略养分（粗蛋白质、粗脂肪、粗纤维、粗灰分及无氮浸出物）的方法是 1860 年在德国创立的，这套分析方法简便易行，至今仍在沿用。从家畜营养角度出发，通过这种方法可将牧草分为多汁性、蛋白丰富性、高能性和纤维质性牧草几大类。其评判以单一养分含量规定的临界值为标准，如粗蛋白质含量超过 20% 即认为是蛋白性的；当粗纤维含量超过 18% 时被认为是纤维质性的（郑凯等，2006）。本试验所测定的 91 份狗牙根种质中，蛋白质含量均低于 20%，粗纤维含量平均为 20.62%，其中 67 份种质粗纤维含量超过 18%，占总材料的 72.52%，若将该试验结果与郑凯等人的标准相比，则均不属蛋白性牧草；大部分属纤维性质性的。当一种牧草的粗蛋白质和粗纤维含量同时超过该标准时，它的归属性就不便区分。显然，这种忽略牧草营养成分正负效应和成分间配比作用的评价方法是不全面的。

夏明等结合中性洗涤纤维和酸性洗涤纤维分析法及酶分析法，采用聚类分析对牧草营养成分进行综合评价。其要点是以牧草为实体，以营养成分为属性，通过描述各实体属性间的相似性对牧草进行分类。通过这些特征对牧草进行评价是一种既考虑到不同成分的正负效应，又注重成分间配比作用的综合评价方法。本试验结合夏明（2000）和白昌军等人（2010）的方法，以粗蛋白、粗脂肪、粗纤维和无氮浸出物作为狗牙根营养价值评价的指标，通过规范化计算得出粗蛋白、粗脂肪、粗纤维和无氮浸出物的权重，依据公式计算各种源的营养价值，并根据类平均法（UPGMA）对营养价值进行聚类分析，聚类结果可将 91 份种源分为 3 类，即高营养型、普通营养型和低营养型。

牧草品质育种离不开一套完整的评价体系。目前，我国饲草品质评价体系还不成熟，有待于进一步完善。

参 考 文 献

阿不来提，李培英，孙宗玖，等 . 2009. 新农 2 号狗牙根的选育 [J]. 草业科学，26 (6)：177-179.

白昌军，刘国道 . 2001. 臂形草属牧草产草量及饲用价值研究 [J]. 草地学报，9 (2)：110-116.

刘建秀 . 1998. 草坪坪用价值综合评价体系的探讨—1. 评价体系的应用 [J]. 中国草地 (1)：44- 47.

刘伟 . 2006. 西南区野生狗牙根种质资源遗传多样性与坪用价值研究 [D]. 雅安：四川农业大学：73-84.

唐燕琼 . 2008. 柱花草种质资源评价及遗传多样性分析 [D]. 儋州：海南大学 .

夏明，桂荣 . 2000. 牧草营养成分聚类分析与评价 [J]. 中国草地 (4)：33- 37.

张丽英 . 2002. 饲料分析及饲料质量检测技术 [M]. 北京：中国农业大学出版社：45-80.

张喜军，祝廷成 . 1991. 牧草饲用价值综合评价的数学模型 [J]. 中国草地 (6)：63-67.

郑凯，顾洪如，沈益新，等 . 2006. 牧草品质评价体系及品质育种的研究进展 [J]. 23 (5)：57-61.

Gatschet M J，Taliaferro C M，Anderson J A，et al. 1994. Cold acclimation and alterations in protein synthesis in bermudagrass crowns [J]. Journal of the American Society for Horticultural Science，119 (3)：477-480.

第七章

狗牙根种质资源耐盐性研究

第一节　狗牙根耐盐性种质筛选

　　土壤盐渍化是威胁人类赖以生存的有限土地资源的重要因素之一，随着世界范围土地盐化、次生盐渍化的不断加剧和盐渍地建坪地的不断扩大，盐胁迫作为一种常见的非生物胁迫，它显著抑制植物的生长和发育。盐胁迫可能通过两种方式抑制植物的生长。一种是土壤中的盐会降低植物吸水的能力，导致植物生长速率降低。这称为盐胁迫的渗透或者水分缺失效应。另外一种是过量的盐从蒸腾流进入植物体内，会造成叶片细胞的损伤，可能进一步抑制植物的生长。这被称作盐特有的或者离子过量效应（Greenway and Munns，1980）。盐胁迫打破离子的动态平衡，影响植物的萌发、生长、营养平衡和产量等。在初期阶段，盐胁迫对植物生长的影响主要在于植物体外的盐。盐胁迫降低叶片的生长，对根生长有较小程度的影响（Munn，1993）。研究草坪草对盐胁迫的适应性，以期提高草坪草的耐盐能力和草坪质量，越来越引起了人们的兴趣（李彬等，2005；徐明岗等，2006；张秀英，2000）。

　　狗牙根为禾本科狗牙根属（Cynodon Richard）C_4型多年生草本植物，有9种1变种，分布在我国的有2种1变种，即普通狗牙根［Cyndon dactylon（Linnaeus）Persoon］弯穗狗牙根（C. radiatus Roth ex Roemer et Schultes）和双花狗牙（C. dactylon var. biflorus Merino）（Taliaferro，1995；Flora of China Editorial Committee，2006），因具有繁殖力强、抗旱、抗盐碱、耐重金属、耐践踏、色泽好等优点，被国内外广泛用于建植运动场、公园及固土护坡（王赞等，2001）。我国野生狗牙根资源非常丰富，据我们前期调查情况及文献报道，狗牙根有较强的耐盐性，但品种之间存在差异，这就为选育耐盐狗牙根品种提供了可能（翟凤林和曹鸣庆，1986；王红玲等，2004）。为此，本试验以采自国内20个省（自治区、直辖市）及国外6个国家的403份狗牙根材料为研究对象，通过耐盐性鉴定试验，筛选出耐盐狗牙根种质，为狗牙根耐盐育种提供优良亲本。

一、材料与方法

　　1. 材料　供试材料为狗牙根属的403份野生种质，包括普通狗牙根369份，弯穗狗牙根33份，双花狗牙根1份，其中采自国内的种质386份，采自国外的种质17份。由中国热带农业科学院热带作物品种资源研究所草业研究室从中国20个省（自治区、直辖市）及国外6个国家和地区采集而来。

　　2. 方法

　　（1）荷格伦特（Hongland）营养液的配置方法　荷格伦特营养液的配方如下：

①大量元素：每升培养液中加入 KH_2PO_4 136mg，KNO_3 506mg，$Ca(NO_3)_2 \cdot 4H_2O$ 1 108mg，$MgSO_4 \cdot 7H_2O$ 693 mg。

②微量元素：每升培养液中加入 H_3BO_3 2.86 mg，$MnCl_2 \cdot 4H_2O$ 1.81 mg，$ZnSO_4 \cdot 7H_2O$ 0.22 mg，$CuSO_4 \cdot 5H_2O$ 0.08 mg，$H_2MoO_4 \cdot H_2O$ 0.02 mg。

③每升培养液中加入 1ml FeEDTA 溶液（即乙二胺四乙酸铁盐溶液）。

先配出各种盐类的母液。注意避免母液中出现沉淀。使用时按一定的比例加水稀释到使用的浓度。营养液的 pH 采用 pH 及测定，用 NaOH 或稀 HCl 调整营养液 pH 值至 6.5 左右。

（2）育苗　本试验于 2009 年 3 月在中国热带农业科学院热带作物品种资源研究所牧草基地进行，每份种质种植于 $1.0m^2$ 的试验小区，重复 3 次，待狗牙根长成坪，选取小区中生长健壮的狗牙根作为材料，剪去大部分根系并剔除枯叶，扦插于装有同样重量的沙和肥料混合基质的育苗杯中，每份材料育 50 杯，每杯育 3～5 株，按常规统一进行浇水管理，待植株生长稳定即可移入装有营养液的泡沫箱中。

（3）营养液培养　采用荷格伦特营养液对植株进行水培。每个泡沫箱加营养液 20L，将苗修剪整齐，去掉枯叶，洗净根部泥沙，插在泡沫板上固定，放入泡沫箱中，每份材料 3 个重复，每个重复 10 株。

（4）盐处理　培养液的 NaCl 浓度用化学纯 NaCl 调节。参试种质先在营养液中生长 10d，待植株生长稳定后再进行盐处理。盐处理期间，每隔 5d 观察记录植株叶片萎蔫、叶色变化、植株存活数等情况并及时补充因蒸发而损失的水分。

①盐处理初选：所有参试材料在 20g/L 的 NaCl 培养液中处理 30d 后，记录并清理掉死亡植株；更换营养液，重新并将营养液中的 NaCl 浓度提高到 26g/L，30d 后，记录并清理掉死亡植株。再次更换营养液，并将营养液中 NaCl 质量分数提高到 31g/L，继续培养 30d。

②不同盐浓度梯度复选试验：采用荷格伦特营养液对植株进行水培。将初选出的 21 份耐盐种质进行不同盐浓度梯度处理，以进一步评价其耐盐程度。采用双因子随机区组试验，每个处理重复 3 次，每个重复 10 株苗。盐处理浓度设为 0（对照）、2.0、2.2、2.5、2.8 和 3.0%，处理 30d 结束。

（5）耐盐级别评定标准　盐处理 30d 后，对植株叶片盐害级别进行评定，评定的标准如下：根据耐盐鉴定通用方法，主要依据存活率和植株综合表现评定级别，盐害鉴定分为 5 级（表 7-1）。

表 7-1　盐害级别鉴定标准

Table 7-1　The standard perfection of salt injury grade

盐害级别 Salt injury grade	盐害症状 Salt injury symotom
0	无盐害症状
1	轻度盐害，约 1/3 的叶尖和叶缘失水萎蔫状
2	中度盐害，约 1/2 的叶尖和叶缘失水萎蔫并有焦枯
3	重度盐害，约 2/3 叶尖和叶缘失水萎蔫并有焦枯，焦枯面积约达 1/3
4	极度盐害，所有叶片叶尖及叶缘焦枯，面积达 1/2 以上
5	植株叶片全部枯死

二、结果与分析

1. 盐处理初选结果　通过观测，403 份狗牙根种质在 2.0％NaCl 营养液中处理 30d，其中枯死材料 51 份，占总数的 12.66％，供试的双花狗牙根和弯穗狗牙根均枯死，极少部分普通狗牙根枯死。将存活的 352 份材料在 2.6％ NaCl 营养液中处理 30d，其中枯死材料 331 份，占总数的 94.03％。21 份普通狗牙根存活，其信息见表 7-2，占总数 5.21％，说明 26g/L 盐质量分数已是大部分狗牙根的耐盐极限。将存活的 21 份耐盐材料在 3.1％NaCl 营养液中处理 30d，材料全部死亡，说明在高盐浓度下，狗牙根无法存活。

表 7-2　26g/L 盐浓度中存活狗牙根种质信息

Table 7-2　The survival information of *C. dactylon* accession at 26 g/L NaCl concentration

种质 Accession	采集地 Collection site	生境 Habitat
A38	山东日照 Rizhao，Shandong	草地 Grassland
A172	泰国 Thailand	海边 Seaside
A200	福建上杭 Shanghang，Fujian	平地 Flat
A71	海南三亚 Sanya，Hainan	沙地 Sand
A195	海南白沙 Baisha，Hainan	路边 Roadside
A207	海南三亚 Sanya，Haina	海边 Seaside
A251	海南五指山 Wuzhishan，Hainan	荒坡 Waste hillside
A260	海南儋州 Danzhou，Hainan	荒地 Wasteland
A278	海南五指山 Wuzhishan，Hainan	海边 Seaside
A286	海南临高 Lingao，Hainan	山坡 Hillside
A300	海南澄迈 Chengmai，Hainan	路边 Roadside
A341	海南五指山 Wuzhishan，Hainan	荒地 Wasteland
A384	海南乐东 Ledong，Hainan	荒地 Wasteland
A404	海南三亚 Sanya，Haina	海边 Seaside
A405	海南东方 Dongfang，Hainan	荒地 Wasteland
A417	海南儋州 Danzhou，Hainan	路边 Roadside
A213	广东曲江 Qujiang，Guangdong	平地 Flat
A398	广东湛江 Zhanjiang，Guangdong	路边 Roadside
A120	浙江台州 Taizhou，Zhejiang	路边 Roadside
A157	浙江象山 Xiangshan，Zhejiang	山坡 Hillside
A158	浙江温岭 Wenling，Zhejiang	路边 Roadside

2. 不同盐浓度梯度处理结果　将初选出的 21 份耐盐种质进行不同盐浓度梯度复选，种质的盐害情况见表 7-3。从表 7-3 可以看出，21 份种质在不同盐浓度梯度处理 30d 后，从形态变化上看，当盐浓度为 20g/L 时，所有种质均无盐害症状；盐浓度 22g/L 时，部分种质出现轻度盐害症状，叶尖叶缘有轻微的萎蔫；盐质浓度为 25g/L，所有种质均表现

出明显的盐害症状，A404 等 5 份种质出现了极度盐害，叶片大面积焦枯，A200 等 3 份种质出现了重度盐害，叶片失水萎蔫，约 1/3 叶面积焦枯，A407 等 13 份种质为中度盐害，约 1/2 的叶尖和叶缘失水萎蔫并有焦枯；盐浓度为 28g/L 时，A260 等 10 份种质已经枯死，A71 等 11 份种质仍存活，但都达到了重度或极度盐害，已经接近死亡；盐浓度为 30g/L 时，剩余的 11 份种质全部枯死。

表 7-3　不同盐浓度梯度复选盐害情况

Table 7-3　Salt injurie after the different NaCl concentration treatments

种质 Accession	NaCl 浓度 The concentration of NaCl（g/L）				
	20	22	25	28	30
A38	无盐害症状	轻度盐害，约 1/3 的叶尖和叶缘失水萎蔫	极度盐害，所有叶片叶尖及叶缘焦枯，面积达 1/2 以上	植株全部枯死	植株全部枯死
A71	无盐害症状	无盐害症状	中度盐害，约 1/2 的叶尖和叶缘失水萎蔫并有焦枯	重度盐害，约 2/3 叶尖和叶缘失水萎蔫并有焦枯，焦枯面积约达 1/3	植株全部枯死
A120	无盐害症状	无盐害症状	重度盐害，约 2/3 叶尖和叶缘失水萎蔫并有焦枯，焦枯面积达 1/3	植株全部枯死	植株全部枯死
A157	无盐害症状	无盐害症状	重度盐害，约 2/3 叶尖和叶缘失水萎蔫并有焦枯，焦枯面积约达 1/3	植株全部枯死	植株全部枯死
A158	无盐害症状	无盐害症状	中度盐害，约 1/2 的叶尖和叶缘失水萎蔫并有焦枯	重度盐害，约 2/3 叶尖和叶缘失水萎蔫并有焦枯，焦枯面积约达 1/3	植株全部枯死
A172	无盐害症状	无盐害症状	中度盐害，约 1/2 的叶尖和叶缘失水萎蔫并有焦枯	重度盐害，约 2/3 叶尖和叶缘失水萎蔫并有焦枯，焦枯面积约达 1/3	植株全部枯死
A195	无盐害症状	轻度盐害，约 1/3 的叶尖和叶缘失水萎蔫状	中度盐害，约 1/2 的叶尖和叶缘失水萎蔫并有焦枯	重度盐害，约 2/3 叶尖和叶缘失水萎蔫并有焦枯，焦枯面积约达 1/3	植株全部枯死
A200	无盐害症状	无明显盐害症状	重度盐害，约 2/3 叶尖和叶缘失水萎蔫并有焦枯，焦枯面积约达 1/3	植株全部枯死	植株全部枯死
A207	无盐害症状	轻度盐害，约 1/3 的叶尖和叶缘失水萎蔫状	中度盐害，约 1/2 的叶尖和叶缘失水萎蔫并有焦枯	重度盐害，约 2/3 叶尖和叶缘失水萎蔫并有焦枯，焦枯面积约达 1/3	植株全部枯死

（续）

种质 Accession	NaCl 浓度 The concentration of NaCl（g/L）				
	20	22	25	28	30
A213	无盐害症状	轻度盐害，约1/3叶尖和叶缘失水萎蔫状	极度盐害，所有叶片尖及叶缘焦枯，面积达1/2以上	植株全部枯死	植株全部枯死
A251	无盐害症状	无盐害症状	中度盐害，约1/2的叶尖和叶缘失水萎蔫并有焦枯	重度盐害，约2/3叶尖和叶缘失水萎蔫并有焦枯，焦枯面积约达1/3	植株全部枯死
A260	无盐害症状	轻度盐害，约1/3的叶尖和叶缘失水萎蔫状	极度盐害，所有叶片叶尖及叶缘焦枯，面积达1/2以上	植株全部枯死	植株全部枯死
A278	无盐害症状	无盐害症状	中度盐害，约1/2的叶尖和叶缘失水萎蔫并有焦枯	重度盐害，约2/3叶尖和叶缘失水萎蔫并有焦枯，焦枯面积约达1/3	植株全部枯死
A286	无盐害症状	无盐害症状	中度盐害，约1/2的叶尖和叶缘失水萎蔫并有焦枯	重度盐害，约2/3叶尖和叶缘失水萎蔫并有焦枯，焦枯面积约达1/3	植株全部枯死
A300	无盐害症状	轻度盐害，约1/3的叶尖和叶缘失水萎蔫状	极度盐害，所有叶片叶尖及叶缘焦枯，面积达1/2以上	植株全部枯死	植株全部枯死
A341	无盐害症状	轻度盐害，约1/3的叶尖和叶缘失水萎蔫状	极度盐害，所有叶片叶尖及叶缘焦枯，面积达1/2以上	植株全部枯死	植株全部枯死
A384	无盐害症状	轻度盐害，约1/3的叶尖和叶缘失水萎蔫状	中度盐害，约1/2的叶尖和叶缘失水萎蔫并有焦枯状	重度盐害，约2/3叶尖和叶缘失水萎蔫并有焦枯，焦枯面积约达1/3	植株全部枯死
A398	无盐害症状	无盐害症状	中度盐害，约1/2的叶尖和叶缘失水萎蔫并有焦枯	重度盐害，约2/3叶尖和叶缘失水萎蔫并有焦枯，焦枯面积约达1/3	植株全部枯死
A404	无盐害症状	轻度盐害，约1/3的叶尖和叶缘失水萎蔫状	中度盐害，约1/2的叶尖和叶缘失水萎蔫并有焦枯	植株全部枯死	植株全部枯死
A405	无盐害症状	轻度盐害，约1/3的叶尖和叶缘失水萎蔫状	中度盐害，约1/2的叶尖和叶缘失水萎蔫并有焦枯	植株全部枯死	植株全部枯死
A417	无盐害症状	无盐害症状	中度盐害，约1/2的叶尖和叶缘失水萎蔫并有焦枯	重度盐害，约2/3叶尖和叶缘失水萎蔫并有焦枯，焦枯面积约达1/3	植株全部枯死

三、讨论

从本研究结果可知，狗牙根属植物耐盐性相差很大，供试的双花狗牙根和弯穗狗牙根耐盐性较差，普通狗牙根耐盐性较强，另外，不同地区狗牙根耐盐性差别较大，耐盐性较强的 21 份普通狗牙根采集地均为沿海省市，其中采自海南狗牙根 13 份，占 61.9%，说明海南狗牙根耐盐性总体较强，这可能跟海南狗牙根的生长环境有很大的关系，海南岛滩涂面积约为 864hm^2，滨海盐土约有 209hm^2，土地盐渍化面积较大，狗牙根在长期的生长过程中，对盐分的抵抗力有了一定的锻炼和提高，因此其耐盐性较强。

狗牙根的耐盐性不能仅评其外观表现就做出结论，对已经初步筛选出的 21 份普通狗牙根，还需要进一步通过测量其生理生化指标，综合分析评价其耐盐性高低，对 21 份普通狗牙根进行耐盐性排名，并筛选出耐盐性较好的狗牙根种质，丰富我国狗牙根的耐盐育种材料。另外，由于采用营养液培养法、实验时间、实验工作量的限制，未能选用更多材料进行实验，也未对更多指标进行鉴定，这些工作还有待以后完成。

参 考 文 献

李彬，王志春，孙志高，等.2005. 中国盐碱地资源与可持续利用研究 [J]. 干旱地区农业研究，23 （2）：154-158.

王红玲，阿不来提，阿不都热依木，等.2004. Na$_2$SO$_4$胁迫下狗牙根 K$^+$、Na$^+$离子分布及其抗盐性的评价 [J]. 中国草地，26 （5）：37-42.

王赞，吴彦奇，毛凯.2001. 狗牙根研究进展 [J]. 草业科学，18 （5）：37-41.

徐明岗，李菊梅，李志杰.2006. 利用耐盐植物改善盐土区农业环境 [J]. 中国土壤与肥料（3）：6-10.

翟凤林，曹鸣庆.1986. 植物的耐盐性及其改良 [M]. 北京：农业出版社.

张秀英.2000. 草坪草耐盐性研究进展 [J]. 草原与草坪（2）：8-11.

Flora of China Editorial Committee. 2006. Flora of China. Poaceae/Gramineae. *Cynodon* Richard. Beijing，22：492-493.

Greenway H，Munnsr. 1980. Mechanisms of salt tolerance in nonhalophytes. Annual Review of Plant Physiology，31：149-190.

Munnsr. 1993. Physiological processes limiting plant growth in saline soil: some dogmas and hypotheses. Plant Cell Environment，16：15-24.

Taliaferro C M. 1995. Diversity and vulnerability of Bermuda turfgrass species [J]. Crop Science，35 （2）：327-332.

第二节　狗牙根种质资源耐盐性综合评价

土壤盐渍化是个世界性问题，地球上约有 2.7 亿 hm^2，约占陆地总面积的 25%，是重要的土地资源。而且全球的盐渍土每年以 100 万～150 万 hm^2 的速度增长，我国盐碱土的总面积有 3 000 万多 hm^2，其中已经开垦的有 700 万多 hm^2，还有 2 000 万多 hm^2 盐荒地等待开垦利用（赵可夫和李法曾，1999）。草坪的灌溉好水量很高，然而水资源日益紧张的现代社会，提出限制饮用水在草坪灌溉上的应用，转而使用一些含盐的非饮用水，如再生水、受海水影响的微咸水等（Qian and Mecham，2005；Marcum，2006），因此，盐害是一种影响草坪建植和生长的主要逆境，选育抗盐的草坪草，对盐碱地的绿化以及含盐非饮用水在草坪灌溉中的应用起着重要作用（刘一明等，2009）。随着世界范围土地盐化、次生盐渍化的不断加剧和盐渍地建坪地的不断扩大，研究草坪草对盐胁迫的适应性，以期提高草坪草的耐盐能力和草坪质量，越来越引起草坪界的兴趣（张秀英，2000）。为此，国内外学者对草坪草耐盐性进行了广泛深入的研究，取得了大量的成果，积累了丰富的实践经验和理论基础。

国外对于作物耐盐性研究开始较早。从 20 世纪 30 年代起，前苏联、美国、埃及、澳大利亚和印度等国就开始了对土壤的盐碱化和植物的耐盐性进行研究（李瑞云，1989）。Marcum（1994）的盐胁迫试验确定了 6 种草坪草的抗盐力大小顺序为海滨雀稗＞沟叶结缕草＞钝叶草＞狗牙根＞结缕草＞假俭草。我国对草坪草抗盐性生理方面的研究虽然处于初级阶段，但在草坪草耐盐性引种、评价鉴定和盐胁迫生理生化研究等方面都取得了新进展。康俊水等（1996）报道了滨海地区引种多年黑麦草、羊茅、狗牙根、草地早熟禾和结缕草的实验结果。其结论为：黑麦草属'弹地'、羊茅属'阿瑞'和紫羊茅都有较强的耐盐性，且耐一定高温，适合东营市引种建坪；马尼拉草、日本结缕草和百慕大草则适合做盐碱地绿化的先锋草种。不同的作物的耐盐性不同，同一作物的不同的品种其耐盐性也存在差异。因此，利用现有种质资源筛选耐盐品种是一条简易有效的育种途径。其方法简便、经济实用，适合筛选大量资源。

狗牙根〔Cynodon dactylon（Linn.）Pers.〕为禾本科狗牙根属多年生草本，又名行义芝、绊根草、爬根草是生长较快、建坪迅速的暖季型草坪草，有较强的抗旱、抗盐碱能力，其应用面积广，市场需求量大。我国拥有丰富的野生狗牙根资源，但对其收集、研究起步较晚。在选育耐盐草种的过程中，积极开发利用耐盐性强、综合性状好的本土野生资源，对降低草种成本、促进我国草坪草业发展具有重要的意义。因此，本研究拟以前期研究筛选出的 21 份狗牙根耐盐种质为材料，对其进行不同盐浓度梯度处理，通过测量其盐害级别、植株增长高度、游离脯氨酸含量、电解质渗出率、叶绿素含量、丙二醛含量、过氧化物酶活性、超氧化物歧化酶活性 8 个指标进行研究，对狗牙根种质进行耐盐排名，筛选出较耐盐狗牙根种质，丰富我国狗牙根育种材料。

一、材料与方法

1. 试验材料　前期利用水培法对 403 份狗牙根进行盐处理，通过对其观测，从中筛选出 21 份耐盐狗牙根种质。本研究以这 21 份种质为研究材料，其来源如表 7-4 所示。

表 7-4　供试狗牙根材料来源
Table 7-4　The collection site of *C. dactylon* at the present study

种质 Accession	采集地 Collection site	生境 Habitat
A38	山东日照 Rizhao，Shandong	草地 Grassland
A172	泰国 Thailand	海边 Seaside

（续）

种质 Accession	采集地 Collection site	生境 Habitat
A200	福建上杭 Shanghang，Fujian	平地 Flat
A71	海南三亚 Sanya，Hainan	沙地 Sand
A195	海南白沙 Baisha，Hainan	路边 Roadside
A207	海南三亚 Sanya，Haina	海边 Seaside
A251	海南五指山 Wuzhishan，Hainan	荒坡 Waste hillside
A260	海南儋州 Danzhou，Hainan	荒地 Wasteland
A278	海南五指山 Wuzhishan，Hainan	海边 Seaside
A286	海南临高 Lingao，Hainan	山坡 Hillside
A300	海南澄迈 Chengmai，Hainan	路边 Roadside
A341	海南五指山 Wuzhishan，Hainan	荒地 Wasteland
A384	海南乐东 Ledong，Hainan	荒地 Wasteland
A404	海南三亚 Sanya，Haina	海边 Seaside
A405	海南东方 Dongfang，Hainan	荒地 Wasteland
A417	海南儋州 Danzhou，Hainan	路边 Roadside
A213	广东曲江 Qujiang，Guangdong	平地 Flat
A398	广东湛江 Zhanjiang，Guangdong	路边 Roadside
A120	浙江台州 Taizhou，Zhejiang	路边 Roadside
A157	浙江象山 Xiangshan，Zhejiang	山坡 Hillside
A158	浙江温岭 Wenling，Zhejiang	路边 Roadside

2. 试验方法

（1）盐处理方法　采用荷格伦特营养液对植株进行水培。将初选出的 21 份耐盐种质进行不同盐浓度梯度处理，盐处理浓度设为 0（对照）、2.0、2.2、2.5、2.8 和 3.0%，每个处理重复 3 次，每个重复 10 株苗，处理 30d 结束。

（2）测定项目　盐处理 30d 后，对植株叶片盐害级别进行评定，评定的标准如下：根据耐盐鉴定通用方法，主要依据存活率和植株综合表现评定级别，盐害鉴定分为 5 级（表 7-5）。同时测定植株生长高度，生长高度（cm）＝结束试验前高度－加盐处理前高度。并从狗牙根顶端向下取第二、第三片完全展开叶进行生理指标测定。测定项目包括叶绿素、电导率、丙二醛、过氧化物酶、超氧化物歧化酶和游离脯氨酸。叶绿素测定采用丙酮乙醇混合液法（张宪政，1992）；电导率采用电导法（张宪政，1992）；丙二醛（MDA）

含量测定采用硫代巴比妥酸比色法（李玲，2008）；过氧化物酶（POD）活性测定采用愈创木酚比色法（高俊凤，2006），酶活性以每分钟内每克鲜重材料的吸光度值变化 ΔA470 表示；超氧化物歧化酶（SOD）活性的测定采用 NBT 法（李合生，2000），SOD 活性单位以抑制 NBT 光化还原的 50％为一个酶活力单位；游离脯氨酸（Pro）含量的测定采用磺基水杨酸法（张宪政，1992），于分光光度计 520nm 波长处测定吸光度值，查标准曲线，得出脯氨酸浓度。

表 7-5　盐害级别鉴定标准

Table 7-5　The standard perfection of salt injury grade

盐害级别 Salt injury grade	盐害症状 Salt injury symotom
0	无盐害症状
1	轻度盐害，约 1/3 的叶尖和叶缘失水萎蔫状
2	中度盐害，约 1/2 的叶尖和叶缘失水萎蔫并有焦枯
3	重度盐害，约 2/3 叶尖和叶缘失水萎蔫并有焦枯，焦枯面积约达 1/3
4	极度盐害，所有叶片叶尖及叶缘焦枯，面积达 1/2 以上
5	植株叶片全部枯死

（3）综合评价　狗牙根种质的耐盐性是一个较为复杂的性状，鉴定其耐盐性应采用若干性状的综合评价，但对各个指标不可能同等并论，必须根据各个指标和耐盐性的亲密程度进行权重分配。首先对这 8 项指标用五级评分法换算成相对指标进行定量表示，这样各性状因数值大小和变化幅度的不同产生的差异便可消除，按以下公式酸，公式（1）：D＝(Hn－Hs)/5，公式（2）：E＝[(H－Hs)/D]＋1。其中，Hn 指各指标测定的最大值，Hs 指各指标测定的最小值，H 指各指标测定的任意值，D 指得分极差（每得一分之差），E 指各种质在不同耐盐指标的得分。将各指标测定的最大值设为 5 分，最小值 1 分，求出 D 值后带入公式（2），再求出任测定值的应得分。根据各指标的变异系数确定各指标参与综合评价的权重系数矩阵。其计算公式为：任一指标权重系数＝任一指标变异系数/各指标变异系数之和得出权重系数矩阵后，进行复合运算，获得各种质的综合评价指数，即平均隶属函数值。

（4）数据分析　采用 Microsoft office Excel 2007 和 SAS9.0 软件对数据进行处理和分析。

二、结果与分析

1. 耐盐指标与盐胁迫梯度的相关性分析　测定 21 份狗牙根种质在 6 个 NaCl 浓度胁迫处理的生物学耐盐性指标和生理学耐盐性指标共 8 项，利用 SAS 软件分别进行盐胁迫梯度 NaCl 浓度 0％（对照）、2.0％、2.2％、2.5％、2.8％、3.0％与叶片盐害级别、植株生长高度、相对电导率、游离脯氨酸含量等 8 项耐盐性指标的相关性分析，其结果见表 7-7。从表 7-7 可知，除 POD 与 NaCl 浓度胁迫梯度是显著相关外，其他 7 项指标与 NaCl 浓度胁迫梯度达极显著相关。叶片盐害评分级别、SOD、POD、相对电导率、丙二醛、脯氨酸等 6 个指标与 NaCl 浓度正相关，即随着 NaCl 浓度增加，这些指标的值也上升。

植株增长高度、叶绿素与 NaCl 浓度负相关，即随着 NaCl 浓度增加，这些指标的值下降。在所有指标中，脯氨酸的相关系数（r＝0.937 02）最大，说明狗牙根叶片中游离脯氨酸含量受盐胁迫处理的影响最显著。

表 7-6　耐盐性指标与盐胁迫梯度的相关性分析

Table 7-6　Correlation analysis of salt tolerant indexes and salt stress gradient

相关系数 Correlation coefficient	盐害级别 Salt injury grade	生长高度 Growth height	超氧化物歧化酶 SOD	过氧化物酶 POD	相对电导率 Relative TDS	丙二醛 MDA	叶绿素 Chl	脯氨酸 Pro
NaCl 浓度	0.695 84**	−0.900 01**	0.781 97**	0.219 1*	0.869 05**	0.637 66**	−0.732 58**	0.937 02**

表 7-7　8 个耐盐性指标间的相关性分析

Table 7-7　Correlation analysis of among 8salt tolerant indexes

相关系数 Correlation coefficient	超氧化物歧化酶 SOD	相对电导率 Relative TDS	过氧化物歧化酶 POD	丙二醛 MDA	叶绿素 Chl	脯氨酸 Pro	生长高度 Growth height
相对电导率 Relative TDS	0.790**						
过氧化物歧化酶 POD	0.205*	0.112					
丙二醛 MDA	0.612**	0.587**	0.108				
叶绿素 Chl	−0.799**	−0.768**	0.009	−0.589**			
脯氨酸 Pro	0.765**	0.863**	0.199*	0.617**	−0.778**		
生长高度 Growth height	−0.756**	−0.822**	−0.253*	−0.590**	0.752**	−0.903**	
盐害级别 Salt injury grade	0.138**	0.342**	0.138	0.125*	0.467*	0.054*	−0.788**

2. 各耐盐指标之间的相关性分析　实验数据显示，从 2.2%盐浓度开始，植株呈现一定的盐害症状，随着盐浓度增加，各生理指标均呈现种质受盐害差异明显，故选用 2.2、2.5 和 2.8%盐浓度处理下的数据平均值作狗牙根耐盐性综合评价和指标间相关性分析。8 项耐盐性指标间存在显著或极显著相关。其中 POD 分别与 SOD 和脯氨酸呈显著正相关、POD 与植株生长高度呈显著负相关；盐害评分级别分别与丙二醛、叶绿素和脯氨酸呈显著正相关。SOD 分别与叶绿素和植株生长高度呈极显著负相关；相对电导率分别与叶绿素和植株生长高度呈极显著负相关；POD 和植株生长高度呈极显著负相关；丙二醛分别与叶绿素和植株生长高度呈极显著负相关；叶绿素和脯氨酸呈极显著负相关；脯氨酸和植株生长高度呈极显著负相关。SOD 分别和相对电导率、丙二醛、脯氨酸和盐害评分级别呈极显著正相关；相对电导率分别与 SOD、丙二醛、脯氨酸、盐害评分级别呈极显著正相关；叶绿素与植株生长高度呈极显著正相关。

3. 盐胁迫对狗牙根叶片的影响　植物受到盐胁迫后，在外观形态上首先表现为成熟叶片受害，叶片由绿变黄，叶缘、叶尖失水萎蔫，进而焦枯，严重时全部叶片枯死。盐处理后 30d 观测狗牙根叶片盐害评分结果，见表 7-8。从表可以看出，随着 NaCl 浓度增加，21 份狗牙根种质叶片的盐害级别均加大，但种质间盐害程度不同。2.0%盐浓度时，所有种质均无盐害症状，说明低盐浓度对狗牙根无盐害（0 级）。2.2%盐浓度时，A172 等 11

份种质未出现盐害症状，其他种质叶片均不同程度地出现了盐害症状，其中 A404、A405 等 10 份种质出现轻度盐害，约 1/3 的叶尖和叶缘失水萎蔫。2.5％盐浓度时，所有种质均表现出明显的盐害症状，A38、A213、A260、A300、A341 和 A404，达到极度盐害，所有叶片叶尖及叶缘焦枯，面积达 1/2 以上；其他 15 份种质表现重度盐害，约 2/3 叶尖和叶缘失水萎蔫并有焦枯，焦枯面积约达 1/3。2.8％盐浓度时，多数种质已出现死亡和接近死亡症状。A38 等 10 份种质全部枯死。A71 等 11 份种质表现出极度盐害症状。3.0％盐浓度时，所有种质均死亡。

表 7-8　盐胁迫下狗牙根叶片的盐害级别

Table 7-8　Levels of salt injury in Cynodon dactylon leaves under salt stress

种质 Accession	NaCl 浓度 The concentration of NaCl（％）					
	0	2.0	2.2	2.5	2.8	3.0
A38	0	0	0.5	4	5	5
A71	0	0	1	3	4.5	5
A120	0	0	0.5	3	5	5
A157	0	0	0.5	3	5	5
A158	0	0	0.5	3	4	5
A172	0	0	0	3	4	5
A195	0	0	1	3.5	4	5
A200	0	0	0.5	3	5	5
A207	0	0	1	3	4	5
A213	0	0	1.5	4	5	5
A251	0	0	0.5	3	4	5
A260	0	0	1.5	4	5	5
A278	0	0	0	3.5	4	5
A286	0	0	0	3	4	5
A300	0	0	1	4	5	5
A341	0	0	1.5	4.5	5	5
A384	0	0	1	3.5	4	5
A398	0	0	0.5	3.5	4.5	5
A404	0	0	1.5	3	5	5
A405	0	0	1.5	3.5	5	5
A417	0	0	0.5	3.5	4.5	5

4. 盐胁迫对叶片细胞质膜透性的影响　植物细胞膜是分隔细胞质和胞外成分的屏障，是细胞与环境发生物质交换的主要通道，也是细胞感受环境胁迫最敏感的部位。盐胁迫会造成质膜选择透性的改变或丧失，使细胞内的物质（尤其是电解质）大量外渗，引起组织浸泡液的电导率值发生变化。盐胁迫下，细胞膜完整性被破坏，胞内电解质外渗。通过表

7-9 可知，在 2.0％盐处理时，所有种质间相对电导率差异不显著，说明低盐浓度对 21 份种质的伤害程度差别不大。随着盐浓度升高，各种质细胞膜透性增大，当浓度升高为 2.8％时，剩余 11 份种质存活，其中 A278 极显著低于其他种质，说明 A278 电解质渗出率最小，受到的伤害最轻，耐盐性比其他 10 份种质强。

表 7-9　盐胁迫 30d 时叶片相对电导率（％）

Table 7-9　The relative conductivities of germplasm materials treated with salt for 30 days

种质 Accession	NaCl 浓度 The concentration of NaCl（％）				
	0	2	2.2	2.5	2.8
A38	5.22EF	18.40A	23.44BECD	28.05BDAC	—
A71	8.45EBDAC	19.70A	21.38FECD	28.24BDAC	32.83DE
A120	6.93EDFC	13.90A	15.66F	17.09E	—
A157	7.27EBDFC	20.57A	22.60BECD	30.42BDAC	—
A158	9.99BDAC	19.41A	25.73BC	30.66BDAC	49.87A
A172	11.85A	25.69A	26.18BC	26.85BDC	32.05DE
A195	5.79EF	16.04A	19.08FED	21.66DE	29.27E
A200	7.66EBDFC	17.26A	20.55FECD	28.09BDAC	—
A207	6.04EDF	20.19A	33.33A	37.06A	38.77C
A213	4.16F	14.60A	18.16FE	28.67BDAC	—
A251	11.04BA	17.08A	20.86FECD	31.05BAC	34.97CD
A260	10.58BAC	26.62A	28.26BA	33.52BA	—
A278	7.97EBDFC	17.23A	20.47FECD	23.17DEC	25.26F
A286	8.23EBDAC	22.68A	26.57BC	29.61BDAC	32.12DE
A300	8.25EBDAC	20.26A	23.52BECD	30.50BDAC	—
A341	4.46EF	19.60A	25.57BCD	27.03BDC	—
A384	6.04EDF	19.25A	24.98BCD	32.56BA	42.73B
A398	5.59EF	22.10A	28.80BA	34.33BA	45.38B
A404	6.82EDFC	22.70A	25.94BC	27.05BDC	—
A405	4.21F	20.14A	24.78BCD	29.70BDAC	—
A417	6.54EDF	18.54A	20.70FECD	22.77DEC	31.98DE

注：同列不同字母表示在 0.01 水平上差异显著；"—"表示植株已经死亡。

Note：The data compared by the up rank. The capital letter indicates extremely significant. The "—" indicates death of plants.

5. 盐胁迫对叶绿素含量的影响　叶绿素是绿色植物进行光合作用的主要色素，参与光合作用中光能的吸收、传递和转化，直接反映了光合效率和植物的同化能力大小，在光合作用中占有重要地位。如表 7-10 所示，在 2.5％盐处理时，A157 和 A38 叶绿素含量极显著高于其他 19 份种质，说明这两份种质保持叶绿素含量的能力比较高，更能抵御盐胁迫；A71、A158 等 16 份种质间差异不显著，说明这 16 份种质间受到的盐伤害差别不明显。

表 7-10　盐胁迫 30d 时狗牙根叶片叶绿素含量（mg/g）

Table 7-10　Contents of chlorophyll-in Bermuda grass leaf undersalt stress for 30 days

种质 Accession	NaCl 浓度 The concentration of NaCl（%）				
	0	2	2.2	2.5	2.8
A38	4.56BAC	3.75BAC	3.43BAC	3.41BA	—
A71	3.36BC	3.44EBDAC	2.94BDC	1.75FE	1.44DC
A120	3.69BC	3.66BDAC	3.22BDAC	2.35FECD	—
A157	4.10BAC	3.36EBDAC	3.16BDAC	3.78A	—
A158	3.71BC	3.04EBDC	2.85BDC	2.36FECD	2.33BA
A172	4.96BA	3.25EBDAC	2.81DC	2.43FECD	1.85BDC
A195	4.29BAC	4.18A	3.96A	2.44FECD	1.67DC
A200	3.80BC	2.89EDC	2.63DC	2.54FECD	—
A207	4.33BAC	3.01EBDC	2.75DC	2.74BCD	2.36A
A213	4.28BAC	4.03BA	3.80BA	1.89FED	—
A251	5.50A	3.62BDAC	3.33BDAC	2.44FECD	1.94BAC
A260	3.09C	2.70ED	2.36D	1.66F	—
A278	3.73BC	2.64ED	2.46DC	1.99FECD	1.38D
A286	4.01BAC	3.84BAC	2.58DC	2.05FECD	1.50DC
A300	3.84BC	3.55BDAC	3.14BDAC	2.49FECD	—
A341	4.65BAC	3.38EBDAC	2.91BDC	2.09FECD	—
A384	3.80BC	3.08EBDC	2.82BDC	1.92FED	1.35D
A398	4.50BAC	4.05BA	3.97A	2.66BECD	2.17BA
A404	4.68BAC	2.50E	2.43DC	2.19FECD	—
A405	3.93BAC	3.09EBDC	3.05BDAC	2.84BC	—
A417	3.97BAC	3.74BAC	2.52DC	1.81FE	1.52DC

注：同列不同字母表示在 0.01 水平上差异显著；"—"表示植株已经死亡。

Note：The data compared by the up rank. The capital letter indicates extremely significant. The "—" indicates death of plants.

6. 盐胁迫对叶片游离脯氨酸（Pro）含量的影响　脯氨酸（Pro）是植物对环境胁迫反应敏感的指标之一，也是植物蛋白质的组分之一，以游离状态广泛存在于植物体中。正常条件下，植物体内游离脯氨酸含量并不多，占总游离氨基酸的百分之几，但在逆境胁迫下，植物体内游离脯氨酸会有很大的变化（Winter，1982）。从表 7-11 可知，狗牙根种质叶片游离脯氨酸含量受盐浓度变化影响显著。在 2.0% 盐处理下，游离脯氨酸含量变化曲线与对照之间差异很大，其中 A260、A384 和 A404 分别比对照处理上升了 1 833.54%、1 685.44% 和 1 535.42%，说明盐浓度为 2.0% 时即对植株产生了盐害，体内脯氨酸迅速积累。盐浓度为 2.5% 时，种质间游离脯氨酸含量差异不显著，说明 2.5% 盐浓度对植株的盐害影响程度相当。当盐浓度升高为 2.8％时，除 A195 脯氨酸含量仍升高外，其他种质脯氨酸含量均降低。

表 7-11　盐处理 30 天时各种质叶片游离脯氨酸含量

Table 7-11　Free proline contents in the leaves of germplasm materials treatedwith salt for 30 days

种质 Accession	NaCl 浓度 The concentration of NaCl（％）				
	0	2	2.2	2.5	2.8
A38	83.45BA	828.27A	869.66BA	922.20A	—
A71	41.91BDC	329.36FG	545.18EDC	918.00A	882.23A
A120	52.23BDAC	536.18DEC	632.57EBDAC	787.30A	—
A157	45.75BDC	744.93BA	611.90EBDAC	405.10A	—
A158	51.39BDAC	499.73FDE	576.01EDC	932.90A	864.39BAC
A172	78.41BAC	701.65BAC	787.99BDAC	933.80A	868.26BAC
A195	64.84BDAC	311.01G	369.14E	623.40A	855.37BC
A200	45.63BDC	424.28FEG	529.11EDC	915.50A	—
A207	80.21BA	689.85BAC	888.26A	921.20A	819.41D
A213	74.33BDAC	639.68BDAC	875.11BA	621.00A	—
A251	69.04BDAC	389.00FEG	714.30BDAC	926.70A	856.59BC
A260	35.66D	653.84BDAC	808.39BAC	927.60A	—
A278	49.11BDAC	386.68FEG	526.53ED	929.50A	868.16BAC
A286	49.95BDAC	391.38FEG	653.43BDAC	935.80A	876.15BA
A300	60.28BDAC	566.80BDEC	595.15EBDC	901.00A	—
A341	59.56BDAC	699.93BAC	755.96BDAC	930.80A	—
A384	43.35BDC	730.64BA	862.58BA	927.60A	864.00BAC
A398	88.86A	697.33BAC	717.16BDAC	889.30A	875.20BA
A404	45.51BDC	698.77BAC	863.40BA	869.80A	—
A405	50.07BDAC	625.17BDC	691.42BDAC	938.60A	—
A417	38.07DC	496.70FDEG	787.42BDAC	912.30A	847.38C

注：同列不同字母表示在 0.01 水平上差异显著；"—"表示植株已经死亡。

Note：The data compared by the up rank. The capital letter indicates extremely significant. The "—" indicates death of plants.

7. 狗牙根种质耐盐性综合评价　植物的耐盐性是一个复合性状，难以用单一指标进行评价。隶属函数分析法提供了一条在多指标测定基础上对材料特性进行综合评价的途径，可以克服仅少数指标进行评价的不足，使结果更客观、准确。因此，选取狗牙根的叶绿素、电导率、丙二醛、过氧化物酶、超氧化物歧化酶、游离脯氨酸、生长高度、盐害评分等级作为分析指标，计算出各指标的隶属函数值，进行综合评价，其中只有电导率和丙二醛为反隶属函数，其他均为正隶属函数。隶属函数均值越大，说明其综合评价越高。综合评价结果见表 7-12，根据综合排名，耐盐性最强的 5 份种质依次是海南 A278、海南

A71、海南 251、海南 A286 和浙江 A158；耐盐性最差的 5 份种质依次是是海南 A341、广东 A213、山东 A38、海南 A300 和海南 A260。

表 7-12　盐胁迫下 21 份狗牙根种质各指标的隶属函数值

Table 7-12　The average of membership function of 21 *Cynodon dactylon* accessions on salt stress

种质 Accession	超氧化物歧化酶 SOD	电导率 TDS	过氧化物酶 POD	丙二醛 MDA	叶绿素 Chl	脯氨酸 Pro	生长高度 Growth height	盐害等级 Salt injure grade	平均值 Average	名次 Level
A278	0.726	0.693	1.000	0.509	0.561	0.726	0.727	0.901	0.730	1
A71	0.419	0.600	0.436	0.526	0.561	0.907	0.909	0.846	0.651	2
A251	0.629	0.712	0.455	0.544	0.439	0.420	1.000	0.877	0.635	3
A286	0.575	0.572	0.745	0.544	0.537	0.717	0.455	0.907	0.632	4
A158	0.484	0.516	0.873	0.257	1.000	0.680	0.091	0.833	0.592	5
A417	0.430	0.499	0.391	0.433	0.488	1.000	0.636	0.553	0.554	6
A172	0.737	0.782	0.691	0.164	0.561	0.339	0.545	0.489	0.539	7
A384	0.570	0.169	0.427	0.187	0.512	0.861	0.909	0.502	0.517	8
A207	0.468	0.152	0.627	0.398	0.902	0.303	0.727	0.431	0.501	9
A195	0.538	0.464	0.600	0.339	0.634	0.470	0.364	0.476	0.486	10
A120	0.151	1.000	0.445	0.942	0.244	0.114	0.455	0.483	0.479	11
A157	0.118	0.852	0.918	0.848	0.293	0.269	0.000	0.504	0.475	12
A398	1.000	0.000	0.536	0.000	0.780	0.250	0.455	0.401	0.428	13
A404	0.059	0.872	0.000	1.000	0.024	0.779	0.091	0.243	0.384	14
A405	0.258	0.614	0.336	0.848	0.341	0.218	0.182	0.257	0.382	15
A200	0.091	0.894	0.291	0.836	0.268	0.256	0.000	0.386	0.378	16
A260	0.081	0.931	0.100	0.877	0.122	0.425	0.091	0.189	0.352	17
A300	0.156	0.895	0.118	0.889	0.244	0.110	0.000	0.197	0.326	18
A38	0.075	0.750	0.245	0.801	0.390	0.000	0.000	0.173	0.304	19
A213	0.118	0.622	0.236	0.655	0.000	0.042	0.273	0.147	0.262	20
A341	0.000	0.695	0.227	0.620	0.000	0.130	0.091	0.000	0.220	21

注明：其中丙二醛和电导率为反隶属函数值。

Note：MOD and TDS were the membership function values.

三、讨论

1. 不同盐浓度梯度对狗牙根种质的影响　将 21 份狗牙根种质进行不同盐浓度梯度筛选，结果发现随着盐浓度的增加，植株萎蔫失水和焦枯的程度也逐渐增加。当盐浓度为 2.0% 时，所有种质均无盐害症状；当盐浓度为 2.2% 时，A38 等 10 份种质出现了轻度或极轻度的盐害症状，其余 11 份种质仍无明显的盐害症状；当盐浓度为 2.5% 时，所有种质都出现了中度至极度的盐害症状；当盐浓度为 2.8% 时，A38 等 10 份种质均焦枯死亡，A384 等 11 份种质仍存活，但也都出现了重度盐害症状；当盐浓度为 3.0% 时，所有种质全部枯死。说明盐胁迫促进了植株的失水死亡，胁迫浓度越大，失水死亡越快。另外，从外观表现来看，有的种质（如 A120 和 A157）在低盐浓度下生长良好，并且随着盐浓度升高，盐害症状也不严重，但当盐处理浓度达到 2.8％时便突然死亡；有的种质（如 A158、A417）在低盐浓度时已经表现出盐害症状，且随着盐浓度升高，盐害症状逐渐加剧，但其耐受性比较强，即使到 2.8％盐浓度仍能存活。说明不同种质对盐的耐受性不同，有的种质能适应低盐浓度生长，但无法在高盐浓度中存活；有的种质在低盐浓度时耐受性不强，已经产生了盐害，但其对高盐浓度却有较强的耐受性。

低盐浓度对狗牙根植株生长高度影响不明显，在 2.0％盐处理时，A120、A404 和 A157 等 7 份种质植株生长高度甚至大于对照，其他 14 份种质的生长高度比对照略有降低。随着盐浓度增加，植株生长高度呈明显的下降趋势，当盐浓度达到 2.8％时，所有种质的生长都受到了抑制或者停止。可能是因为随着盐浓度增加，植物细胞失水严重，生长代谢受到影响，导致植株无法正常生长。

相对电导率的大小能直接反映质膜受伤害的程度，数值越大，质膜受到的伤害也越大，耐盐性越差。随着盐浓度升高，狗牙根种质细胞膜透性增大。相对电导率越大，质膜受到的伤害也越大，耐盐性越差。A120 和 A341 相对电导率增加幅度均低于其他种质，说明 A120 和 A341 耐盐性较强；A278、A195 相对电导率最低，说明其受到的盐伤害最轻，耐盐性最强。叶绿素是类囊体膜上色素蛋白复合体的重要组成，叶绿素含量降低，必将影响色素蛋白复合体的功能，从而降低叶绿体对光能的吸收，影响植物的光合作用。盐分胁迫可使植物叶绿素含量降低。本研究结果表明，随着盐处理浓度增大，狗牙根叶绿素含量逐渐降低，下降幅度加大，这与 Ral（1986）的研究一致。脯氨酸积累是植物抵抗渗透胁迫的有效方式之一，脯氨酸的增高能降低叶片细胞的渗透势，防止细胞脱水，保持细胞正常生长。Leone 等（1994）认为脯氨酸的升高是渗透胁迫下植物细胞积极响应机制之一。Lee 等（1994）通过研究也证实，多数草坪草受盐胁迫时，尤其是当盐胁迫超过一定水平时，体内脯氨酸迅速积累，以此来维持体内渗透平衡，因此建议把脯氨酸的变化作为衡量耐盐性的标准。本研究结果表明，随着盐浓度增加，狗牙根叶片游离脯氨酸含量迅速上升，当达到峰值后，脯氨酸含量又开始下降。当盐浓度为 2.5％时，除 A195 外所有种质脯氨酸含量均达到峰值，其中 A157 峰值最高；当盐浓度为 2.8％时，A195 的脯氨酸含量一直逐渐升高，并未达到峰值，说明 A195 耐盐性最强，可以在高盐浓度下持续积累脯氨酸，以抵制盐分对它的伤害。一般情况下，Pro 积累峰值越大、出现峰值的时间越晚的植物抗逆性越强（高吉寅，1984）。POD 是防御活性氧及其他自由基对细胞膜系统伤害的重要酶之一，本研究发现，随着盐浓度增加，不同种质 POD 酶活性呈波动性变化，这与卢静君（2004）和周兴元等（2005）研究一致。SOD 是生物体内清除自由基的重要酶，在酶促保护系统中，SOD 处于核心地位（赵可夫，1993）。研究表明，在植物忍受逆境范围内，SOD 酶的活性随活性氧的产生速率增加而升高，这可能是植物对逆境条件的一种适应性反应；但当盐胁迫超过忍受范围时，植物体内的活性氧不断积累，过多的活性氧超过了保护酶的清除能力时，就会引起膜质过氧化的加剧，引起细胞膜的伤害。本研究发现，随着盐处理浓度增加，大部分种质 SOD 酶活性逐渐提高。当盐浓度为 2.2％时，A341、A404 和 A405 的 SOD 酶活性达到峰值，然后随盐处理的进一步加剧 SOD 酶活性又迅速下降，说明 2.2％的胁迫浓度，已使这 3 份种质的耐盐性达到了极点，细胞内膜系统已受到较严重的损伤。MDA 是膜脂过氧化作用的主要产物之一，对植物细胞有毒害作用，对生物膜和细胞中的许多生物功能分子均有很强的破坏作用。周兴元等（2005）发现，随着盐分浓度的增加，3 种暖季型草坪草 MDA 含量逐渐升高。孙国荣等（2001）通过研究指出盐胁迫使星星草幼苗中 MDA 含量明显上升。本研究也显示了相似的结果，21 份狗牙根种质随盐处理浓度的加大，MDA 含量上升，但不同种质，不同盐浓度下 MDA 上升幅度有一定的差异。高盐浓度使植物体内产生大量的 MDA，不仅破坏了膜的正常生理功能，还降低了 SOD、POD 和 CAT 的活性，使保护酶系统清除超氧阴离子能力大大降低，进一步加剧了膜脂过氧化作用。

2. 不同盐浓度胁迫下各种质耐盐性综合评价　草坪草的耐盐性涉及生理生化多方面的因素，是一个多基因控制的极为复杂的反应过程，是一种综合性状的表现。不同草种不同时期其耐盐机理和耐盐性也不同，因此，只有通过多种指标的综合评价才能客观反应草坪草的耐盐性。经各指标综合评定可知，狗牙根在生长期各种质的耐盐性顺序为：海南 A278＞海南 A71＞海南 A251＞海南 A286＞浙江 A158＞海南 A417＞泰国 A172＞海南 A384＞海南 A207＞海南 A195＞浙江 A120＞浙江 A157＞广东 A398＞海南 A404＞海南 A405＞福建 A200＞海南 A260＞海南 A300＞山东 A38＞广东 A213＞海南 A341。

参 考 文 献

高吉寅 . 1984. 水稻等品种（系）苗期抗旱生理指标的探讨 [J]. 中国农业科学（4）：41-45.

高俊凤 . 2006. 植物生理学实验指导 [M]. 北京：高等教育出版社 .

康俊水，张淑英，李牧，等 . 1996. 草坪草引种栽培总结 [J]. 山东林业科技（5）：25-28.

李合升 . 2000. 植物生理生化实验原理和技术 [M]. 北京：高等教育出版社 .

李玲 . 2008. 植物生理学模块实验指导 [M]. 北京：科学出版社 .

李瑞云，鲁纯养，凌礼章 . 1989. 植物耐用性研究现状与展望 [J]. 盐碱地利用（1）：38-42.

刘一明，程凤枝，王齐，等 . 2009. 四中暖季型草坪植物的盐胁迫反应及其耐盐阈值 [J]. 草业学报，18（3）：192-199.

卢静君，多立安，刘祥君 . 2004. 盐胁迫下两草种 SOD 和 POD 及脯氨酸动态研究 [J]. 植物研究，24（1）：115-119.

孙国荣，关晔，闫秀峰 . 2001. 盐胁迫对星星草幼苗保护酶系统的影响 [J]. 草地学报，13（2）：123-125.

张宪政 . 1992. 作物生理研究方法 [M]. 北京：农业出版社 .

张秀英 . 2000. 草坪草耐盐性研究进展 [J]. 草原与草坪（2）：8-11.

赵可夫，李法曾 . 1999. 中国盐生植物 [M]. 北京：科学出版社：1-40.

赵可夫 . 1993. 盐分胁迫和水分胁迫对盐生和非盐生植物细胞膜脂过氧化作用的效应 [J]. 植物学报，35（7）：519-523.

周兴元，曹福亮 . 2005. 土壤盐分胁迫对三种暖季型草坪草保护酶活性及脂质过氧化作用的影响 [J]. 林业科学研究，18（3）：336-341.

Lee G J, Yoo Y K, Kim K S. 1994. Salt tolerance study in Zoysiagrass：Ⅶ. Changes in inorganic constituents and proline contents in eight Zoysia grasses [J]. Horticultural Science，35（3）：241-250.

Leone A，Costa A，Tueei M，Grillo S. 1994. Adaptation versus shock response to polyethylene glycol induce low water potential in cutured potato cell physiol [J]. Plant physiol (92)：21-23.

Marcum K B. 1994 . Salinity tolerance mechanisms of six C4 turfgrasses [J]. Amer Soc HortScience，119 (4)：779-784.

Marcum K B. 2006. Use of saline and non-potable water in the turfgrass industry：Constraints and developments [J]. Agricultural Water Management，80：132-146.

Qian Y L，Mecham B. 2005. Long-term effects of recycled wastewater irrigation on soil chemical properties on golf course fairways [J]. Agronomy Journal，97：717-721.

Ral G G，Rao G R. 1986. Pigment composition and chlorophyyase activity in pigment pea and Gingelley under NaCl salinity [J]. Indian Journal of Experimental Biology (19)：768-770.

第八章

狗牙根种质资源耐旱性研究

第一节　狗牙根抗旱性种质筛选

干旱缺水是全世界面临的共同难题（杨宏新等，2010），且随着全球气候的逐渐变暖而日益严重，根据调查，我国水资源人均占有率 2 400m²，不足世界平均水平的 1/4（康绍忠，1998），而我国干旱半干旱面积约占 243 万 km²（李飞等，2011），最近 20 对年以来，气候的日趋干旱，成为了造成我们国家草地产量下降、生产损失的主要因素之一，严重的制约人工及半人工草地的建设步伐（王赟等，2008；德英等，2010；余健，2010；王俊娟等，2011）。干旱胁迫下，植物形态及生长会发生明显的变化，往往表现出植株矮小、生长发育受阻、产量下降等（Sapeta et al.，2013）。在干旱胁迫下狗牙根的形态结构会发生变化，首先狗牙根的种子萌发和幼苗生长将被干旱胁迫抑制，并随着胁迫程度的加重而加重。另外狗牙根幼苗的根长、根数量、叶片数量等均表现出下降的趋势（胡红，2013）。Husmoen 等（2012）在研究中发现，干旱胁迫下 'Tifton 85' 品种的绿叶面积大于 'Tifway' 品种。

狗牙根属（Cynodon Richard）是多年生草本植物，是我国黄河流域以南栽培应用较广泛的优良草种之一，同时是暖季型草坪草中得分最高，应用最广泛的草种之一。狗牙根在全球上分布广泛，具有繁殖力强、植株低矮、抗旱等多种优良特性，目前已被国内外广泛应用于公园、远动场和护坡等。由于其抗旱耐受能力强，耐践踏，是目前尤其是水资源匮乏的城市草坪绿化的一个重要方向。狗牙根也是目前研究最为深入、应用最为广泛的暖季型草坪草。与其他草坪草种相比，狗牙根表现出了比较强的抗旱（赵艳等，2008）。韩建国等（2001）发现，强抗旱能力的狗牙根草坪其蒸散量显著低于其他草坪草（$P < 0.01$）。吕静等（2010）对 4 种（百喜草、假俭草、狗牙根和结缕草）草坪草的抗旱能力进行研究，结果表明狗牙根具有最强的抗旱能力。谢贤健等（2009）通过对叶面积指数、叶片保水力、叶片相对电导率和生理指标的综合分析，得出 3 种草的抗旱性强弱排序依次为金发草＞狗牙根＞丛毛羊胡子草。

从目前来看，前人对狗牙根的抗旱性研究多集中在同几种草坪草的比较研究之上（郭爱桂，2002；李志东，2008；段碧华，2009），缺乏专门的系统研究。尤其是在我国，多数研究只限于田间观察比较或室内控制下用某一两个生理生化指标来对草坪植物的抗逆性作比较。没有较为全面而整体的研究。因此，还需要系统的对本属植物的抗旱性进行评价，本研究拟采用土培法研究 403 份狗牙根属种质对干旱胁迫的生长反应情况，通过测定土壤含水量和绿叶率对其进行筛选，筛选出抗旱种质，为耐盐育种工作的进一步的开展奠定基础。

一、材料与方法

1. 试验材料 供试材料为狗牙根属的 403 份种质，包括普通狗牙根 369 份，弯穗狗牙根 33 份，双花狗牙根 1 份，其中国内种质 386 份，国外种质 17 份。由中国热带农业科学院热带作物品种资源研究所草业研究室从中国 20 个省市自治区及国外 6 个国家和地区采集来。

2. 试验地点及概况 试验在海南省儋州市中国热带农业科学院热带作物品种资源研究所牧草研究中心试验基地内进行。盆栽试验于大棚内进行。试验地的地理位置为东经 109°30′，北纬 19°30′，海拔 149m；年平均气温为 23.5℃，月平均温度最低为 17.4℃；年均降雨量为 1 753mm，降雨时间主要集中在 5～10 月；年平均日照 2 000h。盆栽试验中使用的土壤为大田试验地的表层土壤和适量的腐熟有机肥混合而成，0～20cm 土层田间持水量为 39.5%。试验前土壤的养分含量见表 8-1。

表 8-1 土壤基本养分含量

Table 8-1 The nutrient content of soil pot experiment

有效氮 Effective nitrogen (mg/kg)	有效磷 Effective phosphorus (mg/kg)	有效钾 Effective potassium (mg/kg)	有机质 Organic matter (%)	pH 值 pH value
195.49	4.54	71.74	4.22	6.2

3. 试验方法

（1）育苗 试验于 2009 年 3 月开始，403 份狗牙根种质，将每份种质种植成 1.0m² 方形小区，3 次重复，待狗牙根生长成坪，从每个小区中选取生长健壮的狗牙根作为材料，每个茎段含 3 个节，扦插于装有同等重量（3kg）的土壤和肥料混合基质的规格一致的塑料花盆（盆高 25cm，直茎 21cm）中，每份种质种植 3 盆，共 1 209 盆，每盆定植 10～12 株。按常规的水肥和病、虫、害防治进行统一管理，待植株生长稳定，于 8 月进行干旱胁迫处理。

（2）持续断水干旱处理初筛 将各盆修剪至相同的留茬高度并灌水，直至盆底有水溢出，盆底垫高以防止积水影响处理，然后采取持续断水处理，于处理 0、3、6、9、12、15d 进行观测取样。随机选取 20 份狗牙根种质测定土壤含水量和绿叶率，为下一步复筛试验干旱胁迫程度的设计提供参考依据。

（3）测定项目

①土壤含水量：采用烘干称重法（刘志媛等，2003），随机采取土样 20～30g，准确称取土壤湿重，于 105℃的烘箱内烘干 8h 以上，烘干至恒重即为土壤干重。土壤含水量 w 计算公式如下：土壤含水量＝（土壤湿重－土壤干重)/土壤湿重。

②绿叶率：采用目测法估测（张国珍，2005；张岩，2008），即为植株的绿叶占其所有叶片的百分率。

③植株绝对高度：随机选取生长健壮的植株，用直尺测量从植株基部到叶尖最长的距离为植株的绝对高度；重复 10 次，求平均值。

④叶长、叶宽：随机选取生长健壮的植株，用直尺测量主茎顶端向下第 3 或第 4 片叶

的叶长和叶宽；各重复 10 次，求平均值。

　　⑤叶面积：叶面积＝叶长×叶宽×0.7。

　　⑥茎叶夹角：用量角器测定第四片叶与茎之间的夹角，重复 10 次，求平均值。

　　⑦茎粗：用游标卡尺测量第四片与第五片叶之间的节的直径，重复 10 次，求平均值（汤章成，1999）。

　　（4）数据分析　试验数据采用 Microsoft office Excel 进行处理，用 SAS9.0 软件进行方差分析。

二、结果与分析

　　1. 干旱胁迫初下土壤含水量和绿叶率的变化　随机选取的 20 份狗牙根种质的土壤水分散失过程和绿叶率的变化如图 8-1，至停止浇水第三天，土壤含水量从 39.6％下降至 28.91％，下降幅度最大，这段时间内绿叶率的变化较小，绿叶率平均值为 85％以上；至停止浇水第六天，土壤水分下降至 20.29％，随着干旱时间的延长和干旱程度的加重，各狗牙根种质的绿叶率均明显降低，且降低幅度较大，平均值下降至 63.43％；至停止浇水第九天，土壤水分下降至 13.74％，有部分狗牙根种质出现较严重旱害，叶尖和叶缘出现严重失水萎蔫，小部分狗牙根种质地上部分出现干枯。至停止浇水第十二天，土壤含水量已经下降至 10.25％，已经不足以维持植株的正常生命活动，大部分狗牙根种质出现重度旱害，大部分狗牙根种质地上部分出现干枯，从存活的植株中挑选生长状态较好的 10 份狗牙根种质（表 8-2）。至停止浇水第十五天，403 份种质的植株绿叶率均为 0。

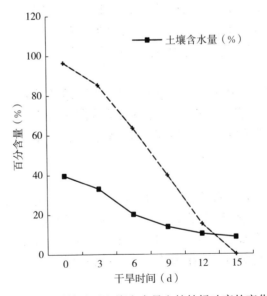

图 8-1　干旱胁迫下土壤含水量和植株绿叶率的变化

Figure 8-1　The changes of soil moisture and plant green rate under the drought stress

表 8-2　10 份供试狗牙根种质及其采集地点

Table 8-2　10 *C. dactylon* accessions tested and collection site

序号 No.	种质 Accessions	采集地点 Collection site	生境 Habitat
1	A25	江苏大丰 Dafeng, Jiangsu	海边 Seaside
2	A476	海南昌江 Changjiang, Hainan	平地 Flat
3	A478	福建东山 Dongshan, Fujian	海边 Seaside
4	A492	福建云霄 Yunxiao, Fujian	荒坡 Waste hillside
5	A185	海南儋州 Danzhou, Hainan	路边 Roadside
6	A72	江苏启东 Qidong, Hainan	海边 Seaside
7	A237	河南开封 Kaifeng, Henan	路边 Roadside
8	A301	云南怒江 Nujiang, Yunnan	路边 Roadside
9	A373	海南儋州 Danzhou, Hainan	荒坡 Waste hillside
10	A330	上海松江 Songjiang, Shanghai	江边 Riverside

2. 狗牙根地上部分形态与抗旱性关系　干旱胁迫前，对狗牙根种质的地上部分形态如叶长、叶宽、茎粗和茎叶夹角等指标进行测定。如表 8-3 所示，地上部分形态指标中叶面积的变异系数最大，变异系数高达 59.62%。A330 种质的叶片面积最小，仅为 0.34cm^2，极显著低于其他种质的叶面积，其次是 A25 种质，面积为 0.62cm^2，而叶片面积最大的是 A237 种质，面积高达 3.41cm^2。植株的茎粗以直径来表示，茎粗与抗旱性成正相关，茎粗越大，抗旱性越强。A301 种质的茎粗最小，仅为 1.14mm，极显著低于其他种质的茎粗，其次是 A185 种质，茎粗为 1.32mm，而茎粗最大的是 A25 种质，茎粗高达 1.83mm。植株的株型紧凑程度以茎叶夹角大小来表示，株型紧凑程度与抗旱性成正相关，株型越紧凑，抗旱性越强。茎叶夹角最小的是 A25 种质，仅为 12.50°，极显著低于其他种质的茎叶夹角，其次是 A301 种质，茎叶夹角为 24.70°，而茎叶夹角最大的是 A492 种质，茎叶夹角高达 65.50°。

表 8-3　狗牙根种质植株形态特征

Table 8-3　Morphological characteristics of 10 *C. dactylon* accessions

种质 Accession	叶长 Leaf length （cm）	叶宽 Leaf width （mm）	叶面积 Leaf area （cm^2）	茎粗 Stem diameter （mm）	茎叶夹角 Angles between stem and leaves （°）
A25	5.56Dd	1.59Ef	0.63CDdef	1.83Aa	20.72Ef
A476	6.82BCc	4.42Aa	2.12Ab	1.51BCbc	42.62Bb
A478	7.52Bb	2.56CDd	1.36Bc	1.53BCbc	34.12Cc
A492	6.55Cc	1.66Eef	0.77CDdef	1.50BCbc	59.32Aa
A185	3.62Ef	3.56Bc	0.90Cd	1.32DEde	29.26CDcde
A72	3.97Ef	2.06DEe	0.58CDef	1.51BCbc	33.60Cc
A237	11.83Aa	2.90Cd	2.39Aa	1.62Bb	28.24CDde

（续）

种质 Accession	叶长 Leaf length （cm）	叶宽 Leaf width （mm）	叶面积 Leaf area （cm²）	茎粗 Stem diameter （mm）	茎叶夹角 Angles between stem and leaves （°）
A301	6.78BCc	1.77Eef	0.84CDde	1.26Ee	24.70DEef
A373	4.48Ee	3.98ABb	1.25Bc	1.43CDcd	30.75CDcd
A330	4.23Eef	1.72Eef	0.52Df	1.57BCb	29.26CDcde
最小值 Min	3.02	1.1	0.32	1.14	12.5
最大值 Max	13.6	5.1	3.41	2.1	65.5
均值 Mean	6.14	2.6	1.14	1.51	33.26
标准偏差 Standard deviation	2.41	1.1	0.68	0.19	11.37
变异系数 Variable coefficient	39.24	41.29	59.62	12.87	34.2
F 值 F Value	122.72**	57.55**	54.6**	15.34**	48.41**

注：表中不同的大写字母表示相同处理条件下不同种质之间差异极显著（$P<0.01$），不同的小写字母表示相同处理条件下不同种质之间差异显著（$P<0.05$）。**表示 $P<0.01$ 水平差异极显著，* 表示 $P<0.05$ 水平差异显著，下同。

Note：The same capital letter notes by tindicate significant difference at 0.01 (**), the same small letter notes by tindicate significant difference at 0.05 (*). The same below.

根据叶片面积大小可将种质的抗旱性分为 6 级（$P<0.05$）如表 8-3，1 级为叶面积最大，抗旱性最弱；6 级为叶面积最小，抗旱性最强，10 份狗牙根种质的抗旱等级分别为 5，2，3，5，4，5，1，5，3，6。根据茎粗大小将各种质的抗旱性分为 6 级（$P<0.05$），10 份狗牙根种质的抗旱等级分别为 6，4，4，4，2，4，5，1，3，4。根据植株的紧凑程度将各种质的抗旱性分为 6 级（$P<0.05$），10 份狗牙根种质的抗旱等级分别为 6，2，3，1，4，3，4，5，4，4。

综合叶片面积、茎粗和株型紧凑程度 3 项形态指标（表 8-4），10 份狗牙根种质地上部植株形态对应的抗旱总级别值为 17，8，10，10，10，12，10，11，10，14，可得出 10 份狗牙根种质的抗旱性为：A25（17）＞A330（14）＞A72（12）＞A301（11）＞（A478、A492、A185、A237、A373）（10）＞A476（8）。

表 8-4　狗牙根种质地上部形态抗旱级别

Table 8-4　The above-ground configuration of drought level of *C. dactylon* accessions

种质 Accession	叶面积 Leaf area	茎粗 Stem diameter	茎叶夹角 Angles between stem and leaves	抗旱总级别值 General grade of drought resistance
A25	5	6	6	17
A476	2	4	2	8
A478	3	4	3	10

（续）

种质 Accession	叶面积 Leaf area	茎粗 Stem diameter	茎叶夹角 Angles between stem and leaves	抗旱总级别值 General grade of drought resistance
A492	5	4	1	10
A185	4	2	4	10
A72	5	4	3	12
A237	1	5	4	10
A301	5	1	5	11
A373	3	3	4	10
A330	6	4	4	14

三、讨论

1. 狗牙根地上部分形态与抗旱性关系　形态指标是人们早期对作物抗旱性研究最多的方面，其主要是地上部分形态。通常认为，叶片的细胞体积小，可减少失水时细胞收缩产生的机械伤害。叶片面积与抗旱性成负相关，叶片面积越小，抗旱性越强；茎粗与抗旱性成正相关，茎粗越大，抗旱性越强；植株株型紧凑程度与抗旱性成正相关，株型越紧凑，抗旱性越强（程加省等，2008）。

本试验结果表明，综合叶片大小、茎粗和株型紧凑程度3项指标，可得出10份狗牙根种质的抗旱性为：A25（17）＞A330（14）＞A72（12）＞A301（11）＞（A478、A492、A185、A237、A373）（10）＞A476（8）。即A25的抗旱性较强，A476的抗旱性较弱，但其他种质在形态上反映出的抗旱性差异较小，所以仅仅从形态反映材料间的抗旱性是明显不够的。

植物的地上部分形态是反应草坪草对水分利用率的一个方面，不能全面较好地反应植株整体对水分的吸收、运输和利用等过程。地上部分形态的分析结果和其他9项抗旱性指标综合评价的结果相差较大，因此地上部分形态一般用作参照来辅助说明植物的抗旱性，我们应综合多项指标来综合评价其抗旱性。

2. 狗牙根抗旱性与相关指标变化的关系　干旱胁迫下，植株根茎叶等器官的生长受到抑制，植株叶片的绿叶率、相对含水量和生长高度受到明显影响。本试验结果表明，在干旱胁迫条件下，植株的绿叶率均随着土壤含水量的降低而显著下降。绿叶率的变化与抗旱性密切相关，变化缓慢的种质叶片衰老迟缓，抗旱性相对较强。干旱胁迫使得狗牙根植株的生长受到明显抑制，随着干旱胁迫程度的增大，植株生长高度呈现下降趋势，抗旱性强的种质下降幅度小于抗旱性弱的种质。叶片含水量随干旱胁迫程度的增大逐渐下降，但下降的幅度和速度不同，抗旱性强的种质较抗旱性弱的种质叶片含水量下降幅度小、速度慢。

参 考 文 献

程加省，于亚雄，杨金华．2008．云南旱地小麦的抗旱性检测与比较［J］．西南农业学报，21（1）：

57-61.

德英，赵来喜，穆怀彬 .2010.PEG6000 渗透胁迫下应用电导法对披碱草属种质幼苗抗旱性初步研究 [J]. 中国农学通报，24：173-178.

段碧华，陈阜，韩宝平，等 .2009. 三种冷季型草坪草对水分胁迫的生理生态响应 [J]. 中国农业大学学报，14（2）：81-85.

郭爱桂，刘建秀，郭海林 .2002. 几种暖季型草坪草抗旱性的初步鉴定 [J]. 草业科学，19（8）：61-63.

韩建国，潘全山，王培 .2001. 不同草种草坪蒸散量及各草种抗旱性的研究 [J]. 草业学报，10（4）：56-63.

胡红 .2013. 水分对狗牙根萌发、幼苗生长及自然分布的影响研究 [D]. 九江：江西师范大学 .

康绍忠 .1998. 新的农业科技革命与 21 世纪我国节水农业的发展 [J]. 干旱地区农业研究，01：14-20.

李飞，赵军，赵传燕，等 .2011. 中国干旱半干旱区潜在植被演替 [J]. 生态学报，03：689-697.

李志东，黎可华，何会蓉，等 .2008. 华南地区 7 个暖季型草坪草种的抗旱性与灌溉节水的初步研究 [J]. 草业科学，25（11）：120-124.

吕静，刘卫东，王丽，等 .2010.4 种暖季型草坪草的抗旱性分析 [J]. 中南林业科技大学学报，30（3）：100-104.

王俊娟，叶武威，王德龙，等 .2011.PEG 胁迫条件下 41 份陆地棉种质资源萌发特性研究及其抗旱性综合评价 [J]. 植物遗传资源学报，06：840-846.

王赞，李源，吴欣明，等 .2008.PEG 渗透胁迫下鸭茅种子萌发特性及抗旱性鉴定 [J]. 中国草地学报，01：50-55.

谢贤健，兰代萍，白景文 .2009. 三种野生岩生草本植物的抗旱性综合评价 [J]. 草业学报，18（4）：75-80.

杨宏新，毛培春，孟林 .2010.10 种偃麦草属植物苗期抗旱性评价 [A]. 中国草学会青年工作委员会 . 中国草学会青年工作委员会学术研讨会论文集（上册）[C]. 中国草学会青年工作委员会，7.

余健 .2010. 中国旱情态势及防控对策 [J]. 西北农业学报，07：154-158.

赵艳，孙吉雄，王兆龙 .2008. 狗牙根和结缕草部分品种的抗旱性能评价 [J]. 上海交通大学学报（农业科学版），03：183-187.

Husmoen D，Vietor D M，Rouquette F M，et al. 2012. Variation of responses to water stress between 'Tifton 85' and 'Tifway' or 'Coastal' bermudagrass [J]. Crop Science，52（5）：2385-2391.

Sapeta H，Costa J M，Lourenço T，et al. 2013. Drought stress response in Jatropha curcas：growth and physiology [J]. Environmental & Experimental Botany，85（1）：76-84.

第二节　狗牙根种质资源抗旱性综合评价

随着全球性气候异常和生态平衡的破坏，全球沙漠化日趋严重，耕地面积日趋减少，研究结果表明，全球 43% 的耕地为干旱地带，干旱土地的退化已经日趋严重，这是世界面临的最大的环境挑战之一。旱灾的影响面积之广、造成的经济损失之大，已使其成为世界上最严重的自然灾害之一。中国有 45% 以上的国土属于干旱或半干旱地区，受干旱影响严重（赵雅静等，2009；李吉跃，1991），目前，由于干旱引起的河流干涸，土地沙化，草地退化，森林锐减，生物多样性急剧下降等一系列生态环境问题已严重威胁到人类社会的可持续发展，并引起了全社会的关注（李吉跃，1991）。

狗牙根 [Cynodon dactylon（Linnaeus）Person] 为禾本科（Poaceae）狗牙根

(Cynodon Richard) 多年生草本植物，是中国黄河流域以南栽培应用较广泛的优良草种之一，同时是暖季型草坪草中得分最高，应用最广泛的草种之一（Rochecouste，1962；Harlan，1969；谭继清和谭志坚，1999）。其同样受到干旱的威胁，而目前对狗牙根抗旱性能的研究较少，本研究引入模糊数学隶属函数值法，对狗牙根种质的株高，叶绿素含量，叶片相对含水量，细胞膜透性，可溶性蛋白质含量，POD 酶活性，SOD 酶活性，脯氨酸和丙二醛等 9 个指标进行定量分析和综合评价，以期建立完整的抗旱性综合评价系统，为选育抗旱性强的狗牙根优质品种提供理论基础。

一、材料与方法

1. 试验材料　前期利用土培法对 403 份狗牙根进行干旱胁迫处理，通过对其观测，从中筛选出 10 份抗旱狗牙根种质。本研究以这 10 份种质为研究材料，其来源如表 8-5 所示。

表 8-5　供试狗牙根种质信息
Table 8-5　The collection site of Cynodon dactylon at the present study

序号 No.	种质 Accessions	采集地点 Collection site	生境 Habitat
1	A25	江苏大丰 Dafeng，Jiangsu	海边 Seaside
2	A476	海南昌江 Changjiang，Hainan	平地 Flat
3	A478	福建东山 Dongshan，Fujian	海边 Seaside
4	A492	福建云霄 Yunxiao，Fujian	荒坡 Waste hillside
5	A185	海南儋州 Danzhou，Hainan	路边 Roadside
6	A72	江苏启东 Qidong，Hainan	海边 Seaside
7	A237	河南开封 Kaifeng，Henan	路边 Roadside
8	A301	云南怒江 Nujiang，Yunnan	路边 Roadside
9	A373	海南儋州 Danzhou，Hainan	荒坡 Waste hillside
10	A330	上海松江 Songjiang，Shanghai	江边 Riverside

2. 方法

（1）试验设计　将 10 份狗牙根种质采用扦插育苗成活，移植至装有同等重量（3 000g）的土壤和肥料混合基质规格一致的塑料花盆（盆高 25cm，直径 21cm）中，每份种质种植 12 盆，共 120 盆，每盆定植 10～12 株，按常规统一进行水肥管理及病、虫、草害的防治。

待植株生长稳定后，进行不同水分梯度干旱胁迫处理，水分控制采用称重法，分别设对照（正常浇水），轻度胁迫（土壤含水量为田间持水量的 65%～75%），中度胁迫（土壤含水量为田间持水量的 45%～55%），重度胁迫（土壤含水量为田间持水量的 25%～

35%）4 个水平，3 次重复，每天定时采用称重法控制土壤水分含量，对照组水分正常浇水，轻度胁迫，中度胁迫和重度胁迫处理不浇水，待土壤含水量自然消耗至设计含水量的下限时，从盆上部加水到设计上限，补充其水分消耗，水分胁迫持续 45d 后，测定植株绝对高度和功能叶的生理生化指标。

（2）测定项目及方法　土壤含水量采用烘干称重法测定（刘志媛等，2003），取土样 20～30g，准确称取土壤湿重，在 105℃ 的烘箱内烘干至恒重，即为土壤干重。土壤含水量＝（土壤湿重－土壤干重）/土壤湿重。

植株生长高度参照相关文献（汤章城等，1986），随机选取生长健壮的植株，用直尺测量从植株基部到茎尖最长的距离为植株的生长高度，重复 10 次平均值。

电导率（TDS）、叶绿素（Chl）含量、游离脯氨酸（Pro）含量、过氧化物酶（POD）、超氧化物歧化酶（SOD）、可溶性蛋白质（Soluble protein）含量测定参照李合生等（2000）的方法，叶片相对含水量（LRWC）测定参照汤章成等（1986）的方法，丙二醛（MDA）含量的测定参照李玲等（2008）的方法。

（3）抗旱性综合评价　试验采用模糊数学的隶属（反隶属）函数值法（张文辉等，2004；付凤玲等，2003）对狗牙根各种质抗旱性进行综合分析。如果测定指标与抗旱性呈为正相关，用公式①计算，如果测定指标与抗旱性呈为负相关，用公式②计算，各种质的抗旱隶属平均值用公式③计算。

①与抗旱性呈正相关的指标：$U_{(ijk)} = \dfrac{X_{ijk} - X_{j\min}}{X_{j\max} - X_{j\min}}$，②与抗旱性呈负相关的指标：

$U_{(ijk)} = 1 - \dfrac{X_{ijk} - X_{k\min}}{X_{k\max} - X_{k\min}}$，③各种质的抗旱隶属值：$\bar{X}_i = \dfrac{1}{n} \sum\limits_{i=1}^{n} U_{(ijk)}$。

其中：$U_{(ijk)}$ 为第 i 个种质第 k 个干旱胁迫水平下第 j 项指标的隶属度；X_{ijk} 为 i 种质 j 性状第 k 个干旱胁迫水平下的测定值；$X_{j\max}$、$X_{j\min}$ 为供试所有狗牙根种质中第 j 项指标的最大值和最小值；$\bar{X}_i$ 为 i 种质的抗旱隶属值，$\bar{X}_i$ 越大则抗旱性越强。

（4）数据分析方法　采用 Microsoft Excel 和 SAS9.0 软件对数据进行处理和分析。

二、结果与分析

1. 抗旱性指标与水分胁迫的相关性分析　通过对 10 份狗牙根种质的植株生长高度、叶绿素含量、叶片相对含水量、细胞膜透性、可溶性蛋白质含量、POD 酶活性、SOD 酶活性、脯氨酸和丙二醛等 9 项水分胁迫相关的常用指标的测定，并利用 SAS 软件分析各指标与水分胁迫的相关性，如表 8-6 所示，从表 8-6 可以看出，除了 POD 酶活性与水分胁迫梯度显著相关外，其他 8 项指标均与水分胁迫梯度达到极显著相关，丙二醛、脯氨酸、电解质渗出率、SOD 酶活性和可溶性蛋白等 5 项指标与水分胁迫程度成正相关，即随着水分胁迫程度的增大，该项指标的值也增大，植株生长高度、叶绿素、叶片相对含水量和 POD 酶活性等 4 项指标与水分胁迫程度成负相关，即随着水分胁迫程度的增大，这 5 项指标的值减小，在所有的指标中，SOD 酶活性与水分胁迫程度的相关系数（r＝0.940）最大，表明供试狗牙根种质叶片的 SOD 酶活性受水分胁迫处理的影响最显著。

表 8-6　抗旱性指标与干旱胁迫程度的相关性分析

Table 8-6　The correlation analysis between drought resistance and drought stress

相关系数 Correlation coefficient	生长高度 Growth height	叶片相对含水量 LRWC	可溶性蛋白 Soluble protein	叶绿素 Chl	丙二醛 MDA	脯氨酸 Pro	过氧化物酶 POD	超氧化物歧化酶 SOD	电导率 TDS
水分胁迫程度 Water stress degree	−0.847**	−0.911**	0.918**	−0.720**	0.762**	0.681**	−0.500*	0.940**	0.842**

2. 各抗旱性指标之间的相关性分析　各指标的测试结果见表 8-7，由表 8-7 可知，从轻度胁迫处理开始，供试狗牙根种质植株呈现一定的旱害症状，随着干旱胁迫程度的增大，9 项测定的指标均呈现旱害差异显著。因此选用轻度、中度和重度干旱胁迫处理下的数据平均值作狗牙根抗旱性指标之间的相关性分析和综合评价。由表 8-7 可知，除了POD 酶活性与丙二醛、脯氨酸、电解质渗出率的相关性差异不显著，植株生长高度与POD 酶活性、可溶性蛋白质含量的相关性差异显著外，其余各项抗旱性指标之间的相关性达到差异极显著。

表 8-7　9 项抗旱性指标之间的相关性分析

Table 8-7　The correlation analysis between 9 drought resistance indicators

相关系数 Correlation coefficient	生长高度 Growth height	丙二醛 MDA	叶绿素 Chl	叶片相对含水量 LRWC	脯氨酸 Pro	电导率 TDS	过氧化物酶 POD	超氧化物歧化酶 SOD
丙二醛 MDA	−0.452**							
叶绿素 Chl	−0.661**	−0.579**						
叶片相对含水量 LRWC	0.727**	−0.770**	0.712**					
脯氨酸含量 Pro	−0.884**	0.729**	−0.534**	−0.715**				
电导率 TDS	−0.831**	0.807**	−0.618**	−0.800**	0.684**			
过氧化物酶 POD	−0.232*	−0.106	0.460**	0.453**	−0.235	−0.196		
超氧化物歧化酶 SOD	−0.722**	0.719**	−0.691**	−0.889**	0.682**	0.766**	−0.511**	
可溶性蛋白 Soluble protein	−0.346*	0.723**	−0.651**	−0.869**	0.611**	0.782**	−0.433**	0.911**

3. 抗旱性综合评价　植物的抗旱性是多基因控制的性状或多因素互相作用的结果，因此，如果以单一的或某几个指标评价狗牙根的抗旱性，虽然有一定相关，但不够全面，可靠性较小，为此笔者按照隶属函数值法对 9 项测定指标进行综合评价，9 项指标的平均隶属函数值越大，其抗旱性越强，综合评价结果见表 4，由表 8-8 可知，10 份供试狗牙根种质的抗旱性强弱顺序为福建 A478＞海南 A373＞海南 A185＞海南 A476＞福建 A492＞A72＞江苏 A25＞上海 A330＞河南 A237＞云南 A301。

表 8-8　狗牙根种质抗旱性的隶属函数值及综合评价排名

Table 8-8　The synthetic evaluation of physiological of drought resistance of 10 *C. dactylon* accessions

种质 Accession	株高 Growth height	叶片相对含水量 LRWC	叶绿素 Chl	过氧化物酶 POD	脯氨酸 Pro	可溶性蛋白 Soluble protein	超氧化物歧化酶 SOD	电导率 TDS	丙二醛 MDA	平均值 Mean	抗旱性排名 Drought resistance ranking
A478	0.726	0.784	1.002	0.001	0.902	0.886	0.029	1.000	0.663	0.666	1
A373	0.543	1.000	0.970	0.383	1.000	0.000	0.252	0.497	0.941	0.621	2
A185	0.744	0.124	0.677	0.183	0.798	0.582	0.471	0.650	1.000	0.581	3
A476	1.000	0.351	0.000	0.000	0.725	0.997	0.451	0.714	0.898	0.571	4
A492	0.000	0.388	0.749	0.562	0.965	0.560	0.423	0.950	0.512	0.568	5
A72	0.422	0.393	0.658	0.522	0.598	0.416	1.000	0.537	0.274	0.535	6
A25	0.733	0.103	0.705	0.150	0.020	0.803	0.301	0.407	0.368	0.399	7
A330	0.340	0.310	0.846	0.958	0.000	0.380	0.378	0.003	0.000	0.357	8
A237	0.404	0.000	0.571	1.000	0.664	0.272	0.197	0.000	0.045	0.350	9
A301	0.483	0.434	0.151	0.544	0.091	0.492	0.000	0.355	0.426	0.331	10

三、讨论与结论

植物抗旱性强弱可以通过各个抗旱鉴定指标来体现，通常生长指标和产量指标是主要的抗旱指标。目前，利用单一的指标来对植物的抗旱性进行评价的报道较少。这是由于影响植物抗旱性的因素很多，单一地将某一种指标作为评价标准较为片面，一般不可靠。植物抗旱性相关的测定指标有很多（刘瑞等，2005；张智等，2007；谭艳和彭尽晖，2010），笔者参照大量牧草抗旱性评价研究方面的文献（杨顺强等，2009；张岩等，2008；王玉刚等，2006；阿力木·沙比尔等，2009；赵艳等，2008），选择了植株生长高度、叶片相对含水量、叶绿素含量、细胞膜透性、可溶性蛋白质含量、POD、SOD、脯氨酸和丙二醛等 9 个指标对狗牙根抗旱性进行评价，通过对这 9 项指标与水分胁迫的相关性分析可知，9 项指标与水分胁迫梯度的相关性均达到显著差异，9 项指标之间的相关性分析可知，除了 POD 酶活性与丙二醛、脯氨酸、电解质渗出率的相关性差异不显著，植株生长高度与 POD 酶活性、可溶性蛋白质含量的相关性差异显著外，其余各项抗旱性指标之间的相关性均达到极显著差异，因此，该 9 项指标可作为抗旱性鉴定指标对狗牙根种质进行综合评价。

模糊数学隶属函数值法由于结果涵盖较全面，可靠性强且简单易行，因而在植物抗旱性综合分析中早有引入，先求隶属函数值，再累加指定品种各指标的抗旱隶属值，求平均值。张沛生等对苹果抗旱性综合评价和王春珍等在筱麦抗旱性鉴定中均已应用（张沛生等，1993；王春珍等，1996），本文中引入模糊数学隶属函数值法对 10 份狗牙根种质的抗旱性进行综合评价，以求全面的、更为准确的判断 10 份狗牙根种质的抗旱性强弱，结果表明，10 份供试狗牙根种质的抗旱性强弱顺序为：福建 A478＞海南 A373＞海南 A185＞海南 A476＞福建 A492＞A72＞江苏 A25＞上海 A330＞河南 A237＞云南 A301。

随着水资源的日益匮乏，以耐旱为目标的遗传育种是今后主要的研究方向，而通过数学方法进行统计分析和综合评价，是植物抗旱研究的有效手段之一。本研究对 10 份较为抗旱的狗牙根种质的抗旱性进行系统的评价，初步认为 A478 和 A373 两份种质的抗旱性表现最为突出，可作为抗旱新品系选育的优质材料。

参 考 文 献

阿力木·沙比尔，阿不来提·阿不都热依木，齐曼·尤努斯，等 . 2009. 干旱胁迫与复水对 3 份新疆狗牙根新品系渗透调节物质的影响 [J]. 新疆农业大学学报，32 (6)：12-15.

樊正球 . 2004. 干旱环境胁迫下植物分子适应机理极其应用研究 [D]. 上海：复旦大学 .

付凤玲，李晚忱，潘光堂 . 2003. 模糊隶属法对玉米苗期耐旱性的拟合分析 [J]. 干旱地区农业研究，21 (1)：83-85.

李合生，孙群，赵世杰，等 . 2000. 植物生理生化实验原理和技术 [M]. 北京：高等教育出版社：164-169.

李吉跃 . 1991. 植物耐旱性及其机理 [J]. 北京林业大学学报，13 (3)：92-100.

李玲，徐志防，韦霄，等 . 2008. 金钟藤和葛藤在干旱与复水条件下的生理比较 [J]. 广西植物，28 (6)：806-810.

刘瑞香，杨劼，高丽 . 2005. 中国沙棘和俄罗斯沙棘叶片在不同土壤水分条件下脯氨酸、可溶性糖及内源激素含量的变化 [J]. 水土保持学报，19 (3)：148-151，169.

刘志媛，党选民，曹振木 . 2003. 土壤水分对黄秋葵苗期生长及光合作用的影响 [J]. 热带作物学报，24 (1)：70-72.

谭继清，谭志坚 . 1999. 中国草坪地被 [M]. 重庆：重庆出版社 .

谭艳，彭尽晖 . 2010. 植物抗旱机理及抗旱性鉴定方法研究进展 [J]. 广西农业科学，41 (5)：423-426.

汤章城，王育启，吴亚华 . 1986. 不同抗旱品种高粱苗中脯氨酸积累的差异 [J]. 植物生理学报，12 (12)：154-162.

王春珍，李荫藩 . 1996. 模糊隶属法在筱麦抗旱性鉴定中的应用 [J]. 干旱地区农业研究，14 (2)：78-80.

王玉刚，阿不来提，齐曼 . 2006. 两狗牙根品种对干旱胁迫反应的差异 [J]. 草业学报，15 (4)：58-64.

杨顺强，任广鑫，杨改河，等 . 2009. 8 种美国引进禾本科牧草保护酶活性与抗旱性研究 [J]. 干旱地区农业研究，27 (6)：144-148.

张沛生，李耀维，韩学孟，等 . 1993. 模糊隶属法在苹果抗旱性综合评价中的应用 [J]. 山西农业科学，21 (3)：71-74.

张文辉，段宝利，周建云，等 . 2004. 不同种源栓皮栎幼苗叶片水分关系和保护酶活性对干旱胁迫的响应 [J]. 植物生态学报，28 (4)：483-490.

张岩，李会彬，边秀举，等 . 2008. 水分胁迫条件下几种狗牙根草坪草抗旱性比较研究 [J]. 华北农学报，23：150-152.

赵雅静，翁伯琦，王义祥，等 . 2009. 植物对干旱胁迫的生理生态响应及其研究进展 [J]. 福建稻麦科技，27 (2)：45-50.

赵艳，孙吉雄，王兆龙 . 2008. 狗牙根和结缕草部分品种的抗旱性能评价 [J]. 上海交通大学学报（农业科学版），26 (3)：183-187.

Harlan J R, De Wet J M J. 1969. Sources of variation in *Cynodon dactylon* (L.) Pers [J]. Crop Science, 9：774-778.

Rochecouste E. 1962. Studies on the biotypes of *Cynodon dactylon*（L.）Pers［J］. Botanical investigation. Weed Research（2）：1-23.

第三节　海南不同居群狗牙根抗旱性比较研究

植物的生长、发育和繁殖都需要充足的水分。大约有 1/3 的陆地处于干旱或半干旱状态，而气候的异常也在影响其他大部分的陆地（Hussain and Mumtaz，2014；Trenberth et al.，2014；Woodward et al.，2014）。在干旱胁迫下，通常根/地上部分的比率不断增长（Wu and Cosgrove，2000；Fulda et al.，2011）。这一比率作为衡量植物抗旱能力的指标（Champoux et al.，1995；Ali et al.，2009）。在干旱胁迫下，草坪草高羊茅通过建立庞大的根系，从土壤中吸收更多的水分来维持正常的生长（Huang and Gao，2000；Huang and Fry，1998）。叶片在形态和生理水平对干旱的响应，对于降低水分的散失和促进水分的利用率至关重要。当植物感知到严重的缺水情况时，由于细胞膨压的丧失，它们的叶片会下垂或者卷曲（Poorter and Markesteijn，2008）。耐旱性的植物往往具有旱生型叶片结构，如叶片更小、更厚，且具有更多表皮毛，更小更密集的气孔，更厚的角质层，更厚的栅栏组织，更高的栅栏组织与海绵组织的比率和更发达的维管束（Esau，1960）。叶片表皮毛可在强光条件降低植物的蒸腾作用，帮助光反射（Abclulrahaman and Olade，2011）。叶片表皮脂质的积累（形成蜡质）和增强的光反射率可阻止植物过度的蒸腾作用和过高的叶表温度（Mohainmadian et al.，2007）。强初的厚壁组织可降低萎黄的伤害和防止光的直接辐射（Terashima，1992）。栅栏组织和维管束可维持水分和养分的运输（Guha et al.，2010）。这些特性都有效地降低了水分的过度散失，提高了保水能力，从而避免干旱胁迫所造成的损伤。气孔作为植物与环境水分和气体交换的重要器官，在植物生命活动中至关重要，它在保证植物光合作用最大限度地吸收 CO_2 的同时，控制最优的蒸腾作用。气孔的密度和开度与植物的抗旱性密切相关（Hetherington and Woodward，2003）。保卫细胞成对地排列在气孔中，它对环境条件十分敏感。在受到环境刺激后，保卫细胞中水势的改变和膨胀性运动调控气孔的开关，进一步调控植物关键的生理过程，如蒸腾作用和光合作用。

植物的抗旱性是植物对干旱环境所作出的综合回应，是植物在形态结构、生理和生化等各方面综合的遗传性状，植物通过多种途径来抵御或忍耐干旱胁迫的影响（James et al.，2005；李燕等，2007）。表示植物抗旱性的指标很多，许多学者已提出，只有采用多指标的综合评价，才能比较客观地反映作物品种的抗旱性（张明生等，2005；李贵全等，2006；王士强等，2007）。因此，本研究以海南 9 个不同居群野生狗牙根［*Cynodon dactylon*（Linn.）Pers.］及栽培种'Tifway'为对照共 10 份材料为研究对象，拟从解剖结构、形态特征和生理生化指标等方面对这抗旱性进行综合评价，为狗牙根育种奠定基础。

一、材料与方法

1. 试验材料　供试材料为海南不同居群野生狗牙根 9 个，采集于不同的生境，包括路边，灌木丛下，水稻田边，海边，以国外引进的'Tifway'为对照，所有材料均保存于中国热带农业科学院热带作物品种资源研究所牧草中心种质资源圃内。

表8-9 10个不同居群狗牙根来源

Table 8-9 The collection site of 10 different populations of *C. dactylon*

居群 Population	采集地 Collection site	生境 Habitat
HNBS0801	海南白沙县天堂 Tiantang, Baisha, Hainan	路边 Roadside
HNLG0801	海南临高县光村 Guangcun, Lingao, Hainan	灌木丛 Boskage
HNLD0802	海南乐东县抱由镇 Baoyou, Ledong, Hainan	水稻田边 Rice tanabe
HNDF0801	海南东方市大田镇 Datian, Dongfang, Hainan	荒地 Wasteland
HNS0602	海南三亚市天涯海角 Tianyahaijiao, Sanya, Hainan	路边 Roadside
HNC0802	海南昌江市海尾镇 Haiwei, Changjiang, Hainan	海边 Seaside
HNS0601	海南三亚市天涯海角 Tianyahaijiao, Sanya, Hainan	海边 Seaside
HNS0801	海南三亚市亚龙湾 Yalongwan, Sanya, Hainan	海边 Seaside
HNS0805	海南三亚市蜈支州岛 Wuzhizhoudao, Sanya, Hainan	海边 Seaside
Tifway		

2. 试验方法 本试验设在中国热带农业科学院热带作物品种资源研究所牧草基地进行，采用盆栽法，于2009年3月底开始。从资源圃中选用当年生或一年生的健壮狗牙根茎段作为材料，每个茎段含3个节，种植于装有同等重量的土和肥料（肥料用量为每平方米30g磷酸二铵）混合基质的规格一致的塑料盆中。每份材料种10盆。每桶定植4株，按常规统一进行水肥管理及病、虫、草害的防治。待植株生长稳定，成熟后于8月进行干旱胁迫处理。干旱胁迫期间，将各盆灌水直至盆底有水溢出，然后采取持续断水处理，盆底垫高以防止积水影响处理，干旱胁迫分5个梯度，设停水0d，3d，6d，9d，复水后3d进行观测取样。对照进行正常水分管理。采样时采取鲜样，保鲜并带入实验室进行各项指标的测定。采样时间为早上7：00～8：00。

3. 测定项目与方法

（1）解剖结构观测 选取叶片角质层厚度（上下表皮角质层厚度）、表皮细胞厚度（上下表皮细胞厚度），气孔器面积（气孔长度×宽度）及密度，叶片厚度（中脉部位的叶厚），靠近泡状细胞部位的叶厚，叶片维管束个数，机械组织数量（包括中脉维管束、平行脉大小维管束与上下表皮间的机械组织厚度）这8项指标作为叶的抗旱性指标，各居群叶片每个旱生结构指标均为30个观察值，求平均值。气孔所测各值均为气孔关闭状态下的值，气孔长度是哑铃形保卫细胞长度；气孔宽度是垂直于哑铃形保卫细胞的最宽值。气孔器面积为气孔长度×宽度（μm^2）。

采用石蜡切片和徒手切片法对各狗牙根材料进行解剖。石蜡切片制作：在每个居群中随机选取15株直立枝完全展开的倒数第三片叶，采用常规石蜡切片法（李正理，1978；郑国昌，1979）。叶表皮切片制作（徒手切片法）：随机选取各居群15株直立枝相同部位的成熟叶片，剪取4cm左右的材料鲜叶，制下表皮切片，则将上表皮朝上放置，将其平整置于载玻片上，用单面刀片均匀刮取叶片一面，将大部分被刮面表皮及叶肉组织刮除。

接着改用双面刀片继续刮除残留叶肉组织，直至肉眼观察无明显叶肉组织、触摸无粗糙质感，并将表皮置于解剖镜下观察，完全去除叶肉组织的表皮细胞排列清晰、细胞壁纹饰、气孔形状明显，如未完整去除叶肉组织则表皮细胞模糊不清。操作中应及时用蒸馏水去除组织残渣，以免刀面的带动下划破表皮细胞。之后用1‰番红水溶液染色，甘油封片。全部制片在 Nikon Eclipse 80i 生物显微镜下观察、测量并统计以下指标：叶片角质层厚度（上下表皮角质层厚度）、表皮细胞厚度（上下表皮细胞厚度），气孔器面积（气孔长度×宽度）及密度，叶片厚度（中脉部位的叶厚），靠近泡状细胞部位的叶厚，叶片维管束个数，机械组织数量（包括中脉维管束、平行脉大小维管束与上下表皮间的机械组织厚度）这8项指标，每个指标均为30个观察值，取具有代表性的区域进行拍照。

（2）形态指标观测　测量植株地上部自然生长状态下的株型，以叶长、叶宽、茎粗、叶面积及茎叶夹角来反应。测定时，随机选取生长健壮的植株，取主茎顶端向下第三或第四片叶，测定叶长、叶宽；叶面积＝叶长×叶宽×0.7；用量角器测定第4片叶与茎之间的夹角；游标卡尺测定第四片与第五片叶之间的节的茎粗（汤章成，1999）。各重复10次，求平均值。

（3）生理指标测定　土壤含水量的测定：采用烘干法（马宗仁等，1993），试验期间每3d取土样20～30g，在105℃的烘箱内进行加热干燥至恒重；其计算公式为：土壤含水量＝（土壤湿重－土壤干重）/土壤湿重×100％，式中土壤干重为土样在烘箱加热后失去的水的重量，土壤湿重为烘干前土样的重量。测定生长基质的含水率。叶片相对含水量采用称重法测定（汤章成，1999），原生质膜相对透性及叶绿素的含量测定参照李合生等（2000）的方法进行。

4. 数据分析　数据采用 Microsoft office Excel 进行处理，用 SAS9.0 软件进行方差分析。

二、结果与分析

1. 从狗牙根叶片解剖结构比较其抗旱性

（1）不同材料狗牙根旱生结构的比较　从表8-10可以看出这8项旱生结构定量指标在10个不同材料之间的总体差异为极显著，同时，指标中的气孔面积、密度及机械组织的变异程度最大，变异系数分别40.20％、41.30％与36.17％。为了进一步说明不同狗牙根在各抗旱性结构指标上的差异程度，分别对各指标进行了方差分析。

①角质层厚度：角质层厚度是反映植物抗旱能力的一个重要指标。一般旱生植物角质层都比较发达，角质层的存在能够有效地减少植物体内水分的流失，从而达到减少蒸腾的目的。角质层越厚，保水力越强。所观测的10个材料中，经方差分析 F＝10.93，$P<$0.01，说明居群间的角质层厚度均数达极显著，1号和5号的角质层最厚，它们与7号差异不显著（$P<$0.01），但极显著（$P<$0.01）高于其他材料，3号角质层最薄。根据角质层厚度大小可将材料的抗旱性分为4级（$P<$0.05），1级的抗旱性越强，4级的抗旱性越弱，1～10号材料抗旱等级分别为1、2、4、3、1、2、1、2、2、3。

②表皮细胞厚度：表皮细胞的厚度与抗旱性是成正比例的，表皮细胞紧密且厚，不仅其叶片的支撑作用，更重要的是增加叶片的抗旱性。所观测的10个材料中，经方差分析

$F=6.19$，$P<0.01$，说明材料间的表皮细胞厚度均数达极显著，6 号最厚，它显著（$P<0.05$）高于其他材料，10 号（对照 Tifway）表皮细胞最薄。根据表皮细胞厚度大小可将材料的抗旱性分为 4 级（$P<0.05$），1 级的抗旱性越强，4 级的抗旱性越弱，1～10 号材料抗旱等级分别为 2、2、3、3、3、1、4、3、3、4。

③气孔器面积与密度：气孔面积与抗旱性是成反比例的，而密度与抗旱性为正比例，气孔小而数目众多的植物抗旱性较强（赵瑞霞等，2001）。所观测的 10 个材料中，经方差分析得到气孔器面积 $F=11.12$，$P<0.01$，气孔密度 $F=107.60$，$P<0.01$，说明材料间的气孔大小与密度均达极显著，6 号材料的气孔器面积最大，极显著（$P<0.01$）大于其他材料，但其气孔密度是最小的；而 4，10 号（对照'Tifway'）的气孔密度显著（$P<0.05$）高于其他材料，其气孔大小处于中等。根据气孔面积可将材料的抗旱性分为 4 级（$P<0.05$），1 级的抗旱性越强，4 级的抗旱性越弱，1～10 号材料抗旱等级分别为 1、2、2、1、1、4、1、3、2、1；根据气孔密度可将材料的抗旱性分为 6 级（$P<0.05$），1 级的抗旱性越强，6 级的抗旱性越弱，1～10 号材料抗旱等级分别为 3、5、5、1、4、6、2、6、3、1。

④中脉叶厚与靠泡状细胞叶厚：中脉厚度反映了维管束和机械组织的发达程度。叶片越厚，储水能力相对越强，抗旱能力越好（孟庆杰等，2004）。狗牙根的叶片的泡状细胞下陷于叶肉，达 3/5～4/5，所以测定靠泡状细胞的叶厚就可反映出泡状细胞的大小。泡状细胞大，即叶片卷叠幅度大，保水力越强。所观测的 10 个材料中，经方差分析得到中脉叶厚 $F=37.49$，$P<0.01$，靠泡状细胞叶厚 $F=6.07$，$P<0.01$，说明材料间的中脉与靠泡状细胞部位的叶片厚度均达极显著，1 号材料的中脉叶厚最大，极显著（$P<0.01$）大于其他材料，且其靠泡状细胞叶厚也最大。10 号（对照'Tifway'）的中脉叶厚、靠泡状细胞叶厚都显著（$P<0.05$）小于其他居群。根据中脉叶厚可将材料的抗旱性分为 7 级（$P<0.05$），1 级的抗旱性越强，7 级的抗旱性越弱，1～10 号材料的抗旱等级分别为 1、2、4、3、6、3、5、3、4、7；根据靠泡状细胞叶厚可将材料的抗旱性分为 4 级（$P<0.05$），1 级的抗旱性越强，4 级的抗旱性越弱，1～10 号材料的抗旱等级分别为 1、1、2、2、2、3、1、4、2、4。

⑤维管束个数：维管束个数与植物叶片的耐磨性与抗旱性有关（肖木珠等，2005）。所观测的 10 个材料中，经方差分析 $F=194.70$，$P<0.01$，说明材料间的维管束个数达极显著，5 号最多，极显著（$P<0.01$）高于其他材料；10 号（对照 Tifway）最少，根据维管束个数可将材料的抗旱性分为 7 级（$P<0.05$），1 级的抗旱性越强，7 级的抗旱性越弱，1～10 号材料抗旱等级分别为 2、3、3、3、1、6、3、4、5、7。

⑥机械组织总厚度：狗牙根中脉维管束、平行脉大小维管束上下都分布着机械组织，机械组织与上、下表皮相连，发达的机械组织被认为可以减低叶萎蔫时的损伤，同时也能阻挡光线的直接照射，而达到降低蒸腾的作用（梅秀英等，1998；周智彬等，2002；彭少兵等，2006）。所观测的 10 个材料中，经方差分析 $F=6.21$，$P<0.01$，说明材料间的机械组织总厚度均数达极显著，1 号最厚，机械组织含量最多，它极显著（$P<0.01$）高于其他居群，但与 2 号差异不显著（$P<0.05$）；10 号（对照'Tifway'）厚度最小。根据机械组织总厚度可将材料的抗旱性分为 6 级（$P<0.05$），1 级的抗旱性越强，6 级的抗旱

性越弱，1～10 号材料抗旱等级分别为 1、2、3、5、5、3、5、5、4、6。

表 8-10　10 个不同狗牙根材料旱生结构指标

Table 8-10　Analysis of variance in xeromorphic indexes for 10 different populations of *C. dactylon*

序号 No.	角质层厚度 The thickness of the cuticle（μm）	表皮细胞厚度 The thickness of the skin cell（μm）	气孔 Stoma		叶片厚度 Vane thickness（μm）		维管束个数 Vascular bundle number（个）	机械组织总厚度 Total mechanical thickness（μm）
			气孔器面积 The stomatal apparatus area（μm^2）	密度 Density（个/mm^2）	中脉部位 Midrib parts	靠泡状细胞部位 Alveolar cell site		
1	10.88 Aa	11.76 ABb	264.44 Dd	258.32 DCc	198.75 Aa	120.50 Aa	23 Bb	106.77 Aa
2	8.13DCb	11.26 BCb	444.79 Cc	170.56 Fe	163.75 Bb	115.00ABa	21 DCc	85.00ABab
3	6.26Dc	10.00 BCbc	437.50 Cc	194.62 EFe	145.00 BCbcd	101.25 ABab	22 BCc	63.76BCbc
4	7.50DCbc	10.00 BCbc	287.50 Dd	335.46 Aa	158.75 Bbc	102.50 ABab	21 DCc	55.00BCcd
5	10.88 Aa	9.00BCbc	276.25 Dd	223.64 DEd	118.63 DCed	93.75 ABCab	35 Aa	37.50Ccd
6	8.75BCb	15.00 Aa	752.34 Aa	77.49Gf	160.00 Bbc	78.75BCbc	16 EFf	62.50BCbc
7	10.50ABa	7.50Cc	331.25DCd	303.61 ABb	133.00BCcd	108.75 ABa	21DCc	47.50BCcd
8	8.76BCb	10.00BCbc	598.17Bb	87.76Gf	147.50BCbc	60.75Cc	19Dd	53.75BCcd
9	8.50BCb	10.41BCbc	427.78Cc	270.35BCc	143.33BCbcd	100.83 ABab	17Ee	57.50BCbcd
10	7.50DCbc	7.50Cc	249.38Dd	335.46Aa	95.83De	64.17Cc	14Fg	33.33Cd
Min	6.26	7.5	249.38	77.49	95.83	60.75	14	33.33
Max	10.88	15	752.34	335.46	198.75	120.5	35	106.77
M	8.77	10.24	406.94	225.73	146.45	94.63	20.9	60.26
S	1.56	2.18	163.6	93.23	27.68	20.43	5.72	21.8
CV%	17.8	21.28	40.2	41.3	18.91	21.59	27.39	36.17
F	10.93**	6.19**	37.49**	107.60**	11.12**	6.07**	194.70**	6.24**

注：同列不同的大写字母表示相同处理条件下不同材料间差异极显著（$P<0.01$），不同的小写字母表示相同处理条件下不同材料间差异显著（$P<0.05$）。**表示 $P<0.01$ 水平的差异显著性，下同。

Note：The same capital letter notes by tindicate significant difference at 1%，the same small letter notes by tindicate significant difference at 5%. The same below.

（2）叶片结构抗旱总级别及抗旱性评价　抗旱性鉴定既需要合适的研究方法，也需要在此基础上建立起合理的数量化体系。本试验参照高吉寅等（1984）在抗旱性上的综合评价方法，采用分级评价法，即先对每一材料所测的每一抗性指标进行分级，使某一材料的每一个旱生结构指标都得到相应的级别值，然后再将这一材料所有指标的级别值相加，求得该材料抗旱的总级别值，以此来比较材料间的抗旱能力。角质层厚度为 1～4 级；表皮细胞厚度为 1～4 级；气孔器面积为 1～4 级；气孔密度为 1～6 级；中脉部位叶厚为 1～7 级；靠泡状细胞部位叶厚为 1～4 级；维管束个数为 1～7 级；机械组织总厚度为 1～6 级。1 级表示抗性最强，最末一级表示抗性最弱。依据本研究结果，总级别值越小，材料的抗旱性就越强。根据不同材料叶片旱生结构指标分为不同的等级数（表 4），最后将这些等级数加起来得到抗旱性总级别数，通过总级别数将10个材料进行排名，1号材料总级别数为12，排在最前面，抗性是最强的，10号（对照'Tifway'）总级别数为33，排在最后面，抗性是最弱的。4号、5号与7号总级别数分别只相差1，说明这3种材料的抗旱性相近。因此，供试材料的综合抗旱性大小排序为：1号＞2号＞4号＞7号＞5号＞9号＞3号＞6号＞8号＞10号（对照'Tifway'）。

表8-11 10个不同狗牙根材料叶片结构抗旱级别值

Table 8-11 The dorught resistance in leaf structure for 10 populations of *C. dactylon*

序号	角质层厚度 The thickness of the cuticle	表皮细胞厚度 The thickness of the skin cell	气孔 Stoma		叶片厚度 Vane thickness		维管束个数 Vascular bundle number	机械组织总厚度 Total mechanical thickness	抗旱总级别值 General grade of drought resistance
			气孔器面积 The stomatal apparatus area	密度 Density	中脉部位 Midrib parts	靠泡状细胞部位 Alveolar cell site			
1	1	2	1	3	1	1	2	1	12
2	2	2	2	5	2	1	3	2	19
3	4	3	2	5	4	2	3	3	26
4	3	3	1	1	3	2	3	5	21
5	1	3	1	4	6	2	1	5	23
6	2	1	4	6	3	3	6	3	28
7	1	4	1	2	5	1	3	5	22
8	2	3	3	6	3	4	4	5	30
9	2	3	2	3	4	2	5	4	25
10	3	4	1	1	7	4	7	6	33

2. 从狗牙根地上部形态特征比较其抗旱性

从表8-12可看出，不同材料地上部形态特征中变异较大的指标是叶面积，变异系数高达67.08%。叶片最小的是10号（对照'Tifway'），仅为0.34cm²，极显著低于其他材料的叶面积，其次是3号，面积为1.00cm²，而叶片最大的是6号，面积达3.81cm²，根据叶片面积大小可将材料的抗旱性分为6级（$P<0.05$），1级的抗旱性越强（叶面积最小），6级的抗旱性越弱（叶面积最弱），1～10号材料抗旱等级分别为4，5，2，2，3，6，3，6，3，1。而株型紧凑程度（以茎叶角表示）与抗旱性是成正比例的，同样，根据植株紧凑程度将各材料的抗旱性分为3个等级（$P<0.05$），1～10号居群抗旱等级分别为2，1，1，2，1，1，3，1，1，1。狗牙根直立茎的茎粗（直径）与抗旱性是成正比例的，根据茎粗将各材料的抗旱性分为7个等级（$P<0.05$），1～10号材料的抗旱等级分别为3，2，5，5，2，6，3，1，4，7。

以上综合得出材料的抗旱性为：5号＞（2号、3号、8号、9号）＞（1号、4号、7号、10号）＞6号。由此可看出，5号有较强的抗旱性，6号的抗旱性较弱，其他材料在形态上反映出的抗旱性大小一致，看不出差别。

表 8-12　10 个狗牙根不同材料植株形态特征

Table 8-12　Morphological characteristics of 10 different populations of *C. dactylon*

序号 No.	叶长 Leaf length（cm）	叶宽 Leaf width（mm）	叶面积 Leaf area（cm²）	茎叶夹角 Angles between stem and leaves	茎粗 Stem diameter（mm）
1	7.84CDd	2.96CDde	1.62BCc	47.50ABab	1.81ABCabc
2	9.48Cc	3.25Cc	2.13Bb	44.30ABb	1.92ABab
3	5.02EFef	2.84Ddef	1.00Dd	45.00ABb	1.71BCbcd
4	5.02EFef	2.70Df	0.95Dd	51.00ABab	1.75ABCbcd
5	4.26GFf	3.56Bb	1.07CDd	42.50ABb	1.90ABab
6	14.68Aa	3.73Bb	3.81Aa	41.00Bb	1.61Ccd
7	6.08DEFe	3.00CDd	1.28CDcd	57.00Aa	1.82ABCabc
8	11.89Bb	4.19Aa	3.55Aa	42.50ABb	2.02Aa
9	6.55DEde	2.73Def	1.25CDcd	44.00ABb	1.79ABCbc
10	2.76Gg	1.77Eg	0.35Ee	42.50ABb	1.56Cd
Min	2.76	1.78	0.35	41	1.56
Max	14.68	4.19	3.81	57	2.02
M	7.36	3.07	1.7	45.73	1.79
S	3.69	0.66	1.14	4.91	0.14
CV%	50.21	21.55	67.08	10.74	7.83
F	48.03**	66.87**	59.64**	1.90**	3.93**

表 8-13　10 个不同狗牙根材料地上部形态抗旱级别值

Table 8-13　The dorught resistance in shoots of 10 different populations of *C. dactylon* under drought stress

序号 No.	叶面积 Leaf area	茎叶夹角 Angles between stem and leaves	茎粗 Stem diameter	抗旱总级别值 General grade of drought resistance
1	4	2	3	9
2	5	1	2	8
3	2	1	5	8
4	2	2	5	9
5	3	1	2	6
6	6	1	6	13
7	3	3	3	9
8	6	1	1	8
9	3	1	4	8
10	1	1	7	9

3. 从狗牙根叶片抗旱生理指标比较其抗旱性

（1）干旱胁迫各时期土壤含水量的变化　随着胁迫时间的延长，在同一取样时期各处理区相对含水量也出现显著差异性，说明不同材料对土壤水分的保持能力有差异（表8-14）。其中，0天时，4号材料土壤水分含量最低，9号为最高，但各处理区相对含水量之间无显著差异，说明10份狗牙根处理区的地理因子几乎相同。当干旱胁迫到第三天时，5号材料土壤水分含量为30.85%，极显著（$P<0.01$）大于其他材料，4与7号材料土壤水分含量分别为18.97%与19.14%，它们显著（$P<0.05$）小于其他材料；当干旱胁迫到第六天时，5号材料土壤水分含量为6.30%，其依然极显著（$P<0.01$）大于其他材料，3号材料为1.28%，显著（$P<0.05$）小于其他材料；当干旱胁迫到第九天时，1号材料土壤水分含量最大，为1.59%，它与2，4，5，8号无显著差异（$P<0.01$），它们极显著（$P<0.01$）大于其他材料，6与10号（对照'Tifway'）的土壤水分含量极显著小于其他材料，7、9号材料的土壤水分含居中。从干旱胁迫第0天到第九天期间各处理材料的土壤含水量下降幅度的最大的为9号材料，土壤含水量下降了34.49%；其次是8、6、5、3、10、1、7、2号材料，土壤含水量分别下降了34.15%、34.05%、34.03%、33.72%、33.57%、33.31%、32%.85%、32.76%，下降幅度最小的是4号材料，下降了32.50%。10号（对照'Tifway'）的下降幅度位于中等。复水3d后，土壤含水量均有不同程度的恢复，但均未恢复到干旱胁迫前的水平，另外土壤含水量变化幅度大的材料大多是来自海边与水边，初步说明它们抗旱性不强。本研究结果表明10种材料在干旱第九天之后，生长受到较大影响，土壤含水量降低的幅度不同，反映出它们抗旱能力的不同，降低幅度越大的该牧草越不耐旱。

表8-14　10个不同狗牙根材料在干旱胁迫各时期的土壤水分变化（%）

Table 8-14　The changes of soil water content for 10 populations of *C. dactylon* under different drought stress（%）

序号 No.	胁迫天数 Stress days（d）				复水后 Rehydration
	0	3	6	9	
1	34.90Aa	28.62Bb	4.64Bb	1.59Aa	34.40Aab
2	34.30Aa	20.45EFd	2.12EFef	1.53Aa	29.45Bcd
3	34.57Aa	28.33Bb	1.28Fg	0.85Cc	31.54ABabcd
4	34.01Aa	18.97Fe	2.74DEde	1.52Aa	28.20Bd
5	35.59Aa	30.85Aa	6.30Aa	1.56Aa	34.84Aa
6	34.95Aa	23.31Cc	3.84BCc	0.89Cc	32.57ABabc
7	34.25Aa	19.14Fe	1.59Ffg	1.40ABab	32.50ABabc
8	35.66Aa	20.94Ed	3.19CDcd	1.52Aa	32.02ABabc
9	35.73Aa	22.85CDc	3.76BCc	1.23Bb	31.25ABacd
10	34.42Aa	21.42DEd	1.58Ffg	0.84Cc	29.69Bcd

（2）干旱胁迫对叶片相对含水量的影响　从表8-15可见，干旱胁迫第0天时，1，3，7号差异不显著（$P<0.01$），它们的叶片相对含水量显著（$P<0.01$）高于其他材料。2，4，8，9与10号（对照'Tifway'）的叶片相对含水量差异不显著（$P<0.01$），相对较少，6号居中。各供试狗牙根材料叶片相对含水量在胁迫第0天与第三天相比变化不大，

当停止浇水六天后，叶片相对含水量随干旱胁迫强度的加深而下降。干旱胁迫胁迫第六天时，1 号的叶片相对含水量极显著（$P<0.01$）高于其他材料，其次是 2 号与 7 号，10 个材料间有极显著（$P<0.01$）的差异，3 号的叶片相对含水量最小。干旱胁迫胁迫第九天时，1、2 号的的叶片相对含水量依然极显著（$P<0.01$）高于其他材料，其次 5 号，它们显著（$P<0.01$）高于其他材料。10 号（对照'Tifway'）位于中等，它与 6、9 号差异不显著（$P<0.01$）。从胁迫第 0 天到第九天，下降幅度最大 3 号材料，其叶片相对含水量从 99.98% 下降到 34.16%，显著（$P<0.01$）低于其他材料，降低了 65.82%；而与 10 号（对照'Tifway'）与 9 号的变化趋势极为相似，其值分别从 96.14%、95.76% 下降到 44.50%、41.47%，下降幅度分别为 51.63% 和 54.48%，变幅居中。2 号的变化幅度最小，其从 96.61% 下降至 60.11%，降低了 36.00%，其次是 1 号材料。复水 10d 后，供试材料的叶片相对含水量都得到了提高，但恢复的程度不同，1 号与 2 号基本恢复到干旱胁迫前的程度。

表 8-15 10 个不同狗牙根材料在干旱胁迫各时期叶片相对含水量变化（%）

Table 8-15 The changes of relative water contents in leaves of 10 populations of *C. dactylon* under different drought stress（%）

序号 No.	胁迫天数 Stress days（d）				复水后 Rehydration
	0	3	6	9	
1	99.61Aa	94.70BCc	84.17Aa	59.72 Aa	91.65Bb
2	96.11Cc	93.22Cd	70.02Bb	60.11Aa	95.14Aa
3	99.78Aa	97.76Aa	45.12Hh	34.16Fg	78.97DEe
4	95.51Cc	91.18De	62.73Dd	50.56Cc	87.61Cc
5	99.60Aa	96.23ABb	51.62Gg	54.94Bb	67.84Gg
6	97.95Bb	88.25Ef	59.67Ee	43.17Dde	65.07Hh
7	99.17Aa	92.94DCd	67.01Cc	49.08Cc	81.01Dd
8	95.76Cc	88.54Ef	63.15Dd	39.08Ef	79.63DEde
9	95.96Cc	83.46Gh	55.93Ff	41.47DEe	77.92Ee
10	96.14Cc	86.36Fg	51.08Gg	44.50Dd	74.05Ff

（3）干旱胁迫对原生质膜相对透性的影响　如表 8-16 所示，胁迫第 0 天到第三天电解质渗出率呈上升趋势，在干旱胁迫第 0 天时，4、5 号材料起初时电解质渗出率极显著（$P<0.01$）高于其他材料，其次是 10 号（对照'Tifway'），它与 3、6、7、9 差异不显著（$P<0.01$）。在干旱胁迫第三天时，各材料的电解质渗出率增加，10 号（对照'Tifway'）显著（$P<0.05$）高于其他材料，相比之下，7 号的上升趋势较低，且与 4 号差异不显著（$P<0.01$）。从胁迫三天到第六天电解质渗出率呈下降趋势，10 号（对照'Tifway'）下降趋势较平缓，电解质渗出率极显著（$P<0.01$）高于其他材料，说明其对干旱做出的应急反应较慢；1、6、8 号材料的电解质渗出率较小，三者差异不显著（$P<0.01$）。从胁迫第六天到第九天电解质渗出率又呈上升趋势，1、2 号上升趋势较平缓，其电解质渗出率极显著（$P<0.01$）低于其他材料；6 号的最大，与 5、9、10 号（对照

'Tifway'）差异不显著（$P<0.01$）。从干旱胁迫第 0 天到第九天，电解质渗出率变化最为显著的是 6 号材料，从 31.03% 上升到 88.35%，增加了 57.32%，其次是 8 号与 10 号（对照'Tifway'），它们的电解质渗出率分别从 24.72% 和 28.75% 上升到 79.93% 和 83.95%，各增加了 55.21% 和 55.20%；变化最小的是 4 号，增加了 32.85%。复水 3d 后，供试材料呈不同程度的恢复，但均未达到胁迫前的水平，9 号与 10 号（对照'Tifway'）此时的电解质渗出率与干旱胁迫第九天相差不大，不见降低的趋势，10 号（对照'Tifway'）甚至出现上升现象，说明对照材料的恢复性较其他材料的低。

表 8-16　10 个不同狗牙根材料在干旱胁迫各时期叶片电解质渗出率变化（%）

Table 8-16　The changes of relative electrical conductivity for 10 populations of *C. dactylon* under different drought stress（%）

序号 No.	胁迫天数 Stress days（d）				复水后 Rehydration
	0	3	6	9	
1	20.26Dd	81.22CDd	30.63Eef	60.68Ee	49.32Ef
2	22.20CDd	86.99ABb	51.27Bb	63.32Ee	60.00De
3	28.92Bb	82.62CDcd	36.35Dd	79.51BCc	72.21Cd
4	36.71Aa	43.78Gg	33.30DEef	69.56Dd	60.00De
5	34.60Aa	84.62BCbc	46.43Cc	83.99ABb	76.65BCbc
6	31.03Bb	73.77Ee	29.95Ef	88.35Aa	62.75De
7	29.48Bb	43.08Gg	34.48DEde	78.75Cc	73.39BCcd
8	24.72Cc	56.13Ff	30.33Ef	79.93BCc	77.63Bb
9	30.56Bb	80.32Dd	52.53Bb	85.41Aab	83.12Aa
10	28.75Bb	90.46Aa	71.85Aa	83.95ABb	86.21Aa

（4）干旱胁迫对叶绿素总含量的影响　从表 8-17 中可以看出，在干旱处理的整个过程中，供试的 10 个材料的叶绿素含量的变化波动较大，在胁迫第九天时，各材料的叶绿素总含量都达到显著的差异（$P<0.05$）。材料根据其曲线变化趋势可分为两类，第一类是叶绿素含量是一直呈上升趋势，包括 1，2，4，7，9 号，初步说明这些材料对干旱胁迫做出反应，抗性较强；第二类是随着胁迫时间的延长而出现含量下降的，包括 3，5，6，8，10 号（对照'Tifway'），3 与 5 号材料是先上升后下降的，这些材料相对第一类材料抗性较弱。第一类材料从胁迫第 0 天到第九天，叶绿素含量是一直增加的，增加幅度最大的是 7 号，它由 3.14mg/g 增加至 5.45mg/g，增加了 2.28mg/g，其次是 1、2、9、4 号，分别由 2.99mg/g、4.28mg/g、3.54mg/g、3.80mg/g 增加至 4.90mg/g、5.74mg/g、4.85mg/g、5.10mg/g，分别增加了 1.91mg/g、1.46mg/g、1.32mg/g、1.30mg/g。第二类材料从胁迫第 0 天到第九天，叶绿素含量下降，下降幅度最大的是 3 号，它由 4.45mg/g 下降至 3.34mg/g，降低了 1.11mg/g；下降幅度最小的是 8 号，它由 4.04mg/g 下降至 3.72mg/g，降低了 0.32mg/g，居中的是 10（对照'Tifway'），5，6 号。复水 3d 后，各材料的叶绿素含量均未恢复到胁迫前的水平，1，2，5，8 与 9 号材料之间差异不显著（$P<0.01$），它们的叶绿素含量相对较高。

表 8-17　10 个不同狗牙根材料在干旱胁迫各时期叶片叶绿素总含量变化（mg/g FW）

Table 8-17　The changes of chlorophyll total content in leaves of 10 populations

of *C. dactylon* under different drought stress（mg/g FW）

序号 No.	胁迫天数 Stress days（d）				复水后 Rehydration
	0	3	6	9	
1	2.99Ff	3.16Ff	4.85ABab	4.90CDd	3.83ABCab
2	4.28ABbc	3.23Ff	4.15BCDcd	5.74Aa	4.31Aa
3	4.45Aab	4.31Cc	5.01Aab	3.34Gg	2.03Ed
4	3.80CDde	3.91Dd	4.62ABCbc	5.10Cc	2.95CDEc
5	4.62Aa	5.35Aa	5.41Aa	4.07Ee	3.63ABCDab
6	3.80CDde	3.29Ff	4.06BCDcd	2.75Hh	3.32BCDbc
7	3.17EFf	5.06Bb	4.87ABab	5.45Bb	2.10Ed
8	4.04 BCcd	3.30Ff	3.74e	3.72Ff	4.18ABa
9	3.54DEe	3.90Dd	3.99CDd	4.85Dd	3.72ABCDab
10	3.90BCDd	3.66Ee	4.12BCDcd	3.36Gg	2.83DEc

（5）干旱胁迫下叶片生理指标抗旱总级别值及抗旱评价　植物抗旱性是受多种因素相互作用的结果，仅用某一项指标评价其抗旱性，虽然有一定相关，但不能反映整体生理生态机制，而综合各项指标评定植物的抗旱性可避免单因素评定的差异，全面反映植物的抗旱性。根据 10 个材料在土壤含水量、叶片含水量、质膜透性、叶绿素总含量这 4 项指标的级别数相加之和得到总级别数，1～10 号材料的总级别数值分别为 10，9，32，11，23，34，13，33，29，26（表 8-18）。2 号材料总级别数为 9，排在最前面，抗性是最强的，6 号总级别数为 34，排在最后面，抗性是最弱的。2、1 与 4 号总级别数分别只相差 1，说明这 3 种材料的抗旱性相近，抗性都很强。从以上指标得出 10 个不同材料的抗旱性大小：2 号＞1 号＞4 号＞7 号＞5 号＞10 号（对照 'Tifway'）＞9 号＞3 号＞8 号＞6 号。

表 8-18　10 个不同狗牙根材料干旱胁迫下叶片生理指标抗旱级别值

Table 8-18　The dorught resistance of physiological indexes in leaves

of 10populations of *C. dactylon* under drought stress

序号 No.	土壤含水量 Soil moisture content	叶片相对含水量 LRWC	质膜相对透性 RPP	叶绿素 Chl	抗旱总级别值 General grade of drought resistance
1	4	2	2	2	10
2	2	1	3	3	9
3	6	10	6	10	32
4	1	4	1	5	11
5	7	3	5	8	23
6	8	7	10	9	34

（续）

序号 No.	土壤含水量 Soil moisture content	叶片相对含 水量 LRWC	质膜相对 透性 RPP	叶绿素 Chl	抗旱总级别值 General grade of drought resistance
7	3	5	4	1	13
8	9	9	9	6	33
9	10	8	7	4	29
10	5	6	8	7	26

4. 从狗牙根解剖、形态、生理三方面综合评价抗旱性　从解剖上来分析 10 个不同材料狗牙根叶片的抗旱性，抗旱性排序为 1 号＞2 号＞4 号＞7 号＞5 号＞9 号＞3 号＞6 号＞8 号＞10 号（对照 'Tifway'）。从形态上看抗旱性排序为 5 号＞（2 号、3 号、8 号、9 号）＞（1 号、4 号、7 号、10 号）＞6 号，从生理指标上看抗旱性排序为 2 号＞1 号＞4 号＞7 号＞5 号＞10 号（对照 'Tifway'）＞9 号＞3 号＞8 号＞6 号。

从以上排名可看出，从解剖结构的指标来分析材料的抗旱性大小与从生理指标上看抗旱性大小的结果较一致，只有部分的材料有出入。从结构、生理综合明显看出，1 与 2 号材料排在前面，说明其抗旱性较强；4 号、7 号、5 号和 9 号材料抗旱性都处于中等；3 号、6 号和 8 号材料抗旱性较弱。10 号（对照 'Tifway'）在结构上来看抗旱性较低，但是在生理指标上看抗旱性居中。从地上部形态上比较材料的抗旱性，得出 5 号抗性强，6 号抗性弱，其他材料的抗性差异不显著，这与解剖实验、生理实验的观察结果存在较大的不同。

综合以上结果，可以得出 1 号和 2 号材料抗旱性较强；4 号、7 号、5 号和 9 号材料抗旱性都处于中等；3 号、6 号和 8 号材料抗旱性较弱。

三、讨论

王勋陵等（1989）将旱生植物分为肉质植物，多浆植物，薄叶植物、卷叶植物和硬叶植物等 5 种类型。狗牙根属于卷叶型旱生植物，其叶的解剖结构与抗旱的特征分析如下：研究中发现，狗牙根的叶片特征决定了其具有较强的抗旱性，狗牙根上下叶表面都覆有 1 层角质层，表皮细胞排列紧密，表皮有较多突起，上表皮含硅质细胞的硅质常常向外突出形成密集的齿或刚毛，这种结构可使其更适应干旱的环境。气孔在叶的上下表面都有，气孔小而且数目多，在控制蒸腾作用方面的作用具有两重性。狗牙根叶的结构都呈中脉部位厚、两边逐渐变薄的特点，无栅栏与海绵组织之分，维管束为双层鞘，与周围的叶肉细胞组成了典型的 C_4 植物"花环状"结构，这种结构既保证了极高的光合效率，又在一定程度上增强了叶片的耐旱性。其叶肉细胞较小，紧密围绕叶脉维管束的左右两边，细胞间隙小，且维管束与叶表皮间的机械组织较多，说明了狗牙根具有较强抗旱与耐磨能力。除此之外，狗牙根较其他草坪草，如台湾草（*Zoysia tenuifolia*）、海雀稗（*Paspalum vaginatum*）、假俭草（*Eremochloa ophiuroides*）等（耿世磊等，2002；李志东等，2008）抗旱性强，其最明显的特征就是泡状细胞下陷于叶肉中，体积较大，几乎达下表皮，形成"绞合细胞"，更增大了叶片卷叠运动的幅度，这种结构是其最大的旱生特性。除此之外，狗牙根的维管束发达，这对抗旱、保水和提高光合效率均有重要意义。

禾本科卷叶类植物的旱生特性主要表现在叶上，如表皮角质层厚度、表皮突起，泡状细胞，维管束鞘、机械组织、叶肉排列等方面的特征均能在一定程度上放映出植物抗旱能力的大小（王勋陵等，1989）。叶表皮发达的角质层可以有效地减少水分的蒸腾散失，还具有较强的折光性，可以防止过强日照引起的伤害（王艳等，2000）。狗牙根叶片表皮的角质化程度较高，上下表皮均可见角质层，加之，其上表皮含硅质细胞的硅质常常向外突出形成密集的齿或刚毛，表皮细胞排列紧密，可以提供机械支持作用，使叶片的保水、抗旱能力得到进一步加强（王勋陵等，1989）。狗牙根叶片气孔小而数目众多，在控制蒸腾作用方面的作用具有两重性。水分充足时气孔大开，促进蒸腾作用。水分紧张时气孔关闭，抑制蒸腾作用。泡状细胞是禾本科植物叶片上表皮所具有的一种特殊结构，是这类植物最大的旱生特性。当水分供应不足时，泡状细胞首先失水收缩，使叶片卷曲成筒状以减少蒸腾作用；当有水分供应时，细胞充水，使叶片展平，故泡状细胞又称为运动细胞。狗牙根的泡状细胞下陷于叶肉中，形成"绞合细胞"，更增大了叶片卷叠运动的幅度（李正理等，983；王勋陵等，1989）。其泡状细胞下陷程度较大，几达下表皮。狗牙根的主脉维管束鞘2层，外层鞘细胞为大型含叶绿体的薄壁细胞，内层鞘细胞小，不含叶绿体，细胞壁加厚，而细脉维管束鞘只有一层薄壁细胞。狗牙根主脉和细脉均只有一层薄壁细胞。通常认为具双层鞘的植物更具抗旱性（王勋陵等，1989），而具双层鞘在 C_3 植物中更为典型（陆静梅等，1994）。狗牙根的细脉均表现出典型的 C_4 植物特征（Metcalfe，1960），其主脉虽然也具 C_4 植物典型的"花环状结构"，但同时又具有厚壁的内鞘细胞，似是一种介于 C_3 到 C_4 之间的结构，这种结构既保证了极高的光合效率，又在一定程度上增强了叶片的耐旱性。叶片内机械组织的分布、叶肉细胞排列的紧密程度，在某种程度上也影响着植物的抗旱能力。抗旱性强的植物，机械组织的发育程度往往较高。发达的机械组织被认为可以减低叶萎蔫时的损伤，同时也能阻挡光线的直接照射，而达到降低蒸腾的作用。狗牙根的叶肉细胞较小，围绕叶脉维管束紧密排成一层，细胞间隙小，这些特征从另一角度说明了狗牙根的抗旱能力强。

植物抗旱性的指标很多，许多学者已提出，只有采用多指标的综合评价，才能比较客观地反映作物品种的抗旱性（张明生等，2005；李贵全等，2006；王士强等，2007）。本研究对狗牙根旱生解剖结构作了观察与分析，并结合其形态学和生理生化指标对狗牙根抗旱性进行综合研究，更能反映植物抗旱性大小。研究发现从解剖结构的指标来分析材料的抗旱性大小与从生理指标上看抗旱性大小的结果较一致，只有部分的材料有出入，都得出了材料1号（HNBS0801）与2号（HNLG0801）的抗旱性强。这也间接的说明通过叶片解剖结构的角质层厚度、表皮细胞厚度，气孔器面积及密度，中脉部位叶片厚度，靠近泡状细胞部位的叶厚，叶片维管束个数，机械组织数量这8项指标作为狗牙根叶的抗旱性指标是可行的，在假定这8项指标权重相等的情况下，统计出抗旱性综合指数，这是本试验的创新点，在这之前还未见报道。同时，试验还得出从狗牙根植株地上部形态反映出来的抗旱性差异较小，且结果与解剖实验、生理实验的结果存在较大的不同。说明地上部株型只能反映草坪草对水分利用率的一个方面，不能很好地反应整体植株对水分的吸收、运输和利用过程，因而只能作为参照来辅助说明狗牙根抗旱性强弱，这与张国珍（2005）对四川野生狗牙根抗旱性研究及评价的结果一致。

参 考 文 献

高吉寅.1984.水稻等品种苗期抗旱生理指标的探讨［J］.中国农业科学（4）：41-45.

耿世磊，赵晟，吴鸿.2002.三种草坪草的茎、叶解剖结构及其坪用性状［J］.热带亚热带植物学报，10（2）：145-151.

李贵全，张海燕，季兰，等.2006.不同大豆品种抗旱性综合评价［J］.应用生态学报，17（12）：2408-2412.

李合生，孙群，赵世杰，等.2000.植物生理生化实验原理和技术［M］.北京：高等教育出版社.

李燕，薛立，吴敏.2007.树木抗旱机理研究进展［J］.生态学杂志，26（11）：1857-1866.

李正理，张新英.1983.植物解剖学［M］.北京：高等教育出版社：63，267-276.

李正理.1978.植物制片技术［M］.北京：科学出版社.

李志东，黎可华，何会蓉，等.2008.华南地区7个暖季型草坪草种的抗旱性与灌溉节水的初步研究［J］.草业科学，25（11）：120-124.

陆静梅，李建东.1994.同种不同生态环境植物解剖结构比较研究［J］.东北师范大学学报（3）：100-103.

马宗仁，刘荣堂.1993.牧草抗旱生理学［M］.兰州：兰州大学出版社：12.

梅秀英，姜在民，崔宏安，等.1998.核桃和铁核桃品种（优系）叶形态构造与其抗旱性的研究［J］.西北林学院学报，13（1）：16-20.

彭少兵，郭军战，林立挺.2006.树莓、黑莓不同品种叶解剖构造与抗旱性的研究［J］.西北林学院学报，21（1）：51-53.

汤章成.1999.现代植物生理学指南［M］.北京：科学出版社.

王士强，胡银岗，佘奎军，等.2007.小麦抗旱相关农艺性状和生理生化性状的灰色关联度分析［J］.中国农业科学，40（11）：2452-2459.

王勋陵，王静.1989.植物形态结构与环境［M］.兰州：兰州大学出版社.

王艳，张绵.2000.结缕草和早熟禾解剖结构与其抗旱性、耐践踏性和弹性关系的对比研究［J］.辽宁大学学报（自然科学版），27（4）：371-375.

张国珍.2005.四川野生狗牙根抗旱性研究及评价［D］.雅安：四川农业大学.

张明生，刘志，戚金亮，等.2005.甘薯品种抗旱适应性综合评价的方法研究［J］.热带亚热带植物学报，13（6）：469-474.

郑国昌.1979.生物显微技术［M］.北京：人民教育出版社.

周智彬，李培军.2002.我国旱生植物的形态解剖学研究［J］.干旱区研究，19（1）：35-40.

Abdulrahaman A，Oladele E.2011.Response of trichomes to water stress in two species of Jatropha.Insight bot，1：15-21.

Ali M A，Abbas A，Niaz S，et al.2009.Morphophysiological criteria for drought tolerance in sorghum)（sorghum bicolor）at seedling and post-anthesis stages.International Journal of Agriculture and Biology，11：674-680.

Champoux M C，Wang G，Sarkarung S，et al.1995.Locating genes associated with root morphology and drought avoidance in rice via linkage to molecular markers.Theoretical and Applied Genetic，90：

969-981.

Esau K. 1960. Anatomy of seed plants. Soil Science，90：149.

Fulda S，Mikkat S，Steginann H，et al. 2011. Physiology and proteomics of drought strew acclimation in sunflower (*Helianthus annuus* L.). Plant Biology (*Stuttg*)，13：632-642.

Guha A，Sengupta D，Kumar Rasineni G，et al. 2010. An integrated diagnostic approach to understand drought tolerance in mulberry (*Morus indica* L.). Flora Morphol Distrib Funct Ecol Plants，205：144-151.

Hetherington A M，Woodward I. 2003. The role of stomata in sensing and driving environmental change. Nature，424：901-908.

Huang B，Fry J D. 1998. Root anatomical，physiological，and mophological responses to drought stress for tali fescue cultivars. Crop Science，38：1017-1022.

Huang B，Gao H. 2000. Root physiological characteristics associated with drought resistance in tall fescue cultivars. Crop Science，40：196-203.

Hussain M，Mumtaz S. 2014. Climate change and managing water crisis：Pakistan's perspective. Reviews Environment Health，29 (1)：71-77.

James A S，Sarah J G，William R G. 2005. Resistance to water stress of Alnus maritima：intraspecific variation and comparisons to other alders [J]. Environmental and Experimental Botany，53：281-298.

Metcalfe C R. 1960. Anatomy of the Monocotyledons，I. Gramineae [M]. Oxford：Oxford University Press，124-126，539-540.

Mohammadian M A，Watling J R，Hill R S. 2007. The impact of epicuticular wax on gas-exchange and photoinhibiticm in Leucadendron lanigerum (Prcrteaceae). Acta Oecol，31：93-101.

Poorter L，Markesteijn L. 2008. Seedling traits determine drought tolerance of tropical tree species. Biotropica，40：321-331.

Terashima I. 1992. Anatomy of non-unifbrm leaf photosynthesis. Photosynthesis Research，31：195-212.

Trenberth K E，Dai A，van der Schrier G，et al. 2014. Global warming and changes in drought. Nature Climate Change，4：17-22.

Woodward A，Smith K R，Campbell-Lendrum D，et al. 2014. Climate change and health：on the latest IPCC report. Lancet，383：1185-1189.

Wu Y，Cosgrove D J. 2000. Adaptatio of roots to low water potentials by changes in cell wall extensibility and cell wall proteins. Journal of Experimental Botany，51：1543-1553.

第九章

狗牙根种质资源耐铝性研究

第一节 狗牙根耐铝临界浓度的筛选

全球约有 $3.95 \times 10^9 hm^2$ 酸土，占全球可耕地土壤面积的 40%，主要分布在热带、亚热带及温带地区，尤其是发展中国家，酸土面积比例持续增大（Kochian，1995）。我国酸性土壤遍及南方 15 个省（自治区），总面积约为 $2.03 \times 107 hm^2$，占全国土地总面积的 21%（于翠平，2014）。除了自然成土过程导致土壤酸化外，由大气污染引起的酸沉降、农业生产中过度使用酸性肥料、工厂排污对土壤的直接酸蚀等都加剧了土壤的酸化，使酸性土壤面积和酸性程度进一步提高。当土壤 pH 值下降到 5.5 以下时，原固定于晶格中的铝可逐渐解离，以离子形态释放到溶液中，直接危害植物生长，降低酸性土壤中农作物的生产力。早在 1918 年 Hartwell 等（1998）就已经报道了有关铝对植物毒害的研究。铝毒被认为是酸性土壤或酸化土壤上作物生长最重要的限制因素（刘强等，2004）。廖丽等（2011）对地毯草（*Axonopus compressus*）适应铝毒胁迫能力进行了研究，发现地毯草在中等浓度（0.72～1.20mmol/L）铝处理下，坪用质量明显优于低浓度和高浓度的铝处理，呈抛物线性状。刘影（2011）通过研究扁穗牛鞭草（*Hemarthria cornpressa*）在铝毒胁迫下的生理响应，发现在高浓度铝胁迫处理下，SOD、POD、CAT 活性均随铝浓度的增加表现出先增高后降低的趋势，说明扁穗牛鞭草在高浓度铝胁迫下通过 3 种酶活性的持续增强来减少来自活性氧和自由基的伤害。凌桂芝（2004）的研究结果表明，格拉姆柱花草（*Stylosanthes gracilis*）耐铝能力比紫花苜蓿更强，柱花草根系柠檬酸的分泌量随 Al^{3+} 浓度的增加及处理时间的增长而增加，因此根系分泌柠檬酸可能是柱花草抵御铝毒的重要机制之一。

目前，农业生产或绿化工程中一般通过改良土壤或选育耐铝品种来缓解酸性土壤对植物生长发育的影响。改良土壤主要通过加入石灰等手段，但其成本太高且改良难以持久，对于环境绿化和生态建设来说，改良土壤不符实际，更有可能破坏农业生态环境，然而选育优良耐铝品种则可以从根本上解决植物在酸性土壤上的生长发育问题，草类植物在环境绿化、防沙固土和畜牧饲料中发挥着重大作用。目前国内外对玉米（*Zea mays*）、水稻（*Oryza sativa*）、大豆（*Glycine max*）等大宗作物的耐铝性已经有了大量深入的研究（刘国栋和董任瑞，1987；刘鹏等，2004；卢永根等，2009），对草类植物的耐铝性也有了相关报道，但种质资源评价与改良工作水平还处于很低水平，同我国丰富的草类种质资源很不相称，同欧美国家差距还很大，因此，充分挖掘优良草种基因型的遗传潜力，选育耐铝草种是当前农业与环境可持续发展的一条新途径。

狗牙根［*Cynodon dactylon*（Linn.）Pers.］属禾本科多年生草本植物，因其具有繁殖能力强、成坪速度快、耐践踏、抗旱性强等优点，被广泛应用于运动场、高尔夫球场、庭院绿化等，是暖季型草坪草中坪用价值最高、应用最广的草种之一，被称为暖季型草坪草的当家草种，极具社会、经济和生态价值。本研究以前期研究中筛选出的坪用价值较高的狗牙根为研究材料，利用水培法观测其在 0、250、500、750、1 000、1 250、1 500、1 750、2 000、2 250、2 750、3 000、3 250 和 3 500μmol/L 铝浓度处理过程中植株在均一性、叶色、生物量、耐铝指数等指标的变化情况，得出狗牙根存活的临界浓度，该研究为选育耐铝狗牙根品种提供试验依据，并将为生物措施改良酸土提供大量优秀狗牙根草种，为城市绿化做出贡献。

一、材料与方法

1. 试验材料　试验所用的狗牙根材料采集自广西柳江县三都镇路边，保存于中国热带农业科学院热带作物品种资源研究所草业研究室种质资源圃内。该种质具有较强的抗逆性和优良的坪用价值。

2. 试验方法

（1）材料预培养　2014 年 5 月 22 日田间选取已成坪的狗牙根材料的葡匐茎，剪取生长发育一致、带有 2 个节的茎段插入事先打孔的泡沫板上，每个泡沫板约有 200 个孔，每个孔插入一个茎段。在周转箱中培养，每个周转箱加入 10L 1/2 霍格兰营养液。霍格兰营养液成分包括 1.25mmol/L Ca（NO$_3$）$_2$、1.25mmol/L KNO$_3$、0.5mmol/L MgSO$_4$、0.025mmol/L NH$_4$H$_2$PO$_4$、46μmol/L B、0.3μmol/L Cu、0.1μmol/L Mo、9.2μmol/L Mn、0.8μmol/L Zn 和 286μmol/L Fe（Fe-EDTA）（廖丽，2011），整个试验期营养液用氧气泵不间断通气，泡沫板漂浮于营养液之上，培养 2 周。每天调节营养液 pH 值为 pH=5.8±0.2。

（2）铝处理方法　材料预培养 2 周后，将茎段小心取出，选取大小一致的小苗种入装有石英砂（用酸洗过，去离子水多次冲洗烘干）的 250mL 塑料杯（直径 6.54cm、高 9.5cm，杯底打 6 个孔，垫有纱布），每杯 6 株。将种有小苗的塑料杯悬挂于有孔的泡沫板上，泡沫板放在 5L 小桶上，每份材料每个处理单独种植一个小桶，4 个重复，每桶放 5L 1/2 霍格兰营养液，待所有材料种入杯中缓苗 4d 再进行铝处理。处理的铝（AlCl$_3$·6H$_2$O）浓度设为 0（对照）、250、500、750、1 000、1 250、1 500、1 750、2 000、2 250、2 500、2 750、3 000、3 250 和 3 500μmol/L。处理期间每隔 3d 更换一次营养液，每天调节处理营养液 pH 值为 4.0±0.2，对照营养液 pH 值为 5.8±0.2，不间断通气，处理后第 28d 进行各指标的测定。

（3）项目测定　生长发育指标的测定：主要包括叶色、坪用质量、枯黄率、根长、地上部干重和根系干重等。

①叶色。观察记录每个铝浓度处理下，不同草坪草叶色的变化情况，采用目测法对其颜色进行赋分，重复 4 次求平均值。颜色分级与赋分标准，共分 9 级，分别为叶色：蓝绿（9）、深绿（7）、绿（5）、浅绿（3）、黄绿（1）（Wu，2006；王志勇等，2009）。

②均一性。均一性是指整个草坪的外貌均匀程度，是草坪密度、颜色、整齐性、质地等差异的综合反映。采用目测打分法，分级及评价标准见表 9-1。

表 9-1 均一性分级表

Table 9-1 Level of turfgrass uniformity

等级 Level	评分 Score	指标 Index	说明 Explanation
1	8～9	很均匀	草坪密度、颜色、整齐性、质地差异极小
2	6～7	均匀	草坪密度、颜色、整齐性、质地差异不明显
3	4～5	较均匀	草坪密度、颜色、整齐性、质地略有差异
4	2～3	不均匀	草坪密度、颜色、整齐性、质地差异较大
5	1	极不均匀	草坪密度、颜色、整齐性、质地差异很大

③耐铝指数。采用直尺测定铝胁迫下最长根的平均长度和对照的最长根的平均长度，依据下列公式计算出耐铝指数。耐铝指数＝∑铝胁迫下最长根的平均长度/∑对照最长根的平均长度。

④坪用质量。采用目测打分法。参照 NTEP（The National Turfgrass Evaluation Program，美国国家草坪评比项目）标准，以草坪的质地、密度、均一性等作为指标进行评分，最优为9分，6分为可以接受的草坪质量，1分为最差。3人或3人以上打分求平均值。

⑤枯黄率。采用目测法打分记录各材料叶片枯黄率（采用百分制，单位为％，5％以下表示草坪草基本没有出现黄叶，50％表示草坪草有一半枯黄；95％以上表示基本上没有绿色叶片而死亡）。

⑥地上部和地下部干重测定。处理结束后，将地上部分和根系分开（注意每个处理的每个重复单独标记，地上部和地下部相对应），洗净后，用去离子水冲洗3次，105℃杀青15min，75℃烘干48h，后用天平称重。

（4）数据处理与分析 利用 EXCEL 2007 进行数据处理，SPASS 19.0 进行方差分析及建立回归方程。

二、结果与分析

1. 铝胁迫对狗牙根叶色的影响 不同铝处理浓度（28d）对狗牙根叶色的影响见表9-2。从表9-2可以看出在低浓度铝离子处理下（250、500、750、1 000、1 250μmol/L），叶色变化不明显且略深于对照，表现为绿色并逐渐加深。在中等浓度铝离子处理下（1 500、1 750、2 000、2 250μmol/L），叶色相比于对照颜色较浅，表现为浅绿且逐渐降低，与其他浓度铝离子处理间差异不明显。狗牙根在高浓度铝离子处理下（2 500、2 750、3 000、3 250、3 500μmol/L），叶色降低较多，出现黄绿，叶色与低浓度铝离子处理和对照均表现出极显著差异（$P<0.01$）。在250～1 250μmol/L 铝离子浓度处理之间，叶色均在7分以上，具有较好的景观价值，而在2 500～3 500μmol/L 铝离子浓度处理之间，叶色下降趋势明显，仅有5分左右。以上结果表明，狗牙根在不同浓度铝离子处理下，受到的铝毒害差异显著（$P<0.05$）。

2. 铝胁迫对狗牙根均一性的影响 不同铝离子浓度处理（28d）对狗牙根均一性的影响见表9-2。在不同铝离子浓度处理下，狗牙根均一性的变化趋势与叶色变化表现一致。

在低浓度铝离子处理下（250、500、750、1 000、1 250μmol/L），狗牙根均一性变化不明显，表现为均匀。在中等浓度铝离子处理下（1 500、1 750、2 000μmol/L），狗牙根均一性呈降低趋势，表现为较均匀，与250、500μmol/L浓度之间差异显著（$P<0.05$）。在高浓度铝离子处理下（2 500、2 750、3 000、3 250、3 500μmol/L），狗牙根均一性表现出不均匀，与低浓度处理和对照均表现出极显著差异（$P<0.01$）。

3. 铝胁迫对狗牙根枯黄率的影响　不同铝浓度处理（28d）对狗牙根枯黄率的影响见表9-2。在不同铝离子处理浓度下，狗牙根枯黄率未表现出明显的规律或趋势，在低浓度和中等浓度铝离子处理条件下，枯黄率虽然整体较低，但亦有个别浓度出现较高枯黄率（250、1 500、1 750μmol/L），在高浓度铝离子胁迫下，枯黄率平均水平较高，但在2 750μmol/L条件下枯黄率仅为18%。

4. 铝胁迫对狗牙根坪用质量的影响　不同铝离子浓度处理（28d）对狗牙根坪用质量的影响见表9-2。在低浓度铝离子处理下（250、500、750、1 000、1 250μmol/L），狗牙根坪用质量均高于对照，且都在6分以上，为可接受的草坪质量，在中等浓度和高浓度铝离子处理下，狗牙根坪用质量明显降低，但未表现出随着浓度升高而稳定降低的趋势。

5. 铝胁迫对狗牙根地上部干重和根系干重的影响　不同铝离子浓度处理（28d）对狗牙根地上部和根系干重的影响见表9-2。在低浓度铝离子处理下（250、500、750、1 000、1 250μmol/L），狗牙根地上部干重和根系干重略大于对照处理，在中等浓度和高浓度铝离子处理下，地上部干重和根系干重均低于对照和低浓度处理，但不同处理浓度之间差异不显著。

6. 铝胁迫对狗牙根根系长度的影响　不同铝离子浓度处理（28d）对狗牙根最长根长的影响见表9-2。在低浓度铝离子处理下（250、500、750、1 000、1 250μmol/L），狗牙根最长根长递减较快，但减少的长度与对照差异不明显，在中等浓度铝离子处理下（1 500、1 750、2 000、2 250、2 500μmol/L），狗牙根最长根长递减较慢，但减少的长度与对照呈显著差异（$P<0.05$），在高浓度铝离子处理下（3 000、3 250、3 500μmol/L），狗牙根最长根长无明显递减，但减少的长度与其他浓度之间呈现显著差异（$P<0.05$），与对照呈现极显著差异（$P<0.01$）。

表 9-2　铝胁迫对狗牙根各测量指标的影响

Table 9-2　Each measurement index of *C. dactylon* on different $AlCl_3 \cdot 6H_2O$ concentrations

铝浓度 $AlCl_3 \cdot 6H_2O$ concentrations （μmol/L）	枯黄率 Withering rate （%）	叶色 Leaf color	坪用质量 Quality level	均一性 Uniformity	根长 Root length （cm）	地上部干重 Shoot mass （g）	根系干重 Root mass （g）
0	6.3±2.50 deD	7.00±0.00 abA	6.0±1.41 bcABCD	5.75±0.50 abcABC	26.55±6.73 aA	3.51±1.25 abcdAB	0.31±0.10 abcABC
250	21.3±29.26 cdeBCD	7.00±0.00 abA	8.0±0.58 aA	6.00±1.15 abAB	23.35±6.86 abcABC	3.97±1.35 abcAB	0.35±0.18 abcABC
500	6.3±2.50 deD	7.50±0.58aA	7.5±0.82abA	6.50±0.58aA	24.90±10.70 abAB	4.86±1.98aA	0.36±0.12 abABC
750	7.5±5.00deD	7.00±0.00 abA	6.0±0.50 bcABCD	5.00±0.82 bcdeABCD	19.95±6.95 abcdABC	2.35±0.85 cdAB	0.25±0.08 bcdABC

（续）

铝浓度 $AlCl_3 \cdot 6H_2O$ concentrations （$\mu mol/L$）	枯黄率 Withering rate （%）	叶色 Leaf color	坪用质量 Quality level	均一性 Uniformity	根长 Root length （cm）	地上部干重 Shoot mass （g）	根系干重 Root mass （g）
1 000	13.8±11.81 deCD	7.50± 0.58aA	7.3± 0.50abAB	5.50±0.58 abcdABC	21.55±5.87 abcdABC	3.58±1.24 abcdAB	0.45± 0.21a
1 250	5.0± 0.00eD	7.00± 0.82abA	7.3± 1.83abAB	5.50±0.58 abcdABC	20.60±3.38 abcdABC	4.32± 1.36abAB	0.40± 0.07abAB
1 500	23.8±37.50 cdeBCD	6.00± 1.41bcAB	5.0± 0.96cdCDE	4.50±1.00 defgBCDE	17.10±0.46 bcdABC	2.15± 0.87cdB	0.32± 0.05abcABC
1 750	58.8± 37.50abAB	5.75± 0.96bcAB	5.3±1.41 cdBCD	4.75±0.96 cdefBCD	18.65±2.79 bcdABC	2.82± 1.06bcdAB	0.27±0.15 abcdABC
2 000	10.0± 7.07deD	6.75± 0.50abAB	7.0± 0.82abABC	4.75±0.96 cdegBCD	18.55±3.89 bcdABC	3.09± 0.64abcdAB	0.30±0.14 abcABC
2 250	73.8± 18.87aA	5.75± 0.50bcAB	3.0± 0.58eE	3.00± 0.82hE	17.38±1.88 bcdABC	2.43±0.74 bcdAB	0.27±0.06 abcdABC
2 500	50.0±22.73 abcABC	5.25± 0.96cB	4.5± 0.50cdDE	4.25±0.50 efgCDE	16.92±3.30 bcdABC	2.99± 1.07bcdAB	0.40± 0.08abAB
2 750	18.8±2.50 deCD	5.25± 1.26cB	4.3± 0.58deDE	3.75± 0.00fghDE	15.70± 3.70cdBC	2.62± 0.38bcdAB	0.29±0.09 abcdABC
3 000	36.3±8.54 bcdBCD	5.00± 0.82cB	4.5± 0.50cdDE	3.50± 0.82ghDE	13.73± 1.69dC	2.98±0.54 bcdAB	0.26±0.04 bcdABC
3 250	31.3±9.46 bcdeBCD	5.00± 1.41cB	4.3± 0.76deDE	3.50± 0.96ghDE	14.27± 2.26dBC	1.99± 0.35dB	0.17± 0.06cdBC
3 500	30.0±4.08 cdeBCD	5.25± 0.50cB	5.0± 1.15cdCDE	3.50± 0.58ghDE	13.85± 2.57dC	2.64±0.74 bcdAB	0.12± 0.04cC

注明：同列不同小写字母、大写字母间分别表示在 0.05、0.01 水平差异显著（LSD）。

Note：Lower case and capital letters in the same column mean the significant difference at the 0.05, and 0.01 level (LSD), respectively.

7. 铝胁迫对狗牙根耐铝指数的影响　狗牙根耐铝指数随着铝处理浓度升高的变化如图 9-1 所示，随着铝胁迫浓度的增大，狗牙根耐铝指数呈递减趋势，在 0～1 500$\mu mol/L$ 之间递减幅度最大，狗牙根种质在此浓度范围内对铝胁迫响应最明显，在 1 500～3 500 $\mu mol/L$ 浓度范围内耐铝指数的递减幅度趋于平缓，其变化规律与根长变化一致。

以狗牙根不同铝离子浓度胁迫 28d 时的耐铝指数为自变量，以铝离子浓度作为因变量，建立回归方程，如图 9-2 所示，求得 28d 时铝离子浓度相对于耐铝指数的一元二次回归方程为：$Y = 11\ 021.061 - 18\ 909.601X + 7\ 925.043X^2$。以耐铝指数下降到 60% 作为狗牙根存活的临界铝离子浓度，可得狗牙根临界铝离子浓度为 2 520$\mu mol/L$。

三、讨论

筛选耐铝植物资源是遗传改良的工作基础，利用水培法进行耐铝评价和鉴定可以保证控制条件一致，且操作简便快速，最大化消除不同铝处理间的误差。本研究以均一性、叶

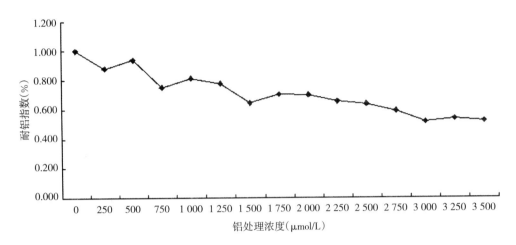

图 9-1 不同铝处理浓度对狗牙根耐铝指数的影响

Figure 9-1   The influence of different aluminum concentration on the index of aluminum tolerance of *C. dactylon*

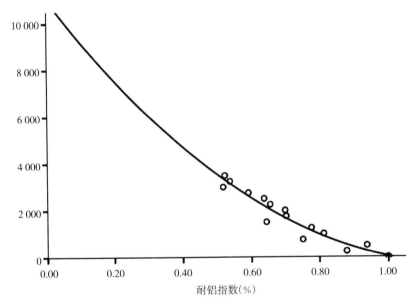

图 9-2 耐铝指数曲线回归

Figure 9-2   Al tolerance index curve regression

色、耐铝指数、枯黄率、地上部干重和根系干重等为指标，初步评价了狗牙根对不同浓度铝胁迫的响应差异，结果表明，狗牙根在低浓度铝胁迫条件下（250～1 250μmol/L）可以完全适应铝胁迫环境，并且对自身生长表现出略微促进作用，在中等浓度和高浓度铝胁迫（1 500～3 500μmol/L）条件下，铝离子浓度越高，胁迫时间越久，狗牙根受害程度越深，这与廖丽等（2011）、刘影（2011）对地毯草、扁穗牛鞭草和多花黑麦草（*Lolium multiflorum* Lamk）耐铝性试验结果相一致。另外，褚晓晴等（2012）对假俭草（*Eremochloa ophiuroides*）耐铝性研究发现生长环境中加入铝后，铝和磷会形成不溶于水的化合物产生沉淀，本试验中狗牙根出现的不规律枯黄可能是由于铝处理后缺磷造成的，有待进一步试验验证说明。

铝胁迫对植物的影响是多方面的，孙琴等（2002）研究指出植物通过根系分泌的各种有机酸如柠檬酸、草酸、苹果酸等在植物自身内部和外部耐铝机制中发挥重要作用，本研究中低浓度铝胁迫对植株表现出的促进作用，原因可能是植株本身对铝胁迫的适应机制，产生的有机酸和各种酶活性物质同时刺激了植株的生长发育，Rengel 和 Robinson（1989，1995）通过研究发现一年生黑麦草（*Lolium multiforum*）不同基因型对铝敏感性与根系阳离子交换量呈显著负相关，低阳离子交换量的基因型能选择性的排斥 Al^{3+}，以此减少铝在根系交换位点上的结合，从而减轻铝对根系的伤害。

刘鹏等（2003）、方金梅等（2003）和 Ciamporova 等（2002）都通过研究表明，虽然铝不是植物生长的必需元素，但微量铝对植物的生长具有促进作用，过量的铝才会对植物产生危害，即铝毒对植物的影响都有一个临界值的问题。在临界浓度之下，铝可以促进或刺激植物的生长，一旦铝的浓度超过了临界值，就会对植物产生危害，不同的植物耐铝临界值是不相同的，铝毒对植物生长最直接的影响表现为对根的抑制伸长，因此根的伸长往往被选作短时间内铝毒害的最有效的评价指标（黄冬芬，2012）。已有一些研究者也通过枯黄率、坪用质量等指标鉴定植物的耐铝胁迫差异（廖丽等，2011；刘鹏等，2004；胡化广和张振铭，2010）。但本研究中狗牙根在特定的水培试验条件下不易发生干枯，故本研究选取耐铝指数下降60％作为指标，通过建立回归方程求得狗牙根的临界存活铝浓度为 $2\,520\mu mol/L$。为选育优良的耐铝狗牙根品种提供了良好的理论依据，为农业生产和环境绿化做出贡献。

参 考 文 献

褚晓晴，陈静波，宗俊勤，等 .2012. 中国假俭草种质资源耐铝性变异分析 [J]. 草业学报，21（3）：99-105.

方金梅，应朝阳，黄毅斌 .2003. 铝胁迫对水土保持牧草幼苗根系的影响 [J]. 中国水土保持（7）：30-32.

胡化广，张振铭 .2010. 大穗结缕草对盐胁迫响应及临界盐浓度的研究 [J]. 北方园艺（3）：80-83.

黄冬芬，王朋，文稀，等 .2012.4 份柱花草耐铝胁迫的差异 [J]. 热带作物学报，33（1）：15-19.

廖丽，黄小辉，白昌军，等 .2011. 地毯草对铝胁迫响应及临界浓度的研究 [J]. 热带作物学报，32（7）：1235-1239.

凌桂芝 .2004. 铝诱导柱花草和黑麦根系分泌有机酸及其调控机理的研究 [D]. 南宁：广西大学 .

刘国栋，董任瑞 .1987. 玉米耐铝性研究 [J]. 湖南农学院学报，13（4）：17-20.

刘鹏，应小芳，徐根娣 .2004. 大豆对铝毒抗逆性的研究 [J]. 农业环境科学学报，23（4）：649-652.

刘鹏，徐根娣，姜雪梅 .2003. 铝对大豆种子萌发的影响 [J]. 种子（1）：30-32.

刘强，郑绍建，林咸永 .2004. 植物适应铝毒胁迫的生理及分子生物学机理 [J]. 应用生态学报，15（9）：1641-1649.

刘影 .2011. 扁穗牛鞭草和多花黑麦草对铝胁迫的生理响应 [D]. 绵阳：四川农业大学 .

卢永根，傅雪琳，褚绍尉，等 .2009. 水稻耐铝遗传机理与基因定位研究进展 [J]. 华南农业大学学报，

30（4）：1-6.

孙琴，倪吾钟，样肖娥 .2002. 有机酸在植物解铝毒中的作用及生理机制 ［J］. 植物学通报，19（4）：496-503.

王志勇，刘建秀，郭海林 .2009. 狗牙根种质资源营养生长特性差异的研究 ［J］. 草业学报，18（2）：25-32.

于翠平 .2014. 茶树耐铝的基因型差异及机理研究 ［D］. 杭州：浙江大学 .

Ciamporova M. 2002. Morphological and structural response of plant roots to aluminium at organ, tissue and cellular levels ［J］. Biology Plant，45：161-171.

Hartwell B L，Pember F R. 1918. The presence of aluminum as a reason for the difference in the effect of so-called acid soil on barley and rye ［J］. Soil Science，6：59-91.

Kochian L V. 1995. Cellular mechanisms of aluminum toxicity and resistance in plants ［J］. Annual Review Plant Physiology and Plant Molecular Biology，46：237-260.

Rengel Z，Robinson D L. 1989. Aluminum effects on growth and macronutrient uptake by annual ryegrass ［J］. Agronomy Journal，81（2）：208-215.

Rengel Z，Robinson D L. 1995. Determination of cation exchange capacity of ryegrass root by summing exchangeable cations ［J］. Plant Cell Physiology，36：1493-1502.

Wu Y Q. 2006. Genetic characterization of *Cynodon* accessions by morphology，flow cytometry and DNA profiling ［D］. The Degree of Doctor of Oklahoma State University.

第二节　　狗牙根种质资源耐铝性综合评价

土壤酸化严重影响草坪的建植与养护，草坪草在酸性土壤上表现为生长受到抑制，营养元素缺乏并对逆境的耐受能力差（Murray et al.，1978；Baldwin et al.，2005）。目前，一些学者已对一些草坪草种以及牧草进行了耐铝性鉴定，获得了一些耐铝性较强的材料。Wheele 和 Dodd（1995）利用土培法于 1990—1993 年间对 34 种牧草的耐铝性差异进行了比较，结果表明它们的总体耐铝性都很低。Wenzl 等（2006）通过大容积营养液培养法对臂形草的 3 个主要育种材料，刚果臂形草（*Brachiaria ruziziensis*）、俯仰臂形草（*B. decumbens*）、珊状臂形草（*B. brizantha*）以及 38 个刚果臂形草和俯仰臂形草的杂交后代的耐铝性进行了评价，结果表明俯仰臂形草的耐铝性最强，刚果臂形草耐铝性最差，珊状臂形草耐铝性中等，杂交后代间的耐铝性存在显著差异。种植耐酸铝草坪草可以提高酸性土壤上草坪的质量，在冷季型草坪草（Heckman et al.，1996；Liu et al.，1995；Foy et al.，1998a；Foy et al.，1998b）和暖季型草坪草上均有关于种内不同基因型间耐铝性存在差异的报道（Liu et al.，2005；Duncan et al.，1993；Huang et al.，2017；阎君等，2008；闫军等；2010；张静等，2012；褚晓晴等，2012）。

狗牙根 ［*Cynodon dactylon*（Linnaeus）Persoon］ 是禾本科狗牙根属的多年生草本植物，主要生长于温暖湿润的热带及亚热带地区（Gatschet and Taliaferro，1994），是我国酸性土壤分布地区天然草地上最常见的草种之一，该草种耐干旱、耐践踏、繁殖能力及再生能力强，被广泛应用于公路护坡、庭院绿化、足球场、高尔夫球场等各种草坪用草，并成为世界三大暖季型坪草中最重要的草种之一（黄春琼等，2011；郑轶琦等，2015）。此外，狗牙根不仅可以用作草坪草，同时也是很好的牧草，为牛羊等草食动物喜食（刘国道，2000）。随着全球水资源和能源的日益紧张以及人们环保意识的不断增强，质地适中、适应性强及养护管理水平低的草种选择已成为草坪草品种选育的主要目标，狗牙根符合这一发展趋势。

为了在酸性土壤的草坪建植中更好地利用狗牙根，减少该地区草坪建植养护费用，充分挖掘和利用野生狗牙根自身的耐性机制和潜力，进而通过遗传改良来获得抗酸铝毒能力较强的品种，是持续、经济地解决酸性土壤酸铝毒害的有效途径（Kochian et al.，2005）。因此，本研究以我们前期筛选出的坪用质量较好的 59 份野生狗牙根及 6 份栽培品种为研究对象，通过对耐铝指标的测定对不同种质的耐铝性进行综合评价，旨在弄清不同种质的耐铝性差异，并从中筛选出耐铝及敏铝种质，为后期耐铝机理的研究提供材料，以及为狗牙根耐铝育种提供育种材料。

一、材料与方法

1. 试验材料 试验材料为 2006—2013 年间收集于哥斯达黎加、斯里兰卡、雅加达、越南、印度和中国 8 个省的 65 份狗牙根种质资源，其中野生种质 59 份，栽培品种 6 份（'兰引 1 号狗牙根'、'阳江狗牙根'、'川南狗牙根'、'南京狗牙根'、'Tifway'和'Tifgreen'）。材料来源详见表 9-3，种植保存于中国热带农业科学院热带作物品种资源研究所草业研究室种质资源圃。

表 9-3　试验材料来源
Table 9-3　The origin of 65 *C. dactylon* accessions

序号 No.	种质 Accessions	采集地 Collecting Site
1	A016	山东济宁 Jining，Shandong
2	A022	江苏盐城 Yancheng，Jiangsu
3	A043	江苏东台 Dongtai，Jiangsu
4	A075	安徽淮北 Huaibei，Anhui
5	A083	陕西宝鸡 Baoji，Shanxi
6	A084	陕西铜川 Tongchuan，Shanxi
7	A103	河北沧州 Cangzhou，Hebei
8	A137	山东东营 Dongying，Shandong
9	A172	雅加达 Jakarta
10	A173	湖南长沙 Changsha，Hunan
11	A189	云南思茅 Simao，Yunnan
12	A193	越南 Vietnam
13	A198	云南保山 Baoshan，Yunnan
14	A214	印度 India
15	A223	河南汝川 Ruchuan，Henan
16	A231	河南嵩山 Songshan，Henan
17	A234	云南景洪 Jinghong，Yunnan

（续）

序号 No.	种质 Accessions	采集地 Collecting Site
18	A236	云南思茅 Simao，Yunnan
19	A237	河南开封 Kaifeng，Henan
20	A238	云南保山 Baoshan，Yunnan
21	A239	斯里兰卡 Sir Lanka
22	A253	湖北宜昌 Yichang，Hubei
23	A256	云南怒江 Nujiang，Yunnan
24	A259	江苏南京 Nanjing，Jiangsu
25	A261	哥斯达黎加 Costa Rica
26	A265	越南 Vietnam
27	A271	云南思茅 Simao，Yunnan
28	A285	斯里兰卡 Sir Lanka
29	A292	云南思茅 Simao，Yunnan
30	A298	巴西 Brazil
31	A322	江苏南京 Nanjing，Jiangsu
32	A326	广西柳江 Liujiang，Guangxi
33	A367	上海宝山 Baoshan，Shanghai
34	A377	贵州贵阳 Guiyang，Guizhou
35	A380	贵州遵义 Zunyi，Guizhou
36	A386	云南腾冲 Tengchong，Yunnan
37	A409	贵州册亨 Ceheng，Guizhou
38	A413	贵州册亨 Ceheng，Guizhou
39	A415	广西田林 Tianlin，Guangxi
40	A421	贵州遵义 Zunyi，Guizhou
41	A426	云南思茅 Simao，Yunnan
42	A432（Tifway）	美国 America
43	A436	河南开封 Kaifeng，Henan
44	A438	江苏南京 Nanjing，Jiangsu
45	A455（Tifgreen）	美国 America
46	A472	云南怒江 Nujiang，Yunnan
47	A475	云南怒江 Nujiang，Yunnan
48	A490	云南怒江 Nujiang，Yunnan
49	A493	广东茂名 Maoming，Guangdong
50	A494	云南怒江 Nujiang，Yunnan
51	A522（南京狗牙根）	江苏南京 Nanjing，Jiangsu
52	A538	巴布亚新几内亚 Papua New Guinea
53	A549	湖南韶山 Shaoshan，Hunan
54	A551	利比里亚 Liberia
55	A552	河南信阳 Xinyang，Henan
56	A553	广西扶绥 Fusui，Guangxi
57	A554	湖北武汉 Wuhan，Hubei
58	A555	福建漳浦 Zhangpu，Fujian
59	A556	布隆迪 Burundi
60	A557	利比里亚 Liberia
61	A558	四川青神 Qingshen，Sichuan
62	A559	福建南平 Nanping，Fujian
63	兰引1号狗牙根	四川雅安 Yaan，Sichuan
64	川南狗牙根	四川雅安 Yaan，Sichuan
65	阳江狗牙根	江苏南京 Nanjing，Jiangsu

2. 试验方法

（1）铝处理方法　2014 年 8 月 6 日田间取已成坪的狗牙根材料的匍匐茎，选取匍匐茎，剪取生长发育一致、带有 2 个节的茎段插入装有石英砂（用酸洗过，然后用去离子水多次冲洗烘干）的 250 ml 塑料杯（直径 6.5 cm、高 9.5 cm，杯底打 6 个孔，垫上纱网），每杯 6 株，塑料杯悬挂于打孔的泡沫板上，将泡沫板放在 5L 小桶上，每份材料种植 2 个桶（即 48 株），每个处理单独种植一个小桶，4 个重复，每桶放 5L 1/2 霍格兰营养液，基本营养液包括 1.25 mmol/L Ca（NO₃）₂，1.25 mmol/L KNO₃，0.5 mmol/L MgSO₄，0.025 mmol/L NH₄H₂PO₄，46 μmol/L B，0.3 μmol/L Cu，0.1 μmol/L Mo，9.2 μmol/L Mn，0.8 μmol/L Zn，286 μmol/L Fe（Fe-EDTA）（廖丽，2011）。待所有材料种入杯中之后，生长 28 d 后修剪一致，之后进行铝处理。处理的铝（$AlCl_3 \cdot 6H_2O$）浓度设为 2 500 μmol/L（陈振等，2015）。

处理期间每隔 3 d 更换一次营养液，营养液用去离子水配制而成，每天用 HCl 和 NaOH 调节处理营养液 pH 为 4.0±0.2，对照 pH 为 5.8±0.2，并检查水面高度，适当补充水分，使其营养液体积保持稳定。试验在大棚温室内进行，整个试验期营养液用氧气泵不间断通气，铝处理时间为 28d。

（2）项目测定　铝处理结束后，将地上部分和根系分开，冲洗干净后，用去离子水冲洗 3 次，105℃杀青 15min，75℃烘干 48h 后，天平称重。以每杯为单位计算每份材料的相对地上部分干重（相对地上部分干重＝铝处理地上部分干重/对照地上部分干重×100%）、相对根系干重（相对根系干重＝铝处理根系干重/对照根系干重×100）和相对全株干重（相对全株干重＝铝处理全株干重/对照全株干重×100）（褚晓晴等，2012a）。

（3）综合评价　综合评价采用隶属函数法进行评价。$F_i =（X_{ij}-X_{min}）/（X_{max}-X_{min}）$，式中，$F_i$ 为第 i 个材料该性状的隶属函数值。X_{ij} 为第 i 个材料第 j 个性状的平均值，X_{max} 和 X_{min} 分别为该性状的最大值和最小值。如果某一指标与综合质量成负相关，则利用反率属函数进行转换，计算公式为：$F_i = 1-（X_{ij}-X_{min}）/（X_{max}-X_{min}）$，最后按材料将各性状的隶属函数值进行平均，得各材料的平均隶属函数值（陈托兄等，2011）。

（4）耐铝性分级　根据平均隶属函数指大小对其耐铝性进行分级，分级标准见表 9-4。其中，1 级为极端耐铝型，2 级为耐铝型，3 级为较耐铝型，4 级为中间型，5 级为铝敏感型。

表 9-4　耐铝性分级标准
Table 9-4　The classification standard of aluminum tolerance

指标	分级			
	1 级	2 级	3 级	4 级
平均隶属函数值	>0.70	0.50～0.70	0.25～0.50	<0.25

（5）数据处理与分析　采用 Microsoft office Excel 2007 进行数据处理，SPASS19.0 软件进行方差分析及聚类分析。

二、结果与分析

（1）铝处理对不同狗牙根生长的影响　如表 9-5 所示，铝处理对不同狗牙根的相对根系干重、相对地上部分干重、相对全株干重均存在极显著差异。其中，相对地上部干重差异最大，变异范围为 33.26%～192.20%，变异系数为 25.34%，其中 A075 较对照增加了 92.20%，而 A326 减少了 66.74%，说明不同狗牙根材料间耐铝性差异较大；相对根系干重变异范围为 52.15%～142.69%，变异系数为 17.94%；相对全株干重变异范围为 34.38%～166.17%，变异系数为 26.50%。其中 A556 和 A559 相对根系干重分别增加 42.69% 和 7.50%，A326 相对根系干重减少了 47.85%，这说明铝处理对狗牙根 3 个生物量指标都有较显著的影响。其中'川南狗牙根'较其他材料耐铝性较强，地上部干重增加 26.65%，'南京狗牙根'、'阳江狗牙根'以及'兰引 1 号狗牙根'则处于中间水平，国外引进品种'Tifway'和'Tifgreen'处于中上水平。

表 9-5　铝处理对 65 份狗牙根相生长的影响及其隶属函数值

Table 9-5　Effect of aluminum treatment on vegetative growth and Subordinate function value in 65 *C. dactylon*.

材料 Accession	相对地上部干重 Relative shoot mass weight （%）	相对根系干重 Relative root mass weight （%）	相对全株干重 Relative total biomass weight （%）	隶属函数值 Subordinate function value
A075	192.20a	84.08bcde	155.84ab	0.760 6
A084	181.08ab	83.23bcde	166.17a	0.757 8
A556	86.21cde	142.69a	89.70cdef	0.584 3
川南	126.65bc	91.60bcde	121.93abc	0.562 6
A043	120.46cd	87.26bcde	117.80abcd	0.523 1
A551	92.20cde	116.72abc	93.28cde	0.510 3
A022	87.91cde	116.84ab	88.79cdef	0.490 4
A016	85.32cde	100.34ab	97.21cdef	0.485 3
A198	82.25cde	97.41ab	97.41cdef	0.485 2
A189	98.12cde	82.51ab	94.12cdef	0.481 9
A231	97.49cde	79.86ab	104.41cdef	0.475 8
A083	91.97cd	89.21ab	98.76cde	0.472 4
A236	96.21cd	86.14ab	94.51bcde	0.469 2
A493	109.85cd	90.89bcde	107.17bcde	0.467 4
A223	99.02cde	94.91bcde	98.62cde	0.457 8
A238	91.15cde	97.24cde	96.65cde	0.451 6
南京	101.80cde	87.37bcde	98.44cde	0.435 4
Tifgreen	98.87cde	89.45bcde	97.32cde	0.434 1
A558	94.92cde	92.62bcde	94.01cde	0.429 1
A426	92.23cde	95.05bcde	92.51cdef	0.428 6
Tifway	86.65cde	96.37bcde	87.25cdef	0.408 5
A522	85.51cde	95.87bcde	88.51cdef	0.405 2

（续）

材料 Accession	相对地上部干重 Relative shoot mass weight （%）	相对根系干重 Relative root mass weight （%）	相对全株干重 Relative total biomass weight （%）	隶属函数值 Subordinate function value
A367	99. 92cde	80. 63bcde	96. 98cde	0. 403 0
A380	87. 07cde	91. 44bcde	86. 89cdef	0. 390 3
A298	88. 89cde	88. 48bcde	88. 64cdef	0. 387 7
A292	92. 22cde	83. 54bcde	91. 63cdef	0. 384 0
阳江	64. 26cde	108. 16abcd	68. 06cdef	0. 356 4
A261	90. 10cde	77. 63bcde	88. 81cdef	0. 350 7
A239	80. 57cde	87. 51bcde	89. 32cdef	0. 348 6
A173	77. 92cde	89. 48bcde	78. 95cdef	0. 343 8
A253	79. 44cde	86. 57bcde	79. 52cdef	0. 337 7
A421	88. 71cde	72. 05cde	87. 26cdef	0. 323 3
A259	61. 68cde	86. 78abcd	75. 26def	0. 321 6
A409	86. 43cde	97. 15bcd	68. 98def	0. 317 8
A413	68. 25cde	81. 61bcd	51. 61def	0. 311 4
A271	76. 19cde	89. 51bcde	87. 51def	0. 306 7
A193	74. 46cde	83. 59bcde	75. 34cdef	0. 305 7
A214	80. 53cde	75. 58bcde	80. 06cdef	0. 300 9
兰引	83. 13cde	70. 41de	81. 25cdef	0. 290 4
A265	78. 72cde	68. 51de	84. 61cdef	0. 285 1
A472	57. 98cde	68. 12de	67. 97cdef	0. 280 2
A438	65. 07cde	86. 26bcde	66. 84cdef	0. 274 4
A415	84. 67cde	60. 47e	81. 80cdef	0. 258 4
A557	85. 94cde	58. 81e	78. 66cdef	0. 247 0
A322	68. 24cde	78. 15e	51. 61cdef	0. 246 9
A103	69. 51cde	71. 51cde	59. 63cdef	0. 245 7
A556	62. 58cde	79. 59cde	67. 87cdef	0. 243 4
A490	61. 98cde	78. 89cde	69. 52cdef	0. 242 8
A436	59. 41cde	76. 64cde	59. 27cdef	0. 242 0
A549	66. 38cde	76. 91bcde	66. 39cdef	0. 241 6
A553	64. 51cde	73. 68bcde	64. 41cdef	0. 238 1
A559	59. 86cde	75. 86bcde	79. 31cdef	0. 232 3
A386	60. 92cde	79. 66bcde	62. 29def	0. 229 9
A285	65. 24cde	73. 56bcde	66. 97cdef	0. 228 3
A475	67. 53cde	78. 76bcde	59. 76cdef	0. 224 2

（续）

材料 Accession	相对地上部干重 Relative shoot mass weight （%）	相对根系干重 Relative root mass weight （%）	相对全株干重 Relative total biomass weight （%）	隶属函数值 Subordinate function value
A494	63.52cde	70.42bcde	60.39cdef	0.223 4
A237	59.67cde	69.75bcde	62.97cdef	0.216 8
A554	62.44cde	73.04bcde	63.25def	0.211 1
A234	55.34cde	64.87bcde	58.53ef	0.210 1
A377	51.15de	84.49bcde	54.95ef	0.208 6
A538	75.79cde	71.79bcde	58.83def	0.207 5
A137	56.86cde	77.49bcde	58.28ef	0.203 2
A172	86.51cde	71.51de	58.82cdef	0.201 6
A256	75.56cde	53.95e	53.76cdef	0.194 9
A326	33.26e	52.15e	34.38f	0.000 0
变化幅度（%）	33.26～192.20	52.15～142.69	34.38～166.17	0～0.760 6
变异系数（%）	25.34	17.94	26.5	
F 值	2.05**	1.79**	2.16**	

注明：同列不同小写字母，大写字母间分别表示在 0.05 水平差异显著（LSD），下同。

Note：Lower case and capital letters in the same column mean the significant difference at the 0.05，0.01 level (LSD)，respectively.

2. 各指标综合评价　分别计算出相对地上部干重、相对根系干重、相对全株干重的隶属函数值并计算出这几个指标的平均隶属函数值，对各材料的耐铝性综合评价，隶属函数均值越大，说明其耐铝性越强。耐铝隶属函数平均值见表 9-5，从表 9-5 可以看出，A075 的平均隶属函数值最大，为 0.760 6，表明其耐铝性最强；其次是 A084，为 0.757 8；耐铝性最差的是 A326，为 0。

3. 各指标间相关性分析　对相对根系干重、相对地上部分干重、相对全株干重以及耐铝隶属函数值之间的相关性见表 9-6，由表 9-6 可知，相对根系干重、相对地上部分干重和相对全株干重与耐铝隶属函数值的相关系数分别为 0.465、0.796 和 0.801，均达到了极显著正相关水平，表明这 3 个指标均可用于判断狗牙根种质资源受铝毒害的情况。

表 9-6　各指标间相关分析

Table 9-6　Correlation analysis among relative shoot weight，relative root weight，
relative total body weight and Subordinate function value

指标	相对地上部干重	相对根系干重	相对全株干重
相对根系干重	0.273*		
相对全株干重	0.927**	0.393**	
隶属函数值	0.796**	0.465**	0.801**

注：$R_{0.05}=0.250$，$R_{0.01}=0.325$；"*" 和 "**" 分别表示 r 值达到显著（$\alpha=0.05$）和极显著（$\alpha=0.01$）水平。

Note：$R_{0.05}=0.250$，$R_{0.01}=0.325$；"*" or "**" means significant difference at the 0.05 and at the 0.01 level respectively.

4. 聚类分析　以相对根系干重、相对地上部分干重以及相对全株干重为指标，对 65 份狗牙根材料进行聚类分析，结果见图 9-3。从聚类分析结果看，在欧氏距离为 10 处，可将 65 份材料分为三大类，第 Ⅰ 大类共 32 份材料，它们的耐铝隶属函数值为 0.408 5～0.584 3，耐铝性处于中等水平；第 Ⅱ 大类包括 A075 和 A084，隶属函数值为 0.760 6 和 0.757 8，耐铝性极强。第 Ⅲ 大类共 31 份材料，它们的耐铝隶属函数值为 0～0.405 2，耐铝性相对较低。在欧氏距离 4.0 处，又可将第 Ⅰ 大类分为 2（A 和 B）个小类，第 A 小类包括 A322～A043 之间的 29 份材料，占供试材料的 44.62%，第 B 小类包括 3 份材料（A551、A022、A556），占供试材料的 4.62%；将第 Ⅲ 大类分为 3（a、b 和 c）个小类，第 a 小类包括 A236 和 A538 两份材料，占供试材料的 4.62%，第 b 小类包括 A173～A326 之间的 28 份材料，占供试材料的 43.08%，第 c 小类只包括 A172 一份材料。

5. 耐铝性分级　结合上述聚类分析结果及耐铝隶属函数值，将 65 份材料按照表 9-5 的标准进行耐铝毒性分级。分级结果显示，处于 1 级的共 2 份材料，分别是 A075 和 A084，占供试材料的 3.08%，为极端耐铝型；处于 2 级的材料共 4 份，分别是 A556、'川南狗牙根'、A043 和 A551，占总数的 6.15%，为较耐铝型；处于第 3 级的材料包括'兰引 1 号牙根'、'南京狗牙根'、'阳江狗牙根'、'Tifway' 以及 'Tifgreen' 等 37 份，占总数的 56.92%，为中间型；处于第 4 级的材料共 22 份，占总数的 33.85%，属铝敏感型，其中最敏铝的 5 份材料分别是 A326、A256、A172、A137 和 A538。

三、讨论

植物耐铝性的评价方法主要有土培法和水培法。土培法环境因素复杂不易调节监控，水培法培养条件一致，简便易操作，因此较多材料的耐铝性评价多用水培法（小体积营养液培养法）（龙国洪等，1993；Sapra et al.，1982；Campbell and Carter，1990；Paliwal et al.，1994；Duncan et al.，1983），即在营养液中加入一定量的单体铝，同时观察其地上部和根系的生长状况，从而筛选出耐铝性不同的材料。本研究采用的是小容积营养液培养法。

在进行耐铝性评价时，所采用的评价指标往往各不相同，植物受铝毒毒害的初始部位为根系，铝毒害最易识别的表现症状为根系生长受到抑制，可在 Al 处理 1～2h 甚至数分钟内发生，根系的生长变化可以作为植物耐铝性的筛选指标。而在大豆（*Glycine max*）中已有研究表明地上部分的生长状况（相对株高和相对地上干重）也可用来判断植物的耐铝性。因此本研究采用相对根系干重、相对地上部干重和相对全株干重这 3 个指标对 65 份狗牙根种质资源耐铝性差异进行评价，这种方法在小麦（*Triticum aestivuml*）（林咸永等，2001）、假俭草（*Eremochloa ophiuroides*）（褚晓晴等，2012a；褚晓晴等，2012b）上都用过。本研究结果表明 65 份狗牙根材料间相对根系干重、相对地上部干重和相对全株干重的变异系数分别为 25.34%、17.94% 和 26.50%，从相对根系干重的结果看 A552、A022、A075、'阳江狗牙根'、A551 的耐铝性大于其他材料，从相对地上部干重的结果看，'川南狗牙根'、A043 显著大于其他材料的耐铝性。由于同一材料不同指标在铝胁迫下表现并不完全一致，所以单独以某一指标来进行材料间耐铝性强弱的评价并不科学，所以本研究采用计算平均耐铝隶属函数值的方法来对各材料的耐铝性差异进行评价，这种方

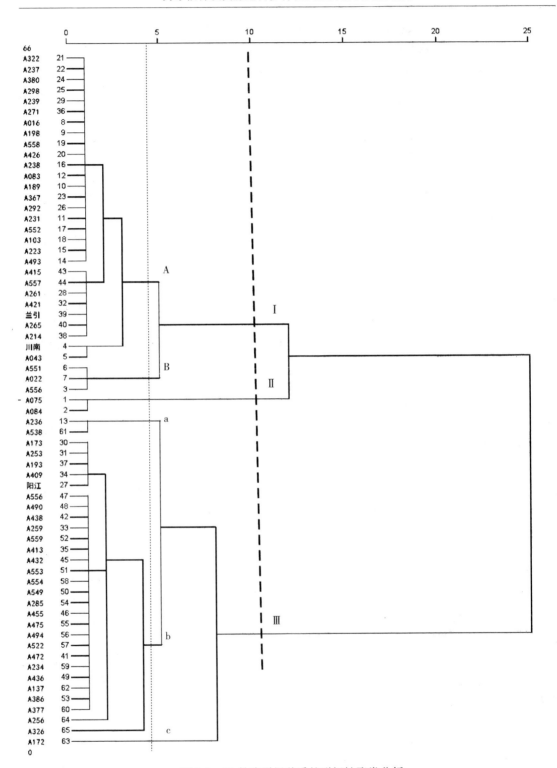

图 9-3　65 份狗牙根种质的耐铝性聚类分析

Figure 9-3　Cluster dendrogram of the 65 *C. dactylon* accessions based on their aluminum resistance

法在假俭草耐铝性评价中用过（刘莹和盖钧镒，2004；褚晓晴等，2012a），Rengel 和 Robinson（1989）研究发现了 2 种一年生黑麦草（*Lolium multiflorum*）栽培品种在 Al 胁迫浓度小于 74μmol/L 时，根系和地上部生长量都有所增加。Liu 等（1995）报道在 Al 处理浓度为 320μmol/L 时，草地早熟禾（*Poa pratensis*）地上和根系生长量都有所增加。本研究中 A075 和 A556 在 2 500μmol/L 的铝处理下，根系和地上部生长还能受到促进，说明狗牙根与上面 2 种草种比较，具有更强的耐铝性。

　　以相对地上部干重、相对根系干重、相对全株干重为指标，对 65 份狗牙根进行聚类分析并结合耐铝隶属函数值来看，供试的 65 份狗牙根材料中，处于 1～2 级的（耐铝型）共 6 个，占总数的 9.23%，包括栽培品种'川南狗牙根'；处于第 3 级的（中间型）共 37 个，占总数的 56.92%，包括栽培品种'兰引 1 号狗牙根'、'南京狗牙根'、'阳江狗牙根'、'Tifway'以及'Tifgreen'；处于第 4 级的（敏铝型）共 22 个，占总数的 33.85%。从耐铝性评价的结果来看，中国狗牙根种质资源间的耐铝性差异较大，理论上讲存在较大潜力。由于狗牙根分布非常广泛，土壤 pH 差异较大，生长在不同地区的狗牙根种质经过长期进化过程，对环境逐渐适应。其耐铝性差异与土壤条件、海拔、气候等环境因素密切相关。

参 考 文 献

陈托兄，王铁梅，卢欣石．2011．紫花苜蓿非秋眠型标准品种种子萌发期耐盐性评价［J］．草业科学，28（1）：121-126．

陈振，黄春琼，刘国道．2015．狗牙根对铝胁迫响应及临界浓度的研究［J］．36（4）：645-649．

褚晓晴，陈静波，宗俊勤，等．2012a．中国假俭草种质资源耐铝性变异分析［J］．草业学报，21（3）：99-105．

褚晓晴，郭海林，陈静波，等．2012b．假俭草耐铝性遗传分析［J］．草地学报，20（3）：518-523．

黄春琼，张永发，刘国道．2011．狗牙根种质资源研究与改良进展［J］．草地学报，19（3）：531-538．

林咸永，章永松，罗安程．2001．不同小麦基因型耐铝性的差异及筛选方法的研究［J］．植物营养与肥料学报，7（1）：64-70．

刘国道．2000．海南饲用植物志［M］．北京：中国农业大学出版社：487-490．

刘莹，盖钧镒．2004．大豆耐铝毒的鉴定和相关根系性状的遗传分析［J］．大豆科学，23（3）：164-168．

龙国洪，张海清，阴租华．1983．小麦和小黑麦品种或品系抗性比较［J］．湖南农学院学报（3）：55-61．

阎君，刘建秀．2008．草类植物耐铝性的研究进展［J］．草业学报，17（6）：148-155．

阎君，于力，陈静波，等．2010．假俭草耐铝性和敏感种源在酸铝土上的生长差异及生理响应［J］．草业学报，19（2）：39-46．

张静，廖丽，白昌军，等．2012．地毯草耐铝性初步评价［J］．草业科学，29（11）：1671-1677．

郑轶琦，臧国长，李玉恬，等．2015．狗牙根种质资源表型遗传多样性分析［J］．草地学报，23（3）：557-563．

Baldwin C M. Liu M，Mccarty L B，et al. 2005. Aluminum tolerances of ten warm-season trufgrasses［J］. Intenational Turfgrass Society Research Journal，10：811-817.

Campbell K A G，Carter T E. 1990. Aluminum tolerance in soybean：I. Genotypic correlation and repeatability of solution culture and greenhouse screening methods［J］. Crop Science，30：1049-1054.

Duncan R R, Clark R B, Furlani P R. 1983. Laboratory and field evaluation of sorghum for response to aluminum and acid soil [J]. Agronomy Journal, 75: 1023-1026.

Foy C D, Burns G R, Brown J C. 1965. Differential aluminum tolerance of two wheat varieties associated with plant induced pH changes around their roots [J]. Soil Science Society of America Proceeding, 29: 64-67.

Foy C D, Murray J J. 1998. Responses of Kentucky bluegrass cultivars to excess aluminum in nutrient solutions [J]. Journal of Plant Nutrition, 21 (9): 1967-1983.

Gatschet M J, Taliaferro C M. 1994. Cold Acclimation and Alterations in Protein Synthesis in bermudagrass crowns [J]. Journal of the American Society for Horticultural Science, 119 (3): 477-480.

Heckman J R, Murphy J A. 1996. Screening fine fescues for aluminum tolerance [J]. Journal of Plant Nutrition, 19 (5): 677-688.

Huang C Q, Liu G D, Bai C J. 2017. Evaluation of aluminum resistance among *Zoysia* willd. accessions from China. Hort Science, 52: 225-229.

Kochian L V, Piñeros M A, Hoekenga O A. 2005. The physiology, genetics and molecular biology of plant aluminum resistance and toxicity. Plant Soil, 274: 175-195.

Liu H, Heckman J R, Murphy J A. 1995. Screening Kentucky bluegrass for aluminum tolerance [J]. Journal of Plant Nutrition, 18 (9): 1797-1814.

Murray J J, Foy C D. 1978. Differential tolerance of turfgrass cultivars to an acid soil high in exchangeable aluminum [J]. Agronomy Journal, 70: 769-774.

Paliwal K, Sivagura M, Thiruselvi A. 1994. Identification of an aluminum tolerant tropical cowpea cultivars by growth and biomass accumulation parameters [J]. Journal of Plant Nutrition, 17 (2&3): 367-376.

Rengel Z, Robinson D L. 1989. Aluminum effects on growth and macronutrient uptake by annual ryegrass [J]. Agronomy Journal. 81: 208-215.

Sapra V T, Mebrahtu T, Mugwira L M. 1982. Soybean germplasm and cultivar aluminum tolerance in nutrient solution and bladen clay loam soil [J]. Agronomy Journal, 74: 687-690.

Wenzl P, Arango A, Chaves A L, et al. 2006. A greenhouse method to screen Brachiariagrass genotypes for Aluminum resistance and root vigor [J]. Crop Science, 46: 968-973.

Wheele D M, Dodd M B. 1995. Effect of aluminum on yield and plant chemical concentrations of some temperate legumes [J]. Plant and soil, 173: 133-145.

第三节　狗牙根在酸性土壤上的生长差异

　　酸土是指 pH 低于 6.5 的土壤的总称，全球约有 3.95×10^9 hm^2 酸土，占全球可耕地土壤面积的 40%，尤其是发展中国家，酸土面积比例持续增大（Kochian，1995）。我国酸性土壤总面积约为 203 万 hm^2，约占全国土地面积的 21%（李庆逵，1983；于翠平，2014）。过多的铝离子是酸性土壤中影响植物生长的主要障碍因子（Ying et al.，2006）。铝毒是酸性土壤中抑制作物生长发育的最主要的因素（刘强，2004），严重制约着土壤的产出能力。降低土壤酸化程度已经成为当代植物研究工作中急需解决的关键问题之一。铝毒害的最初反应是抑制植物根的生长，并因而抑制水分、养分的吸收，长时间的铝胁迫就会引起地上部分的生长受阻（郭天荣，2003）。当 pH 小于 5.0 时，铝以离子形态大量溶出，对植物造成毒害。随着工业化的发展，酸雨频繁沉降，酸性肥料投入增多，这更加加剧了土壤的酸化，使得铝对植物的毒害日益严重（任立民等，2008）。

目前，研究人员已对一些草坪草以及牧草进行了耐铝性鉴定评价，获得了一些耐铝性较强的材料。Wheele 和 Dodd（1995）利用土培法于 1990—1993 年间对 34 种牧草的耐铝性差异进行了比较，结果表明它们的总体耐铝性都很低。Wenzl 等（2006）通过大容积营养液培养法对臂形草的 3 个主要育种材料，刚果臂形草（*Brachiaria ruziziensis*）、俯仰臂形草（*B. decumbens*）、珊状臂形草（*B. brizantha*）以及 38 个刚果臂形草和俯仰臂形草的杂交后代的耐铝性进行了鉴定评价，结果表明俯仰臂形草的耐铝性最强，刚果臂形草耐铝性最差，珊状臂形草耐铝性中等，杂交后代间的耐铝性存在显著差异。

狗牙根〔*Cynodon dactylon*（Linn.）Pers.〕是世界三大暖季型草坪草之一，具有较强的抗逆性及再生能力，对狗牙根进行耐铝性研究有利于开发本土草坪草资源。本课题组在前期研究中利用水培评价法，通过相对生物量的差异对 65 份狗牙根种质耐铝性进行了鉴定评价。水培法是一种省工省时，简便而又易于操作的筛选方法，但土壤是植物生长的主要介质，经筛选出的植物基因型最终还是要应用在土壤栽培中，而有报道指出由于土壤环境复杂，水培筛选和土培筛选的结果不同（郭天荣，2003）。因此，本研究以前期研究筛选出的 5 份耐铝狗牙根种质和 5 份铝敏感狗牙根种质为材料，研究其在酸性土壤上的生长差异情况，以期为狗牙根种质在酸性土壤上的应用提供试验依据。

一、材料与方法

1. 试验材料　前期利用水培法对 65 份狗牙根进行铝胁迫处理，通过测定地上部及根系干重对其耐铝性进行综合评价，从中筛选出 5 份耐铝种质和 5 份铝敏感种质。本研究以这 5 份耐铝种质和 5 份铝敏感种质为研究材料，其来源及耐铝评价结果如表 9-7 所示。

表 9-7　供试狗牙根材料来源及前期耐铝评价结果

Table 9-7　The collection site and the results of culture solution evaluation from the previous expriment of *C. dactylon*

耐铝种源 Al-tolerance accession	采集地点 Collection site	相对地上部干重 Ralative shoot mass（%）	相对根系干重 Ralative root mass（%）	铝敏感种源 Al-sensitive accession	采集地点 Collection site	相对地上部干重 Ralative shoot mass（%）	相对根系干重 Ralative root mass（%）
A22	江苏盐城 Yancheng, Jiangsu	87.91	116.84	A137	山东东营 Dongying, Shandong	56.86	77.49
A75	安徽淮北 Huaibei, Anhui	192.2	84.08	A172	雅加达 Djakarta	56.51	71.51
A84	陕西铜川 Tongchuan, Shanxi	181.08	83.23	A256	云南怒江 Nujiang, Yunnan	75.56	53.95

（续）

耐铝种源 Al-tolerance accession	采集地点 Collection site	相对地上部干重 Ralative shoot mass（%）	相对根系干重 Ralative root mass（%）	铝敏感种源 Al-sensitive accession	采集地点 Collection site	相对地上部干重 Ralative shoot mass（%）	相对根系干重 Ralative root mass（%）
A551	利比里亚 Liberia	92.2	116.72	A326	广西柳江 Liujiang, Guangxi	33.26	52.15
A556	布隆迪 Burundi	86.21	142.69	A538	巴布亚新几内亚 Papua New Guinea	75.79	71.79

2. 试验方法

（1）处理方法　试验土壤为花岗岩发育的砖红壤土，试验前土壤养分含量为：pH4.6，有机质 1.73%，全氮 0.48g/kg，全磷 0.13g/kg，全钾 1.22g/kg，碱解氮 83.83mg/kg，速效磷 19.12mg/kg，速效钾 51.23mg/kg，交换性铝 12.3cmol/kg。将风干土壤装入直径 14cm、高 16cm 的塑料花盆中，每盆 3.5kg 土壤。对照用石灰调土壤 pH 值为 5.8，石灰用量为 3.8g/kg，取带有一个芽的大小一致的匍匐茎段插入花盆中，每盆 20 个，每份种质对照（施石灰调 pH 值为 5.8）和处理（不施石灰）各种 3 盆，一周后根据生长情况，每盆留苗 10 株，再过 28d 后结束实验，实验期间视天气情况用蒸馏水等量浇灌。

（2）测定项目　生长发育指标的测定：主要包括叶色、株高、坪用质量、枯黄率、分枝数等。

（3）数据处理及分析　EXCEL 2007 进行数据处理，SPASS19.0 进行统计分析。

二、结果与分析

1. 酸性土壤种植对不同狗牙根叶色的影响　酸性土壤种植（28d）对不同狗牙根叶色的影响见表 9-8。从表 9-8 中可以看出狗牙根在酸性土壤上生长 28d 后，除耐铝种质 A43 未受影响外，其余狗牙根种质叶色都有不同程度的降低，铝敏感种质叶色降低程度比耐铝种质要高，降低幅度较大。其中耐铝种质最高降低 7.20%，且 A43 未受影响；在铝敏感种质中 A256 叶色降低幅度最大为 51.25%，A137 和 A326 降低幅度为 25.00%。5 份铝敏感种质与 5 份耐铝种质叶色差异显著。说明在酸性土壤上，耐铝种质叶色所受影响较小。

2. 酸性土壤种植对不同狗牙根株高的影响　酸性土壤种植（28d）对不同狗牙根相对株高的影响见表 9-8。从表 9-8 中可以看出不同狗牙根种质在酸性土壤上生长 28d 后其株高均受到抑制，整体来看铝敏感种质受到的抑制程度大于耐铝种质，但未表现出显著差异。耐铝种质中 A74 株高减少 17.90%，影响最小的 A84 株高仅降低 9.40%，在铝敏感种质中株高降低最大的为 A256，达到 23.70%，降低最小的 A172 为 11.40%。酸性土壤上各种质生长均受到抑制，耐铝种质受到的影响较小。

3. 酸性土壤种植对不同狗牙根分枝数的影响　酸性土壤种植（28d）对不同狗牙根相对分支数的影响见表 9-8。从表 9-8 中可以看出不同狗牙根种质在酸性土壤上生长 28d 后其分蘖能力受阻严重，铝敏感种质与耐铝种质差异表现显著。耐铝种质 A84 在酸性土壤中分支数减少了 31.50%，铝敏感种质 A538 分支数减少了 42.40%，A551 和 A556 所受影响较小，减少 12.70% 和 15.40%，说明土壤酸性对不同狗牙根分蘖能力影响较大，耐铝种质影响较小，而铝敏感种质受到抑制较严重。

4. 酸性土壤种植对不同狗牙根坪用质量的影响　酸性土壤种植（28d）对不同狗牙根相对分枝数的影响见表 9-8。坪用质量是对草坪草种质量最直接的评价，从表中可以看出不同狗牙根种质在酸性土壤上生长 28d 后其坪用质量普遍降低，铝敏感种质与耐铝种质差异显著。其中耐铝种质坪用质量降低最多的为 A84，仅为 12.50%，而铝敏感种质中 A256 坪用质量降低达 42.90%，降低最少的 A326 也达到 25.40，因此土壤酸性对不同草坪草的影响差异显著，耐铝种质所受影响较小，坪用质量较高，而铝敏感种质受影响较大，坪用质量较差。

5. 酸性土壤种植对不同狗牙根枯黄率的影响　不同狗牙根种质在酸性土壤上生长 28d 后枯黄率表现出显著差异，其中 5 份耐铝种质均未发生植株枯黄，而铝敏感种质中的 A326 和 A538 部分重复出现大面积枯黄，最高达 43.70% 和 39.20%，部分重复亦未发生明显枯黄，具体原因有待进一步考究，不同狗牙根对酸土的耐受能力相对其他植株较高，因此未出现明显的枯黄现象，更加说明狗牙根在耐铝方面的巨大潜力。

表 9-8　酸性土壤种植对不同狗牙根种质地上部分生长指标的影响

Table 9-8　**Each measure of *C. dactylon* under different $AlCl_3 \cdot 6H_2O$ concentrations**

种质 Accessions	相对叶色 Relative leaf colour (%)	相对株高 Relative shoot height (%)	相对分枝数 Relative number of tillers (%)	相对坪用质量分数 Relative NTEP (%)
A075	93.33aA	82.13aA	75.43bcAB	93.75bcAB
A084	93.33aA	90.64aA	68.54bcAB	87.50aAB
A556	92.83abA	84.35aA	84.60aA	93.75abA
A043	100.0abA	89.63aA	74.93bcAB	93.30bcABC
A551	93.33aA	84.74aA	87.33aA	93.30abAB
A172	66.78bcAB	88.67aA	58.54dABC	71.40abAB
A538	66.78bcAB	84.54aA	57.67dABC	62.50cdCDE
A137	75.00bcAB	80.67aA	64.83dABC	71.40cdBCD
A256	48.75abAB	76.33aA	62.42dABC	57.10cdCD
A326	75.00bcABC	77.95aA	59.98dABC	74.60cdCD
F 值	3.28*	ns	2.64**	2.82**

注明：不同小写字母，大写字母间分别表示在 0.05，0.01 水平差异显著（LSD），下同。

Note：Lower case and capital letters in the same column mean the significant difference at the 0.05，0.01 level (LSD)，respectively.

三、讨论

随着种植时间的延长，狗牙根的生长速度呈增加趋势，与施石灰相比在未施石灰土壤上生长的狗牙根种质的生长速率降低了；耐铝性种质的生长速率与施石灰土壤里的差异都较小，而敏感种质的生长速率明显低于在施石灰土壤中的生长速率，且随着种植时间的延长，与施石灰土壤的差异越大。说明耐性种质在酸性土壤上生长能保持较好的生长速度，而敏感种质在酸性土壤上的生长速度明显降低，且种植时间越长受害越严重。

植株任何的耐受试验最终都要回归土壤，从本实验的结果看，5份狗牙根耐铝种质和5份铝敏感种质在酸性土壤上生长28d后，其生长都受到了抑制，耐铝种质受到抑制的程度明显小于铝敏感种质，这与本研究的前期水培法鉴定的结果一致。

在酸性土壤上生长的不同狗牙根种质资源其株高和分蘖能力都受到了抑制，通过生长的动态变化可以看出，狗牙根在酸性土壤上种植时，其生长速度明显下降，进而影响到狗牙根的成坪速度以及成坪后草坪的质量，而耐铝种质地上部分生长受到影响小，在酸性土壤上生长可以维持较高的生长能力，说明其对酸性土壤的适应性较强，同时其对在酸性土壤上种植时所遇到的其他生物及非生物胁迫的抵御能力也将高于铝敏感种质，因此这些种质将会是适应酸性土壤草坪草育种很好的原始材料。此外本实验中耐铝种质与铝敏感种质在酸性土壤上生长时也表现出较大的差异，这就进一步证明这些种质的耐铝性，因而为后续进行狗牙根的耐铝机理研究提供了可靠的实验材料。

参 考 文 献

郭天荣.2003.大麦耐酸性土壤种质资源的筛选方法和耐性机理研究 [D]. 杭州：浙江大学.

李庆逵.1989.我国土壤现状及发展 [J]. 土壤学报，26（3）：208-216..

刘强，郑绍建，林咸永.2004.植物适应铝毒胁迫的生理及分子生物学机理 [J]. 应用生态学报，15（9）：1641-1649.

刘强，郑绍建，林咸永.2004.植物适应铝毒胁迫的生理及分子生物学机理 [J]. 应用生态学报，15（9）：1641-1649.

任立民，刘鹏，谢忠雷.2008.植物对铝毒害的抗逆性研究进展 [J]. 土壤通报，39（1）：177-181.

于翠平.2014.茶树耐铝的基因型差异及机理研究 [D]. 杭州：浙江大学.

Kochian L V. 1995. Cellular mechanism of aluminum toxicity and resistance in plants [J]. Annual Review of Plant Biology，46：237-260.

Wenzl P, Arango A, Chaves A L, et al. 2006. A greenhouse method to screen Brachiariagrass genotypes for Aluminum resistance and root vigor [J]. Crop Science，46：968-973.

Wheele D M, Dodd M B. 1995. Effect of aluminum on yield and plant chemical concentrations of some temperate legumes [J]. Plant and soil，173：133-145.

Ying Xiao-fang, Liu Peng, Xu Gen-di. 2006. Effect of aluminum on the isozymes of the seedlings of two soybeans [Glycine max（L.）MerriⅡ]. varieties [J]. Plant Soil Environment，52（6）：262-270.

第四节　狗牙根对酸铝胁迫的生理响应

土壤酸化影响着全球30%～40%可耕地的作物生产，全世界约有40%的可耕地属酸性土壤。在中国，酸性土壤的分布遍及 14 个省区，总面积达 203 万 hm²，约占全国耕地面积的 21％，主要集中在南方地区（于翠平，2014）。铝毒害被认为是酸性土壤中限制植物生长发育的主要因素（Armiger and Caldwell，1968）。铝在土壤溶液中的形态随 pH 的变化而有所不同：一般来说，当土壤 pH 值高于 5.5 时，铝被磷酸等化合物结合或被土壤胶体吸附，水溶性铝很少；而当土壤 pH 值低于 5.5 时，原来在土壤中以难溶性的硅酸盐或氧化铝形式存在的铝逐渐解离，将不同形态的铝离子释放到土壤溶液中，直接危害植物生长和发育，降低酸性土壤中的农作物产量。随着工业化的发展，酸雨沉降频繁，酸性肥料投入增多，加剧了土壤的酸化，使得铝对植物的毒害日益严重（任立民等，2008）。在世界很多地区，尤其是中国华南热带地区，土壤酸化是草坪建植养护及牧草生产过程中的一个重要问题。

已有很多研究报道了植物的耐铝机理，关于草类植物的耐铝机制报道较少。Rengel（1989）发现一年生黑麦草（*Lolium multiforum*）不同基因型对铝的敏感性与根系阳离子交换量呈显著负相关，低阳离子交换量的基因型能选择排斥 Al^{3+}，可以减少 Al 在根系交换位点上的结合，特别是细胞壁的果胶上，从而减轻铝对根系的伤害。Wenzl 等（2002；2003）对臂形草（*Brachiaria eruciformis*）的耐铝机理进行了研究。他们认为臂形草的耐铝性主要和其在酸性土壤里获得营养元素（N、P、Ca）的能力有关，并发现臂形草的根尖受到铝胁迫时内部积累有机酸而不是分泌有机酸。植物遭受某种环境的胁迫时体内自由基会增多，当自由基的浓度超过了一定的阈值，则导致蛋白质、核酸、多糖和膜脂分子的氧化破坏，从而破坏细胞内的代谢活动。在作物抗性机理研究中，过氧化物酶（Peroxidase，POD）、过氧化氢酶（Catalase，CAT）和超氧化物歧化酶（Superoxide dismutase，SOD）等酶活性的变化已广泛作为指示植物抵御逆境伤害的指标。铝胁迫能诱导多种植物体内产生大量的活性氧相关酶类活性的表达，使细胞膜脂、核酸和蛋白质等生物分子过氧化而受损害，从而破坏细胞内的代谢活动。如大麦（*Hordeum vulgare*）（Tamas et al.，2003；Simonovicova et al.，2004）、大豆（*Glycine max*）（Yamamoto et al.，2001）和水稻（*Oryza sativa*）（Kuo and Kao，2003）等都有相关报道。抗氧化酶类（Ascorbic acid peroxidase，APX）、过氧化氢酶（CAT）、超氧化物歧化酶（SOD）、过氧化物酶（POD）等的表达提高能缓解铝对植物的毒害（Tabaldi et al.，2009；Giannakoula et al.，2010），且不同植物在遭受铝胁迫时相应的活性氧清除系统不尽相同（Ali et al.，2011；Li et al.，2010）。因此，铝诱导的氧化胁迫及相关抗氧化酶活性的变化是铝毒的一个重要特征。

狗牙根［*Cynodon dactylon*（Linn.）Pers.］是禾本科狗牙根属的多年生植物，主要生长于温暖湿润的热带及亚热带地区。广泛分布在我国长江流域以南的地区，该草种耐干旱、耐践踏、繁殖能力及再生能力强，被广泛应用于公路护坡、庭院绿化、足球场、高尔夫球场等各种草坪用草，并成为世界三大暖季型坪草中最重要的草种之一（黄春琼等，2011；郑轶琦等，2015）。本研究以前期研究筛选出的 5 份耐铝狗牙根种质和 5 份铝敏感狗牙根种质为材料，研究其在酸性土壤上的生理响应情况，对培育狗牙根耐酸铝品种具有重要的理论和应用价值。

一、材料与方法

1. 试验材料　前期利用水培法对 65 份狗牙根进行铝胁迫处理，通过测定地上部及根系干重对其耐铝性进行综合评价，从中筛选出 5 份耐铝种质和 5 份铝敏感种质。本研究以这 5 份耐铝种质和 5 份铝敏感种质为研究材料，其来源及耐铝评价结果如表 9-9 所示。

表 9-9　供试狗牙根材料来源及前期耐铝评价结果

Table 9-9　The collection siteand the results of culture solution evaluation from the previous expriment of *C. dactylon*

耐铝种源 Al-tolerance accession	采集地点 Collection site	相对地上部干重 Relative shoot mass（％）	相对根系干重 Relative root mass（％）	铝敏感种源 Al-sensitive accession	采集地点 Collection site	相对地上部干重 Relative shoot mass（％）	相对根系干重 Relative root mass（％）
A22	江苏盐城 Yancheng, Jiangsu	87.91	116.84	A137	山东东营 Dongying, Shandong	56.86	77.49
A75	安徽淮北 Huaibei, Anhui	192.2	84.08	A172	雅加达 Djakarta	56.51	71.51
A84	陕西铜川 Tongchuan, Shanxi	181.08	83.23	A256	云南怒江 Nujiang, Yunnan	75.56	53.95
A551	利比里亚 Liberia	92.2	116.72	A326	广西柳江 Liujiang, Guangxi	33.26	52.15
A556	布隆迪 Burundi	86.21	142.69	A538	巴布亚新几内亚 Papua New Guinea	75.79	71.79

2. 试验方法

（1）处理方法　试验土壤为花岗岩发育的砖红壤土，试验前土壤理养分含量为：pH 为 4.6，有机质 1.73％，全氮 0.48g/kg，全磷 0.13g/kg，全钾 1.22g/kg，碱解氮 83.83mg/kg，速效磷 19.12mg/kg，速效钾 51.23mg/kg，交换性铝 12.3cmol/kg。将风干土壤装入直径 14cm、高 16cm 的塑料花盆中，每盆 3.5kg 土壤。对照用石灰调土壤 pH 值为 5.8，石灰用量为 3.8g/kg，取带有一个芽的大小一致的匍匐茎段插入花盆中，每盆 20 个，每份种质对照（施石灰调 pH 值为 5.8）和处理（不施石灰）各种 3 盆，一周后根据生长情况，每盆留苗 10 株，再过 28d 后结束实验，实验期间视天气情况用蒸馏水等量浇灌。

（2）测定项目　生长 28d 后，从狗牙根顶端向下取第二、第三片完全展开叶进行生理指标测定。测定项目包括叶绿素、电导率、丙二醛、过氧化物酶、超氧化物歧化酶、游离脯氨酸和可溶性总糖含量。叶绿素测定采用丙酮乙醇混合液法；电导率采用电导法（张宪政，1992）；丙二醛（MDA）含量测定采用硫代巴比妥酸比色法；过氧化物酶（POD）活性测定采用愈创木酚比色法（高俊凤，2006），酶活性以每分钟内每克鲜重材料的吸光度值变化 $\Delta A470$ 表示；超氧化物歧化酶（SOD）活性的测定采用 NBT 法（李合升，2000），SOD 活性单位以抑制 NBT 光化还原的 50％为一个酶活力单位；游离脯氨酸（Pro）含量的测定采用磺基水杨酸法（张宪政，1992），于分光光度计 520nm 波长处测定吸光度值，查标准曲线，得出脯氨酸浓度；可溶性总糖含量采用强酸可使糖类脱水生成糖醛，其与蒽酮脱水缩合形成糖醛衍生物，呈现蓝绿色，在 620nm 处有最大吸收，在 10～100 μg 范围内其颜色深浅与可溶性总糖含量成正比这一原理来测定。

（3）综合评价　综合评价采用隶属函数法进行评价。$F_i = （X_{ij} - X_{min}） / （X_{max} - X_{min}）$，式中，$F_i$ 为第 i 个材料该性状的隶属函数值。X_{ij} 为第 i 个材料第 j 个性状的平均值，X_{max} 和 X_{min} 分别为该性状的最大值和最小值。如果某一指标与综合质量成负相关，则利用反率属函数进行转换，计算公式为：$F_i = 1 - （X_{ij} - X_{min}） / （X_{max} - X_{min}）$，最后按材料将各性状的隶属函数值进行平均，得各材料的平均隶属函数值。

（4）数据分析　采用 Microsoft office Excel 2007 计算叶绿素、电导率、丙二醛、过氧化物酶、超氧化物歧化酶、游离脯氨酸和可溶性总糖含量并生成柱状图，用 SAS9.0 软件对各指标进行方差分析。

二、结果与分析

1. 酸铝胁迫对狗牙根叶绿素含量的影响　如图 9-4 所示，对同一处理不同种质间进行方差分析，在酸铝胁迫处理下，对照间（$F = 13.43$，$Pr > F < 0.000\ 1$）和处理间（$F = 8.57$，$Pr > F < 0.000\ 1$）差异均达到极显著。与对照相比，狗牙根耐铝种质和铝敏感种质的叶绿素含量都有不同程度的降低，其中铝敏感种质 A538 和 A172 降低稍为明显，分别降低了 29.69％和 22.86％；耐铝种质 A22 和 A84 分别降低了 9.58％和 11.83％。

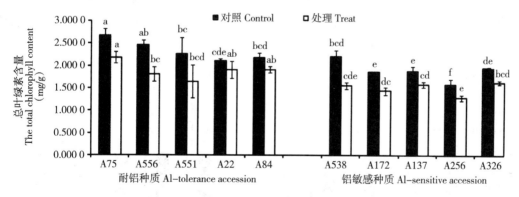

图 9-4　酸铝胁迫对狗牙根叶绿素含量的影响

Figure 9-4　The effect of acidity and aluminum stress on the total chlorophyll content of *C. dactylon* accessions

注：对照柱形图上标有不同字母表示对照间在 0.05 水平上差异显著（Duncan 多重比较）；处理柱形图上标有不同字母表示处理间在 0.05 水平上差异显著（Duncan 多重比较），下同。

Value on the column of control among the 10 accessions noted by the different letter indicate significant difference among the controls; Value on the column of treatment among the 10 accessions noted by the same letter indicate significant difference among the treatments, the same below.

2. 酸铝胁迫对狗牙根相对电导率的影响 如图 9-5 所示，对同一处理不同种质间进行方差分析，在酸铝胁迫处理下，对照间（$F=0.11$，$Pr>F=0.999\,2$）和处理间（$F=0.25$，$Pr>F=0.981\,7$）差异均不显著。但与对照相比，狗牙根耐铝及铝敏感种质的电导率都有不同程度的增加。但铝敏感种质相对电导率增加的幅度略高于耐铝种质，其中铝敏感种质 A172、A137 和 A256 分别增加了 10.51％、16.93％和 17.72％；耐铝种质 A556、A551 和 A84 分别增加了 2.85％、6.81％和 3.81％。

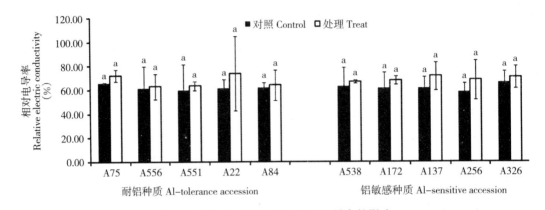

图 9-5 酸铝胁迫对狗牙根相对电导率的影响

Figure 9-5 The effect of acidity and aluminum stress on the relative electric conductivity of *C. dactylon* accessions

3. 酸铝胁迫对狗牙根丙二醛含量的影响 如图 9-6 所示，对同一处理不同种质间进行方差分析，在酸铝胁迫处理条件下，对照间（$F=1.22$，$Pr>F=0.337\,0$）和处理间（$F=1.91$，$Pr>F=0.110\,3$）差异均不显著。但与对照相比，不同狗牙根种质的丙二醛含量均有不同程度增加，铝敏感种质增加较为明显，其中 A172、A137、A256 和 A326 分别增加了 45.20％、56.62％、53.47％和 52.30％；耐铝种质 A551、A22 和 A84 分别增加了 15.38％、22.13％和 1.77％。

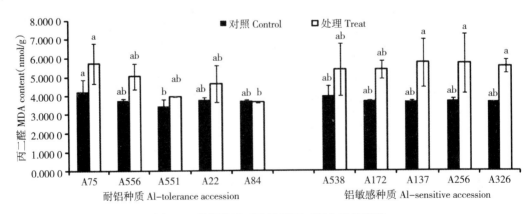

图 9-6 酸铝胁迫对狗牙根丙二醛含量的影响

Figure 9-6 The effect of acidity and aluminum stress on the MDA content of *C. dactylon* accessions

4. 酸铝胁迫对狗牙根游离脯氨酸含量的影响 如图 9-7 所示，对同一处理不同种质间进行方差分析，在酸铝胁迫处理下，对照间（$F=1.13$，$Pr>F=0.385\ 5$）和处理间（$F=0.64$，$Pr>F=0.747\ 4$）差异均不显著。但与对照相比，耐铝种质和铝敏感种质的游离脯氨酸含量均发生不同程度的增加，但两种类型狗牙根种质增加幅度都比较轻微，耐铝种质 A556、A22 和 A84 分别增加了 1.22%、4.43% 和 1.80%；铝敏感种质 A538、A137 和 A326 分别增加了 0.08%、0.69% 和 0.63%。

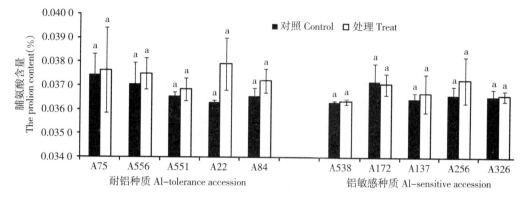

图 9-7　酸铝胁迫对狗牙根游离脯氨酸含量的影响

Figure 9-7　The effect of acidity and aluminum stress on the proline content of *C. dactylon* accessions

5. 酸铝胁迫对狗牙根过氧化物酶活性的影响　如图 9-8 所示，对同一处理不同种质间进行方差分析，在酸铝胁迫处理下，对照间（$F=6.76$，$Pr>F=0.000\ 2$）差异极显著，处理间（$F=2.49$，$Pr>F<0.043\ 2$）差异显著。与对照相比，酸铝胁迫下不同狗牙根种质的 POD 含量均上升，但耐铝种质增加的幅度略高于铝敏感种质，其中耐铝种质 A75、A22 和 A84 分别增加了 31.47%、22.44% 和 31.95%，铝敏感种质 A538、A256 和 A326 分别增加了 21.24%、16.17% 和 0.51%。

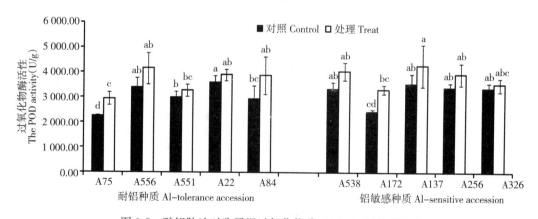

图 9-8　酸铝胁迫对狗牙根过氧化物酶（POD）活性的影响

Figure 9-8　The effect of acidity and aluminum stress on the POD activity of *C. dactylon* accessions

6. 酸铝胁迫对狗牙根超氧化物歧化酶活性的影响　如图 9-9 所示，对同一处理不同种质间进行方差分析，在酸铝胁迫处理下，对照间（$F=6.06$，$Pr>F=0.000\ 4$）和处理间（$F=7.85$，$Pr>F<0.000\ 1$）差异均呈极显著。与对照相比，不同狗牙根种质在

铝胁迫处理下超氧化物歧化酶活性都有所增加，但耐铝种质增加较为明显，其中 A75、A556、A551 和 A22 分别增加了 35.75％、31.32％、39.65％ 和 31.43％；铝敏感种质增加幅度相对较小，其中 A172、A137 和 A256 分别增加了 4.12％、5.57％ 和 22.84％。

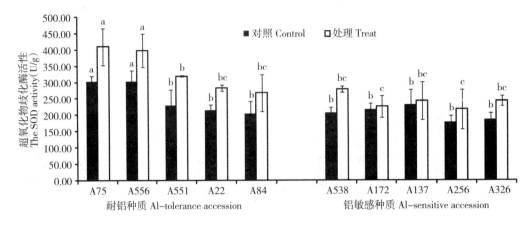

图 9-9　酸铝胁迫对狗牙根超氧化物歧化酶（SOD）活性的影响

Figure 9-9　The effect of acidity and aluminum stress on the SOD activity of *C. dactylon* accessions

7. 酸铝胁迫对不同狗牙根可溶性总糖含量的影响　从图 9-10 可以看出，对同一处理不同种质间进行方差分析，在酸铝胁迫处理下，对照间（$F=28.76$，$Pr>F=0.000\ 1$）差异极显著，处理间（$F=3.11$，$Pr>F=0.016\ 5$）差异显著。与对照相比，狗牙根耐铝及铝敏感种质的可溶性总糖含量都降低了，但铝敏感种质降低较为明显，其中铝敏感种质 A538、A172 和 A256 分别降低了 27.41％、15.56％、24.71％；耐铝种质 A556、A22 和 A84 分别降低了 18.91％、14.29％ 和 8.71％。

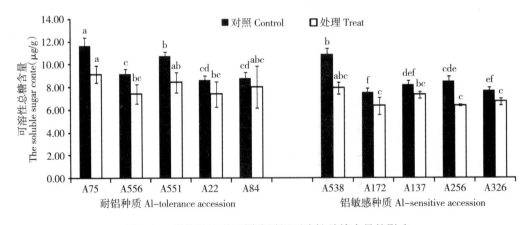

图 9-10　酸铝胁迫对不同狗牙根可溶性总糖含量的影响

Figure 9-10　The effect of acidity and aluminum stress on the soluble sugar content of *C. dactylon* accessions

8. 各指标综合评价　植物的耐铝性是一个复合性状，难以用单一指标进行评价。隶属函数分析法提供了一条在多指标测定基础上对材料特性进行综合评价的途径，可以克服仅少数指标进行评价的不足，使结果更客观、准确。因此，选取狗牙根的叶绿素、电导率、丙二醛、过氧化物酶、超氧化物歧化酶、游离脯氨酸和可溶性总糖作为分析指标，计算出各指标的隶属函数值，进行综合评价，其中只有电导率和丙二醛为反隶属函数，其他均为正隶属函数。隶属函数均值越大，说明其综合评价越高。综合评价结果见表 2，结果表明：A75 的平均隶属函数值（0.748 3）最大，表明其耐铝性最强，其次是其次为 A22、A556，耐铝性较强。耐铝性最差的是 A326。

表 9-10　铝胁迫下 10 份狗牙根种质各指标的隶属函数值

Table 9-10　The average of membership function of 10 _C. dactylon_ accessions on aluminum soil stress

种质 Accessions	叶绿素 Chl	电导率 TDS	丙二醛 MDA	过氧化物酶 POD	超氧化物歧化酶 SOD	游离脯氨酸 Pro	可溶性总糖 STS	平均值 Average	排名 Level
A75	1.000 0	0.852 3	0.992 6	0.000 0	0.560 0	0.832 9	1.000 0	0.748 3	1
A556	0.748 5	0.000 0	0.661 0	1.000 0	1.000 0	0.744 0	0.388 2	0.648 8	3
A551	0.599 6	0.046 3	0.153 6	0.785 5	0.690 8	0.322 6	0.752 9	0.578 8	4
A22	0.565 9	1.000 0	0.465 7	0.885 8	0.649 0	1.000 0	0.376 5	0.706 1	2
A84	0.575 3	0.093 4	0.000 0	0.868 5	0.583 3	0.554 7	0.600 0	0.467 9	5
A538	0.246 4	0.365 6	0.824 7	0.750 0	0.114 4	0.000 0	0.552 9	0.407 9	9
A172	0.138 8	0.459 9	0.825 8	0.342 6	0.926 9	0.470 0	0.000 0	0.452 0	6
A137	0.179 2	0.596 9	1.000 0	0.680 6	0.173 7	0.230 5	0.352 9	0.416 3	8
A256	0.000 0	0.498 2	0.985 6	0.928 7	0.073 5	0.585 2	0.023 5	0.442 1	7
A326	0.131 5	0.706 0	0.916 5	0.536 3	0.000 0	0.162 1	0.141 2	0.370 5	10

注明：其中丙二醛和电导率为反隶属函数值。

Note：MOD and TDS were the membership function values.

三、讨论

正常情况下，植株可以通过多条途径不断产生超氧阴离子自由基、羟自由基和过氧化氢等活性氧类（reactive oxygen species，ROS）物质，这些 ROS 物质的产生和清除处于动态平衡状态，而逆境胁迫会打破植物体内的动态平衡，过量积累活性氧物质，导致细胞膜脂过氧化反应，影响植株的正常发育（李玲，2011）。植物体内的活性氧清除保护酶系统可以降低由逆境引起的氧化胁迫对植物造成的伤害（许桂芳，2008）。O_2^- 是活性氧形成的主要因子，对植物具有很强的毒害作用，通过启动膜脂过氧化或者膜脂脱脂作用来破坏细胞膜结构。丙二醛（MDA）是植物细胞膜脂过氧化作用的产物，其含量的多少可以作为衡量植物细胞膜脂过氧化程度和质膜受损伤程度的重要指标。超氧化物歧化酶（SOD）在活性氧清除系统中具有极为重要的作用，它是植物体内活性氧自由基清除系统的第 1 道防线，可以催化 O_2^- 发生歧化反应生成 O_2 和 H_2O_2，因此超氧化物歧化酶的活性高低常被作为植物抗逆境胁迫能力大小的重要指标（Neill et al.，2002）。正常情况下，SOD 的活性和植物的抗氧化能力呈现正相关（Scandalios，1993）。过氧化物酶（POD）在植物体内的主要作用也是清除 H_2O_2，并将其分解为 O_2 和 H_2O，能有效地保护细胞免受毒害损伤。

大量研究表明铝在引起氧化胁迫的同时也可以刺激 ROS 有关的酶活性提高，肖祥希等（肖详希等，2003）研究发现铝胁迫使龙眼（*Euphoria longan*）叶片中 SOD、POD、CAT 等活性升高；杨野等（2010）也发现铝胁迫提高了不同种类小麦（*Triticum aestivuml*）活性氧代谢活性；武孔焕等（2012）研究发现，与酸敏感型的黑大豆（*Glycine max*）相比，耐酸型黑大豆在铝胁迫条件下具有较强的保护酶活性，其膜脂受氧化作用损伤的程度较低，从而表现出更强的耐铝胁迫能力。本研究结果显示，在铝胁迫28d 后狗牙根耐铝种质与铝敏感种质体内的 MDA 含量上升了，表明铝毒引起狗牙根体内产生氧化胁迫，诱使体内活性氧水平上升，膜脂发生过氧化，但耐铝种质受到的影响明显小于铝敏感种质，同时狗牙根耐铝种质 SOD、POD 活性的上升幅度略高于铝敏感种质，SOD、POD 是植物体内清除活性氧的主要保护酶，在抵抗胁迫中承担重要作用。由此可以说明在铝胁迫下，狗牙根耐铝性种质体内的某些基因的表达，促使其抗氧化物酶活性的升高，清除较多的活性氧，使其免受氧化胁迫或者降低受害程度。

参 考 文 献

高俊凤 . 2006. 植物生理学实验指导 ［M］. 北京：高等教育出版社 .

黄春琼，张永发，刘国道 . 2011. 狗牙根种质资源研究与改良进展 ［J］. 草地学报，19（3）：531-538.

李合升 . 2000. 植物生理生化实验原理和技术 ［M］. 北京：高等教育出版社 .

李玲 . 2011. 甘蓝型油菜幼苗对渍水胁迫的生理响应研究 ［D］. 北京：中国农业科学院 .

任立民，刘鹏，谢忠雷 . 2008. 植物对铝毒害的抗逆性研究进展 ［J］. 土壤通报，39（1）：177-181.

武孔焕，谭浩，王奇峰，等 . 2012. 叶面喷施甲醇对不同土壤条件下丹波黑大豆的生长及生理特性的影响 ［J］. 大豆科学，31（3）：431-435.

肖详希，刘星辉，杨宗武，等 . 2003. 铝胁迫对龙眼叶片活性氧代谢及膜系统的影响 ［J］. 林业科学，39（专利1）：52-57.

许桂芳 . 2008. PEG 胁迫对 2 种过路黄抗性生理生化指标的影响 ［J］. 草业学报（1）：66-70.

杨野，郭再华，叶志娟，等 . 2010. 铝胁迫下不同耐铝性小麦根际 pH 值变化及其与耐铝性的关系 ［J］. 农业环境科学学报，29（4）：636-641.

于翠平 . 2014. 茶树耐铝的基因型差异及机理研究 ［D］. 杭州：浙江大学 .

张宪政 . 1992. 作物生理研究方法 ［M］. 北京：农业出版社 .

郑轶琦，臧国长，李玉恬，等 . 2015. 狗牙根种质资源表型遗传多样性分析 ［J］. 草地学报，23（3）：557-563.

Ali S，Bai P，Zeng F R，et al. 2011. The ecotoxicological and interactive effects of chromium and aluminum on growth，oxidative damage and antioxidant enzymes on two barley genotypes differing in Al tolerance ［J］. Environmental and Experimental Botany，70（2-3）：185-191.

Armiger W H，Caldwell B E. 1968. Differential tolerance of soybean varieties to an acid soil high in exchangeable aluminum ［J］. Agronomy Journal，60（1）：67-70.

Giannakoula A，Moustakas M，Syros T，et al. 2010. Aluminum stress induces up-regulation of an efficient antioxidant system in the Al-tolerant maize line but not in the Al-sensitive line ［J］. Environmental and Experimental Botany，67（3）：487-494.

Kuo M C，Kao C H. 2003. Aluminum effects on lipid peroxidation and antioxidative enzyme activities in rice leaves. Biologia Plantarum，46（1）：149-152.

Li Y Z, Lu H F, Fan X W, et al. 2010. Physiological responses and comparative transcriptional profiling of maize roots and leaves under imposition and removal of aluminium toxicity [J]. Environmental and Experimental Botany, 69 (2): 158-166.

Neill S J, Desikan R, Clarke A, et al. 2002. Hydrogen peroxide and nitric oxide as signalling molecules in plants [J]. Journal of Experimental Botany, 53 (372): 1237-1247.

Rengel Z, Robinson D L. 1989. Aluminum effects on growth and macronutrient uptake by annual ryegrass [J]. Agronomy Journal, 81 (2): 208-215.

Scandalios J G. 1993. Oxygen stress and superoxide dismutases [J]. Plant Physiology, 101 (1): 7-12.

Simonovicova M, Tamas L, Huttova J, et al. 2004. Effect of aluminium on oxidative stress related enzymes activities in barley roots [J]. Biologia Plantarum, 48 (2): 261-266.

Tabaldi L A, Cargnelutti D, Goncalves J F, et al. 2009. Oxidative stress is an early symptom triggered by aluminum in Ai-sensitive potato plantlets [J]. Chemosphere, 76 (10): 1402-1409.

Tamas L, Huttova J, Mistrik I. 2003. Inhibition of Al-induced root elongation and enhancement of Al-induced peroxidase activity in Al-sensitive and Al-resistant barley cultivars are positively correlated [J]. Plant and Soil, 250 (2): 193-200.

Wenzl P, Chaves A L, Patino G M, et al. 2002. Aluminum stress stimulates the accumulation of organic acids in root apices of Brachiaria species [J]. Plant Nutrition and Soil Science, 165 (5): 582 - 588.

Wenzl P, Mancilla LI, Mayer JE, et al. 2003. Simulating infertile acid soils with nutrient solutions. The effects on Brachiaria species [J]. Soil Science Society of America Journal, 67 (5): 1457 - 1469.

Yamamoto Y, Kobayashi Y, Matsumoto H. 2001. Lipid peroxidation is an early symptom triggered by aluminum, but not the primary cause of elongation inhibition in pea roots [J]. Plant Physiology, 125 (1): 199-208.

狗牙根种质资源的收集（A）

狗牙根种质资源的收集（B）

狗牙根种质资源的收集（C）

狗牙根种质资源的收集（D）

狗牙根种质资源的收集（E）

狗牙根种质资源的收集（F）

狗牙根种质资源圃

狗牙根植物学性状观测

狗牙根修剪

狗牙根开花期

狗牙根花序（A）

狗牙根花序（B）

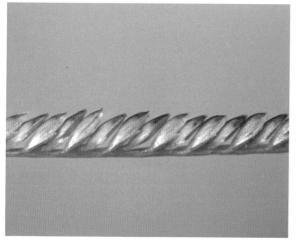

狗牙根小穗枝（A）

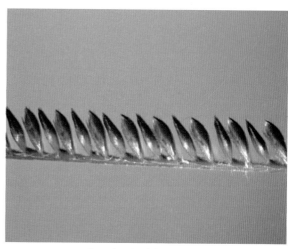

狗牙根小穗枝（B）

狗牙根花药（A）

狗牙根花药（B）

狗牙根花药（C）

狗牙根花药（D）

狗牙根花药（E）

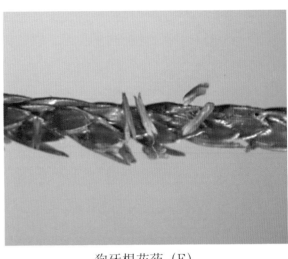

狗牙根花药（F）

狗牙根柱头（A）

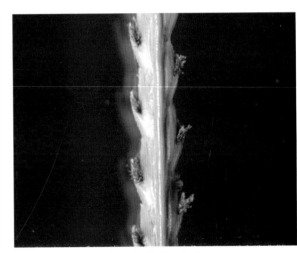

狗牙根柱头（B）

狗牙根颖果

狗牙根种子